KB123257

과학혁명과 세계관의 전환 I

과학혁명과 세계관의 전환

I

천문학의 부흥과 천지학의 제창

山本義隆
야마모토 요시타카 지음
김찬현·박철은 옮김

거장 야마모토 요시타카의
근대과학 탄생사 완결편

동아시아

야마모토 요시타카는 누구인가

김찬현

야마모토 요시타카山本義隆는 1941년 12월 12일 오사카에서 태어났다. 이후 오사카시립센바중학교, 오사카부립오테마에고등학교를 거쳐, 1960년에 도쿄대학교 이학부 물리학과에 입학했다. 안보투쟁이 한창이던 입학 당시에는 '논포리nonpolitics'(정치에 관심이 없음) 학생으로 수학과 물리학 공부에만 몰두하려 했으나, 얼마 지나지 않아 시대의 격랑을 더 이상 못 본 체할 수 없게 되었다고 한다. 1964년에 대학원에 진학한 저자는 박사과정 3년차에 베트남반전회의에 참여했으며, 도쿄대 전공투全共闘 의장으로서 도쿄대 투쟁을 이끌기도 했다. 당시 전공투는 다양한 정파의 연합체적인 성격을 띠고 있었는데, 물리학 박사과정이었던 저자는 아이러니하게도 비정파적인 태도 덕분에 리더가 될 수 있었던 것 같다고 회고한다. 당시의 자신을 평가하자면 '모두의 말을 골고루 잘 듣는 사람'이었다고 한다.

소립자 이론을 전공하던 그는 교수와 선후배들 모두가 실력을 인정할 정도로 장래를 촉망받는 수재였지만, 1969년에 경찰 당국에 체포되어 수개월의 수감생활을 마치고 박사과정을 중퇴한 이후로는 제도권 학계로 돌아가지 않았다. 특별히 원칙이 있었던 것은 아니지만 동료들끼리의 평가로만 업적이 결정되고 명성이 획득되는 학자의 세계가 마음에 들지 않았기 때문이라고 한다. 1970년대에는 도쿄대 지진연구소의 임시직원 투쟁에 참여했다가 다시 수감되기도 하고, 잠시 후지쓰 우주개발연구단의 2차 하청업체에서 근무하기도 했으나 투쟁 이력이 문제시되어 그만두어야 했다. 이후에는 유명한 대학입시학원인 순다이예비학교에서 물리강사로 재직하며 재야에서 연구 활동을 지속했다.

1960년대의 급격한 경제 발전과 함께 정치·사회적으로 요동치는 상황을 직접 체험한 저자는 '일본 사회가 사실 근대화를 경험하지 않은 것이 아닐까'라는 의문을 품었고, 과학도 출신인 만큼 이와 관련해 '왜 유럽에서 과학이 탄생했는가'라는 질문의 답을 추구하게 되었다고 한다. 이런 문제의식은 재야 학자로서 그가 걸어온 연구의 발자취로 이어져, 1970년대에는 주로 물리학과 철학에 관련된 번역서, 1980년대부터 2010년 초반까지는 과학사 연구서, 그리고 2010년대에는 근현대 일본 과학기술사회를 비판한 평론서를 세상에 내놓게 된다. 그 외에는 입시학원의 물리강사로 재직한 경험을 살려 물리학 교과서를 쓰기도 했다.

그의 저서 중 핵심인 과학사 저술은 대략 두 부류로 나눠볼 수 있다. 첫 번째는 주로 고전 (열)역학 이론이 지닌 논리적·수리적 구조의 역사적 전개에 초점이 맞춰진 과학사 연구서이다. 『중력과 역학적 세계: 고전으로서의 고전역학』(1981), 『고전역학의 형성: 뉴턴에서 라그랑주로』(1997), 『열학사상의 사적 전개』(2009)

세 권으로, 특히 저자가 수학·물리학 실력을 충분히 발휘하여 해설하는 특유의 전개가 일품이다. 아직 세 권 모두 국내에 번역되지 않은 상황이나 조만간 한국어로도 읽을 수 있는 날이 오기를 기대한다.

두 번째는 근대과학의 탄생사를 다룬 저작들인데, 매우 큰 주제인 만큼 다양한 인물들의 방대한 서사가 이어진다. 자력과 중력의 발견을 다룬 『과학의 탄생: 자력과 중력의 발견, 그 위대한 힘의 역사』(2003, 국내서는 2005년에 출간), 르네상스와 과학혁명 사이에 벌어진 서유럽 지식 세계의 대전환을 다룬 『16세기 문화혁명』(2007, 국내서는 2010년에 출간)이 이에 해당하며, 이 책 『과학혁명과 세계관의 전환』(2014, 국내서는 2019년에 출간)이 서구 근대과학 탄생사 3부작 시리즈의 대미를 장식한다. 순수하게 글로만 이루어진 앞의 두 권과 달리, 이 책에서는 서두에 고대 천문학의 수리 체계까지 해설되어 있는데, 국내에서 대중에게 소개되는 사례로서는 아마도 처음일 것이다. 분량이 너무 길어져 미처 다루지 못한 수학은 『소수와 대수의 발견』(2018)에서 별도로 다루었다고 한다.

과학사가인 저자의 가장 큰 특징은, 역사에서 중요한 함의를 읽어내는 통찰력뿐만 아니라 각 시대에 등장한 이론 체계를 수리적으로 해석할 수 있는 수학적·물리학적 지식을 겸비한다는 데 있다. 이러한 장점은 이 책 『과학혁명과 세계관의 전환』에서 특히 잘 드러난다. 이전의 저술에서도 마찬가지이기는 했지만, 주제에 따라 두 요소의 절묘한 균형점을 찾아내는 기예에 감탄할 수밖에 없다. 아울러 저자 스스로가 학계와 거리를 두면서도 학술서와 계몽서, 전문서와 일반서의 성격을 모두 지니는 스타일을 추구한다고 밝힌 바 있는데, 이는 일반의 비판에 노출되는 것이 학문을 시민의 손으로 되찾는 첫걸음이라고 생각했기 때문이라고 한다.

저자는 이처럼 긴 여정을 통해 서구에서 과학이 탄생한 과정을 풍요롭게 그려냈다. 15세기까지 사변적인 학문의 세계와 경험적인 기술의 세계는 서로 분리되어 존재하고 있었으며, 전자는 정신적인 것으로서 높게 평가받고 후자는 육체적이고 천한 것으로 여겨졌다. 그러나 그 이후 학자 집단과 직인이 서로 접근하면서 일어난 16세기 문화혁명을 통해 학문과 기술의 융화가 일어났으며, 이것이 17세기 과학혁명으로 이어졌다는 것이 저자의 주장이다.

한편 일본에서의 과학은 19세기에 특히 군사력 증강에 관련된 과학기술로서 기술과 분리되지 않은 채로 받아들여졌고 철저히 국가 주도로 성장했다. 이 같은 사조는 20세기 전반까지 이어져 일본의 과학자와 공학자는 제국주의와 군국주의의 지원 아래 큰 혜택을 누릴 수 있었다. 일본이 제2차 세계대전에서 패한 후 군사력의 증강은 경제성장으로 치환되었다. 인문사회 계열의 지식인들이 전후에 책임을 추궁당하며 반성할 수밖에 없었던 경우와 달리, 과학기술 분야는 이러한 맥락 때문에 21세기가 되기까지 특별한 반성의 기회를 가지지 못한 채 무조건적으로 긍정되었다.

그리고 2011년 3월 11일, 동일본대지진이 일어남으로 인해 전대미문의 후쿠시마 핵발전소 사고가 터진다. 저자는 이를 계기로 『지성의 반란』(1969) 이후 저술의 형태로는 공개하지 않았던 사회 비판을 다시 시작했다. 『후쿠시마 일본 핵발전의 진실』(2011, 국내서도 2011년에 출간), 『나의 1960년대: 도쿄대 전공투 운동의 나날과 근대 일본 과학기술사의 민낯』(2015, 국내서는 2017년에 출간), 『일본 과학기술 총력전: 근대 150년 체제의 파탄』(2018, 국내서는 2019년에 출간)은 저자가 과학사가로서 오랜 기간 가다듬은 역사적 통찰을 바탕으로 일본의 근현대를 날카롭게 비판한 보기 드문 양서이다. 일본과 불편한 사이이면서도 닮은꼴인 한국에도 적용되는 이야기들이 많다.

과학에 깊은 관심을 지닌 독자라면, 오랜 시간이 걸리더라도 저자의 책 중 번역된 것은 모두 찾아 읽기를 권하고 싶다. 과학사 연구자를 제외하면, 일반 독자는 물론 과학을 전공한 독자라도 양적으로나 질적으로나 접근하기 어려운 측면이 있다. 그러나 끈질기게 붙잡고 천천히 음미하며 읽어나간다면, 저서를 관통하는 핵심적인 문제의식을 따라가며 과학과 사회를 바라보는 기존의 여러 편견에서 벗어나, 학문적으로도 사회적으로도 뜻깊은 경험을 할 수 있을 것이다. 생업을 병행하면서도 지킨 극한의 학문적 성실성, 과학과 사회에 관한 깊은 성찰과 시민의식, 그리고 그를 증명하는 저자의 모든 작업에 경의를 표한다.

차례

제3장 수학적 과학과 관측천문학의 부흥
—레기오몬타누스와 발터

제4장 프톨레마이오스 지리학의 갱신
—천지학과 수리기능자들

들어가며

필자는 전작 『16세기 문화혁명』에서, 14~15세기의 르네상스와 17세기의 과학혁명에 끼인 골짜기처럼 여겨지던 시대에 '문화혁명'이라고 불러야 할 지식 세계의 지각변동이 일어났다는 점을 밝혔다. 대학의 아카데미즘과 거리가 멀고 문자문화의 세계에서 소외되었던 직인職人과 기술자, 당시에는 직인이라고 여겨졌던 예술가나 외과의, 상인이나 뱃사람들이 생산·유통이나 각종 직업 활동을 하는 과정에서 습득하고 축적한 경험 지식이 자연과 세계를 이해하는 데 유효하다는 것을 깨닫고 주장하기 시작했던 것이다. 이는 당시까지 대학에서 가르치던 중세 스콜라학에 대치하는 것이었으며, 고대 문예의 부활을 통해 인간성의 회복을 추구했던 후기 르네상스의 인문주의 운동마저도 뛰어넘는 새로운 지식의 가능성을 시사했다.

그때까지 학문, 더 넓게 말해 문자문화 일반은 고등교육을 받은 극히 소수의 지적 엘리트가 독점하고 있었다. 그들은 노동이나 상업을 천하다고 여기는 고대 그리스 지식인의 전통을 계승하고 있었다. 따라서 직인의 수작업이나 상인의 금전계산을 이론적 학에보다 하위로 두고 경멸했다. 생산이나 유통 분야에도 관심을 두려고 하지 않았다. 수학적인 계산조차도 교활한 상인을 위한 기술이라고 여겨 대학 교육에서 중요시하지 않았다.

한편 직인들은 정밀한 측정이나 복잡한 중력기계와 같은 고도의 기술을 고안했다. 상인들은 상품이나 자본의 관리를 위한 복식부기 또는 공동경영에 필요한 이익분배를 계산하는 수법을 공들여 개발하기도 했다. 하지만 이론적 기초가 꼭 명확하지는 않았다. 상인이나 직인의 세계는 폐쇄적인 동업조합으로 세분화되어 있었고, 축적된 지식과 기술은 오로지 도제제도에 의한 경험주의적인 실습훈련을 통해서만 비밀스럽게 전승되었다. 어쨌든 라틴어가 지배하는 학자·성직자의 세계와, 속어로 말을 주고받는 직인·상인의 세계는 완전히 다른 세계였다.

> 많은 강사와 학생이 대학에서 유클리드기하학의 기초와 같은 이론을 배운다. 하지만 실제로 토지나 성벽이나 용기를 측정하지는 않는다. 실용적인 일에는 손을 대려고 하지 않는다. 반대로 실무에 종사하는 측량사들은 자신이 사용하는 규칙을 잘 이해하지 못한 채 그대로 받아들인다. 근거나 증명을 명확하게 음미하지 않고 믿어버리고 있는 것이다.

십진 소수법의 발안자로 알려진 네덜란드의 기술자 시몬 스테빈Simon Stevin의 탄식이다.[1] 이처럼 대학 교육으로 이루어진 이론 지식과 각종 길드에서 계승된 경험 지식은 엄연히 구별되어 있었다. 이 단절 상황에 균열이 일어난 것이 16세기였다. 미술사 연구자 에르빈 파노프스키Erwin Panofsky는 이 과정을 "구분철거"라고 명명했다.[2] 서민 사회의 습자교실이나 산술교실에서 속어로 읽기·쓰기 능력을 익혀 계산 기술을 습득한 상인과 직인·기술자와 예술가들이, 15세기 중기에 탄생해 급격히 발전하여 보급된 인쇄서적의 힘을 빌렸다. 그때까지 경직된 동업조합에 갇혀 있던 지식을 공개하고, 더 나아가서는 자연에 대한 새로운 관점의 유용성을 주장하기 시작한 것이다. 나는 직인·기술자와 상인, 뱃사람, 군인들이 주도했던 지식 세계의 지각변동을 전작에서 "16세기 문화혁명"으로 묘사했다.

이와 같은 나의 주장에 대해서 몇 가지 비판이 있었다. 다카하시 겐이치高橋憲一가 『과학사 연구科学史研究』에서 졸저에 대해 언급한 '소개'가 대표적이다. "이러한 구상 아래서는 학자와 직인의 두 괴리된 전통이 접근함에 있어서 직인의 적극성이 강조된다. 학자 집단에서 다가간 사람들은 무시되거나, 경시되거나, 묵시되거나, 다른 문맥으로 자리매김된다"라는 주장으로 집약될 수 있을 것이다.[3]

이토 슌타로伊東俊太郎는 과학사 연구의 제일인자 무라카미 요이치로村上陽一郎, 히로시게 데쓰広重徹와 저술한 『사상사 속의 과학思想史のなかの科学』에서 15세기부터 16세기에 걸친 시대를 "두 창조적인 시대 사이의 골짜기"로 특징짓는다. 말하자면 "뷔리당이나 오렘의 시대인 14세기, 즉 소위 '갈릴레오의 선구자'의 시대와 뉴턴이 활약하는 17세기 '과학혁명'의 시대 사이에 가로놓인 중간 휴식기"라는 것이다. 그리고 다음과 같이 보충하고 있다.

당시까지 학자와 직인을 떼어놓았던 사회적 장벽이 허물어져 양자의 전통이 융합할 기회가 생겼다. 여기에 (고대) 그리스 이래 학자의 합리적인 이론과 르네상스 직인의 공예적인 실증적 실천이 결합했다. 합리적이면서 동시에 실증적인 근대과학이 탄생할 수 있는 기반이 만들어진 것이다. 두 전통의 접근과 융합이 바로 수학적 방법과 실험적 방법의 결합이라는 '과학혁명' 특유의 방법론을 탄생시켰다. … 이것이 현실화된 것은 르네상스기에 학자 계층과 직인 계층이 시민사회라는 하나의 도가니 안에서 함께 일하기 시작한 다음부터이다.[4]

마찬가지로 덴마크의 과학사가 올라프 페데르센Olaf Pedersen과 물리학자 모겐스 필Mogens Pihl은 과학사 저작인 『초기의 물리학과 천문학』에서 이 시대에 관해 다음과 같이 말한다. "과학은 종전의 대학 전통에서 해방되었으며, 국제적인 활동으로서의 과학이라는 스콜라적 에토스를 유지하면서도 예술가, 기술자, 건축가들과 풍부한 결실을 맺는 관계를 확립했다."[5]

최종적으로는 엄밀한 논증 기술을 익힌 지적 엘리트 일부가 직인의 세계에서 배양된 경험주의적이면서 실증적인 연구 방법의 유효성과 그로부터 얻을 수 있는 인식의 유용성을 인정했다. 이를 통해 근대과학으로 가는 길이 열렸다. 고대 그리스 이래 사변적인 학문의 방법론을 배워서 익힌 그들은, 동시에 상업의 세계에서 발전해온 수학과 계산 기술을 자신의 것으로 만들었다. 또한 수작업에 대한 멸시와 편견을 극복하고 스스로 도구나 장치를 설계·제작하고 조작하여 관측과 실험에 몰두했다. 이렇게 자연을 탐구하는 새 과학을 탄생시켜 지식 세계의 주도권을 되찾기 시작했다. 이에 관한 유명한 사례들을 쉽게 떠올릴 수 있다. 17세기 런던 왕립협회의 보일과 훅이 스스로 진공펌프를 만들어 대기의 압력을 알아낸 것, 케임브리지의 수학자 뉴턴이 프리즘을 사용하여 광학 실험을 수행한 것, 갈릴레오가 경사면과 물시계를 써서 낙하의 법칙을 검증한 것 모두 잘 알려진 사실이다.

그러나 17세기의 '과학혁명'에 앞선 16세기 지적 세계의 지각 변동에서는 대학 교육을 받은 학자·지식인과 학습 의욕이 넘쳤던 직인·기술자 양측의 상호 접근이 나타났다. 그 한 예로 런던의 로버트 노먼과 뉘른베르크의 게오르크 하르트만이 자침의 편각과 복각을 발견하고 측정한 것을 들 수 있다. 노먼은 대학 교육을 받지 않은 뱃사람 출신의 직인이었다. 하르트만은 대학 교육을 받은 후 성직자 신분으로 천체관측 기기와 자기 컴퍼스 제작에 종사한 기능인이었다. 그때까지 문자문화의 세계에서 거의 주목받지 못했던 광산업·야금업의 전모를 처음으로 밝힌 것은 대학 교육을 받지 않은 이탈리아의 기술자 반노초 비링구초Vannoccio Biringuccio가 속어로 쓴 서적과, 대학 교육을 받은 독일의 의사 게오르기우스 아그리콜라가 쓴 라틴어 서적이었다. 모두 16세기 중기의 출판물이다. 독학으로 수학을 공부한 가난한 서민 출신 수학 교사 타르탈리아와 귀족 출신 군인으로 대포의 시대에 새로운 군사기술 개발을 위해 역학을 배운 귀도발도 델 몬테는 16세기 이탈리아 기하학의 번영을 가져왔다. 갈릴레오도 나중에 그 영향을 받았다. 타르탈리아는 3차방정식의 해법을 발견한 것으로도 알려져 있는데, 이를 공표하여 새로운 수학 분야로 확립한 것은 대학 교육을 받은 카르다노이다.

이 시대 유럽에서 본격적인 관측천문학을 부활시킨 것은 대학 교육을 받았지만 대학에서 벗어나 과학서 출판업에 뛰어든 요하네스 레기오몬타누스와 뉘른베르크의 상인 베르나르도 발터의 공동 작업이었다. 16세기 후반, 덴마크의 티코 브라헤와 함께 중부 유럽에 천체관측의 거점을 건설한 헤센 백작 빌헬름 4세에게 힘을 실어준 것은 대학 교육을 받은 관측자 크리스토프 로스먼Christoph Rothmann과 스위스의 직인 뷔르기였다. 고등교육과는 거리가 먼 교육 환경에서 자란 뷔르기는 아마추어 수학자였던 에든버러의 귀족 존 네이피어와 함께 천체관측에 필요한 대수계산을 독립적으로 고안했다고 알려져 있다.

아주 사변적인 사람으로서 관념적인 자연학을 주장했던 데카르트마저, 1620년대 굴절광학 연구에서는 "내가 지금부터 기술할 것(굴절광학 실험)을 실행하려면, 평상시 연구를 단 한 번도 해본 적이 없는 직인의 기교에 의지할 수밖에 없다"라고 했다.[6]

20세기 양자역학의 형성과 해석 과정에서 물리학자 닐스 보어Neils Bohr는 '상보성Complementarity'이라는 개념을 제창했다. 쉽게 말해서 모든 소립자가 파동과 입자의 성질을 함께 지니는 것처럼 모든 사건과 사물은 상호 보완하는 양면성을 지니므로, 양쪽 모두를 파악할 때 비로소 그 전모를 제대로 알 수 있다는 의미이다. 이 개념을 끌어다 써보자. 17세기 과학혁명을 준비하는 단계인

16세기 지적 세계의 지각변동에서는, 읽고 쓰는 능력이 향상된 직인들에게서 발생한 '문화혁명'에 상보적인, 고등교육을 받았으나 탈아카데미즘화한 지식인 기능자들의 접근이 있었다. 그렇다면 그 두 측면을 모두 포함해 넓은 의미에서 '16세기 문화혁명'이라고 부를 수 있을 것이다.

◪ 애초에 유럽에서 "16세기는 가장 넓은 범위에 걸쳐 눈부신 전환을 이룩한 시대였다"[7]. 1602년 간행된 토마소 캄파넬라의 책 『태양의 도시』에는 "이번 세기(16세기) 100년간의 세계가 지난 4,000년간 얻었던 것보다도 많은 역사를 낳았고, 이 100년 사이에 지난 5,000년 사이에 나온 책보다도 많은 서적을 간행했다"라고 쓰여 있다.[8] 20세기 프랑스의 역사학자 뤼시앵 페브르Lucien Febvre는 이렇게 말했다.

> 17세기는 결국 무엇이었단 말인가? 그것은 16세기가 병탄竝呑한 상호 모순되는 사상과 이질적인 사실 모두를 100년 가까이에 걸쳐 소화하고 천천히 동화한 시기라고밖에 할 수 없지 않을까?[9]

그 과정의 최종 국면에 등장해서 진정한 의미의 태양중심이론을 처음으로 언급하고 새로운 천문학의 법칙을 찾아냈을 뿐만 아니라, 천문학을 물리학(동역학)의 기초로 만듦으로써 천문학 자신의 혁명을 이끌어낸 독일의 요하네스 케플러. 대항해시대의 막이 올라 유럽의 활동 범위가 지구 규모로 확대되어 화기, 특히 그

중에서도 대포의 발달이 전쟁의 양상을 크게 바꾸고 당시까지의 봉건 영주의 힘이 쇠퇴하여 근대국가의 모습이 보이기 시작했으며, 인쇄술이 발명되어 대중의 읽고 쓰는 능력이 향상되고 인문주의가 퍼져 스콜라학의 권위가 저하되어 종교개혁을 경험한 이 한 세기 반을 케플러는 1606년에 생생하게 그려냈다. 변혁의 당사자가 그 변혁의 깊이와 넓이를 얼마나 자각했는지를 보여주는 다음 글은 매우 흥미롭다. 나의 좁은 식견으로는 지금까지 일본어 서적에서 언급된 바가 없다. 조금 길지만 주요 부분을 인용해 함께 살펴보자.

> 세계는 1450년에 각성하여 고대의 활력을 되찾았다. … 지금 우리들은 과거 150년에 달하는 놀라운 변화를 눈앞에 두고 있다. 가장 먼저 제국, 그중에서도 특히 독일의 법이 개선되었다. 공공의 질서가 확립되고 강화되었다. 길거리의 강도사건은 줄어들고 있다. 재판소가 설치되었다. 유익한 관행, 특히 택배와 파발의 도입이 제정되었다. 투르크인들마저 그 야만성을 벗어버리고 문명화되기 위해 배우고 있다. 유럽은 특히 콘스탄티노플의 상실과 비잔틴제국의 붕괴 이후, 자신의 힘을 계산하고 이해하기 시작하여 사나움이 아닌 교묘함을 이용하기 시작했다. 전쟁을 위한 기계가 발명되었으며, 많은 노력이 더해져 더욱더 유용해지고 있다. 투르크인들은 신중함, 강력함, 용감함에 있어 현격한 진보를 보이고 있다. 다른 한편, 그리스인들은 무기력해졌으나, 그렇지 않으면 다른 유럽인들과 마찬가지로 동료들끼리 싸움을 벌였을

것이다. 스페인인은 무어인을 쫓아냈다. 그들은 최대한의 열의를 가지고 항해했으며, 수년간에 걸쳐 원정에 힘을 쏟은 결과 동인도로 가는 항로를 개척할 수 있었다. 그것은 아프리카 원정으로 시작해서, 그 후 아프리카를 배로 돈 후에 완수되었다. 이와 같은 열정적인 활약은 또한 서인도의 발견이라는 행운을 가져다주었다. 이 발견의 결과로 유럽의 교역은 놀라울 정도로 비약하여 최고조에 도달했다. …

인쇄기술arts typographica만 보더라도 얼마나 적은 일손으로 얼마나 많은 양의 부수를 만들어낼 수 있는가를 생각해보면, … 사람은 이 시대의 말로 표현할 수 없을 정도로 유능해졌다는 사실이 충분히 증명된다. 인쇄기술의 발명 이래 서적이 널리 보급되었다. 그 후 유럽에서는 누구나 저술된 것liter을 열심히 학습하게 되었다. 이렇게 해서 많은 학원Academia이 창설되었다. 학식이 풍부한 사람들이 갑자기 다수 등장했고, 그 결과 [중세적으로] 야만을 고집하는 권위가 단기간에 퇴장했다. 종교적인 질서 안에서 유효했던 거의 대부분의 권위는 새로운 질서에 자리를 양보했고 … 항해와 교역은 당시까지 알려져 있지 않았던 나라들이나 미개한 민족에게도 기독교 신앙을 널리 퍼뜨릴 기회를 유럽인에게 제공했다. 다른 한편, 학문의 자유, 많은 서적과 인쇄의 편의를 가진 대학, 그리고 의심할 여지 없이 지식과 사회 전체의 불만은 유럽의 여러 분야에서 로마 교황청에서부터 점차적으로, 영원히 기억될 만한 이탈을 초래하게 되었다. …

현재의 기계기술ars mechanica은 그 수가 많으며 교묘하고 난해한 설계에 대해서는 말할 필요도 없을 것이다. 오늘날 우리들이 인쇄 기술을 통해 현존하는 모든 고대 저술가의 저작에 빛을 비추고 있지 않은가. 우리들이 행한 많은 비판 작업을 통해, 키케로 자신이 라틴어를 어떻게 바르게 사용할 것인가를 다시금 배운 것은 아닌가. 매년, 특히 [토성과 목성이 접근했던] 1563년 이래 그 어떤 문제에서도 그와 관련된 저술을 인쇄한 저자의 수가 과거 1,000년간 등장했던 모든 저자의 수를 넘어서고 있다. 그들을 통해서 새로운 신학, 그리고 새로운 법이 바로 오늘 창조되고 있는 것이다. 파라켈수스의 후계자들은 새로운 의학을, 그리고 코페르니쿠스의 후계자들은 새로운 천문학을 만들어내고 있다.[10]

천문학의 변혁자 케플러가 변혁의 시대를 어떻게 보았는지 대략 추측할 수 있는 대목이다. 케플러의 전기를 쓴 아서 쾨슬러Arthur Koestler는 케플러가 중세와 근대의 분수령을 몽유병자처럼 넘어갔다고 서술했으나, 오히려 케플러는 동시대의 프랜시스 베이컨에게도 뒤지지 않는 명민한 시대의식을 지니고 있었다.

이 시기의 과학에 대해 천문학사 연구자 노엘 스워들로Noel Swerdlow는, 1464년 레기오몬타누스가 파도바대학에서 수학과 천문학에 관해 강연했던 내용에 대한 논문에서 이렇게 기술했다.

나는 과학의 역사에서 르네상스를 부정하는 것, 르네상스의 부재를 주장하는 것은 심각한 오류라고 생각한다. … 과학의 역사에서 르네상스는 다른 시기와 구별된 시대라고 받아들여야만 한다. 이 시대는 인문주의 및 이 시대의 학문과 밀접하게 관련되어 있다. 그리고 통상적으로, 또 정당하게 과학혁명이라고 명명된 더 가까운 시대와 다른 것처럼, 중세와도 다른 그 자신의 특징을 가지고 있다. … 이 과학의 르네상스는 적어도 내가 알고 있는 분야에서는 레기오몬타누스로부터 시작되었다. 또한 그와 마찬가지로 스콜라학을 부정했으나 그 이상으로 포괄적이고 야심적으로 과학과 학문 및 그 응용을 칭찬한 케플러와 베이컨에 이른다. 1464년 레기오몬타누스의 강연과 1627년 케플러가 쓴 『루돌프 표』 서문, 그리고 1605년 베이컨이 쓴 『학문의 진보』 사이에는 유사성이 현저하게 나타난다. 이것은 르네상스의 가장 큰 특징인 과학과 인문주의 동맹의 처음과 끝을 각인하고 있으며, 그 후는 각자 과학과 고전학의 특정한 개별 연구를 하는 방향으로 진행된다.[11]

이는 15세기 말부터 17세기 초까지를 "과학르네상스"로 명명하여 17세기의 "과학혁명"과 구별한 피터 디어Peter Dear의 설[12]과 거의 일치한다. '과학의 르네상스The Renaissance of science' 혹은 과학르네상스Scientific Renaissance와 같은 것을 특정할 수 있는가, 또는 당초에 그것을 '르네상스' 개념과 결부시키는 것이 가능한가 등에 대해서 나는 다소 부정적이다. 또한 베이컨이 수학적 과학을 이해하지 못했다고 알려져 있으므로, 여기서 케플러와 견주는 것에 대해서도 의문점은 남아 있다. 그러나 15세기 중반부터 17세기 초까지, 즉 레기오몬타누스부터 케플러에 이르는 천문학의 전개가 그 이전과는 다르며, 이를 넘어서 17세기의 소위 '과학혁명'과 구별되는 독자성을 띠고 있다는 주장에 대해서는 찬동할 수 있다. 레기오몬타누스가 1464년의 강연에서 수학적 과학의 부흥을 소리 높여 선언한 후, 코페르니쿠스부터 티코 브라헤 그리고 케플러에 이르기까지 스콜라학과 거의 관계가 없는 곳에서 정밀한 관측을 바탕으로 복잡한 계산으로 논증하는 새로운 과학으로서의 천문학이 재구축되었다. 더 나아가서는 갈릴레오, 보일, 뉴턴보다 먼저 세계와 학문을 보는 방식의 전환이 이루어진 것이다.

실제로 천문학과 지리학의 변혁은 대학 교육을 받으면서도 인문주의의 세례를 함께 받아 스콜라학에 대한 비판도 받아들인 사람들 중에, 관찰이나 측정의 중요성을 인식하여 스스로 천체관측이나 토지측량을 위해 장치나 계기를 설계·제작하고, 관측에 관여하여 필드워크(현지작업)에 종사하는 이들(소위 수학적 기능자들 mathematical practitioners)이 중부 유럽에서 배출됨으로써 달성되었다.

◪ 원래 천문학은 고대 그리스 철학이나 서양 중세의 스콜라학 전통에서는 특수한 학문이었다. 고대의 거의 유일한 정밀 수리과학이었으며, 고대·중세를 통틀어 유일하게 계산에 의한 정량적 예측과 관측에 의한 검증이 가능한 가설검증형 실증 학문이었다. 근대 유럽 천문학의 기원으로 여겨지는 고대 메소포타미아나 이집트 시대의 천문학이 종교나 농사에서 필요로 하는 역산, 혹은 초기 별점을 포함하는 점성술을 위한 데이터를 공급하는 실용 학문이었기 때문으로 추정된다.

이것이 그리스로 전해지면서 플라톤이나 아리스토텔레스의 사변적인 학문의 세례를 받았지만 실용 학문으로서의 성격을 잃지는 않았다. 이 때문에 하늘 혹은 우주를 다루는 학문은 철학적인 우주론과 수학적인 천문학 두 축으로 분열되어 진행되었다. 학문의 목적과 방법도, 그리고 그 옳고 그름의 판정 기준에도 차이가 있었다. 쉽게 말하자면 전자인 우주론은 정의와 논증을 기반으로 항성천恒星天(천동설, 즉 지구중심설의 우주계에서 항성이 고착되어 있는 가장 바깥쪽의 천구_옮긴이)과 태양계 전체(즉, 당시의 우주 전체)의 구조를 설명하는 학문이다. 후자인 천문학은 역산이나 점성술을 위해 관측과 계산을 기반으로 하여 천체의 운동을 예측하는 기술이었다. 우주론의 경우 지구를 둘러싼 행성과 항성천에 강체적剛體的인 천구를 대응시키는 아리스토텔레스의 우주상을 집약적인 표현으로 이끌어냈다. 그것은 아리스토텔레스 자연학의 장대한 체계 일부를 형성하는 일종의 정합적 체계였지만, 행성 운동을 정량적으로 예측하는 데에는 심하게 뒤떨어졌다. 한편 천문학의 경우 고대 천문학의 최고 도달 지점인 헬레니즘기의 프톨레마이오스의 『알마게스트Almagest』(원서에서는 『수학집성数学集成』으로 썼지만 이 책에서는 『알마게스트』로 번역한다. '알마게스트'의 그리스어 명칭인 '마테마티케 신탁시스*Μαθηματικὴ Σύνταξις*'가 '수학의 집대성'이라는 뜻이다_옮긴이)에서 이심원離心圓·주전원周轉圓 모델이라는 수학적으로 정교하며 예측력이 뛰어난 체계를 만들어냈다. 하지만 수학적 장치로서 이심원과 주전원의 자연학적인 신분은 불명확했다. 우주론은 사용하는 말과 논증의 엄밀함으로 옳고 그름이 판단되었고, 천문학은 관측 사실과 일치하는가가 중요한 문제였다.

그러나 그 분열은 병렬적이지 않았다. 실제로는 고대보다 근대 초엽에 이르기까지 자연학의 원리를 기반으로 하여 엄밀하게 논증하는 우주론이 높게 평가되고, 주관적이고 부정확하다고 여겨진, 관측과 경험에 기초한 천문학은 저평가되었다. 그러나 우주론과 천문학은 흙·물·공기·불 4원소로 이루어진 달 아래의 세계와 제5원소 에테르로 이루어진 천상세계를 구별하는 이원적 세계상을 기본으로 한다는 점에서 일치했다. 또한 지구를 세계 중심에 정지시키고 하늘의 천체, 즉 달과 태양을 포함한 행성과 항성이 보이는 운동은 모두 원이라고 하는 점에서도 일치했다. 이것은 하위의 천문학이 상위 원리인 우주론에 종속되며, 상위의 원리로서 아리스토텔레스 자연학의 원리에 구속된다는 것을 의미했다.

서구 사회가 이슬람 사회를 경유하여 고대 그리스의 학문과 예술을 재발견한 12세기 르네상스와 그 이후 대학의 창설로 말미암아 서유럽은 지적으로 새롭게 각성하게 되었다. 그러나 그곳에서 이루어진 교육과 연구는 고대의 문헌이나 초기 교부가 남긴 문서의 뜻을 해석하는 것이 대부분이었다. 중세 대학에 대해 쓰인 책에 따르면, 의료 실천과 불가분의 관계에 있는 의학마저도 "[신학이나 법학과] 마찬가지로 문헌을 통해서 연구되었다"라고 되어 있다.[13] "어떤 텍스트에서 약초라고 지적된 풀의 명칭이 의문스럽다면, 그것이 이 풀인지 다른 풀인지 실제로 시험하고 검증함으로써 의문이 해결되지는 않았다. 여러 텍스트와 전거를 주

석하고 비교 검토하거나 쓰인 말에 대해 논의하여 해결되는 것" 이었다.[14]

중세 후기에는 옥스퍼드의 머튼 학파, 파리의 뷔리당과 오렘이 아리스토텔레스 운동론을 비판했다. 그러나 이 비판들은 종종 자의적으로 상정한 순수하게 형식적이며 가설적인 논의, 즉 논증의 훈련이었다. 또한 그 가설적인 결론을 '실재' 세계에 비추어 검증하는 일은 거의 이루어지지 않았으며, 흥미로운 일로 여겨지지도 않았다.[15] 그리고 논증에 기초한 철학적 우주론과 관측에 기초한 수학적 천문학의 분열 상황도 계속 이어졌다. 사변적인 우주론은 수학적 천문학에서 주전원이나 이심원과 같은 인공적인 수학적 개념을 실용적pragmatic으로 사용하는 것을 철학적인 근거가 뒷받침되지 않았다고 비판하고 기피했던 것이다. 게다가 당시 수학교육의 수준으로는 정밀한 프톨레마이오스 천문학의 경지를 이해하는 이가 매우 적었다. 서구에서는 수학적 천문학과 관측천문학 모두 쇠퇴의 흐름에서 벗어날 수 없었다.

이에 비해 15세기 후반 포이어바흐와 레기오몬타누스는 수학적이면서 정교한 프톨레마이오스 천문학과 함께 천체관측의 전통까지도 서유럽에서 부활시켰다. 그 시대에 확대된 원양항해, 그리고 무엇보다도 르네상스기에 융성한 점성술의 영향도 있었다. 이 때문에 천문학자들은 이에 필요한 에페메리데스(천체위치추산력)나 캘린더(역曆)를 작성하여 직접 인쇄했다. 이 시대에 와서도 천문학은 실용 학문으로서의 특징이 짙게 남아 있었다.

따라서 당시에 천문학을 다루었던 많은 이는 학자라기보다는 수학에 정통하며 관측 활동에 종사하는 기능자practitioner였다. 그들은 스스로 관측 기기를 설계하고 제작하고 조작하고 계산했으며, 필요한 경우 삼각함수표를 작성했다. 그리고 점성술과 관련된 일도 했다. 실제로 레기오몬타누스는 한편으로는 천체관측과 에페메리데스 제작에 관여하면서, 다른 한편으로는 도시의 부유한 상인과 제휴하여 당시 신흥 산업이었던 인쇄출판업에 뛰어든 벤처기업가였으며, 동시에 점성술 이론가로도 알려져 있었다. 레기오몬타누스의 스승인 빈의 포이어바흐는 대학에서 라틴문학을 강의하는 인문학자였지만, 동시에 점성술사로서 군주를 섬기기도 했다. 폴란드인 코페르니쿠스는 이탈리아의 대학에서 교육을 받았지만, 당시 학문의 중심에서는 멀리 떨어진 폴란드 최북단 지역에서 성당참사회원, 즉 교회 조직의 행정관으로서 생애를 마쳤다. 네덜란드의 젬마 프리시우스는 대학에서 의학을 가르쳤지만, 실용수학책을 저술하고 삼각측량의 원리를 고안했으며, 천체관측 기기 개량을 위해 힘썼고, 지구의와 천구의를 제작한 것으로도 알려졌다. 덴마크의 티코 브라헤는 봉건귀족으로, 자신이 거주하던 성에 관측기지를 건설하고 천체관측과 관측 기기 개량에 생애를 바쳤다. 루터와 비견되는 종교개혁 지도자이면서 비텐베르크대학의 그리스어 교수였던 필립 멜란히톤은 대학 교육 개혁에도 힘을 발휘했는데, 그가 추진한 개혁은 실용수학과 천문학을 중시했으며 이로 인해 비텐베르크대학은 독일에서 코페르니쿠스 이론의 관문이 되었다. 그리고 성직자가 되지 못한 케플러는 처음에는 주州수학관, 나중에는 궁정수학관이라고 불리는 일을 했는데, 이것은 요컨대 점성술사의 역할이었으며 매년 역曆의 제작과 점성술적인 예언을 하는 직책이었다. 대학에 적을 둔 페트루스 아피아누스와 제바스티안 뮌스터와 같은 인물도 책의 집필뿐만 아니라 인쇄 작업에도 직접 관여했으며, 관측 기기와 그 사용 매뉴얼을 제작하고, 해시계를 제작하는 법이나 상업수학에 관한 책을 저술했으며, 지도를 제작하기 위해 현장으로 나가서 탐사와 측량에도 참여했다.

이와 같은 천문학과 지리학 탐구는 경험적이면서 수학적이었으며, 중세 스콜라학은 물론이고 중세 말기 스콜라학 내부의 아리스토텔레스 자연학 비판과도 분명하게 구별되었다. 이 시대 최고의 관측자 티코 브라헤는 1578년 "아리스토텔레스와 그 추종자들"의 오류를 다음과 같이 지적했다.

> 그들은 이 [하늘에 관한] 견해나 지식을 경험이나 주의 깊게 고찰된 수학적 관측에서가 아니라 오히려 머릿속에서 골똘히 생각한 논의에서 도출한다. 그러나 이와 같은 [천문학상의] 문제에서는 그와 같이 하여 진리에 다가갈 수 없다. 이러한 진리는 오히려 적절한 장치를 이용한 관측에 의해 밝혀지며, 믿을 수 있는 지식은 삼각형의 과학[수학]에 의하여 증명되는 것이다.[16]

이리하여 새로운 천문학은 우주와 자연을 보는 새로운 관점을 제시했을 뿐만 아니라 관측과 계산에 기반을 둔 새로운 연구 방법을 만들어냈으며, 자연스럽게 법칙을 발견한다는 새로운 연구

목적을 설정했다. 포이어바흐와 레기오몬타누스에서 코페르니쿠스와 티코 브라헤를 거쳐 케플러에 이르는 한 세기 반의 과정은, 고대 천문학의 부활로부터 태양중심설에 기초한 행성 운동의 정확한 법칙을 이끌어내는 과정이었다. 또한 자연학적·철학적 우주론과 수학적·기술적 천문학 사이의 장벽이 무너지고 물리학적 천문학이 형성되는 과정이기도 했다.

◪ 코페르니쿠스의 지동설 제창이 의미하는 바는 단지 지구 중심의 세계상에서 태양 중심의 세계상으로 전환되었다는 것뿐만은 아니다. 만약 그것이 전부라면 관측과 기술을 위한 좌표계를 변환했을 뿐으로, 상대적인 것에 지나지 않는다. 여기에서 결정적인 점은 지구를 행성 대열에 포함시켰다는 것이다. 요컨대 지동설은 그때까지 아리스토텔레스 자연학과 우주론 전체의 기본적인 틀, 즉 지상세계와 천상세계가 다른 종류의 물질로 이루어졌으며 서로 다른 법칙의 지배를 받는다는 전제에 근본적으로 저촉되었다. 따라서 천문학이 지동설을 올바른 태양계상으로 주장한 것은 하위에 있던 수학적 천문학이 상위에 있던 철학적 자연학의 원리를 부정하는 일이었으며, 학문의 서열을 전도해버린 사건이었다. 동시에 무겁고 비활성적이라고 여겨졌던 지구를 운동하게 하는 자연학적 원인이 무엇인가라는, 전적으로 새로운 문제를 제기하는 것이기도 했다.

그러나 코페르니쿠스 자신은 이러한 의의를 충분히 알지 못했다. 실제로 코페르니쿠스 일생의 대작으로 1543년 출판된 『천구의 회전에 관하여』(이하 『회전론』)는 천문학의 전환점에 위치하기는 했지만, 예전부터 전해져 내려오던 자연학의 개념으로 기술되었다. 이를 상징하는 것이 코페르니쿠스도 여전히 사로잡혀 있던 천체의 원궤도와 등속도 운동이라는 도그마와, 그 원운동을 만들어내는 것이 강체적인 천구라는 관념이었다. 코페르니쿠스는 그때까지 천상세계에만 허락되었던 원운동을 지구에도 적용함으로써 과거의 철학이 지니는 권위를 받아들이고 새로운 자연학의 구축을 미뤄버린 것이다.

이러한 한계를 넘은 것이 첫 번째로 16세기 후반 크리스토프로스먼과 티코 브라헤가 주장한 강체천구설의 파기였으며, 두 번째로 17세기 초두 케플러가 주장한 타원운동과 면적속도 일정의 법칙, 즉 행성 운동의 원형성과 일정성을 포기한 것이다. 20세기 철학자로 원래 물리학자 출신인 러셀 핸슨Russell Hanson은 "코페르니쿠스의 작업은 [프톨레마이오스의] 『알마게스트』에서 고안된 메커니즘을 재편성하여 다시 다듬은 것으로 볼 수 있다"라고 한 것과 대조적으로 "이론천문학의 역사에서 요하네스 케플러는 뉴턴 이전의 거인으로 우뚝 서 있었다"라고 평가했다. "16세기에 다다를 때까지 천문학은 두 가지 원리, 즉 지구중심 원리와 원형성 원리에 의거"했는데, 지구중심 원리에 대한 이론異論은 고대에도 있었다. 15세기 니콜라우스 쿠자누스도 이렇게 말했다. "하지만 원형성 원리는 다르다. 천문학은 2,000년에 걸쳐 그것을 의심한 적이 없었다"라는 것이다.[17]

실제로 플라톤과 아리스토텔레스 이후 사람들은 천체 운동이 등속원운동이라고 굳게 믿었다. 16세기 코페르니쿠스와 티코 브라헤에 이를 때까지 행성의 궤도는 원 내지는 원의 조합이었다. 1572년 태어난 잉글랜드의 시인 존 던은 한편으로 "새로운 학문이 태양을 정지시키고, 수동적이어야 할 지구에게 그 주변을 돌라고 명령했다…"라고 강조하여 지동설에 대한 이해를 드러내고 있다. 그러나 그 뒤에는 "완전한 운동은 원을 그린다"라고 썼다. 1609년의 일이었다.[18] 같은 해 케플러는 화성의 궤도에 관해 논한 『신천문학』에서 행성의 궤도가 타원이라는 케플러의 법칙(제1법칙)을 공표하고 '원운동의 원리'를 매장해버렸다. 케플러는 이에 대한 의의도 자각하고 있었으며 『신천문학』 제1장 서두에 다음과 같이 썼다.

> 각 행성의 운동이 원형이라는 것은 그 [운동의] 영속성에 의해 확고한 사실로 여겨지고 있다. 이러한 주회周回가 완전한 원이라는 주장은 이성이 경험에 기반을 두어 직관적으로 추론한 것이다. 다양한 도형 중에서 원이, 다양한 물체 중에서 천체가 가장 완전하다고 여겨지기 때문이다. 그러나 주의 깊은 관찰자에게 경험이 이와는 다르다는 사실을 알려준다면, 즉 각 행성[의 운동]이 단순한 원형 궤도에서 벗어나 있다는 것을 알려준다면 매우 놀라울 것이다. 이것을 알게 된 사람은 결국 그 원인을 추구하게 될 것이다.[19]

행성 운동의 원인은 원운동을 포기하지 않는 한 그다지 심각한 문제가 되지 않는다. 그러나 원운동을 포기할 때는 문제가 된다.

후에 케플러는 『루돌프 표』의 「서문」에서 자신의 성과를 "천문학 전체의 허구의 원에서 자연적 원인으로 뜻밖의 전환을 이룬 것translatio inopinabilis ab circulis fictiis ad causas naturales"이라고 총괄했다.[20] 대칭성 붕괴의 발견이 그에 대한 물리학적 원인을 밝히도록 하는 방향으로 이끌었던 20세기의 익숙한 장면이 원궤도의 포기에서 처음 연출되었던 것이다. 이러한 시각이 선견지명이었다는 점은 20세기의 물리학자 리처드 파인먼Richard Feynman이 350년 후에 지적한 바와 비교해봄으로써 알 수 있다.

> 우리 마음속에는 대칭성을 모종의 완전성으로 받아들이려는 경향이 있다. 이것은 원이 완전하다는 그리스인의 오래된 관념과 유사하다. 행성의 궤도가 원이 아니며 근사적인 원이라는 사실을 믿는 것은 두려운 일이었다. 원과 근사적인 원의 차이는 작지 않다. 생각하기에 따라서는 근본적인 차이가 있는 것이다. 원을 통해서는 완전성과 대칭성이 드러나지만, 원이 조금이라도 일그러지는 순간 완전성과 대칭성은 사라져버린다. … 만약 현실의 행성 운동이 완전한 원이었다면 더 이상 아무것도 설명할 필요가 없다. 참으로 단순하다. 그러나 실제로는 근사적인 원이기 때문에 여러 가지를 설명해야만 하며 그 결과는 동역학에서 중요한 문제가 된다.[21]

필자의 전작 『과학의 탄생』에서 상세히 기술한 바와 같이, 케플러는 고대부터 알려져 있던 자력이라는 마술적인 원격력에 이끌려 천체 간에 영향을 미치는 힘 개념에 도달했다.

케플러는 타원궤도를 발견하기까지 화성을 상대로 고투하는 과정에서 동프리슬란트의 목사 다비트 파브리치우스와 끊임없이 연락을 주고받았다. 파브리치우스는 지식과 이해력을 겸비함과 동시에 솔직한 성격의 사람이었다. 케플러는 연구의 진척 상황을 그에게 하나하나 자세히 보고했다. 파브리치우스는 당시 케플러를 이해하는 얼마 안 되는 사람들 중 하나였다.

케플러가 타원궤도 개념에 도달한 것은 1605년 봄 무렵으로 추정된다. 그해 10월 케플러는 파브리치우스에게 보내는 장문의 편지에서 행성의 궤도가 "완전한 타원"이라는 자신의 발견을 통지했다.[22] 케플러 본인이 타원궤도에 대해 처음으로 표명한 것이다. 이에 대해 파브리치우스는 1607년 1월에 보낸 장문의 편지에서 "천공에서의 화성의 운동이 당신의 새로운 가설에 모든 점에서 합치함을 이해했습니다"라고 인정하면서, 다음과 같은 이의를 제기한다.

> 당신은 달걀형 혹은 타원으로 운동의 균등성과 원형성을 말살tollere했습니다만, 나에게는 무엇보다도 그다음 고찰이 난처하게 여겨집니다. … 만약 완전한 원을 유지하면서 다른 작은 원을 사용해 타원의 도입을 피할 수 있다면 그편이 더 적절하겠지요. 운동을 구하는[행성의 위치를 예측하는] 것만으로는 충분하지 않으며, 그와 동시에 자연의 원리로부터 덜 일탈하는 종류의 가설을 조합해야 할 것입니다.[23]

이에 대해 케플러는 같은 해 8월에 보낸 편지에서 간결하게 대응한다.

> 행성의 운동이 유도되는 원리를 견지해야 한다는 점에서 저는 당신과 같은 의견입니다. 유일한 차이는, 그 원리가 당신에게는 원이지만 저에게는 물체적인 힘이라는 점입니다.[24]

케플러는 2,000년에 걸친 원궤도 도그마로부터 천문학을 해방시켰다. 동시에 행성의 운동을 단지 기하학적으로 기술하는 것에서 벗어나, 힘 개념에 기반을 두고 인과적으로 설명하는 동역학에서 전개될 법한 것을 제창한 것이다. 케플러의 저작인 『신천문학』의 부제가 "걸출한 티코 브라헤의 관측에 기초한, 화성의 운동에 관한 주해로 설명하는 천체물리학Physica Coelestis"이라는 점은 상징적이다.*1

철학자 에른스트 카시러Ernst Cassirer는 이 과정을 다음과 같이 간결하게 총평했다.

---

*1 라틴어 'physica'와 그에 해당하는 영어인 'physics'는 아리스토텔레스 이후로 '자연학'과 현대의 '물리학'에서 모두 사용된다. 보통 고대 이후의 비수학적인 영역에 대해서는 '자연학', 현대의 수학적인 영역에 대해서는 '물리학'이라는 번역어가 대응한다. 이전까지의 비수학적인 자연학을 처음으로 수학적으로 변모시킨 인물이 케플러이기에, 케플러가 언급한 'physica'에 대해서는 '물리학'이라는 번역어를 사용했다.

근대 초기 포이어바흐와 레기오몬타누스가 기하학적인 고찰 방식과 자연학적인 고찰 방식을 조정하려 시도했다. 그러나 이 조정은 통일적이면서 구체적인 생각을 제시하는 것처럼 보이기는 했지만 두 가지 관점의 결함을 극복하지는 못했다. 따라서 현상의 단순한 '기술'에 대한 요구와 그에 대한 인과적인 '설명'의 문제는 그때까지 이어지지 못하고 서로 대립하고 있었다. 이 두 가지 과제를 논리적으로 엄밀히 구분하는 방법을 숙지하면서, 자신의 과학적 업적에 의해 통일적으로 이해한 사람은 케플러가 처음이었다.[25]

레기오몬타누스로부터 케플러까지 한 세기 반 동안 유럽은 물리학적 천문학, 더 넓은 의미에서는 수학적 자연과학을 처음으로 만들어냈다. 이 과정은 세계를 보는 관점이 지구 중심의 우주상으로부터 태양 중심의 천문학으로 변혁했음을 의미했으며, 중세 대학에서는 그다지 관심받지 못했던 직인적·상인적 작업, 즉 수작업에 의한 관측 기기의 제작, 수년간에 걸친 천체관측, 그리고 매우 큰 자릿수를 다루는 방대한 계산 등을 기반으로 하여 관측함으로써 옳고 그름을 판정하는 완전히 새로운 양식의 자연연구를 탄생시켰다. 또한 관측과 계산에 기반을 둔 천문학을 정의와 논증에 기반을 둔 자연학의 상위에 둠으로써 과거의 학문 서열을 전복시켰다. 그때까지의 정성적인 자연학을 수학적인 물리학으로 바꿔 물리학적 천문학, 즉 천체역학이라는 관념을 만들어내는 과정이기도 했다. 인식의 내용, 진리성의 기준, 연구의 방법, 그리고 학문의 목적 모두를 쇄신하는 과정이었던 것이다. 단적으로 말하면 '세계관과 학문 양식의 전환'이었다. 이렇게 유럽은 17세기의 신과학을 준비하게 된다.

이 책은 15세기 중기부터 17세기의 30년전쟁까지, 북방의 인문주의 운동과 종교개혁을 배경으로 하여 중부 유럽을 무대로 한 세기 반에 걸쳐 전개된 천문학과 지리학, 조금 더 일반적으로 말하면 세계 인식의 부활과 전환에 대한 이야기를 다룬다. 전작 『16세기 문화혁명』을 보완하는 의미로, 16세기 문화혁명과 나란히 진행됐던 천문학 개혁의 전말을 추적하는 것이다. 왜 그리고 어떻게 서구 근대에서 과학이 탄생했는가에 대한 문제의식에서 출발한 탐색은, 『과학의 탄생: 자력과 중력의 발견』, 『16세기 문화혁명』과 함께 3부작을 이루는 이 책으로 일단 완결되는 셈이다.

제1권에서는 고대의 우주론과 천문학에 대해 설명하면서 그 내용이 서구 중세에서 어떻게 받아들여졌는지 간단하게 다루었다. 이것은 15세기 서유럽에서 부활한 천문학이 고대 천문학의 어떤 점을 계승하고 어떤 점을 변혁했는지 밝히기 위함이며, 고대부터 근대까지의 역사 서술이 목적인 것은 아니다.

일러두기

1. 본문 중 각주는 지은이의 주이고, 옮긴이의 주는 괄호와 '옮긴이'로 표시한다.
2. 이 책의 다른 장과 절을 지칭할 때는 [Ch.〈장 번호〉.〈절 번호〉]로 표시했다.
3. 인용문 중의 강조는 특별한 언급이 없는 이상 지은이에 의한 것이다. 인용문의 대괄호 [ ]는 지은이의 주이다.
4. 빈번히 참조·인용되는 문헌에 대한 주해에서 사용한 약칭은 책 뒷부분의 '주'를 참조하라.
5. 현대의 문헌에 대한 주해에서는 그 문헌이 몇 년에 공표됐는지가 중요하기 때문에, 참조 또는 인용한 것이 뒤에 출판된 번역본 등이라 할지라도 최초로 공표된 연대를 기록했다. 예를 들어 에른스트 지너Ernst Zinner의 『레기오몬타누스 평전』은 1968년에 독일어로 먼저 나왔고 1990년에 영문판이 출판되었는데, 이 책에서는 1990년도 영역판을 참조했다. 인용한 부분이 영문판의 80쪽일 때 주에서는 Zinner(1968), 영역 *Regiomontanus: His Life and Work*, tr. E. Brown(North-Holland, 1990)과 같이 명기했다.
6. 원서에서는 19세기 전반까지의 역사상의 인물은 일본어로 표기하고 19세기 후반 이후의 역사가와 연구자는 알파벳으로 표기했으나, 국내 번역서에서는 모두 한글과 영문 병기로 표기했다.
7. 이 책은 『과학의 탄생』, 『16세기 문화혁명』과 함께 3부작을 이루고, 그 3부작의 제3부에 해당한다. 하지만 서유럽과 이슬람권의 인명과 지명 표기는 앞의 두 저서와 다소 다르다.
8. 『과학혁명과 세계관의 전환』은 총 세 권으로 이루어져 있다. 원서의 방식에 따라 참고문헌과 찾아보기는 마지막 권인 제3권에 싣는다.

웁살라
스웨덴
덴마크
발트해
북해
벤섬
로스토크
다다니스크
(단치히)
프론보르크
프러시아
케임브리지
런던
엘베강
브란덴부르크
토르니
라인강
작센
비텐베르크
오데르강
비스와강
브뤼셀
뢰번
캇셀
에르푸르트
라이프
치히
브로츠와프
(브레슬라우)
쾰른
네덜란드
프랑크푸르트
슈레젠
폴란드
쾨니히스베르크
파리
하일브론
뉘른베르크
프라하
크라쿠프
센강
슈트라스
부르크
뷔르템베르크
레겐스부르크
보헤미아
슬로바키아
로렌
생디에
튀빙겐
울름
잉골슈타트
아우구스부르크
도나우강
빈
린츠
프레스부르크
바젤
장크트갈렌
그란
오스트리아
부다
헝가리
펠트키르히
그라츠
스위스
그로스바다인
론강
크레모나
베네치아
파도바
포강
페라라
볼로냐
피렌체
피사
오스만제국
지중해
아드리아해
로마

16세기 중부 유럽

제 1 장

고대의 세계상이 도달한 지평

아리스토텔레스와 프톨레마이오스

1. 아리스토텔레스의 우주상

근대의 우주상宇宙像은 16세기 중엽 코페르니쿠스가 기존의 천동설(지구중심이론)을 대체하는 지동설(태양중심이론)을 제창한 데서 시작됐다고 일컬어진다.*1

그러나 단순히 태양중심이론이 등장했다는 사실만 가지고 중세에서 근대에 걸친 천문학의 변혁을 설명할 수는 없다. 이 변혁은 우주의 구조를 보는 방식과 관점의 전환이었으며, 천문학이 지니는 의미와 목적 및 그 방법에 대한 이해를 변화시켰다. 천문학은 무엇을 밝히는 학문인가, 그리고 천문학 연구는 어떻게 이루어져야 하는가에 대한 의식을 바꾼 것이다. 이는 지구중심이론

---

*1 '지동설'과 '천동설'에 직접 대응하는 서유럽어는 없다. 린 손다이크Lynn Thorndike는 이에 가까운 말로 geodynamics와 geostatics, 로버트 웨스트먼Robert Westman은 보다 더 친절하게 geokinetic-heliostatic framework와 geostatic-heliokinetic framework라는 용어를 사용했다(Thorndike, *HMES*, V, p.423; Westmann(1980), p.106). 그러나 다른 곳에서는 별로 눈에 띄지 않는다. 오히려 널리 사용되는 단어는 '태양중심이론heliocentric theory', '지구중심이론geocentric theory'이다. '천동설'과 '지구중심이론'은 사실상 동일하다고 봐도 무방하다. 코페르니쿠스는 『회전론』 제1권 10장에서, 자신의 이론에 의하면 "태양 근처에 우주의 중심이 존재한다"라고 기술했다. 마찬가지 표현이 『소논고(코멘타리오루스)』에서도 보인다(高橋(다카하시) 번역, pp.37f., 84, Ch.5.9, 12.10 참조). 즉, 코페르니쿠스 이론에 따르면 행성은 태양을 중심으로 도는 것이 아니라, 그 부근에 있는 지구궤도 중심(평균태양)을 중심으로 돈다. 이처럼 코페르니쿠스 이론은 '지동설'이기는 하지만, 엄밀히 말해 '태양중심이론'은 아니다. 이 책에서 코페르니쿠스 이론에 대해 따로 구별하지 않고 '태양중심설'이라는 말을 사용하는 경우가 있는데, 이와 같은 내용이 유보된 것으로 이해해주기 바란다.

을 뒷받침하던 이원적 우주상에서부터 태양중심이론이 그리는 일원적 우주론으로의 전환이었다. 동시에 관측천문학의 부활과 확립의 과정이었다. 무엇보다도 천문학의 성격이 행성궤도의 기하학에서 우주론적 주장을 함의한 물리학으로 전환되는 과정이기도 했다. 넓게 보면 이 과정은 17세기 이후 지구와 우주 전체를 대상으로 한 관측 활동의 모태가 되었다. 더 나아가서는 실험에 기반을 둔 수학적 자연과학이라는 새로운 자연이론의 탄생으로 가는 첫걸음이었다.

다음과 같이 말할 수 있다. 천문학은 고대의 유일한 가설검증형 수학적 과학이었다. 즉, 특별한 장치를 이용한 어느 정도 정밀한 관측, 당시로서 기대할 수 있었던 가장 엄밀한 수준의 수학적 추론 그리고 정량적인 예측 및 그 검증과 같은 근대과학의 조작에 일련의 유비 과정을 거친 자연이론이었다. 지렛대의 균형을 논하는 역학(정역학)도 고대 그리스부터 헬레니즘기에 걸쳐 어느 정도 수행되었지만, 수학적 과학으로서의 완성도 측면에서는 기원전 2세기 프톨레마이오스가 집대성한 천문학에 한참 미치지 못했다. 근대 물리학의 탄생은 지상·천상을 따지지 않고 모든 무기적인 자연현상에 대해 이와 같은 수학적 과학이 형성됨으로써 이루어졌다. 17세기의 일이었다. 하지만 유일하게 천문학의 개혁만큼은 고대의 유산에 크게 힘입어 지상의 자연학에 앞서 진행되었다. 이러한 의미에서 천문학의 총체적 변혁은 약 한 세기 반을 필요로 했다. 시작은 15세기 중기 게오르크 포이어바흐, 레기오몬타누스 그리고 요하네스 뮐러에 의한 프톨레마이오스 천문학의 부활이었다. 그리고 16세기 니콜라우스 코페르니쿠스의 이론과 티코 브라헤의 관측을 거쳐 17세기 초엽 요하네스 케플러에 의한 새로운 천문학의 제창까지 이르게 된 것이다. 이러한 의미에서 천문학은 약 한 세기 반에 걸쳐 총체적으로 변혁되었다. 갈릴레오, 데카르트, 보일과 뉴턴에 의한 17세기 근대과학의 건설은 이러한 전환이 있었기 때문에 가능했다.

한편, 근대의 태양중심이론에 대립했던 그 이전의 우주상, 즉 지구중심이론은 종종 '아리스토텔레스-프톨레마이오스'로 한데 묶여서 이야기되었다. 예를 들어 갈릴레오는 지동설 옹호로 유명한 『두 우주체계에 관한 대화』에서 "두 대립되는 입장, 즉 아리스토텔레스 및 프톨레마이오스의 입장과 아리스타르코스 및 코페르니쿠스의 입장"을 대비하고 있다.[1] 1957년 출판된 토머스 쿤Thomas Kuhn의 저서 『코페르니쿠스 혁명』에서도 "아리스토텔레스-프톨레마이오스의 우주the Aristotelian-Ptolemaic universe"라는 표현이 나온다.[2] 그러나 기원전 4세기 그리스의 아리스토텔레스 우주론과 기원전 2세기 알렉산드리아의 프톨레마이오스 천문학은 같은 것이 아니다. 학문의 성격이나 목적, 더 나아가서는 학문의 신분 자체가 다르다.

아리스토텔레스의 우주론은 『천체론』과 『형이상학』에서 주로 전개되고 『자연학』, 『기상학』, 『생성소멸론』에서 보완되는데, 기본적으로는 그의 자연철학에 기반을 두고 세계(우주)를 설명한다.*2

아리스토텔레스에게 있어 "자연(피지스Physis, φύσις)"은 "스스로의 안에 운동의 근거를 지니는 사물의 본질"이라고 한다.[3] 여기서 '운동'은 위치나 자세의 변화뿐만이 아니라, 변화 일반을 지칭하고 있다. 그렇다면 '자연학'은 사물의 본질로부터 그 운동이나 변화를 논증하는 학문이어야 할 것이다. 이러한 아리스토텔레스의 자연학에서 달 아래 세계는 흙·물·공기·불의 4원소로 되어 있다. 흙과 물은 본질적으로 무거우며, 본래 있어야 할 장소는 우주의 중심이다. 따라서 그곳에서 강제로 떼어내면 자발적으로, 즉 자연운동으로 우주의 중심을 향한 직선운동을 한다. 흙탕물을 가만히 놔두면 흙이 가라앉으면서 위쪽의 물과 분리되는 것처럼, 흙이 조금 더 중심에 가까운 위치를 차지하는 것이다. 이렇게 형성된 중심에 거대한 흙덩이가 있고 그 표면의 몇몇 부분이 물로 채워진 덩어리가 지구이다. "그렇기 때문에 지구는 필연적으로 [우주의] 중심에 있으며 또한 부동이어야만 한다". 다른 한편, 공기와 불은 본질적으로 가볍기에 자발적으로, 즉 자연운동으로 직선 상승한다. 그 때문에 공기는 지구를 둘러싸고, 불은 달 아래 세계의 최상층에서 떠돈다. 그리고 이 4원소는 상호 간에 변천할 수 있다. 따라서 달 아래 세계는 끊임없는 생성·변화·소멸을 반복하는 모습인 것이다. 즉, "이 지상의 사물"은 "항상 변화하고 있으며 결코 자기 동일성에 머물지 않는다".[4]

그에 비해 천상계에서는 생성과 소멸이 나타나지 않는다. "우

---

*2 아리스토텔레스의 저서로 전승된 『우주론』은 현재 그의 친필이 아닌 것으로 여겨진다.

주의 각 천체"는 "영원히 자기동일성을 유지하며 결코 변화하지 않는 사물이다". 실제로 달·행성·태양·항성 등 천상계 물체에서 보이는 변화는 천구상의 주회운동으로서의 위치 변화만이 있을 뿐이다. 따라서 "이 물체가 불생·불멸·불증不增·불변인 것 또한 합리적이다".[5] 이 천상의 물질은 그리스어로 '아이테르'이며, 통상적으로는 그에 대응하는 라틴어인 '에테르'라 불린다.*3 즉, 달 위 세계는 영겁불변의 제5원소 에테르가 자연운동으로 영원히 주회하는 세계이다.

이처럼 달 위 세계와 달 아래 세계는 구성요소와 적용되는 법칙이 전혀 다른 세계였고, 확연히 구별되었다.

스토아철학은 아리스토텔레스의 우주론과는 다른 방식으로 우주를 이야기했다. 현대의 연구자는 "스토아학파의 우주론에서 우주는 흙·물·공기·불의 4원소로만 이루어진다. 아리스토텔레스의 에테르에 상응하는 것은 있지만 그에 대응해서 달 위 영역과 달 아래 영역 사이에 기본적인 차이가 있는 것은 아니다"라고 한다.[6] 다음 장에서도 확인하겠지만, 스토아학파인 세네카가 기원후 60년경에 쓴 『자연연구』를 보면, 하늘과 땅을 이 같은 식으로 분할하는 것을 인정하지 않는다[Ch.9.9]. 그러나 같은 스토아학파의 흐름을 이어받은 마르쿠스 마닐리우스가 기원후 10년 전후에 쓴 점성술서에는 "흙·물·공기·불의 결합으로 이루어진 자연"

---

*3 『천체론』에는 '아이테르'의 어원에 대해 "언제나(아에이) 달린다(텐)"라고 설명되어 있다(Bk. 1, Ch.3, 270b23).

과 "에테르질이 끊임없이 원운동 하는" 곳인 "에테르계"가 구별되어 언급된다.[7] 고대 그리스·로마에서는 세네카의 관점이 소수파였던 것 같다.

물론 아리스토텔레스는 기독교 탄생 이전의 사람이다. 세계에는 시작도 끝도 없다고 보는 그의 관점은 천지창조와 최후의 심판을 이야기하는 기독교 교의와는 양립할 수 없었다. 그러나 달 위의 세계와 아래의 세계를 엄격하게 구별하는 아리스토텔레스의 이원적 세계상 자체는 기독교도들도 받아들이기 쉬웠다. 구약성서에서도 『시편』 등을 보면 전편全篇을 통해 하늘과 땅이 명료하게 대비된 형태로 기술된다. 초기 기독교 교부敎父로서 중세 유럽에 다대한 영향을 끼친 아우구스티누스가 쓴 『고백록』에는 "만인의 승인을 얻은 사실"로 기록되어 있다.

> 주여, 당신이 천지를 창조하심은 진실입니다. … 그리고 또한 이 보이는 세계는, … 하늘과 땅 두 부분으로 크게 나뉘어 있다는 것 또한 진실입니다.[8]

1세기부터 3세기에 걸쳐 신플라톤주의자들이 작성한 것으로 보이는 『헤르메스 문서』에도 "생성과 시간은 하늘과 땅에 관계된 것으로 이면성을 지니고 있다. 하늘에서는 불변과 불멸의 성질을 지니며, 땅에서는 변화하며 쇠멸한다"라고 기록되어 있다.[9]

이러한 까닭에 12세기에 서유럽이 아리스토텔레스 철학을 재발견한 후 14세기에 아리스토텔레스가 기독교 내에서 공인될 때까지, 천지창조나 종말을 인정하지 않는 아리스토텔레스 이론에 대한 여러 논의는 있었지만 이원적 세계상을 별 저항 없이 받아들였다. 12세기라는 비교적 이른 시기에 생빅토르 수도원의 위그가 쓴 『디다스칼리콘(학습론)』은 15세기까지 서구에 큰 영향을 끼쳤는데, 이 책에는 "천문학자들은 … 세계를 달 위에 있는 부분과 아래에 있는 부분 둘로 나누었다"라고 되어 있다.[10] 이리하여 천상계와 월하계(달 아래 세계, 지상계)의 이분법은 중세 후기 자연철학과 우주론의 대전제로 받아들여졌다.*4

한편 이와 같은 자연관과 물질관을 지닌 아리스토텔레스는 『형이상학』에서 각 천체의 운동을 표현하기 위한 "수학자들의 설"로서의 우주상을 기술했다. 이것은 플라톤의 학원인 아카데미아의 문하생이었으며 피타고라스학파의 아르키타스에게서도 가르침을 받았다고 하는 선구자 크니도스의 에우독소스의 이론 및 그것을 키지코스의 칼리포스가 수정해 만든 모델에 기반을 둔 것이다. 지구가 중심에 정지해 있으며 달, 태양 및 그 밖의 천체는 각각 지구를 통과하는 축 주위를 회전하는 여러 구(구각球殼)('구각'은 여기서 속이 빈 공 모양의 껍질을 뜻한다. 지구를 감싸고 있는 구면 껍질에 천체들이 박혀 있다고 생각하는 것이다_옮긴이)에 고착되어 있는 것으로, 동심천구설同心天球說이라고 불린다.[11] 그리고 "별들은 스스로 움직이는 것이 아니다", "별들은 정지해 있으나 천구

---

*4 달 아래 4원소의 세계, 천상의 제5원소의 세계에 더해 그 위에 신들이 사는 세계를 상정하는 이론도 있지만, 이 또한 이원적 세계상에 포함되는 것으로 한다.

에 부착되어 움직인다"라고 『천체론』에 기록되어 있는 것처럼, 천체 자신은 회전하는 구에 부착되어 움직인다.[12] 층상層狀으로 되어 있는 구의 가장 바깥쪽에는 항성천의 구면이 하루에 한 번 회전한다. 이로써 모든 항성이 동에서 서로 움직이는 일주회전日周回轉이 설명된다.

태양과 달과 다섯 행성은 이 항성천이 서쪽 방향으로 회전하는 것보다는 조금씩 느리게 움직인다. 태양은 항성천에 대해 상대적으로 (항성천을 고정하고 보면) 23.5도 기울어진 경로(황도)상에서 동쪽 방향으로 1년에 걸쳐 주회한다. 행성의 운동은 더 복잡하다. 지구 기준에서 볼 때 화성, 목성, 토성은 순행 상태에서 항성 사이를 뚫고 서에서 동으로 천천히 이동한다. 그런데 그 속도가 일정하지 않을 뿐만 아니라 배경이 되는 항성에 대해 정지(유留) 한 후에 동에서 서로 돌아간다(역행). 그리고 다시 멈췄다가(유), 새로이 순행 상태로 돌아와 동쪽으로 움직인다. 수성과 금성은 태양을 전후해서 움직이며, 평균적으로는 태양과 함께 동쪽으로 움직이면서 1년에 걸쳐 지구 주위를 일주한다. 이처럼 복잡한 운동을 설명하기 위해서는 각 행성이 복잡하게 얽힌 구조, 즉 다르게 회전하는 여러 구각의 조합을 고려해야 한다. 하지만 기본적인 구조는 여러 층으로 포개어진 동심구同心球로 모두 설명할 수 있다.[13]

에우독소스와 칼리포스는 각각의 천체에 할당된 구를 설명을 위한 가상의 구조로 여겼다. 그러나 아리스토텔레스는 『천체론』에서 "그 많은 천구는 사실 각각이 그 자체로 물체이다"라고 쓴

것처럼 물리적·물질적 실재라고 생각했다.[14]

잘 생각해보면 기묘한 논의가 아닐 수 없다. 천상계의 물질이 변하지 않는 단일종의 에테르로 이루어지며 월하계의 4원소와 같은 물질성을 지니지 않는다면, 대체 왜 눈에 보이지 않는 물질인 여러 장의 구(구각)로 분화한단 말인가. 또한 왜 그 일부가 더 농밀해져 빛을 발하는 태양이나 항성 혹은 빛을 반사하는 달이나 행성으로 변하는가. 설명할 수 없다. 그러나 자세한 사정은 알 수 없어도 중세를 거쳐 16세기에 이를 때까지 행성구는 결정질의 강체구로서, 혹은 적어도 물체적이며 3차원적인 물리적 실재로 받아들여졌던 것 같다.

오히려 현실적인 문제는 이 동심구 이론이 관측되는 행성 운동의 대략적인 특징을 정성적으로는 설명했지만 정량적으로는 상당히 뒤떨어진 예측력밖에 지니지 못했다는 점이었다. 요컨대 이 이론에서는 달과 태양 및 각각의 행성이 중심에 있는 지구로부터 같은 거리만큼 떨어진 위치에 있어야 했다. 그러나 이것으로는 지구에서 보이는 행성의 밝기 변화 혹은 달과 태양의 겉보기 크기 변화를 설명할 수 없다. 이미 6세기의 그리스 철학자 심플리키오스가 다음과 같이 썼다.

> 에우독소스 학파의 이론은 여러 현상을 설명하지 못한다. 여기에는 후에 밝혀진 현상뿐만 아니라 에우독소스 자신에 의해 알려지고 인정된 현상도 포함된다. … 내가 말하고자 하는 것은 각 행성이 어떤 때는 가깝게, 어떤 때는 멀리 있는 것처럼 보인다는 점이다.[15]

다시 아리스토텔레스로 돌아와보자. 그는 일식을 태양과 지구 사이에 끼어든 달이 태양의 빛을 차단하는 현상으로 바르게 인식했다. 그러나 어떤 때는 개기일식이 일어나고 어떤 때는 금환일식이 일어난다는 것은 지구로부터 태양이나 달까지의 거리가 변동함을 나타낸다. 동심구 이론은 이처럼 단순한 사실조차 설명할 수 없었다. 이 점에 관해서는 이미 2세기에 철학자 소시게네스가 지적했다.[16] 지구에서 본 태양의 움직임이 일정하지 않으며, 춘분에서 추분까지와 추분에서 춘분까지의 날짜 수가 다르다는 사실도 있었다.

아리스토텔레스가 이러한 사실을 모르지는 않았을 것이다. 그러나 애당초 아리스토텔레스의 목적은 행성 운동의 정량적인 예측이 아니었으며, 관측에 의한 검증도 그에게는 중요하지 않았다. 그는 『형이상학』에서 "우리가 구하는 것은 각 존재의 원리와 원인이다"라고 이야기했다. 마찬가지로 『자연학』에서는 자연학자는 "태양과 달 등이 무엇인가[본성]에 대해 아는 것을 자신의 임무로 삼는다"라고 표명했으며, 『분석론 후서』에서는 "사물을 아는 것은 우리가 논증이라고 부르는 이러한 성질의 추론에 의한 것이어야만 한다"라고 단언했다.[17] 아리스토텔레스 우주론의 주요한 관심은 천체의 자연본성으로부터 물리적 속성을 논증하여 운동의 원인을 설명하는 것이었으며, 그 타당성은 정의의 정확성과 논증의 엄밀함으로 요구되었다. 아리스토텔레스에게 철학의 일환으로서의 자연학과 우주론은 "이러하지 않으면 안 된다", "이러함에 틀림없다"와 같은 논의를 중요시하는 말의 학문이었다.

한편 아리스토텔레스는 수학적 천문학을 자연학적 우주론과는 다른 곳에 자리매김했다. 그는 『형이상학』에서 "수학의 방법은 자연학의 방법이 아니다"라고 썼다. "산술학이나 기하학은 어떠한 실체도 연구하지 않으며", 수학자는 "단지 양적인 것과 연속적인 것 그리고 이것들의 양적·연속적인 데 한한 것으로서, 여러 속성만을 남기고 다른 어떤 것과의 관련성 없이 단지 이러한 것으로서만 연구한다"라는 것이다.[18] 단, 천문학은 광학이나 화성학과 함께 "수학적인 제諸 과학 중에서도 더 자연적인 학과", 혹은 "수학적인 제 과학 중에서도 철학에 가까운 학문"이라고 되어 있다.[19] 즉, 천문학은 어느 정도 논증적인 측면을 지니고 있지만, 기본적으로는 양적인 것에 관계되는 한정적인 하위 학문으로서 수학의 일부였던 것이다. 그리고 수학적 천문학에 관해서 아리스토텔레스는 스승 플라톤의 영향을 받았다. 다음 절에서는 플라톤에 대해 간단히 되짚어보자.

2. 플라톤의 영향

플라톤은 엄밀한 의미의 '인식(에피스테메)'은 시각이나 촉각으로 파악할 수 있는 형이하의 세계에 대해서는 성립할 수 없다고 생각했다. 끊임없이 변화하는 가시적·가촉적인 세계는 그 배후에 있는 영원불멸한 '이데아', 즉 진정한 실재 세계의 그림자에 지나지 않으며, 진정한 학문은 그 '이데아'에 대해서만 말할 수 있는 것이다. 원숙기의 대화편『필레보스』에서 플라톤은 소크라테스의 입을 빌려 다음과 같이 말한다. "지식과 지식 사이에도 차이가 있다. 어떤 지식은 생성하고 소멸하는 것에 주목하지만, 다른 지식은 생성도 소멸도 하지 않으며 항상 동일한 양태로 존재하는 것에 주목한다. 우리가 진실성에 주목하는 한은 후자의 지식이 전자의 지식보다 진실성이 더 크다고 생각한다."[20]

이러한 플라톤의 학문관은 지상의 자연에 대해서뿐만 아니라 기하학이나 천상의 물체에 대해서도 적용된다. 즉, 기하학이 고찰하는 것은 '그림으로 그려진 대각선'이 아니라 '대각선 그 자체'이며, 그려진 형상은 단지 보조적으로 사용하기 위한 사상似像(참된 실재와 비슷하게 만들어진 것_옮긴이)에 지나지 않는다. 사고하는 대상은 어디까지나 그 원상原像이어야 한다. 기하학은 "사고를 통해서가 아니면 볼 수 없는 것을 그 자체로서 보려는 것"이며, "천공에 있는 여러 가지 다채로운 모양[별(별자리)]은 그것이 눈에 보이는 영역에 여기저기 박힌 장식인 이상, 그것이 아무리 눈에 보이는 것들 중에서 가장 아름답고 정확하더라도 **진실된 것**과 비교하면 한참 못 미치는 것으로 생각해야 한다"(강조는 원문)라는 것이다. 여기서 말하는 "진실된 것"이란 "단지 이성(로고스)과 사고에 의해 파악할 수 있을 뿐이며 시각으로는 파악할 수 없는 것"을 뜻한다. 따라서 "천공을 장식하는 모양은 이처럼 눈에 보이지 않는 실재를 지향하여 배우기 위한 모형模型으로 사용해야" 하며, 이처럼 "진정한 천문학자"는 "마치 기하학을 연구하는 경우와 같이 '문제'를 이용함으로써 천문학을 추구하고, 천공에 보이는 것에 구애되지 않을 것이다"라고 결론짓는다. 플라톤에게 천문학은 "로고스로 모든 것을 완수할 수 있는" 학문이었다.[21]

이것은 『국가』와 『고르기아스』에서도 논의되는데, 『법률』에 나오는 다음 대화가 이해를 심화하는 데 도움이 될 것이다. "나 자신도 … 샛별이나 개밥바라기 그리고 다른 약간의 별들이 결코 동일한 궤도를 취하지 않고 여러 방향으로 떠도는 것을 보았으며, 태양이나 달이 항상 그와 같이 움직인다는 것을 우리 모두 알고 있습니다"라는 크레타인의 말에 아테네인은 다음과 같이 답한다.

> 달, 태양, 그 밖의 별들이 떠돈다는 생각은 잘못된 것입니다. 사실은 그 정반대입니다. 이들 천체는 각각 같은 궤도상에서 회전하고 있습니다. 많은 궤도를 통과하는 것처럼 보이지만, 실은 다수가 아니라 항상 하나의 원주상을 주회하는 것입니다.*5

현실의 행성에서 보이는 복잡하고 불규칙한 운동은 마땅히 환영이거나 착각이어야 하며, 겉보기에 착종錯綜된 운동의 배후에 있

---

*5 이와나미 문고의 번역에서 마지막 문장은 "언제나 하나의 궤도를 회전하고 있습니다"라고 되어 있으나, Loeb Classical Library의 희영대역에서는 원문이 *ἀεὶ κύκλῳ διεξέρχεται*, 영역이 always travels in a circle이다. 마찬가지로 *GBWW*, Bd. 7의 영역에서도 "move in the same path… which is circular"라고 되어 있으므로 '궤도의 회전'을 '원주상의 주회'로 개역했다. 여기에서 이러한 차이는 매우 큰 것이다.

는 불변의 법칙성만이 "젊은이들이 배우기에 적절한 것"이었다.[22]

그렇다면 플라톤의 천문학에서는 관측에 의한 검증은 중시되지 않은, 아니 요청되지 않은 셈이다. 현실에서 나타나는 천체의 운동은 원리적으로 '이데아'의 운동을 부정확하게 투영하는 그림자에 지나지 않기 때문이다. 적어도 '이데아'에 대한 학문, 천공세계의 학문, 그리고 지상의 사물에 관한 학문 사이에는 진실성의 정도에 차등이 주어졌다.

이러한 논의가 관측천문학의 발전에 기여했다고는 도저히 생각할 수 없다. 이 점에 대해서는 "그[플라톤]는 관측을 사변으로 대체하도록 천문학자에게 충고했으나, (이것이 실현되었다면) 정밀과학에 대한 그리스인의 가장 중요한 공헌 하나를 허사로 만들 뻔했다"라는 고대 천문학사의 석학인 오토 노이게바우어Otto Neugebauer의 지적이 흥미롭다.[23] 히파르코스와 프톨레마이오스 이래 관측천문학은 순수 플라톤주의에 저항하며 발전해온 것이다.

그러나 다른 한편으로 플라톤, 그리고 플라톤에게 영향을 준 피타고라스가 수학적 천문학의 발전에 기여한 것도 사실이다. 이 점을 무시하는 것은 공정하지 않다. 간단히 말해 천상의 물체가 아무리 복잡하게 움직이는 것처럼 보여도 그것이 겉보기에 지나지 않는다는 입장은, 행성의 역행 현상이 관측자가 있는 지구의 운동에 의한 착각임을 간파한 코페르니쿠스에게 계승되었다. 더 보태어 말하자면 아무리 착종된 자연현상이라도 그 근저는 단순하고 명쾌한 수학적·기하학적 개념으로 파악·표현할 수 있다는 플라톤의 지적은 이후 수리천문학, 더 나아가서는 수리물리학의 형성에 결정적인 역할을 했다. 소립자론이나 우주론이 엄밀하고 추상적인 수학으로 해명되고 표현될 수 있다는 현대물리학의 신념은 플라톤에게 빚진 것이다. 그리고 실제로 피타고라스와 플라톤의 사상에서, 관측되는 천체 운동을 기본적인 기하학적 형상으로 표현하고 설명하는 수학적 천문학이 탄생하게 되었다. 기원전 1세기 그리스의 수학자이자 천문학자인 게미노스가 말한다.

> 천문학에서 태양, 달, 그리고 다섯 행성이 우주(의 일주회전)와 반대 방향으로 원을 따라 등속으로 운동한다는 것은 예외 없는 가정이다. 최초로 이러한 고찰에 도달한 피타고라스의 제자들은 태양과 달과 다섯 행성의 운동이 원형이며 일정하다는 것을 정립했다. 그들은 신성하고 영원한 사물이 어떤 때는 빠르게 어떤 때는 느리게 움직이며, 또 어떤 때는 멈춰 선다는(다섯 행성의 경우 유라고 부른다) 혼란을 허용할 수 없었기 때문이다. … 인간에게는 하루하루 생활의 필요성이 감속이나 가속의 원인이 된다. 그러나 천상에 있는 물체의 불멸하는 자연본성의 경우에는 가속이나 감속에 대한 어떠한 원인도 도입될 수 없다. 이러한 이유로 그들은 등속원운동으로 어떻게 [천상의] 현상을 설명할 수 있는가를 [천문학의] 문제로 설정했다.[24] *6

---

*6 1781년 천왕성의 발견 이전까지 알려진 행성은 지구를 제외하고 토성까지 다섯이었다.

천체의 운동이 원운동이라는 주장은 이처럼 플라톤과 피타고라스학파까지 거슬러 올라간다. 플라톤의 『티마이오스』에는 "우리들 중 가장 천문학에 통달한" 인물로 티마이오스가 등장한다. 그는 "신은 각각의 별의 신체를 만들어내서는, … 그들을 그 회전운동에 두었습니다. 즉, 일곱 가지 원궤도에 일곱의 신체[태양과 달과 수성·금성·화성·목성·토성]를 둔 것입니다"라고 말한다.[25] 플라톤에게 배운 아리스토텔레스도 『형이상학』에서 "운동은 연속적이기 위해서 … 특히 원운동이어야만 한다"라고 논했으며, 『천체론』에서도 다음과 같이 썼다.

> 신적인 것의 운동은 필연적으로 끊임이 없어야 한다. 그런데 천상이 물론 신적인 물체인 이상, … 천상은 본성상 언제나 원운동하는 둥근 물체를 지니고 있다.[26]

천체의 운동은 원이 기본이라는 이 개념은 이처럼 철학적·형이상학적·신학적으로 뒷받침되었으며, 고대 그리스로부터 16세기 전반의 코페르니쿠스, 그리고 후반의 티코 브라헤에 이르기까지 2,000년에 걸쳐 천문학의 '원리' 내지 '공리'로서 계속 기능했다.

6세기의 신플라톤주의자인 심플리키우스도 다음과 같이 기록했다.

> 플라톤은 천체의 운동이 원형으로 일정하며 항상 규칙적이라고 요청했다. 그리고 그는 이에 더하여 수학자에게, 어떠한 일정하

고 완전하게 규칙적인 원운동이 행성에 의해 연출되는 현상을 구제할 가설로 인정될 것인가 하는 문제를 제기했다.[27]

플라톤과 심플리키우스 사이에는 900년이라는 세월이 있다. 플라톤이 정말로 이처럼 말했는가에 대해서는 전술한 『국가』의 논의와 맞지 않는 면도 있어 의문이 제기된다.[28] 그러나 심플리키우스 이후 이처럼 전해진 것은 사실이다. 여기에서 "현상을 구제"한다는 것은 관측된 천체의 운동에 대해 그 본질이나 원인에 관한 자연학적·존재론적인 질문을 던지지 않고, 단지 보이는 것(관측 사실)을 수학적·기하학적으로 재현하는 것을 의미한다.

어쨌든 이렇게 해서 천체의 운동을 기하학적으로 표상하고 수학적으로 예측하는 수학적 천문학이 탄생하게 되었다. 더 정확하게는 그 이전까지 점성술이나 별점에서 필요로 했던 천체 운동의 예측 기능에 대해, 원을 기본으로 하는 기하학이 유효한 수단을 제공했다고 해야 할지도 모른다.

3. 프톨레마이오스가 생각한 천문학

고대 그리스의 천문학은 로마제국의 지배 아래 있었던 알렉산드리아의 연구자 클라우디오스 프톨레마이오스에 의해 집대성되었다(그림1.1). 고대 천문학의 우뚝 선 기둥이었던 그의 대작 『알마게스트』에는 기원후 124년부터 141년까지 나일강 하구의 알렉산드리아와 그곳에서 북동쪽으로 24킬로미터 떨어진 카노푸스에서 관측한 기록이 들어가 있으므로, 집필 시기는 그 직후인 기원후 2세기 중기로 추정된다.

고대 천문학이 도달한 지점으로 오로지 프톨레마이오스의 『알마게스트』에 초점을 맞추는 것은 비단 이 저작의 수준이 높기 때문만은 아니다. 노이게바우어가 말하는 것처럼 "그의 저작은 고대의 수학적 방법으로 도달할 수 있는 천문학의 성과를 사실상 전부 포함하며, … 『알마게스트』에 의거해보는 한 그리스나 오리엔트에서 『알마게스트』보다 선행했으면서 이후에도 살아남은 전혀 다른 방법이 있을 것이라고는 생각하기 힘들기" 때문이다.[29] 또한 『알마게스트』가 그 후 수백 년에 걸쳐 수학적 천문학에서 기술記述과 계산의 기본 형식paradigm을 제공했기 때문이기도 하다.

프톨레마이오스 천문학도 구형인 우주의 중심에 구형인 지구가 정지해 있다는 아리스토텔레스의 틀을 받아들였다. 동시에 천체의 운동이 원운동이라는 플라톤의 전제 또한 계승했다. 실제로 『알마게스트』에는 "지구의 위치에는 어떠한 변화도 없다"라고 쓰여 있으며, "에테르는 원주상을 일정하게 운동한다"라고 거의 자명한 것처럼 기술되어 있다.[30]

그러나 여기서부터 설명할 프톨레마이오스는 아리스토텔레스나 플라톤과는 크게 다르다.

프톨레마이오스는 『알마게스트』의 서두[31]에서 자신의 천문학을 아리스토텔레스의 자연학과 분명히 구별한다. 프톨레마이오

그림1.1 프톨레마이오스. 하르트만 셰델 『뉘른베르크 연대기』(1493)에서.

그림1.2 프톨레마이오스의 측정자(시차 측정자parallactic instrument). 윌리엄 커닝엄 『코스모그라피칼 글라스』(1559)에서.

스는 아리스토텔레스 『형이상학』의 방식을 따라서 학문을 신학, 자연학, 수학(천문학)으로 분류한다. 신학은 우주의 본원적 운동의 제1원인을 물질세계 너머에서 구한다. 자연학은 달 아래의 가변적 세계에 존재하는 물질의 성질을 고찰한다. 이에 비해 "형상, 수학, 크기, 장소, 시간을 고찰하는 데에 도움이 되며 형태나 위치 변화에 의한 운동의 성질을 밝히는 철학의 이 분야[천문학]야말로 수학이라 불리는 것이었으며, 그 주제는 다른 둘[신학과 자연학]의 중간에 있었다". 신학은 눈에 보이지 않는 신성한 것을 다루며 이해하기 어렵다. 한편 자연학에서 다루는 물질은 불안정하기 때문에 역시 이해하기 어려운 점이 있다. 이에 대해,

> 유일하게 수학만큼은 엄밀하게 따르는 경우에 한해서 애호자에게 확실하며 의문의 여지가 없는 지식을 제공해준다. 그 증명이 산술과 기하학이라는 확실한 방법을 통해 수행되기 때문이다. 그러므로 우리는 사색과 노력을 하는 과정에서 가능한 한 이론철학의 이 분야 전체에 이끌렸으며, 그중에서도 특히 신적인 사물에 관한 연구를 하게 되었다. 단, 이 학문의 대상만큼은 불명료하지도 무질서하지도 않으며, 그 자신의 영역에서 영구히 불변이다.[32]

아리스토텔레스는 『형이상학』에서 "이론적 과학은 세 종류, 즉 자연학과 수학과 신학이 있다. … 이 중 마지막 학문이 가장 뛰어나다. 이 학문은 여러 존재 중에서도 가장 고결한 대상을 다루기 때문"이라고 기술하며, 인식 대상의 존엄성을 근거로 신학

을 최상위에 두었다.[33] 이에 대해 프톨레마이오스는 인식의 확실성에 근거하여 수학(천문학)을 맨 처음에 두었다.

애당초 프톨레마이오스 천문학은 학문의 목적과 성격 자체가 아리스토텔레스의 자연학이나 우주론과 크게 달랐다. 『알마게스트』는 아리스토텔레스의 죽음(기원전 332년)으로부터 4세기가 넘는 시간이 지난 뒤에 나타났다. 아리스토텔레스 시대의 그리스 도시국가와 프톨레마이오스 시대의 알렉산드리아에서는 학문을 하는 배경도 크게 달랐다. 헬레니즘 문화의 시작이 된 알렉산더 대왕의 죽음은 아리스토텔레스의 죽음보다 1년 빨랐으며, 이 대제국은 이집트의 프톨레마이오스 왕조, 아시아의 셀레우코스 왕조, 마케도니아의 안티고노스 왕조로 분열되었다. 프톨레마이오스 왕조는 수도 알렉산드리아에 학술연구기관 무세이온을 창설하여 조직적인 과학 연구를 장려했다. 이때 국가의 비호 아래 수행되는 과학 연구가 처음으로 탄생했다. 알렉산드리아는 수많은 과학자를 배출했는데, 소위 '국책'으로 행해진 학문은 실질적이면서 기술적인 경향이 강했다. 이러한 의미에서 그리스 도시국가의 사변적이면서 철학적인 학문과는 지향점이 달랐다.

프톨레마이오스는 헬레니즘 말기에 활동한 학자이다. 아리스토텔레스 우주론이 자연학적이며 철학적인 데 비해, 프톨레마이오스 천문학이 수학적이며 기술적이라는 차이는 아테네와 알렉산드리아 학문의 차이가 반영된 것이다. 전자는 천체가 왜 운동하는가(원인)를 그 본성으로부터 인과적으로 논증하며, 세계를 정성적으로 설명하는 것이 목적이다. 이에 비해 후자는 천체가 어떻게 운동하는가(양태)를 관측에 근거해 수학적으로 기술하며, 현상의 정량적인 예측을 목적으로 한다. 여기서 주목할 점은 '양'이다. 즉, 측정을 통해 얻는 양은 주변적이며 그를 통해 사물의 본질에 이를 수는 없다고 여겨졌다는 것이다. 다시 말해 그것이 어떠한 종류의 사물인지에 대해 말하는 것은 아니라고 여겨졌다는 데 주의해야 한다. 자연학적·철학적 우주론과 수학적·기술적 천문학의 방법 및 목적의 차이는 이미 1세기에 로도스섬의 천문학자 게미노스가 지적한 바 있다. 이것은 심플리키오스가 전했는데, 매우 흥미로울 뿐 아니라 다음 논의와 관련하여 중요한 내용을 담고 있다.

> 자연학 연구는 하늘과 별의 실체, 그 힘과 질료, 생성과 소멸, 이 모든 것을 탐구하는 것이다. 그뿐만 아니라 천체의 크기, 형상, 배치에 관한 사실을 증명하는 것까지 가능하다. 그에 비해 천문학은 이러한 사항에 대해서는 아무것도 논하지 않는다. 천문학은 천상이 확실히 질서 있는 세계라는 전제를 바탕으로 해서 각 천체의 배열을 밝힌다. 또한 천문학은 지구, 달, 태양의 형상이나 상대적인 거리, 각 천체의 식食이나 합合, 그리고 이들 운동의 성질과 범위를 기술한다. 천문학은 양, 크기, 형상과 같은 성질을 연구하기 때문에, 당연하게도 산술과 기하학을 필요로 한다. 따라서 천문학이 유일하게 설명할 권능을 지니는 것은 산술과 기하학으로 확인되는 사항들이다. 한편 천문학자와 자연학자는, 예를 들어 태양은 크다거나 지구는 구형이라는 것과 같은 공통의 문제를 다룬다.

> 하지만 그들의 방식은 다르다. 자연학자는 각각의 명제를 본질이나 실체, 힘, 더 나은 존재 방식, 혹은 생성과 변화에 대한 고찰을 통해 논증하려고 한다. 천문학자는 형상의 성질이나 크기, 그리고 그에 적합한 운동의 크기와 시간으로 논하려 한다. 여기서도 자연학자는 많은 경우 생성하는 힘을 탐구함으로써 원인을 조사하지만, 천문학자는 외적인 조건으로부터 사실을 제시할 뿐 원인을 추구할 권능은 지니지 않는다.[34]

즉, 자연학은 사물에 내재하는 운동의 원인과 원리로부터 존재론적인 상태를 설명하는 데 비해, 천문학자는 사물의 외재적인 위치, 형상, 크기, 주기 등 양적인 규정에 관련하여 현상을 설명하는 수학적 법칙에 만족한다는 것이다.

프톨레마이오스 자신은 행성 운동에 관한 천문학의 과제를 이렇게 쓰고 있다.

> 우리들의 목적은 다섯 행성에 대해서도 달이나 태양과 마찬가지로 그 운동에 나타나는 불규칙성[등속성에서 벗어나는 것]이 복수의 규칙적인 원운동[등속원운동]을 통해 표현될 수 있음을 증명하는 것이다. 규칙적인 원운동은 불규칙성이나 무질서와는 무관한 신적인 사물[로서의 천상계의 물체]의 본성에 속하는 것이기 때문이다.[35]

또한 이 인용의 다음은 “이 목적은 수학의 영역에서 성공적으로 달성할 수 있다"라는 내용으로 이어진다. 이처럼 『알마게스트』에서는 달, 태양 및 행성의 운동은 자연학적(물리학적)으로가 아니라 수학적(기하학적)으로 다뤄진다. 이 경우 프톨레마이오스 천문학의 구체적인 방법은 원의 조합으로 행성의 궤도를 설명하는 것이었다.

> 일반적으로 천구의 회전과 각 행성의 역행운동은 그와는 반대 방향인 우주의 운동과 마찬가지로 본성은 규칙적인 원운동이라는 점이 우선 강조되어야 한다. … 이들 운동에서 나타나는 외견상의 불규칙성anomaly은 천구상에 있는 원들 간의 위치 관계나 배열 방식의 결과이다. 현상이 보여주는 무질서에는 사실 본질적으로 그 영원한 본성과 상반되는 것은 존재하지 않는다. 이처럼 겉보기에 불규칙한 이유는 두 가지의 극히 단순한 가설로 설명된다. 만약 [겉보기에 불규칙한] 운동이 황도면상에 있을 것으로 상상되는 우주와 같은 중심을 공유하는 원궤도상의 움직임이라면, 중심에 있는 우리 입장에서 불규칙하게 보이는 운동은 다음 두 가지 방법 중 하나로 설명할 수 있다. 첫째는, 우주와 중심이 다른 원[이심원]을 따라서 움직인다는 것이다. 둘째는, 우주와 중심이 일치하는 원[유도원]에 따라 움직이는 주전원의 원주에 따라 움직인다는 것이다.[36]

표면적으로는, 겉보기에 착종된 현상의 배후에 수학적인 질서가 존재하며 천상의 운동은 기본적으로 원운동이라는 플라톤 사상의 영향을 확인할 수 있다. 그러나 프톨레마이오스의 생각은 실제로는 다음 두 가지 측면에서 플라톤과 다르다. 첫째는, 동일한 현상을 두 가지 다른 수학으로 표현할 수 있다는 이해이다. 둘째는, 천체의 복잡한 운동을 축차 근사를 통해 표현할 수 있는 프톨레마이오스의 기법이다. 즉,

> 천상의 운동에 대해서는 가능한 한 단순한 가설을 세워야 한다. 그러나 이것이 잘 되지 않을 때는 그 현상에 알맞은 [조금 더 복잡한] 가설을 세워야 한다. 각각의 현상이 적절하게 설명될 수 있다면, 이처럼 복잡한 가설이 천상의 운동을 특징짓는다고 해서 이상하게 생각할 사람은 없기 때문이다.[37]

프톨레마이오스는 플라톤과 달리 천문학의 대상은 어디까지나 현실에서 관측되는 현상이라고 생각했다. 현상을 일정한 오차 범위 내에서 재현할 수 있다면 이심원이나 주전원의 도입처럼 수학적으로 복잡한 조작이나 인위적으로 만든 기하학적 장치의 사용을 허용한 것이다. 이러한 수학적 개념은 반드시 단순하지만은 않은 현실의 현상을 실제적인 목적에 맞게 쓸 수 있도록 정리하고 표현하는 수단이었다. 플라톤이 말하는 것처럼 '이데아'를 나타내는 것은 결코 아니었다. 애당초 '이데아'가 두 수학적 방법으로 기술될 리 없다. 프톨레마이오스에게는 개개의 주전원과 이심원 자체가 중요한 것이 아니라 그 조합으로 구성되는 궤도만이 의미를 지니는 것이었다. 앞서 언급한 게미노스는 프톨레마이오스 직전

의 사람인데, 앞의 인용에 이어 다음과 같이 기술하고 있다.

> 천문학자는 현상을 구제하기 위한 가정으로 가설이라는 형태의 방책을 고안하여 이야기할 때가 있다. 예를 들어 왜 태양, 달, 행성이 불규칙하게 운동하는 것처럼 보이는가 하는 질문에 대해 그들의 궤도가 이심원이라거나 천체가 주전원을 그리기 때문이라고 가정한다면, 외견상의 불규칙성은 구제했다고 할 수 있다. 이 경우 행성에 대한 우리의 이론을 원인과 관련해 허용 가능한 설명에 맞추기 위해서는 얼마나 많은 방법으로 이 현상을 도출할 수 있는지 알아야 할 것이다. 실제로 우리는 폰투스의 헤라클레이데스라는 인물이 더 나아가서 지구가 어떤 방식으로 움직이며 태양이 어떤 상태로 정지해 있는가를 가정함으로써 태양운동의 외견상의 불규칙성을 구제할 수 있다고 주장했음을 발견했다. 무엇이 본성적으로 정지된 위치에 있는 것이 적절한지, 어떤 종류의 물체가 운동하는 경향을 지니는지를 밝히는 것은 천문학자의 일이 아니기 때문이다. 천문학자는 특정한 물체가 멈춰 있으며 다른 여러 물체가 움직인다는 몇 가지 가설을 도입하고, 그 후 실제로 천상에서 관측되는 현상이 어느 가설에 대응하는가를 고찰한다.[38]

천문학에서 수학적인 모델로서 이심원과 주전원 가설은 프톨레마이오스 이전부터 있었다. 이 제안은 기원전 3세기부터 2세기까지 살았던 페르게의 아폴로니오스가 생각해낸 것으로 알려져 있다. 그 이후 바빌로니아 천문학 이론과 관측에 정통했던 기원전 2세기 니카이아 출생의 히파르코스에 의해 발전되었고, 프톨레마이오스에 의해 이심유도원·주전원 모델이 될 때까지 장장 400년에 걸쳐 완성되었다. 과학사가 조지 사튼George Sarton은 "프톨레마이오스가 한 (천문학은 물론 수학적) 작업의 본질적인 부분은 이미 히파르코스가 수행했다. 프톨레마이오스는 그것을 완성시킨 후 세부를 다듬고 새로운 표를 작성하는 등의 일을 해냈다"라고 썼다.[39] 어디까지가 프톨레마이오스가 창안한 부분이고 어디까지가 선행자의 공적인지 식별하는 것은 불가능하다. 그러나 『알마게스트』는 바빌로니아에서 유래한 정량적인 관측천문학과 고대 그리스의 기하학을 바탕으로 한 천체 운동의 이론을 융합함으로써 당시로서는 매우 높은 수준의 천문학을 만들어냈다. 천체 운동의 정량적인 예측은 물론 현재의 관점에서 보면 상당히 큰 오차가 있지만, 아리스토텔레스 이론에 비해서는 훨씬 뛰어났다. 즉, 프톨레마이오스의 천문학은 관측 장치를 이용한 정량적인 관측과 고도의 수학 모델과의 일치를 추구했던 최고最古의 정밀 자연과학이었다.

바빌로니아부터 프톨레마이오스에 이르기까지 이 수학적 천문학을 관통한 것은 천문 현상을 정확하게 예측하고 예지하려는 욕구였다. 바빌로니아 천문학의 전문가에 따르면 바빌로니아인은 "복잡한 천문 현상을 수적으로 예측할 수 있는 믿을 만한 수학 모델을 만들어낼 수 있다"라는 사실을 발견했다. 또한 이 예지·예측에 대한 욕구는 "실질적으로 그 이후의 모든 천문학과 과학

에 자극을 주었던 것"이다.[40]

이 욕구의 기원은 천문학이 탄생할 때부터 지녔던 실용적인 성격에서 유래한다. 실제로 프톨레마이오스 자신도 플라톤이나 아리스토텔레스와 같은 원리적이며 추상적인 이론을 말하는 철학자가 아니었다. 그는 『알마게스트』 외에 천문학서로서 『행성에 관한 가설』과 실제적인 천체의 위치를 계산하기 위한 『간이표』, 그리고 구체인 지구를 평면에 투영하는 방법이나 구면좌표에 대한 수학적 기술을 포함한 『지리학』, 점성술서 『테트라비블로스』 및 광학과 음악에 대한 책을 남겼다. 즉, 프톨레마이오스는 고대에 알려졌던 다방면의 수리과학(응용수학)에 통달해 있었으며, "자신의 이론이나 학설을 순수하고 추상적인 과학으로 여겼던 [고대] 그리스의 수학자 대부분과는 달리, 그리스 최초이자 최대의 응용수학자였다".[41]

플라톤과 아리스토텔레스는 그리스 도시국가에서 처음으로 출현한 사변적인 철학자 계보에 속한다. 관측천문학의 기원은 완전히 다르다. 고대 바빌로니아뿐만 아니라 아마도 마야와 잉카도 포함해서 농업을 경제적 기반으로 한 모든 요람기 문명사회에서 역曆의 작성은 농사를 짓고 제사를 지내는 데 매우 중요한 역할을 담당하고 있었다. 매년 똑같이 반복되는 농사 작업과 종교의식 일정은 계속적인 천체관측에 근거해 만들어진 역에 따라 결정되었다. 따라서 "역법의 계산은 과학적인 천문학을 탄생시킨 제1의 원인으로 볼 수 있는 것"이다.[42] 그와 동시에 많은 고대 사회에서 천문 현상은 사회 변란의 전조 혹은 인간 사회에 직접적인 영향을 끼치는 것이라 믿었다. 그러므로 초기의 소박한 별점이나 더 발전한 형태의 점성술은 권력자에게 정치적 지배를 위해 반드시 필요한 소프트웨어였던 것이다.

크게 태양력과 태음력 두 종류로 나뉘는 역법을 만들기 위해서는 태양과 달의 운동만 파악하면 된다. 그러나 점성술을 위해서는 모든 행성의 운동을 정확하게 예측해야만 한다. 또한 역산歷算과 점성술과 같은 응용 분야와 동떨어진, 학문 자체를 위한 천문학은 고대에는 존재하지 않았다. 즉, 천문학은 원래부터 실용적인 기술이었다. 학문으로서도 조작적인 성격을 짙게 띠었으며, 실질적으로 얼마나 유용한가에 따라서 가치를 평가받았던 것이다.

실제로 『알마게스트』에는 각도가 30분 간격으로 표시된 현의 표*7를 비롯해서 달, 태양, 행성과 관련된 다양한 양에 대해 극명한 수치가 다수 기록된 표가 여럿 포함되어 있다. 예를 들어 태양과 달과 행성의 위치를 구하기 위해 만든 표로서, 태양의 평균운동과 그 가감차(보정) 표가 총 4쪽(Bk.3, Ch.2, Ch.5, 페이지 수는 일역의 경우), 달의 평균운동과 그 가감차 표가 총 40쪽(Bk.4, Ch.3, Bk.9, Bk.5, Ch.8), 다섯 행성의 평균운동과 가감차 표가 총 20쪽(Bk.9, Ch.4, Bk.11, Ch.11), 그리고 항성표가 38쪽(Bk.7, Ch.5, Bk.8, Ch.1)에 걸쳐 게재되어 있다. 이 표들은 점성술의 필수 아이템이다. 제2권 8장에서 6쪽에 걸친 열두 개의 기후대(위도권) 각각에 대한 수대獸帶 각 궁의 10도 간격 상승표도 오로지

*7 각도가 θ인 현chord은 $\mathrm{chord}\,\theta = 2\sin(\theta/2)$로 정의된다.

점성술에 사용하기 위한 목적으로 제공되었다.[43] 이러한 사실은 이 책이 실용서(천체의 위치를 계산하고 예측하기 위한 편람)로서의 성격이 짙었음을 나타낸다.

『알마게스트』는 당시로서는 최고 수준의 수학을 최대한 사용했으며, 원제와 같이 그 시대까지 존재했던 천문학 이론을 집대성했지만, 일종의 기술서였던 것이다. 『알마게스트』의 「에필로그」에는 이 책의 목적이 "지식을 과시하기 위함이 아닌, 학문적인 유용성에 맞춰져 있음"을 예고하고 있다.[44] 이 점은 관측 데이터뿐만 아니라 관측에 사용되는 장치에 대해서도 기술되어 있음을 통해 살펴볼 수 있다. 제1권 12장(일역에서는 10장)에는 천구의와 사분의의 원형이 되는, 황도면과 적도면의 기울기를 측정하는 도구가 두 종류 실려 있다. 모두 태양의 그림자를 사용하여 태양고도를 측정하는 데 사용되는 것이다. 태양이나 그 밖의 천체의 황도좌표를 구하기 위한 천구의는 제5권 1장에서 달의 시차를 측정하는 데 사용되며, 후에 시차 측정자 혹은 프톨레마이오스의 측정자라고 불리는 장치(그림1.2)는 12장에서 설명된다. 이 한 가지 사례만으로도 알렉산드리아의 프톨레마이오스의 과학이 고대 그리스 철학자들의 것과는 크게 다름을 알 수 있다.

플루타르코스의 『영웅전』에는 에우독소스와 아르키타스가 기계장치를 이용해서 작도한 것에 대해 "플라톤은 불만을 느꼈으며, 둘에 대해서 기하학의 아름다움을 파멸시키고 비물체적이며 오성적인 것으로부터 감각적인 것으로 떨어지게 하며, 여러 가지 천박한 일을 필요로 하는 물체를 다시 사용하게 되었다고 비난"

했고, 이 때문에 고대 그리스에서는 “기계학은 기하학으로부터 분리되어 긴 시간 동안 철학으로부터 모멸당했다”라고 되어 있다.[45] 기계적인 관측 장치를 사용하는 천문학은 고대 그리스의 학문적 전통에서는 낮은 차원의 기능이었던 것이다.

4. 프톨레마이오스의 태양과 달 이론

근대에 일어난 천문학의 개혁은 프톨레마이오스 천문학을 다시 배우는 것에서부터 시작했다. 여기에서 앞으로 논의가 어떻게 진행될지 명확히 하기 위해, 먼저 『알마게스트』에 나오는 프톨레마이오스 이론을 살짝 살펴보도록 하자. 다소 수학적인 기술이 되겠지만, 이를 이해하지 않고서는 어떻게 1,500년 가까이 명맥을 유지할 수 있었는지 결코 이해할 수 없다. 『알마게스트』에서 행성이나 달·태양의 운동의 결정과 기술記述의 기본 형식은 코페르니쿠스 시대까지 계승되었으며, 현재로서는 거의 회고되지 않는 프톨레마이오스 이론의 진수는 그 정밀성에 있기 때문이다.

논의는 제3권 4장의 태양 이론으로 시작한다. 이것은 사실상 히파르코스의 것이다.

천동설에서 지구는 천구의 중심에 정지해 있으며, 태양은 지구를 포함하는 평면(황도면)상에서 지구 주위를 주회한다. 이 황도면이 천구와 교차하는 곡선(대원大圓)이 지구에서 본 천구상의 태양 궤도, 즉 황도이다. 지구의 중심을 통과하며 지축(천구의 극점과 지구의 중심을 잇는 축)에 수직한 평면(적도면)이 천구와 교차하는 곡선이 적도이다. 황도와 적도의 교점이 분점(춘분, 추분)이다(이처럼 특별한 언급이 없는 이상 '적도'는 천구의 적도를 가리킨다). 황도면에 대해 적도면은 약 23.5도 기울어져 있기 때문에, 분점을 통과한 태양은 적도면으로부터 멀어졌다가 다시 돌아온다. 황도상에서 적도면으로부터 가장 멀리 떨어진 점이 지점(하지, 동지)이다.

프톨레마이오스 이론에서 태양은 지구에서 볼 때 항성천과 함께 하루에 한 번 일주하는 운동과는 별도로, 1년에 걸쳐 원궤도상을 등속으로 주회한다고 가정한다. 그러나 지구에서 본 태양의 이 연주운동은 일정하지 않으며, 춘분점에서 하지점을 거쳐 추분점까지 황도를 반주半周하는 데 걸리는 일수와, 추분점에서 하지점을 거쳐 춘분점으로 반주하는 데 걸리는 일수가 다르다. 프톨레마이오스는 이러한 차이를 태양 원궤도의 중심이 지구와 떨어진 곳에 있다는 이심원의 메커니즘으로 설명한다. 그림1.3에서 T는 지구, O는 태양 궤도(이심원)의 중심이며, 태양 S는 이 이심원(그림 안쪽의 원)상을 등속으로 주회한다.

이 원의 TO를 포함하는 직경(장축선)의 두 끝 F와 G가 근지점과 원지점, 원을 포함하는 면이 황도면, T를 중심으로 한 바깥쪽의 원이 황도이며, S에 있는 태양을 지상에서는 황도상의 S′에서 본다.*8

---

*8 엄밀히 말하면, 지구상의 관측자에게는 이 전체가 24시간마다 한 바퀴씩

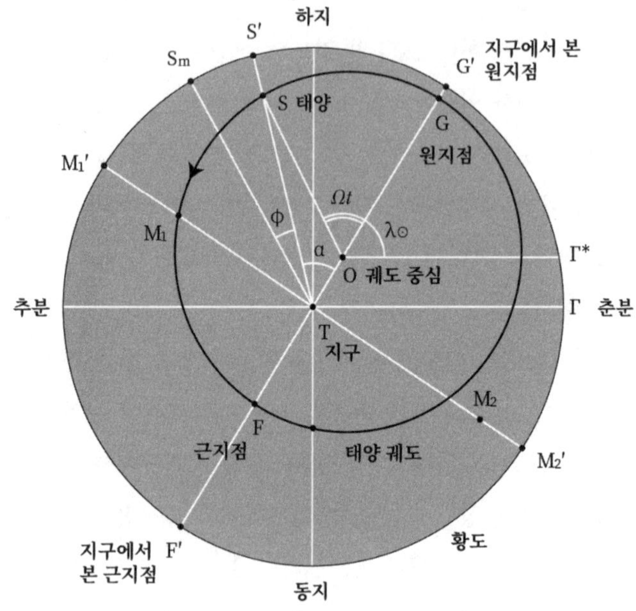

그림1.3 태양 궤도 이심원 모델.

관측에 따르면 1태양년(태양이 춘분점을 통과한 후 다시 춘분점에 도달할 때까지의 시간)은 365일과 $\frac{1}{4}$일이다.*9 춘분 Γ에서 하지까지 94일과 $\frac{1}{2}$일, 하지에서 추분까지 92일과 $\frac{1}{2}$일. 『알마게

회전하는 것으로 보이지만, 여기서 이 운동에 대한 표현은 생략한다.

*9 엄밀히 말해, 히파르코스와 프톨레마이오스의 1태양년은 $T_{\odot} = (365 + \frac{1}{4} - \frac{1}{300})$일$= (365 + \frac{37}{150})$일=365일 5시간 55분 12초(『알마게스트』 Bk.3, 영역 Ch.3, 일역 Ch.2).

스트』에서는 이 데이터로부터 TO 간의 거리(이심 거리)와 궤도 반경 ($\overline{\mathrm{FO}} = \alpha$)의 비, 즉 이심률이

$$e_{\odot} = \frac{\overline{\mathrm{TO}}}{\overline{\mathrm{FO}}} = 0.0413, \tag{1.1}$$

또한 TG와 TΓ 사이의 각도, 즉 원지점의 경도(춘분점 Γ로부터 황도에 따라 측정한 경도, '황경')를

$$\lambda_{\odot} = \angle \mathrm{GT\Gamma} = \angle \mathrm{GO\Gamma}^{*} = 65^{\circ}\,25' \tag{1.2}$$

으로 구할 수 있다(자세한 사항은 부록 A-1 참조*10).

황도상에서 관측되는 태양의 위치 S′는 이심률이 동일할 때 태양 궤도의 반경과 관계없이 유지됨에 주의하자. 이 경도(황경)는 다음과 같이 표현된다. 태양 S는 O의 주위를 등속도로 회전한다고 가정되었으므로, 지구에서 본 태양의 평균운동은 지구 T로부터 직선 OS에 평행하도록 그은 직선이 황도와 교차되는 점 $\mathrm{S_m}$(평균태양)의 운동으로 표현된다. 평균태양의 경도는 원지점을 원기元期 $t = 0$으로 할 때 임의의 시각 t에 대해

---

*10 『알마게스트』에서는 거리 $\overline{\mathrm{TO}} = e_{\odot}a$가 '이심률'이라고 불리지만, 이 책에서는 거리 $\overline{\mathrm{TO}}$를 이심률 $e_{\odot}$과 구별하여 '이심 거리'라고 부른다. 또한 『알마게스트』에 쓰인 값은 $e_{\odot} = 1/24 = 0.0416$, $\lambda_{\odot} = 65^{\circ}\,30'$.

$$\lambda_m(t) = \angle \mathrm{S_m T \Gamma} = \angle \mathrm{SO\Gamma^*} = \Omega t + \lambda_\odot \tag{1.3}$$

여기서 태양년을 $T_\odot$로 하고, $\Omega = 360°/T_\odot$는 평균태양의 회전각속도 $|\angle \mathrm{S'TS_m}| = \phi$라고 할 때, 진태양 S의 경도는

$$\lambda(t) = \angle \mathrm{ST\Gamma} = \lambda_{\mathrm{m}}(t) \pm \phi \tag{1.4}$$

로 주어진다(± ϕ로 한 것은, 당시 마이너스 값이 알려져 있지 않았기 때문이다). $\lambda_m(t)$는 '평균운동(메디우스 모투스)', ϕ는 '가감차(이크에티오)', $\lambda(t)$는 '진운동(베루스 모투스)'이라 불린다(라틴어 motus는 '운동'과 '운동의 결과로서 도달한 위치'(천문학에서는 보통 각도로 표현된다)라는 두 가지 의미를 지니며, 여기서의 '평균운동'이나 '진운동'은 물론 후자의 의미이다). 이처럼 평균운동과 그 가감차로 천구상에 투영된 천체의 위치를 나타내는 것이 이후의 천문학에서 기술記述의 기본 형식이 된다.*11

이렇게 해서 태양의 궤도는 1년의 길이, 춘분에서 하지까지의 길이, 하지에서 춘분까지의 길이, 이렇게 단 세 가지 데이터로 결정되었다. 물론 이처럼 간단하게 정리된 것은 태양이 등속원운동을 한다는 아 프리오리한 가정이 있었기 때문이다. 이것을 지동

---

*11 가감차 ϕ는 원지점에서 측정한 평균경도 $\angle \mathrm{S_m TG}$의 함수이다. 그림1.3에서 $\angle \mathrm{STG} = \alpha$일 때, 사인정리에 따라 $\sin\phi = (\overline{\mathrm{TO}}/\overline{\mathrm{SO}})\sin\alpha = e\sin\alpha$이므로, $\alpha = 90°$에서 ϕ는 최대가 된다. 이것은 황도상의 원지점과 근지점의 중점 $\mathrm{M_1}'$과 $\mathrm{M_2}'$이며, '평균 거리의 점'이라고 불린다[Ch.2.4].

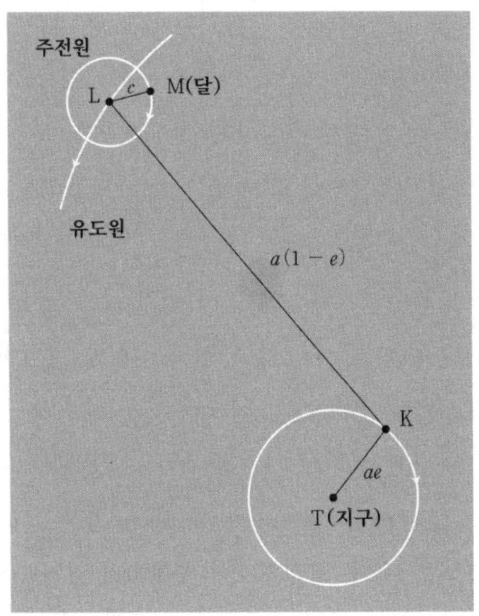

그림1.4 프톨레마이오스의 달 궤도 모델.
$\overline{TK}=ea$=10;19P, $\overline{KL}=a(1-e)$=49;41P, $\overline{LM}=c$=5;15P.
Max($\overline{TM}$)=65;15P, Min($\overline{TK}$)=34;07P.
10;19 등은 60진 소수 10;19=10+19/60을 나타낸다.

설의 관점으로 고쳐 쓰면 평균태양 주위를 도는 지구의 운동(공전)이 등속원운동이라고 가정하는 것과 마찬가지이다. 실제의 지구궤도는 원이 아니며 공전운동이 등속인 것도 아니다. 그러나 천문학의 과제를 이처럼 얼마 안 되는 데이터로부터 궤도의 몇 가지 파라미터를 결정하는 것으로 한정하는 한, 등속원운동이라는 가정에 대한 비판은 나오지 않는다. 이러한 점은 1609년 케플러의 『신천문학』에서 처음 정정되었다. 실제로 프톨레마이오스의 태양운동 모델은 이심율과 원지점 경도의 값을 일부 고치고 코페르니쿠스가 태양과 지구의 역할을 바꾼 것을 제외하면, 본질적으로는 변경 없이 16세기 말까지 유지되었다.

달의 운동은 더 복잡해서 그 궤도는 이 정도로 간단하게 나타낼 수 없다. 『알마게스트』 제5권 17장에 기록된 프톨레마이오스의 달 궤도는 유도원($a = 60^{\mathrm{P}}$라고 할 때, 반경 $a(1-e) = 49;41^{\mathrm{P}}$)에 따라 작은 주전원(반경 $c = 5;15^{\mathrm{P}}$)이 움직이는 형식이다. 그러나 그 유도원의 중심은 지구를 중심으로 하는 반경 $ea = 10;19^{\mathrm{P}}$의 원을 그리는 복잡한 구조를 지닌다(그림1.4). 따라서 달까지의 최단 거리는 $r_{\min} = a(1-2e) - c = 34;07^{\mathrm{P}}$, 최장 거리는 $r_{\max} = a + c = 65;15^{\mathrm{P}}$가 된다. 최소치보다 최대치가 거의 2배가 클 정도로 이상하게 달까지의 거리 변동이 심했는데, 이는 금성이나 화성의 경우에도 마찬가지로 드러나는 특징이었다. 이는 프톨레마이오스 이론의 결함으로서 후에 비판받게 된다[Ch.3.3].

5. 프톨레마이오스의 행성 이론

『알마게스트』에서 행성의 운동은 제9권부터 제12권(경도 변화, 즉 황도면상의 운동)과 제13권(위도 변화)에서 논의된다. 실제로 지구에서 관측되는 행성의 운동은 항성천과 함께 하루에 한 번 일주하는 것을 별도로 하면 천구상 황도의 남북 방향으로 폭이 각각 8도 내지 9도 되는 띠 형태의 영역(수대) 내 휘점輝點의 이동이며, 관측자가 있는 지구로부터의 거리와 거리의 변화는 알 수 없다. 행성의 휘점이 황도에서 남북 방향으로 떨어지는 것은 행성의 궤도 평면이 황도면에 대해서 근소하게 기울어져 있음을 시사한다. 그러나 프톨레마이오스는 다음과 같이 기록하고 있다. "경도상의 운동을 생각할 경우에는 편의를 위해 그들[행성의 운동]이 황도면에서 이루어진다고 가정하자. 그렇게 생각해도 각 행성이 보이는 작은 경사각이 경도에 대해 큰 차이를 발생시킬 것으로 보이지는 않기 때문이다." 즉, 행성의 경도 변화를 생각할 때에는 일단 행성이 황도면상을 움직이는 것으로 취급하고, 위도 방향의 운동은 나중에 보정한다. 이후 행성의 운동을 다룰 때에는 기본적으로 경도와 위도의 운동을 분리하게 되었다. 따라서 여기서도 행성은 사실상 황도면상에서 지구의 주변을 도는 것으로 한다.[46]

현대의 관점으로 보면 토성, 목성, 화성은 태양에서 볼 때 지구궤도 밖을 주회하므로 '외행성'이라 불린다. 금성과 수성은 태양과 지구궤도의 사이를 주회하므로 '내행성'이라고 한다. 그러나 프톨레마이오스 시대에는 그와 같은 구분이 불분명했으며, 행성 궤도의 배열 순위는 오로지 편의에 따르고 있었다. 단, 외행성과 내행성은 다음과 같이 현저하게 다른 현상을 보인다.*12

---

*12 현저하게 다른 현상 차이 때문에 행성이 두 그룹으로 구별되었다고 보는 편이 더 적절할 것이다. '외행성'과 '내행성'으로 구별하여 파악하는 것은 태양중심 이론의 입장이 취하는 방식이다.

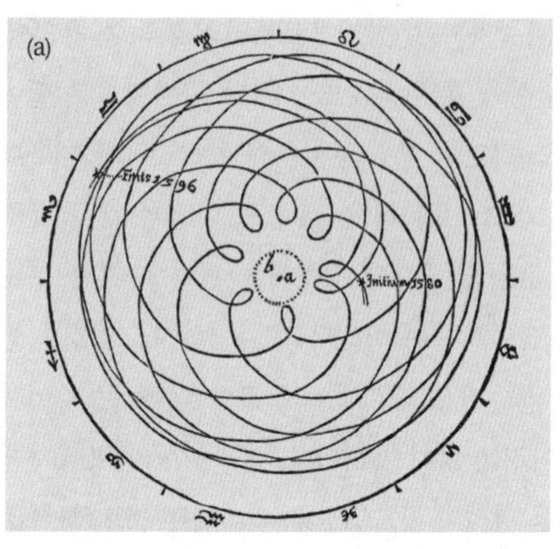

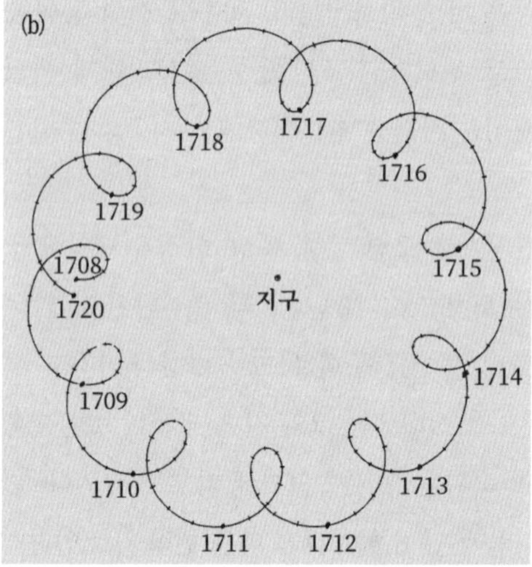

그림1.5 지구를 중심으로 해서 그렸던 1580년에서 1596년까지의 화성 궤도(a)와 1708년부터 1720년까지의 목성 궤도(b). 각각 케플러 『신천문학』과 로저 롱 『천문학』(1742)에서.

지구에서 볼 때 외행성과 내행성 모두 수대에서 대체로 서에서 동으로 움직이지만, 가끔씩 역행할 때가 있다. 외행성의 경우 역행의 중간 지점에서 행성-지구-태양 순으로 일직선으로 늘어서게 되며, 이로 인해 그 행성은 남중南中하는 충衝, opposition의 위치에 한밤중 도달한다. 그리고 1년 이상에 걸쳐 지구 주위를 일주한다. 지구를 중심으로 했을 때 외행성의 실제 움직임을 그림 1.5(a)와 (b)에 나타냈다.

내행성은 태양 방향에서 전후 일정 각도(최대이각. 금성 46도, 수성 28도)의 범위 내에서 움직인다. 따라서 새벽(일출 전)에 동쪽 하늘 태양의 서쪽에 보이거나, 저녁(일몰 후)에 서쪽 하늘 태양의 동쪽에 보일 수밖에 없다. 금성은 각각의 경우 '샛별', '개밥바라기'로 불린다. 보이지 않는 기간도 있어 충은 관측되지 않는다. 수성과 금성 모두 평균적인 위치는 태양과 일치하는 방향으로 움직이며 각각 지구 주위를 1년에 한 번씩 돈다. 이 평균운동의 주위에서 1년 이하의 주기로 진동하는 것처럼 보인다.

수대상에서 보이는 행성의 운동에 대해 프톨레마이오스는 큰 원(유도원)의 둘레를 동쪽으로 동점動點 Q가 주회하며, 그 Q를 중심으로 한 작은 원(주전원)의 둘레를 주회하는 행성 P를 지구로부터 본 것으로 모델화한다(그림1.6, 1.7).

금성에 대해 알고 있는 것은 다음과 같다. 먼저 평균운동의 주기, 즉 진동하는 중심이 지구 주위를 동쪽으로 일주하는 주기가 태양년($T_{\odot}$=1년=365.25일)과 같다는 것, 그리고 태양에 대해 동일한 상태가 되는 시간 간격의 평균으로서의 회합주기(T_s)이

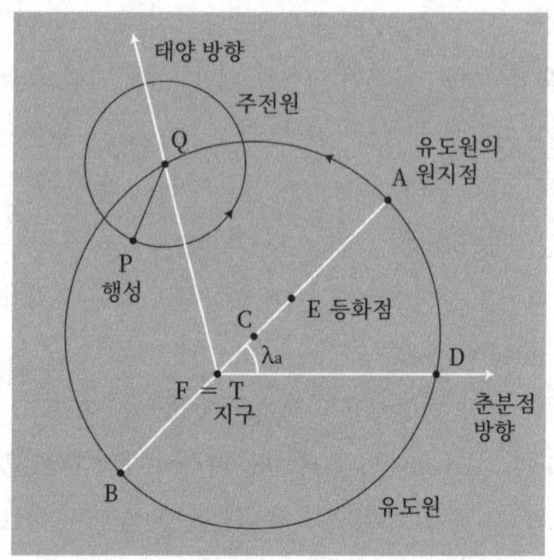

그림1.6 내행성 운동의 프톨레마이오스 모델.

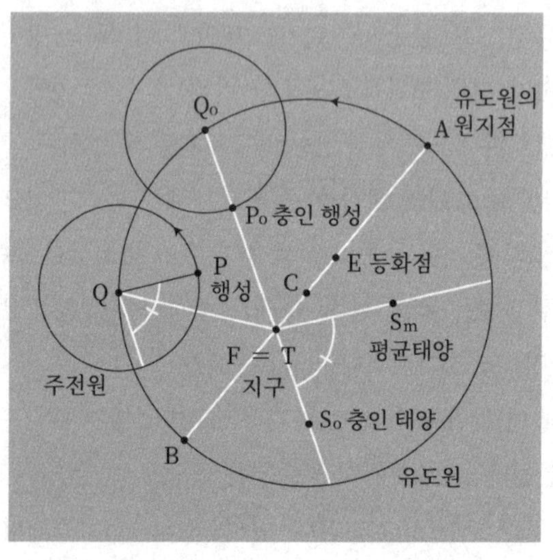

그림1.7 외행성 운동의 프톨레마이오스 모델.

다. 예를 들어 태양으로부터 동쪽으로 가장 떨어진 후 다시 동일한 상태로 돌아올 때까지의 기간을 생각해볼 수 있다. 이에 대해 『알마게스트』에서는 "금성의 5회 회합주기는 8태양년보다 2일 하고도 $\frac{3}{10}$일 더 적다"라고 되어 있다.[47] 즉,

$$5T_S = 8T_\odot - 2.3\text{일} \qquad \therefore T_S = 583.9\text{일}. \tag{1.5}$$

이 경우, 한 번의 회합주기 사이에 Q가 유도원상을 회전하는 횟수보다 P가 주전원상을 회전하는 횟수가 1회 더 많으므로, 주전원의 회전주기 T_e는

$$\frac{1}{T_e} = \frac{1}{T_S} + \frac{1}{T_\odot} \qquad \therefore T_e = \frac{T_\odot \times T_S}{T_\odot + T_S} = 0.6151\,T_\odot = 224.7\text{일}. \tag{1.6}$$

그러나 내행성이나 외행성 두 경우 모두 행성 P를 나타내는 수대상의 휘점 P′의 실제 운동은 일정하지 않으며, 외견상의 불규칙성은 '부등성anomaly'이라 불린다. 현저한 부등성을 보이는 역행현상은 주전원의 메커니즘으로 표현되므로, 이를 평균함으로써 주전원의 중심 Q의 운동이 드러난다. 이 Q점의 운동이 '평균운동'이다. 그러나 지구에서 본 Q의 운동에도 부등성(등속원운동에서 벗어남)이 관측된다. 이 때문에 유도원은 이심원이며, 지구 T는 유도원 중심 C에서 다소 떨어진 위치 F에 있는 것으로 판단, 더 나아가 직선 FC의 연장선상에 점 E를 도입하고, Q점은 그 주

위를 등속회전 한다고 가정한다. 점 E는 나중에 '등화점(이퀀트)*13'이라 불린다. 또한 점 F를 지칭하는 특별한 이름은 없지만, 이 책에서는 '이심점'이라고 부른다.

결국 프톨레마이오스 이론에서 행성 운동이 드러내는 부등성은, 유도원의 이심점과 등화점의 존재에 기반을 둔 평균운동(주전원의 중심 Q의 운동)을 지구에서 본 비등속성(제1의 부등성)과, 행성 P의 주전원 운동에서 유래한 행성 운동(제2의 부등성)이 포개지는 것으로 설명된다(그림1.6, 1.7). 이것이 프톨레마이오스의 등화점을 동반한 이심유도원·주전원 모델이다.

따라서 궤도를 결정하는 문제는 유도원의 반경($\overline{QC} = a$)과 주전원의 반경($\overline{PQ} = c$)의 비, 지구 T에 위치한 이심점 F 및 등화점 E 각각의 이심 거리(중심 C로부터의 거리 $\overline{FC}$ 및 $\overline{EC}$), 그리고

---

*13 '이퀀트equant' 혹은 '이퀀트점punctum equant'은 '대심對心', '공심空心', '위심僞心', '의심擬心' 등으로 번역되었다. 그러나 이들 역어는 현대인이 이해하는 기능이나 형태에서 유래한 것으로, 이러한 의미에서는 소위 휘그사관에 기반을 둔 역어이다. 원래 그리스어로 쓰인 『알마게스트』에는 '이퀀트'라는 말은 사용되지 않았으며, "그 주위를 주전원[의 중심]이 등속원운동 한다면 우리가 말하는 중심점"(Bk.10, Ch.3, 영역 p.473[315], 일역 p.432), 내지는 "그 주위를 주전원이 경도 방향으로 평균운동 하는 이심점원의 점"(Bk.10, Ch.6, 영역 p.480[322], 일역 p.439)으로 기록되어 있을 뿐이다. 코페르니쿠스의 1543년 『회전론』에도 "최근 이퀀트라고 불리는 quam recentiores appellant aequantem"이라고 되어 있다. equant 혹은 aequant는 라틴어의 동사 aequare(같게 하다, 평평하게 하다, 등분하다)로부터 16세기에 만들어진 말이다. '가짜', '본뜬', '빈', '대對'의 의미는 없다. 프톨레마이오스 자신의 표현 및 어원의 의미를 고려한다면 '등화점等化點'이라는 역어가 더 적절할 것이다(한국에서 equant는 일반적으로 '동시심同時心'이라고 번역한다_옮긴이).

원지점 경도, 즉 장축선 FCE 방향(춘분점 방향으로부터의 각도)을 관측치로부터 구하는 것으로 귀착된다.

실제로 프톨레마이오스는 『알마게스트』 제10권에서 금성이 태양에서 가장 멀리 떨어졌을 때의 관측 데이터 8개로부터 금성의 궤도를 결정했다. 이에 관해서는 부록 A-2에 상세하게 기술했는데, 그 수법이 실로 교묘하다. 꼭 확인해보기 바란다. 결론은

$$\text{원지점 경도(황경)}: \lambda_a = \angle \mathrm{ATD} = \angle \mathrm{AFD} = 55^\circ, \tag{1.7}$$

$$\text{주전원의 반경}: c = \overline{\mathrm{PQ}} = 0.720\,a, \tag{1.8}$$

$$\text{이심점의 이심 거리}: ea = \overline{\mathrm{TC}} = \overline{\mathrm{FC}} = 0.0213\,a, \tag{1.9}$$

$$\text{이심점-등화점 사이}: \overline{\mathrm{TE}} = \overline{\mathrm{FE}} = 0.0415\,a. \tag{1.10}$$

이 결과는 $\overline{\mathrm{FE}} = 2\overline{\mathrm{FC}}$, 즉 이심점 F와 등화점 E의 중점에 유도원의 중심 C가 있음을 나타낸다. 이 뚜렷한 사실은 '이심 거리의 이등분'이라 불린다. 여기서 이 사실은 가정된 것이 아니라 관측치에서 유도된 것임에 주의하자.

또한 이때 지구에서 본 금성까지의 최장 거리와 최단 거리의 비는,

$$a(1+e)+c : a(1-e)-c = 1.741 : 0.259. \tag{1.11}$$

따라서 지구에서 가장 크게 보일 때의 금성 면적은 가장 작게 보일 때 면적의 $(1.741/0.259)^2 = 45$배가 된다. 이 수치가 현실

과는 너무도 동떨어져 있다는 점이 후에 프톨레마이오스 이론의 결함으로 지적받는 이유가 된다[Ch.3.3].

내행성 중 하나인 수성의 운동은 더 복잡하다. 프톨레마이오스는 수성에 대해 달과 마찬가지로 유도원의 중심이 지구 주위를 원운동 하는 모델을 제창했다. 그것에 따르면 지구와의 최장 거리와 최단 거리의 비가 91;30 : 33;04로 주어진다.[48]

외행성에 대해서도 마찬가지로 등화점의 도입을 동반한 이심 유도원·주전원 모델이 적용되어, 역시 이심원·등화점 메커니즘으로 제1의 부등성(지구에서 본 평균 거리가 일정하지 않은 것)이, 그리고 유도원·주전원 메커니즘으로 제2의 부등성(역행운동의 존재)이 설명된다(그림1.7). 이때 회합주기 T_s로서는 충에서 충까지 걸리는 시간의 평균을 취한다. 예를 들어 목성의 경우,

> 목성의 65회 회합주기는 71태양년보다 거의 4일하고도 $\frac{9}{10}$일 모자란다. 이것은 또한 이 행성이 황도상의 지점에서 동일한 지점까지 6번 도는 것보다 4도 50분만큼 적은 기간과 같다.[49]

이는 회합주기를 T_s, 공전주기를 T로 하여 수식으로 표현하면,

$$65\,T_s = \left(\frac{4+9/10}{365+37/150}\right)T_{\odot} = \left(6 - \frac{4+5/6}{360}\right)T,$$

($T_{\odot}$의 값은 이 장의 각주9 참조). 이로부터,

$$T(\text{목성의 공전주기})=11.85_7 T_{\odot}=11.86\text{년}, \tag{1.12}$$

$$T(\text{목성의 회합주기})=1.092_1 T_{\odot}=1.092\text{년}. \tag{1.13}$$

같은 방식으로,

$$\text{토성: } T(\text{공전주기})=29.43\text{년} \quad T_s(\text{회합주기})=1.035\text{년}, \tag{1.14}$$

$$\text{화성: } T(\text{공전주기})=1.880\text{년} \quad T_s(\text{회합주기})=2.135\text{년}. \tag{1.15}$$

또한 프톨레마이오스는 외행성에 대해서는 금성의 경우 관측 결과에서 도출된 '이심 거리의 이등분', 즉 이심점 F와 등화점 E에 대해 $\overline{FC}=\overline{EC}$를 가정하여 궤도를 결정했다.

> 금성의 운동에 적용되는 것과 동일한 가정이 화성, 목성, 토성에도 들어맞는다는 것을 알았다. 즉, 주전원의 중심이 그리는 이심원은 주전원[의 중심]을 일정하게 회전시키는 중심[즉, 등화점]과 [지구에 위치하는] 황도 중심[이심점]을 잇는 직선을 이등분하는 점을 중심으로 해서 그려진다.[50]

외행성의 궤도는 충 세 점의 데이터로부터 축차근사逐次近似를 통해 결정된다. 예를 들어 화성의 궤도 파라미터는 충, 즉 화성—지구—태양 순으로 일직선상에 나열된 130년 11월 15일, 135년 2월 21일, 139년 5월 27일 3회의 관측 데이터(항성천에서의 위치)만으로 결정되었다(Bk.10, Ch.7, 8). 목성, 토성에 대해서도 마

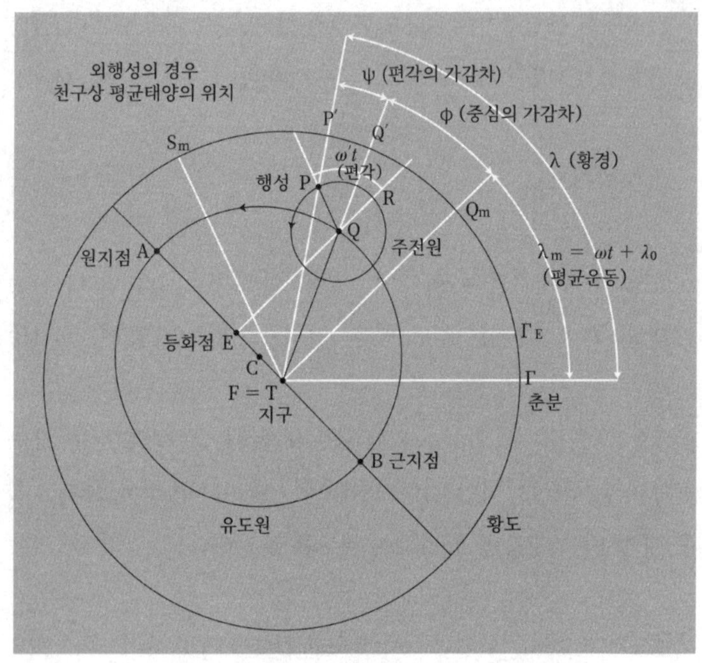

그림1.8 외행성에 대한 이심원·주전원 모델.

찬가지이다. 경험 사실로서 외행성의 충은 역행운동 시 유留와 유의 중간에서 일어나므로, 이때 지구에서 본 행성의 방향은 주전원의 중심 방향과 일치한다(나중에 나오는 그림5.7(a) 참조). 따라서 충의 상태에 따라 정해지는 황경은 주전원 중심의 황경과 일치한다. 이로부터 주전원의 중심운동을 구할 수 있다. 즉, 제1의 부등성만 볼 수 있게 되며, 유도원과 등화점이 결정된다. 또한 충의 상태에서는 그림1.7과 같이 주전원 중심 Q_0에서 행성 P_0까지를 잇는 직선의 방향이 지구 T로부터 태양 S_0를 잇는 직선의 방향과 일치한다는 것을 의미한다.

프톨레마이오스는 이렇게 해서 얻은 천구상 행성의 위치를 다음과 같이 표현한다. 그림1.8에서 $T\Gamma$와 $E\Gamma_E$는 서로 평행이며 춘분점 방향이다. 여기서 Γ와 Γ_E는 사실상 동일한 춘분점을 나타낸다. 마찬가지로 TQ_m은 EQ와 평행한다. 즉, TQ_m의 방향은 지구에서 본 행성의 평균운동 방향과 같다. 점 Q는 등화점 E 주위를 평균 각속도 $\omega = 360°/T$로 등속회전 한다. 따라서 원기 $(t = 0)$에서 경도를 λ_0로 하고, 행성의 평균 경도(평균운동)는

$$\angle Q_m T\Gamma = \angle QE\Gamma_E = \lambda_m(t) = \omega t + \lambda_0. \tag{1.16}$$

천구상에 있는 행성의 바른 경도, 즉 지구에서 본 행성 P(그림의 P′ 방향)의 춘분점 방향에서의 각도는 '진운동'이라고 불리며, '평균운동'에 대해 '중심의 가감차(ϕ)' 및 '편각의 가감차(ψ)', 즉

$$|\angle QTQ_m| = |\angle EQT| = \phi, \qquad |\angle P'TQ| = \psi \tag{1.17}$$

의 보정을 더하여 다음과 같이 표현할 수 있다.

$$\lambda(t) = \angle P'T\Gamma = \lambda_m(t) \pm \phi \pm \psi = (\omega t + \lambda_0) \pm \phi \pm \psi. \tag{1.18}$$

가감차 ϕ가 제1의 부등성, ψ가 제2의 부등성을 나타낸다. 이것이 근대가 될 때까지 행성의 위치를 나타내는 기본 형식이 되

었다. 결국 프톨레마이오스부터 코페르니쿠스에 이르기까지 거의 모든 천문학서의 기술 방식은 기본적으로 평균운동과 가감차의 값을 부여하는 것이 목적이었던 것이다.

이처럼 이심점 및 등화점의 도입과 '이심 거리의 이등분'은 모든 행성에 적용되어 프톨레마이오스 행성 이론의 핵심 개념을 구성했다. 그러나 프톨레마이오스 이론에서 이에 대한 근거는 불명확했으며, 특히 등화점의 도입은 원 중심 주위의 등속성 원칙에 어긋나는 것으로 여겨져 이후 비판받는다. 코페르니쿠스도 같은 이유로 등화점을 도입하지 않았다. 등화점을 부활시켜 이심거리의 이등분이 관측값에 의해 확증됨을 보이고 그 물리적 의미를 처음 고찰한 인물은 뒤에서 다시 다루게 될 케플러이다.

6. 유도원·주전원 모델의 배경

프톨레마이오스 이론의 핵심은 행성 운동의 제1의 부등성과 제2의 부등성을 각각 이심원·등화점 메커니즘과 유도원·주전원 메커니즘으로 설명하고, 관측 데이터에서 도출된 유도원과 주전원 반경의 비, 그리고 그 회전주기로 행성궤도를 결정한다는 것이다. 이를 위하여 각 파라미터를 결정하는 데 적합하도록 각 행성의 특별한 배치를 신중히 선정하고, 그렇게 선정된 배치에서 관측하여 얻은 최소한의 데이터를 사용한다. 가능한 한 많은 관측 데이터를 사용하여 거기에 가장 잘 들어맞는 곡선을 찾으려는 태도는 없다.

> 지금 우리는 위와 같이 증명을 끝냈으므로, 다섯 행성 각각의 최대와 최소 역행운동을 검증하고, 위 가설로부터 도출되는 궤도의 크기와 관측치가 잘 일치하는지를 보이는 것이 마땅한 순서일 것이다.[51]

이 수학적 구성물에서 얻은 결과를 다시 관측 데이터로 검증했을 때 "우리가 증명한 [역행운동의] 크기는 각 행성이 보이는 실제 현상에서 도출된 것과 매우 잘 일치한다"라고 단정한다.[52] 프톨레마이오스 천문학은 최초의 가설검증형의 수학적 이론임과 동시에 크게 성공한 모델이었다.

현대의 관점에서 보면 이처럼 적은 수의 데이터만으로는 정확한 궤도를 계산할 수 없다. 그러나 토머스 쿤이 지적했듯이, "프톨레마이오스의 체계는 항성과 행성의 위치 변화를 훌륭하게 예측해냈을" 뿐만 아니라 "고대의 체계 중에서 그만큼 성공적인 것은 없었다".[53] 이후 이어질 논의에 관련되므로 그 이유를 명확히 밝혀보자.

먼저 제2의 부등성, 즉 주전원상의 행성 운동을 생각한다.

지구에서 본 행성 운동의 특징 중 하나는 다음과 같다. 내행성의 경우 그 주전원의 중심 Q는 항상 태양 방향에 있으며, 유도원상을 정확히 1년 주기(태양의 회전주기)로 주회한다. 한편 외행성의 경우 한 번의 회합주기 T_s 동안에 행성 P는, 주전원의 중심 Q

가 유도원상을 회전하는 횟수보다 1회만큼 더 주전원상을 회전한다. 따라서 주전원상의 회전주기를 T_e라고 할 때,

$$\frac{1}{T_e} = \frac{1}{T} + \frac{1}{T_s} \qquad \therefore\ T_e = \frac{T \times T_s}{T + T_s} \tag{1.19}$$

화성, 목성, 토성의 경우 (1.12)~(1.15)에서 각각 다음과 같이 구할 수 있다.

$$\text{화성: } T_e = \frac{1.880 \times 2.135}{1.880 + 2.135} T_\odot = 1.00\, T_\odot, \tag{1.20}$$

$$\text{목성: } T_e = \frac{11.86 \times 1.092}{11.86 + 1.092} T_\odot = 1.00\, T_\odot, \tag{1.21}$$

$$\text{토성: } T_e = \frac{29.43 \times 1.035}{29.43 + 1.035} T_\odot = 1.00\, T_\odot. \tag{1.22}$$

즉, 모든 주전원은 정확히 1년 주기, 다시 말해 지구에서 봤을 때 태양이 회전하는 것과 동일한 주기로 한 번 회전한다. 여기에서 주전원상에서 그 중심 Q 주위의 행성 P의 회전이 지구 주위를 도는 평균태양과 완전히 일치한다고 가정할 때, 그림1.7에서 충의 상태(행성 P_0, 지구 T, 태양 S_0의 순서로 일직선으로 나열된 상태)로부터 일정한 시간이 지나 평균태양이 S_m의 위치에 오면 주전원상에서 행성 P도 같은 각도만큼 회전하는 것이다. 따라서 이때 주전원의 중심을 Q, 행성의 위치를 P라고 하면 벡터 $\overrightarrow{OP}$는 벡터 $\overrightarrow{TS_m}$과 평행이 된다. 이처럼 특이한 사실에 대해 『알마게

스트』는 다음과 같이 분명히 지적한다.

> 이들 [태양, 지구, 외행성이 일직선상에 놓이는] 상태(합과 충)에서 주전원의 중심[Q]에서 행성[P]까지 그은 직선과 관측자[가 있는 지구][T]에서 평균태양[S_m]을 향해 그은 직선은 동일선상에 있게 된다. [태양과 행성의 배치가] 이와 다를 경우 두 직선은 여러 방향을 향하게 되지만, 서로 평행이다.[54] *14

그뿐만 아니라 『알마게스트』 제12권 첫머리에는 이른바 역행 현상이라 표현되는 '제2의 부등성'이 "두 종류의 부등성 중에서 태양과 관련되는 것"이라는 아폴로니우스의 말을 들어 다시금 지적하고 있다. 그리고 또 유도원·주전원 가설에서도 중심이 원운동을 하는 이심원 가설(요컨대 주전원과 유도원을 바꾼 것)에서도 외행성 운동을 마찬가지로 설명할 수 있다고 한 다음, 후자의 경우 "이심원의 중심은 서쪽에서 동쪽으로 태양운동과 같은 속도로 황도 중심 주변을 주회한다"라고도 한다.[55] *15

---

*14 이와 관련해 깅거리치Gingerich와 매클라클란MacLachlan은 전기 『코페르니쿠스』에서 선분 QP가 "항상 태양 방향을 가리킨다는 사실을 코페르니쿠스는 깨달았다"라고 썼다(p.27). 그러나 굳이 "깨달았다"라고 할 필요가 있었을까. 적어도 외행성에 대해서는 『알마게스트』에서 이미 언급하지 않았는가.

*15 또한 같은 페이지에서 프톨레마이오스는 유도원·주전원 모델과 이심원 모델의 동등성에 관해 "태양에서 임의의 각거리에 도달할 수 있는 세 [외]행성에 대해서만 들어맞는다"라고 하고 있지만, 실제로는 내행성에 관해서도 들어맞는다. 뒤 [Ch.3.3]에서 기술하겠지만 이 점은 훗날 레기오몬타누스에게 지적받는다.

행성 운동의 제2의 부등성과 지구에서 본 태양운동은 이렇게 뚜렷하게 서로 관계가 있지만 프톨레마이오스 이론에서는 그 근거가 명확하지 않다.

훗날 코페르니쿠스는 지동설을 주장함으로써, 이 경험적 사실들을 관측점으로 해서 지구가 태양 주변을 주회한다는 것을 투영하여 통일적으로 설명하는 데 성공했고, 그 점이 천동설에 대한 지동설의 우위라고 평가받았다. 그러면 이것을 간단하게 설명해 두자.

여기서는 외행성에 관해 설명하겠지만 내행성에 관해서도 다소 수정을 해서 마찬가지로 논의할 수 있다. 주목하고 있는 것은 주전원 운동으로 표현되는 제2의 부등성이기 때문에, 여기서는 궤도면의 황도면에 대한 기울기 및 이심원과 등화점에 의한 제1의 부등성을 무시하고, 태양 궤도에서는 그림1.3에서 T와 O를 일치시키고 행성궤도에서는 그림1.8의 이심점 F와 등화점 E를 궤도 중심 C에 일치시켜 논한다. 그때 지동설(태양중심이론)에서는 그림1.9(a)와 같이 지구 T 그리고 행성 P의 궤도가 함께 태양 S를 중심으로 하는 동일 평면상의 원을 움직인다. 즉, T_0SP_0를 합의 상태로 하고 지구가 자신의 궤도(반경 c의 원주)상의 T_0, T_1, T_2, T_3, …의 위치를 순서대로 움직일 때 외행성, 예를 들어 화성은 지구의 외측에 있는 자신의 궤도(반경 a의 원주)상의 P_0, P_1, P_2, P_3, …을 순서대로 움직인다.

지동설(태양중심이론)에서 본 이 운동을 천동설(지구중심이론)에서 보면 그림1.9(a)의 행성의 위치 벡터 $\overrightarrow{SP_i}$에서 지구의 위치

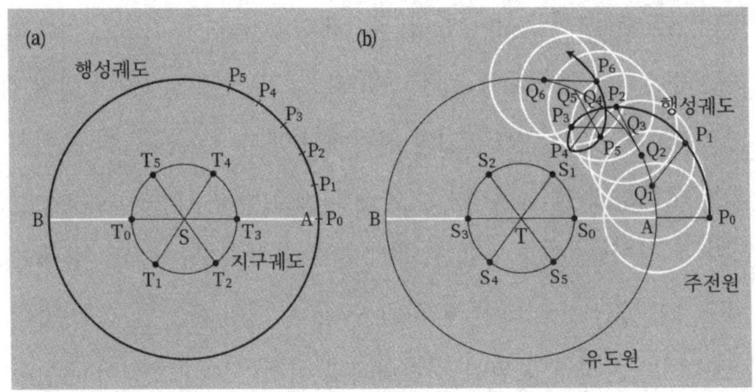

그림1.9 행성 운동의 제1의 부등성을 뺀 기본형(외행성의 경우).
(a) 태양중심이론 (b) 지구중심이론. T는 지구, S는 태양, P는 행성.

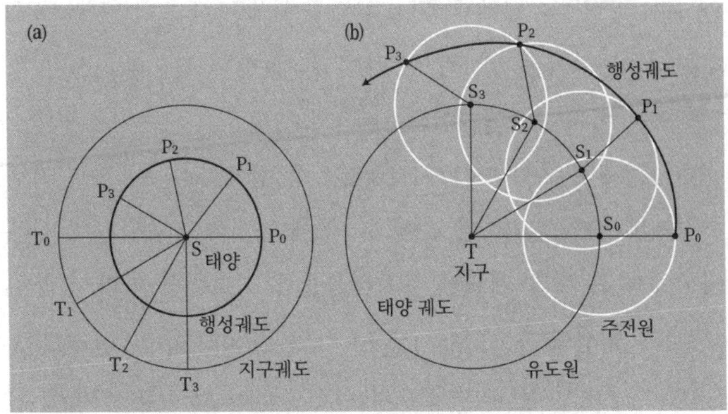

그림1.10 행성 운동의 제1의 부등성을 뺀 기본형(내행성의 경우).
(a) 태양중심이론 (b) 지구중심이론. 실제로 관측되는 것은 방향뿐이므로 주전원의 중심이 태양의 방향에 일치한다는 것만 알 수 있다.

벡터 $\overrightarrow{ST_i}$를 그어두어야 한다. 즉, 태양 S가 지구 T를 중심으로 하는 반경 c의 원주상의 그림1.9(b)의 S_0, S_1, S_2, S_3, …의 위치에 있을 때, 행성은 그림1.9(a)의 위치에서 벡터 $\overrightarrow{TS_i}$만큼 어긋난 위치로 이동하고 결국 행성 P는 원래의 궤도(반경 a의 원)상을 중심 Q가 움직이는 반경 c의 원주상을 주회하게 된다. 이 경우는 지구 T를 중심으로 하는 반경 $\overline{TA}=a$의 원이 유도원, Q를 중심으로 하는 반경 c의 원이 주전원이고 이것이 지구중심이론(천동설)의 제0근사이다. 이리하여 '제2의 부등성'이란 관측점으로서의 지구의 운동에서 유래하는 겉보기운동이 태양 주변의 행성 운동에 겹쳐진 것임을 알게 되었다. 그리고 이에 따라 유나 역행(제2의 부등성)이 생기는 구조만이 아니라 두 벡터 $\overrightarrow{QP}$와 $\overrightarrow{TS}$가 동등해지는 이유도 설명되었다.

내행성에 관해서는 그림1.10(a)(b)를 참조하라. 이 경우 지구중심계에서는 그림(b)와 같이 Q가 S에 일치하고 유도원이 실은 지구에서 본 태양 궤도에 다름없음을 알 수 있다. 따라서 특히 그림1.6 금성의 유도원에서 $\overline{FE}=2ea=0.0415a$(1.10)와 그림1.3의 지구에서 본 태양 궤도의 이심 거리 $e_{\odot}a=0.0413a$(1.1)가 동등한 이유가 설명되었다.*16

---

*16 또한 그 경우에는 장축선의 황경도 이론상 일치할 터이지만 λ_a와 $\lambda_{\odot}$는 약 10도의 차가 있다. 그러나 이전에도 지적했듯이 프톨레마이오스가 구했던 $\lambda_{\odot}$에는 원래 몇 도의 오차가 포함되어 있으므로 이 정도의 차는 어쩔 수 없는 듯하다. Swardlow & Neugebauer(1984), p.386을 참조하라.

물론 고대 지구중심이론의 입장에서는 주전원은 이 '제2의 부등성'을 설명하기 위해 임시방편으로 도입된 것이고, 그 점에 한정해서 볼 때 행성의 주전원 운동과 지구-태양의 위치 관계는 이론상은 완전히 독립적이다. 이미 살펴보았듯이 『알마게스트』에서는 예컨대 외행성에서 벡터 $\overrightarrow{QP}$와 벡터 $\overrightarrow{TS}$가 평행하다고 말하는 등 행성 운동의 부등성과 태양 사이의 상관성을 사실로 상정한다. 하지만 그것은 관측 결과 그렇다는 것이 판명되었을 뿐이지, 지구중심설의 관점에서는 이론적인 근거가 없는, 혹은 근거가 명확하지 않은 우연의 일치였다. 그리고 물론 지구에서 태양까지의 거리도 불명확하므로 외행성의 주전원 반경 c나 내행성의 유도원 반경 a가 지구 주변의 태양 주회궤도의 반경이라는 것, 즉 외행성에서는 $\overline{QP}=\overline{TS}$가, 내행성에서는 $\overline{TQ}=\overline{TS}$가 성립한다는 것도 알 수 없다.

그러나 문제는 그것만이 아니었다. 실제로는 태양중심계에서 보면 행성 운동이 일정한 속도가 아니라는 문제('제1의 부등성')가 남아 있었다. 제1의 부등성에 대한 이심원·등화점 모델의 정밀도도 설명해두자.

7. 이심원·등화점 모델의 정밀도

프톨레마이오스의 주전원이 태양중심계에서는 관측자(지구)의 운동에 의한 착시를 모델화하는 것임을 알았다면, 프톨레마이오스의 등화점을 동반하는 이심유도원·주전원 모델(그림1.11)은 태양중심계에서는 그림1.6, 1.7, 1.8에서 지구 T가 정지해 있던 이심점 F에 태양 S, 그리고 유도원상의 점 Q의 위치에 행성 P가 온다는 것, 즉 태양을 이심점으로 갖는 이심원·등화점 모델이 된다(그림1.12(a)). 그때에 프톨레마이오스 이론에서 '원지점', '근지점'이라 불린 점 A, B는 태양중심계에서는 '원일점', '근일점'이라 해야 할 것이다.*17

이 경우 행성 운동의 수학적 표현은 상세하게는 권말 부록 A-3에 기록해두었으므로 여기서는 결과만을 나열한다(수학에 익숙하지 않은 독자는 이 절 마지막 단락만 읽어도 된다). 그림 1.12(a) 중심 C에서 본 행성 P와 원일점 A 사이의 각도를 $\angle \mathrm{PCA} = \beta$라 한다. 이심점 F에 위치하는 태양 S에서 행성 P까지의 거리 $\overline{\mathrm{FP}} = r_{\mathrm{P}}$를 이심율 e가 충분히 작다고 하고 멱전개해서 그 2차까지 취하면,

$$\overline{\mathrm{FP}} = r_{\mathrm{P}} = a(1 + e\cos\beta + \frac{e^2}{2}\sin^2\beta). \tag{1.23}$$

태양의 위치 F에서 행성 P와 원지점 A를 보는 각도를 $\angle \mathrm{PFA} = \alpha_{\mathrm{P}}$, 등화점 E에서 행성 P와 원지점 A를 보는 각도를 $\angle \mathrm{PFA} = \gamma_{\mathrm{P}}$라 한다. 여기서도 e의 2차까지 취하면,

---

*17 이 점은 케플러에 의해 최초로 정정되었다. Ch.12.10을 참조하라.

$$\alpha_P = \beta - e\sin\beta + \frac{e^2}{2}sin2\beta, \quad \gamma_P = \beta + esin\beta + \frac{e^2}{2}sin2\beta. \tag{1.24}$$

프톨레마이오스 이론에서는 점 Q는 등화점 E 주변을 등속회전 한다. 이것을 태양중심계로 고쳐 쓰면 점 P(행성)가 E 주변을 등속회전 하게 되고 그 일정 각속도를 ω, 원일점 통과시각을 원기($t=0$)라 하면,

$$\angle PEA = \gamma_P = \omega t. \tag{1.25}$$

이때 e의 2차까지의 근사로,

$$\beta = \omega t - esin\omega t, \tag{1.26}$$

$$\alpha_P = \omega t - 2esin\omega t + e^2\sin 2\omega t. \tag{1.27}$$

이 (1.23), (1.25), (1.26), (1.27)이 e의 2차까지의 근사로, 태양중심계로 표현한 이심원·등화점 모델에서 행성궤도와 운동에 대한 방정식이다. 지구중심계로 옮기면 지구에서 본 태양운동을 빼면 되고 수학적으로는 본질적인 차이는 없다. α_P를 진원점이각, β를 이심원점이각, $\gamma_P = \omega t$를 평균원점이각이라 한다('anomaly(원점이각遠點離角)'는 '이각'과 '부등성'이라는 두 가지 의미를 갖고, 더욱이 '회합주기'를 나타내는 말로도 사용된다는 데 주의하라. 또한 첨자 P는 프톨레마이오스 이론이라는 의미로,

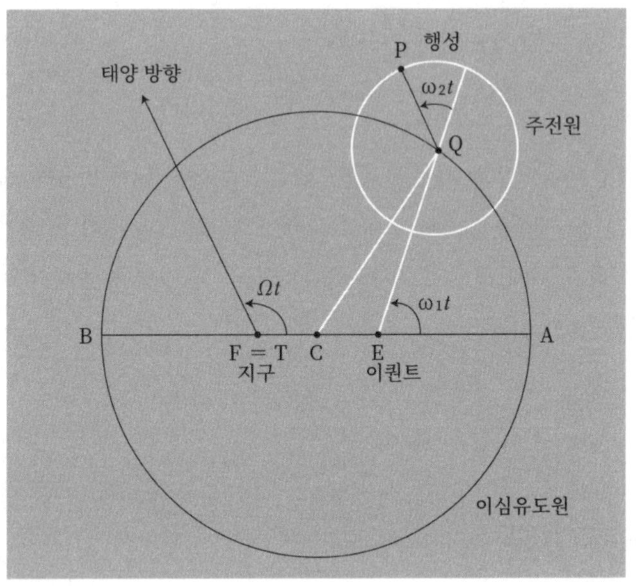

그림1.11 프톨레마이오스의 등화점을 동반하는 이심원·주전원 모델. 외행성의 경우 $\Omega = \omega_1 + \omega_2$. 이것은 (1.19) 식에서

$\Omega = \frac{2\pi}{T_e}$, $\omega_1 = \frac{2\pi}{T}$, $\omega_2 = \frac{2\pi}{T_S}$, 단 $T_e = T_\odot$로 한 것이다.

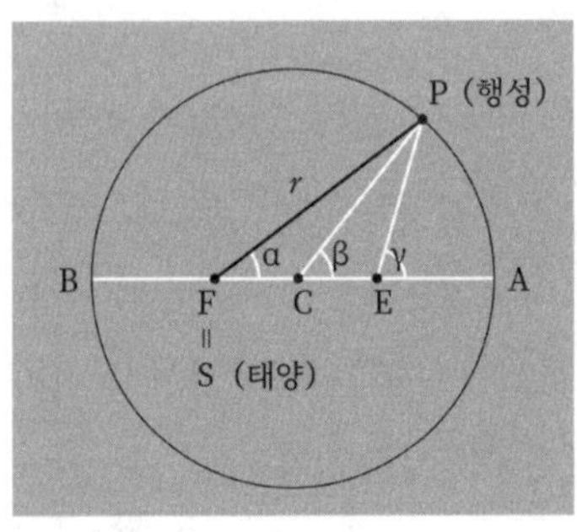

그림1.12(a) 태양중심계에서 본 이심원·등화점 모델.

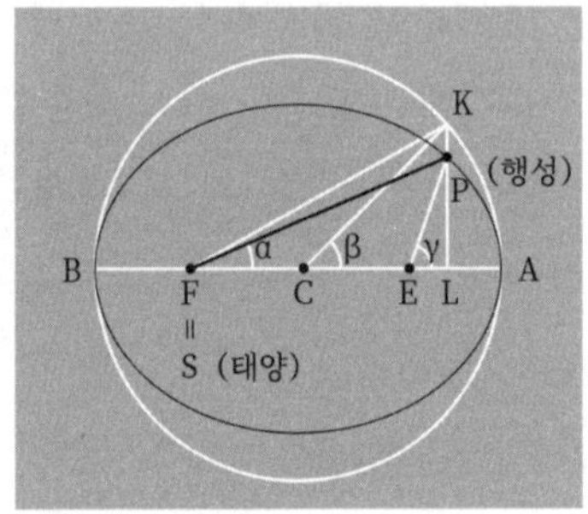

그림1.12(b) 케플러 운동.

케플러 이론과 구별하기 위해서이다).

뒤(마지막 장)에서 보겠지만 케플러는 '행성은 태양을 한쪽 초점으로 하는 타원궤도를 그리고, 그때 면적 속도, 즉 태양과 행성을 묶는 선이 단위시간에 차지하는 면적이 일정하다'라는, 이른바 케플러의 '제1법칙(타원궤도)'과 '제2법칙(면적 법칙)'을 유도했다. 이것이 태양의 질량이 충분히 크고 그 운동 및 행성끼리의 상호 작용을 무시할 수 있는 한에서 행성의 올바른 운동을 나타낸다. 상세하게 말하자면, 제1법칙은 태양정지계에서 본 행성궤도가 그림1.12(b)의 타원(장반경 a, 단반경 b)으로 표현되고 C가 타원 중심, 태양 S가 한쪽 초점 F의 위치로 온다는 것을 의미한다(이 경우는 그림1.12(a)의 이심점 F와 등화점 E가 타원의 두 초점이 된다). 타원의 이심율을 e로 하면 $\overline{\mathrm{FC}} = ea$로, 단반경은 $b = a\sqrt{1-e^2}$이다. e의 값이 충분히 작고 그 2차를 무시할 수 있는 범위에서는 $b = a$로 할 수 있고, 그때 궤도는 C를 중심으로 하는 반경 a의 원(이심원)에서 근사할 수 있다.

그림1.12(b)에서 마찬가지로 태양에서 행성까지의 거리를 $\overline{\mathrm{FP}} = r_{\mathrm{K}}$(첨자 K는 케플러 운동을 나타낸다)로 하고, 이심원점이각을 $\angle \mathrm{KCA} = \beta$로 하면($\beta = \angle \mathrm{PCA}$가 아니라는 것에 주의하라) 타원궤도의 방정식은

$$r_{\mathrm{K}} = \overline{\mathrm{FP}} = a(1 + e\cos\beta), \tag{1.28}$$

또한 진원점이각 $\angle PFA = \alpha_K$와 평균원점이각 $\angle PEA = \gamma_K$는 e의 2차까지 취하는 근사로

$$\alpha_K = \beta - esin\beta + \frac{e^2}{4}sin2\beta, \quad \gamma_K = \beta + esin\beta + \frac{e^2}{4}sin2\beta. \tag{1.29}$$

다른 한편으로 케플러의 제2법칙은 동경 벡터가 그리는 면적이 시간에 비례한다는 것이며 수학적으로는

$$\omega t = \beta + esin\beta \tag{1.30}$$

로 표현된다. 이에 따라 e의 2차까지 취하는 근사로,

$$\gamma_K = \omega t + \frac{e^2}{4}sin2\omega t, \tag{1.31}$$

$$\alpha_K = \omega t + 2esin\omega t + \frac{5}{4}e^2 \sin 2\omega t. \tag{1.32}$$

이상의 결과 (1.28), (1.31), (1.32)를 (1.23), (1.25), (1.27)과 비교하면 이심율 e의 2차 이상을 무시할 수 있는 범위에서 $r_P = r_K$, $\alpha_P = \alpha_K$, $\gamma_P = \gamma_K$, 즉 프톨레마이오스의 이심점과 등화점을 케플러 운동의 타원의 두 초점으로 생각하면 태양중심계에서 프톨레마이오스의 이심원등화점 모델은 케플러의 제1·제2법칙을 만족하고 진원점이각과 평균원점이각도 두 이론에서 같아지며 프톨레마이오스 이론과 케플러의 이론은 일치한다. 이 점

에 한해서는 스워들로와 노이게바우어가 말하듯이 "프톨레마이오스의 모델은 방향에 있어서도 거리에 있어서도 케플러의 최초의 두 행성법칙에 대한 초기의 가장 좋은 근사이다".[56]

프톨레마이오스 이론이 오랜 시간에 걸쳐 그 나름대로 기능했던 것은 이론적으로는 이렇게 원에서 크게 벗어나지 않는(이심율이 작은) 범위에서 올바른 케플러 운동에 잘 일치했다는 것이 큰 이유이다. 실제로 프톨레마이오스 이론과 올바른 케플러 운동의 차는 각도로

$$|\delta\alpha| = |\alpha_{\mathrm{P}} - \alpha_{\mathrm{K}}| = \frac{e^2}{4}|\sin 2\beta|, \tag{1.33}$$

이고 이것은 8분점(원일점에서부터 ±45°, ±135° 방향)에서 최대이지만, 외행성에서 이심율이 가장 큰 화성($e = 0.093$)의 경우에도 겨우

$$|\delta\alpha_{\max}| = \frac{e^2}{4} = 0.0021_6 = 7.4'. \tag{1.34}$$

즉, 그 차를 검출할 수 있으려면 각도로 분 단위(1도의 60분의 1) 정밀도의 관측이 필요하다. 그러나 케플러가 1609년에 말했듯이 프톨레마이오스 시대의 관측정밀도 한계는 각도로 10분으로, 그 상황은 그 뒤도 개선되지 않았다.[57] 관측정밀도가 한 자릿수 향상되고 프톨레마이오스 이론과 케플러 운동의 이 차가 검출되려면 프톨레마이오스로부터 실로 1,400년 뒤, 16세기 후반 티

코 브라헤의 출현을 기다려야만 했던 것이다.

지구에서 본 행성 운동이 등속원운동에서 벗어나는 것은 본래는 비등속적 타원운동이라는 데서 유래하는 부분(제1의 부등성)과 유留나 역행과 같이 지구 운동의 투영에서 유래하는 부분(제2의 부등성) 때문인데, 원궤도를 고집한 프톨레마이오스는 전자를 이심원과 등화점의 도입으로, 후자를 주전원으로 표현했다. 이심원과 등화점은 케플러의 법칙에 대해 빼어나게 뛰어난 근사이고, 주전원은 현실의 관측자의 운동을 좌표변환 한 것에 다름없으며, 이리하여 "일정한 원운동의 원리인, 프톨레마이오스가 발명한 등화점이 멋지게 수정을 가함으로써, 원의 수를 과도하게 늘리지 않고, 실용적인 목적에 있어 전체적으로 충분한 정확성으로 행성의 운동을 놀랄 정도로 정확하게 재현할 수 있었던 것이다".[58] [*18]

8. 우주의 크기와 『행성에 관한 가설』

『알마게스트』의 행성 이론은 각 행성마다 주전원과 이심원의 비는 결정하지만, 궤도의 절대적인 크기 혹은 다른 행성 간의 비는 언급하지 않는다. 그러나 프톨레마이오스는 달과 태양에 대해

---

*18　태양에 가까운 데다 이심율이 큰 수성에서는 장축선이 천천히 회전하기 때문에 이걸로는 불충분했지만 그래도 중심에 또 하나 작은 원을 더하면 꽤 잘 처리할 수 있었다.

서는 관측 데이터를 기반으로 하여 지구로부터의 거리를 추정했다. 또한 『행성에 관한 가설』에서는 각 행성궤도의 크기와 태양계의 구조에 대해서 설명했다. 이것을 살펴보기 위해 우주의 크기를 둘러싼 이전의 역사를 짧게 되돌아보자(실제 거리를 구하는 과정은 권말부록 A-4에 상세하게 설명했으므로 참조할 것).

지구에서 달까지의 거리 r와 태양까지의 거리 R의 비를 처음 구한 것은 기원전 3세기 고대 그리스에서 지동설(지구의 자전과 공전)을 주장한 사모스의 아리스타르코스라고 전해진다.[59] 방법은 다음과 같다. 반달 형태가 되는 구[矩](지구에서 볼 때, 외행성(여기서는 달)이 태양과 직각 방향에 있는 현상_옮긴이)의 상태(부록 그림A.4)에서 달 M이 태양 S를 보는 방향과 지구 T를 보는 방향이 직각이 되어, 지구에서 태양을 보는 방향과 달을 보는 방향의 각도(∠STM)를 알면 삼각비로부터 r와 R의 비를 구할 수 있다. 이렇게 해서 아리스타르코스는 관측값 $\angle STM = 87°$를 사용하여 $R = r/\cos 87° = 19r$를 얻었다. 그러나 실제로는 달이 정확히 반달이 되는 순간을 결정하기 어렵다. 게다가 ∠STM이 90°에 가깝기 때문에 측정값이 조금만 변해도 R/r의 비가 크게 변하므로 이 결과는 전혀 신뢰할 수 없다. 실제 값은 이 값의 20배이다.

이어서 기원전 2세기 히파르코스가 태양—지구—달이 일직선이 되는 삭망*19에서 월식의 관측을 통해 지구에서 달까지의 거

---

*19 삭[朔], conjunction은 달이 지구에서 태양을 바라보는 방향의 연장선상에 있는

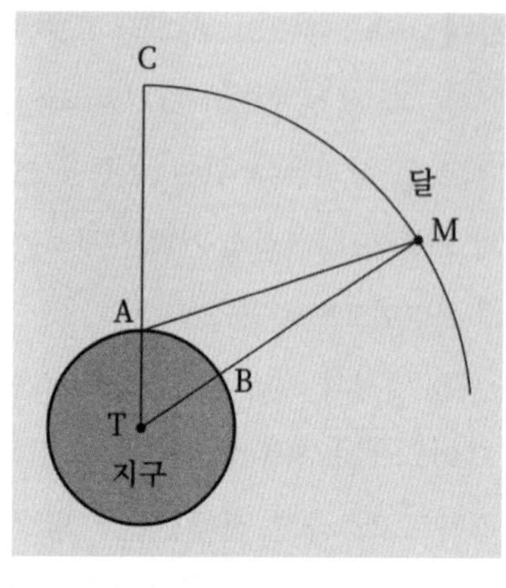

그림1.13 달의 시차.

리를 추정했다. 이 결과로 얻은 값은 지구반경을 1^r로 할 때 $59^r \leqq r \leqq 67^r$이다. 상세한 방법은 권말 부록 A-4를 참조하라. 천체 간의 거리와 지상의 거리를 연관시켜서 달까지의 거리를 처음으로 추정한 것이다. 이 결과는 지구에서 태양까지의 거리 R가 지구반경에 비해 충분히 클 때 R 값에 거의 영향을 받지 않는다. 따라서 실제 값과 완전히 일치하지 않을지라도 자릿수 order는 들어맞는다.

『알마게스트』 제5권 13장에는 시차를 측정함으로써 달까지의 거리를 추정한 내용이 기록되어 있다. 여기서 시차는 지구 표면상의 두 지점에서 천체를 봤을 때의 각도 차이다. 그림1.13에서 지구(중심 T)상의 A 점에서 달 M을 바라보는 방향과 T에서 본(즉, 바로 머리 위에 떠 있는 달을 본 사람이 관측한) 방향의 사잇각이다. 프톨레마이오스는 이 결과와 자신의 달 운동 이론이 예측

초하룻날이며, 망望, opposition은 달이 태양과 역방향에 있는 보름날이다. 달의 궤도면(백도면)이 태양의 궤도면(황도면)에 대해 5도가 조금 넘게 기울어져 있기 때문에 삭망에 꼭 식이 일어나는 것은 아니다.

하는 달의 위치로부터 지구에서 달까지의 거리의 최대치와 최소치를 추정했다. 지구반경을 단위로 해서 나타내면 다음과 같다(자세한 내용은 권말부록 A-4 참조).

$$r_{max} = 64;10^r, \qquad r_{min} = 33;33^r. \tag{1.35}$$

정밀도는 차치하고, 달까지의 거리를 히파르코스 다음으로 추정한 것이었다(64;10이나 33;33은 60진 소수를 나타낸다. 그림 1.4의 캡션 참조).

또한『알마게스트』제5권 14장과 15장에서는 히파르코스와 거의 같은 논리를 사용하여, 월식 관측을 통해 태양까지의 거리 R를 추정했다. 다만 달까지의 거리 r를 아는 값으로 놓았다. 기원전 620년과 522년 바빌로니아에서 달이 지구에서 가장 멀어진 위치에 가까울 때 발생한 월식을 관측한 데이터를 사용하여 얻은 결과는,

$$R = 19.0\, r_{max} = 1210^r. \tag{1.36}$$

달까지 거리의 최대치 r_{max}로는 시차 측정을 통해 구한 값이 사용되었다. 이 값은 극히 신뢰하기 힘들다. 지구에서 달과 태양을 보는 시직경視直徑, 월식에서 지구의 그림자에 가려지는 달 궤도 부분의 시각의 비, r_{max}의 작은 변동에 따라 결과가 크게 달라지기 때문이다(자세한 내용은 부록 A-4 참조). 그러나 아리스

타르코스가 얻은 값($R=19\,r$)과 잘 일치했기 때문에, 프톨레마이오스 자신은 맞는 결과라고 확신한 것 같다. 실제로는 우연의 일치였을 것이다. 그러나 너무나도 잘 일치하기 때문에, 프톨레마이오스가 많은 월식 기록에서 잘 들어맞는 경우만을 골라서 사용했을 것으로 생각하는 해석도 있다.[60] 아니, 본래 프톨레마이오스는 자신의 이론에 정합하도록 데이터에 손질을 했거나 날조했다고 하는 주장도 있다.[61]

어찌 되었든 『알마게스트』는 다음과 같이 결론짓는다.

> 이로부터 삭망일 때 달까지의 평균 거리는 지구반경의 59배이며, 태양까지의 거리는 지구반경의 1,210배이다.[62]

달까지의 거리는 대체로 맞는다. 그러나 태양까지의 평균 거리는 현재 알려져 있는 값인 1.5×10^8 킬로미터, 즉 2만 3,000지구반경의 거의 20분의 1에 지나지 않는다. 그러나 이 작은 값은 프톨레마이오스의 권위를 후광으로 하여 중세 동안 계속 언급되었다.

한편 『알마게스트』의 행성 이론은 어디까지나 개별 행성에 대한 것이다. 궤도의 대소 관계나 비율, 배열 순서와 같은 행성 간의 관계에 관해서는 아무런 언급도 하지 않는다. 『알마게스트』의 범위에서는 이러한 사항을 결정하는 이론은 존재하지 않는 것이다. 『행성에 관한 가설』은 이러한 점을 보완하기 위해 쓰였으며, 『알마게스트』 다음에 쓰였을 것으로 보인다.*20 여기서는 태양과 달 및 각 행성마다 이심원, 주전원이 만들어내는 공간을 완전히 담고 있는 두꺼운 동심구각同心球殼을 적용했다. 각각의 동심구각은 중심이 우주의 중심과 일치하지만, 내부에는 우주의 중심 이외의 위치를 중심으로 하는 부분천구가 적어도 둘 포함된다. 그 하나는 이심원이, 다른 하나는 주전원이 만든다. 그리고 "자연에 진공 내지 아무런 의미도 없는 쓸모없는 사물이 존재한다고 생각할 수 없다"(p.8)라는 이유로, 구각들이 마치 양파 껍질처럼 서로 붙어 있는 구조를 지니는 우주를 형성한다고 가정된다. 이 진공의 존재 여부와 목적론적인 논의는 분명히 아리스토텔레스의 영향을 보여준다. 즉, 『행성에 관한 가설』은 프톨레마이오스 우주론의 연장선상에 있으며, 개개의 궤도가 아니라 집합으로서의 행성계를 설명하는 하나의 체계를 제시한다. 아울러 그의 수학적인 이심유도원·주전원 모델과 아리스토텔레스의 자연학적인 동심구 이론을 조정하는 시도이기도 했다.

달은 다른 천체를 모두 가려버리기 때문에 동심구의 배열에서 달의 구각이 최하층에 놓인다. 따라서 프톨레마이오스의 우주에서는 앞서 구한 달까지의 최단 거리($33;35^r \fallingdotseq 34$ 지구반경)가 4원소의 세계(지구와 그를 둘러싼 공기와 불의 세계)의 상한을 결정한다.

---

*20 서구에서는 이 책의 일부(Bk. 1, Pt. 2)가 소실되었으나, 20세기에 아라비아어 번역이 발견되었다. 이 부분에 대한 영역은 1967년 *Trasactions of the American Philosophical Society*의 골트슈타인Goldstein 논문에 수록되었다. 이후 인용에서는 이 논문의 페이지를 쓸 것이며, 따로 주를 달지 않는다.

그러나 “[그 외 행성의] 구면이 어떻게 배열되는지는 오늘날에 이르기까지 의문으로 남아 있다”라고 되어 있으며, “태양에 대해서는 세 가지 가능성이 있다”라고 솔직하게 쓰여 있다. 즉,

> [지구를 중심으로 할 때] 다섯 행성의 구가 모두 달의 구 위에 있는 것과 마찬가지로 태양의 구보다 바깥쪽에 있든지, 아니면 모두 태양보다 아래에 있든지, 혹은 몇몇은 태양보다 위에 있든지 할 것인데, 우리가 이를 확실히 정하는 것은 불가능하다. (p.6)

요컨대 프톨레마이오스 천문학에는 관측 결과로부터 다섯 행성과 태양의 배열 순서를 결정하는 논리는 없었던 것이다. 『행성에 관한 가설』에서는 달의 구각 상부에 수성·금성·태양·화성·목성·토성의 구각이 이 순서대로 빈틈없이 배치되며, 토성의 구각 바로 위에 항성천이 붙어 있다고 되어 있다. 그러나 이는 가설일 뿐이었다. 외행성에 대해서는 공전주기 순서대로 나열하는 것이 필연적이지는 않다 해도 가장 그럴듯하다. 그러나 지구에서 바라본 수성, 금성, 태양의 공전주기는 모두 1년인데, 외행성의 경우 이상으로 임의적이다. 행성궤도의 배열 순위를 최종적으로 결정한 것은 코페르니쿠스의 이론이다[Ch.5.3].

아무튼 이러한 가정에서는 수성의 구각 아랫면(오목구면)은 달의 구각 윗면과 일치하므로, 지구로부터의 거리(지구를 중심에 둔 반경)는 $64;10^r \fallingdotseq 64^r$ 이다. 이미 구한 수성궤도의 파라미터에 의해 수성의 구각 윗면까지의 거리는 $64^r \times (88 \div 34) = 166^r$

이 되며, 금성 구각 아랫면까지의 거리를 정하게 된다. 마찬가지 과정으로 금성 구각의 윗면까지의 거리 1079^r을 얻는다.*21

다른 한편, 태양 구각까지의 거리에 대해 프톨레마이오스는 이 논의와 독립적으로 월식 관측에서 얻은 값 $R = 1210^r$ 을 평균값으로 하고, 이심률 0.0416을 사용하여 다음을 도출한다.*22

$$R_{min} = (1 - 0.0416) \times 1210^r = 1160^r, \tag{1.37}$$

$$R_{max} = (1 + 0.0416) \times 1210^r = 1260^r \tag{1.38}$$

먼저 구한 금성 구각의 윗면 반경은 천구끼리 접촉한다는 그의 가설이 옳다면 월식 관측을 통해 얻은 태양 구각 아랫면의 반경과 일치해야 한다. 그러나 살펴본 바처럼 그 두 값은 1079^r과 1160^r으로 조금 다르다. 작은 틈이 발생하는 것이다. 그러나 수성과 금성의 순서를 바꾼 것을 제외하면 다른 배열에서는 이러한 틈이 더 커진다. 오히려 실제로는 이 차이가 작아 "달까지의 거리를 늘리면 태양까지의 거리를 줄여야 한다는 것과 그 역도 성립한다. 따라서 달까지의 거리를 근소하게 늘리면 태양까지의 거

*21 프톨레마이오스가 구한 지구에서 금성까지의 거리 최대치와 최소치의 비 1.741 : 0.259(1.11)를 사용하면 $166^r \times (1.741 \div 0.259) \fallingdotseq 1116^r$이 된다. 그러나 프톨레마이오스는 1.741 : 0.259를 정수비 104 : 16로 사사오입 하여, $166^r \times (104 \div 16) \fallingdotseq 1079^r$로 한 듯하다. Van Helden(1985), p.21 참조.

*22 『알마게스트』에는 평균 거리가 $R = 1210^r$ 이라는 기록이 없다. 이 값의 최대치와 최소치는 『행성에 관한 가설』에서 처음 쓰인 것이다.

표1.1 프톨레마이오스가 구한 지구에서 달·태양·행성까지의 거리. 맨 오른쪽은 파르가니가 구한 평균 거리. 단위는 모두 지구반경.

천체	최단 거리	평균 거리	최장 거리	파르가니
달	33	49	64	48 5/6
수성	64	115	166	115 1/2
금성	166	623	1,079	643 1/2
태양	1,160	1,210	1,260	1,170
화성	1,260	5,040	8,820	5,048
목성	8,820	11,504	14,187	11,640
토성	14,187	17,206	19,865	17,258
항성천		약 20,000		20,110

리가 다소 감소하여 금성까지의 최대 거리와 일치할 것이다"(p.7)라고 판단하여 문제 삼지 않는다. 오히려 프톨레마이오스는 월식 관측으로 얻은 태양과의 거리가 접촉 구각들 사이에 빈 공간이 없다는 가정을 통한 계산값과 거의 일치한다고 간주했고, 이로부터 자신의 가정이 옳다고 확신했던 것 같다.

마찬가지 논의가 계속된다. "남은 세 행성까지의 거리는 구[각]의 최소 거리가 그 아래 구[각]의 최대 거리와 일치하는 중첩重積 구조로 쉽게 결정할 수 있다."(p.7) 결과는 표1.1로 나타냈다. 최단 거리와 최장 거리는 각각 우주의 중심(지구의 중심)으로부터 구각의 안쪽 면과 바깥쪽까지의 거리이다.

이렇게 프톨레마이오스는 항성천의 크기, 즉 우주의 중심인 지구로부터의 거리로서 "창공은 토성의 최대 거리와 맞닿아 있으며, 1만 9,865지구반경 내지는 거의 2만 지구반경이다"(p.8)라고 결론지었다.

또한 복잡한 운동을 하는 4원소 세계와 가까운 거리에 있는 달과 수성은 마찬가지로 복잡한 운동을 한다. 반대로 가장 높은 천구면, 즉 최고천最高天에 가까운 항성의 운동은 단순하다. 이러한 사실을 바탕으로 논지를 보강했다. 즉, "위에 기술한 [행성구의] 순위를 강제하는 논의는 거리뿐만 아니라 운동 상태의 차이로도 설명되는 것이다".(p.7) 여기에서도 아리스토텔레스의 영향을 엿볼 수 있다.

프톨레마이오스가 제창한 우주의 크기(약 2만 지구반경)는 실제보다 훨씬 작다. 그러나 이 값은 이슬람 연구자에게 전해진 후 다소 수정되어 13세기 이후 서유럽에서도 받아들여졌다. 1534년 출판된 코페르니쿠스의 『천구의 회전에 관하여』에는 9세기 유프라테스강 근처에 있는 라카에서 활동한 천문학자 바타니(알바테그니우스)가 얻은 값으로 태양의 원지점 거리가 1,146지구반경으로 기록되어 있다.[63] 역시 9세기 바그다드의 천문학자 파르가니(알프라가누스)는 프톨레마이오스와 마찬가지 방식으로 각각의 행성까지의 최단·최장·평균 거리, 그리고 태양까지의 최단 거리 1,120지구반경, 최장 거리 1,220지구반경, 평균 거리 1,170지구반경, 항성천까지 거리 2만 110지구반경을 기록했다.[64] 태양까지의 거리는 프톨레마이오스의 값보다 미세하게 작지만 거의 같은 크기로, 역시 실제 크기보다는 한참 작다. 파르가니의 저작은 이슬람 세계에서 프톨레마이오스 천문학의 입문서 역할을 했다. 이 저작이 12세기 라틴어로 번역되어 서구 세계에도 잘 알려지게 되면서, 파르가니가 구한 각 행성의 천구 크기도 널리 퍼지게 된다.[65] 로저 베이컨Roger Bacon은 1266년에 쓴 주저 『대저작』에서 항성천까지의 거리로서 앞에서 기술한 값을 들고 있다.[66] 거의 같은 시기에 노바라의 캄파누스는 『행성 이론』에서 프톨레마이오스에 의거해 우주의 크기를 기록했다. 태양까지 거리를 1,210지구반경, 그리고 행성의 천구에 대해서는 각각의 최소 거리와 최대 거리를 기록했다.[67] 이 값은 프톨레마이오스의 값과 거의 일치한다. 행성 천구들 사이에는 빈틈이 없는 것으로 했다. 이렇게 해서 후기 중세 유럽에서는 프톨레마이오스의 중첩형 우주와 그 크기를 받아들였다. 아니, 중세에 그치지 않는다. 티코 브라헤가 1577년 혜성에 대해 쓴 보고서에는 금성의 운동 영역이 지구로부터 166지구반경에서 1,104지구반경까지로 되어 있다.[68] 티코와 동시대에 활동했던 크리스토퍼 클라비우스는 항성 천구의 높이를 2만 2,612지구반경으로 했으며,[69] 1590년대 전후 청년 갈릴레오가 쓴 노트에는 프톨레마이오스와 바타니의 값으로 태양까지의 최단 거리 1,070지구반경이 기록되었다.[70] 태양계와 우주의 규모에 관해 프톨레마이오스의 영향은 근대 초기까지 남았던 것이다.

9. 천문학과 자연학의 분열과 상극

그럼에도 불구하고, 프톨레마이오스의 『행성에 관한 가설』이 『알마게스트』의 이심원·주전원 이론과 아리스토텔레스의 동심구 이론을 조정하는 데 성공했다고는 볼 수 없다.

애당초 『알마게스트』의 이심원이나 주전원 가설이 동심구 이론에 비해 각 행성의 운동을 훨씬 더 잘 기술하는 것은 사실이었으나, 자연학에서 이 가설이 점하는 위치는 불분명했다. 다른 어떤 운동법칙으로부터 유도된 것도 아니며, 천체의 운동이 원운동으로 한정되어야 한다는 도그마 이외에 원리적인 근거가 있는 것도 아니었다. 단지 관측되는 운동을 기술하기 위해 도입된 것이므로 당연하다면 당연하다. 프톨레마이오스 자신도 이를 인정했다.

> 문제의 성질 때문에, (예를 들어, 증명을 간단하게 하기 위해 행성구의 운동을 기술하는 원이 황도면상에 있다고 가정하는 경우처럼) 엄밀하게는 이론에 적합하지 않은 절차를 어쩔 수 없이 사용한다든가, 확실한 근거에 기반을 두지 않고 오랜 기간의 경험과 시행 결과를 바탕으로 해서 가정을 한다든가, 혹은 모든 행성에 동일하게 적용할 수 없는 운동을 각각의 원에 대해 가정하는 것은 허용된다. 문제가 될 만한 오류를 이끌어내지 않는 이상 이렇게 불확실한 절차가 구하고자 하는 최종 결과[즉, 행성 운동의 예측]에 영향을 미치지는 않는다는 것을 우리는 알고 있기 때문이다. 그리고 또한 증명 없이 도입한 가정이라 할지라도 현상과

일치하는 이상, 어떻게 그러한 생각이 나왔는지 설명하기 어려울지라도(왜냐하면 일반적으로 제1원리의 근거는 본질적인 측면에서 애당초 존재하지 않거나 기술하기 곤란한 것이며), 주의 깊은 방법론상의 지침을 빼고서는 발견할 수 없다는 것을 알기 때문이다. 마지막으로 우리는 등속원운동이 모든 행성에 예외 없이 적용될 때 개별적인 현상은 [모든 행성에 대한] 가설의 유사성 이상으로 기본적이라서 그보다 일반적인 적용이 가능한 원리에 준하여 증명되기 때문에, 행성의 원에 관련된 가설이 몇 가지 다른 [조합의] 형태를 지닌다고 해서 (유난히 현실 행성이 보이는 현상이 다른 모든 것과 동일하지는 않으므로) 기묘하다거나 논리에 맞지 않는다고 생각할 수 없다는 것을 알고 있다.[71]

행성궤도를 몇 가지 원의 조합으로 나타내는 것은 현상을 잘 설명하는 이상 옳다고 간주되었다.

또한 『알마게스트』 제3권 4장에, 지구에서 본 태양운동의 부등성이 주전원과 이심원으로 설명할 수 있다고 나와 있다. 마찬가지로 제12권 1장에서는 외행성에서 보이는 제2의 부등성에 관해 유도원과 주전원의 가설 혹은 중심이 원운동을 하는 이심원의 가설로 설명할 수 있다고 되어 있다. 두 가지 다른 수학적 모델이 함께 물리적 실재를 나타낼 수는 없으므로, 여기에 한해서는 주전원과 이심원은 실재하는 것이라기보다는 계산을 위한 방편이다. 따라서 그 이상으로 자연학적(물리학적)인 실재성은 말할 수 없다. 『천문학 가설 개요』를 저술한 5세기의 신플라톤주의자 프로클로스Proklos는 개별적인 관측 결과를 설명하기 위해서는 주전원과 이심원을 사용할 수 있지만, 이는 기술記述과 계산을 위한 도구이며 천문학자의 머릿속에만 존재하는 허구라고 보았다.[72]

프톨레마이오스는 『행성에 관한 가설』에서 자신의 수학적 천문학과 아리스토텔레스의 자연학적 우주론의 중재를 시도했다. 이런 의미에서 프톨레마이오스의 수학적 모델은 어떤 실재적인 것이고, 그가 『알마게스트』를 집필한 의도는 자연학적인 아리스토텔레스 우주상을 수학적으로 정밀하게 만들려는 것이었을지도 모른다. 그러나 적어도 프톨레마이오스의 많은 후계자들에게 주전원이나 이심원은 이른바 '현상을 구제'하기 위한 것이었다. 즉, 천구상에서 행성을 나타내는 휘점이 수대 위를 어떻게 움직이는가를 이끌어내기 위한 수학적 장치였고, 행성이 실제로 그에 따라 움직이는지, 또한 왜 그렇게 움직이는지는 고민하지 않았다. 행성의 궤도라는 개념을 소유했는지조차도 의심스럽다. "프톨레마이오스의 직접적인 후계자들이 이 [『행성에 관한 가설』에 쓰인 프톨레마이오스의] 체계를 중요하게 여겼다고는 보이지 않는다. 천문학자들은 자연학적 설명보다 점성술적 예측에 더 큰 관심을 지니고 있었던 것이다."[73]

아리스토텔레스의 철학적 우주론과 프톨레마이오스의 수학적 천문학 사이의 이러한 차이는 이슬람 사회에도 전해졌으며, 두 학문이 12세기 이후 이슬람을 거쳐 유럽으로 전해지며 프톨레마이오스 천문학이 재발견된 이후에는 서구 사회도 이 차이를 의식하게 되었다. 서구에서 대학이 탄생할 때까지 고등교육기관의 역할은 수도원에 부속된 학교가 맡고 있었다. 서구 사회가 지적으로 각성하게 된 12세기에, 생빅토르 수도원의 교장 위그는 『디다스칼리콘(학습론)』을 저술하여 고등교육기관에서 학습되어야 할 학문의 겨냥도를 제시했다. 위그는 당대 최고의 교육서이기도 했던 이 책에서 학문을 크게 셋으로 나누어 사변적 학문, 실천적 학문, 기술적 학문으로 분류했다. 또한 사변적 학문을 아리스토텔레스의 방식을 따라 신학, 자연학, 수학으로 나누고 다음과 같이 말한다. "자연학은 사물의 원인을 그 결과 안에서, 또한 결과를 원인을 통해 추구하며 고찰하는 것"인 데 비해, 천문학은 수학에 포함되어 "각 행성의 법칙과 천구의 회전을 논하고, … 천체의 공역空域, 궤도상의 추이와 출몰, 그리고 각 천체가 왜 그렇게 불리는지를 연구한다".[74] 그리고 위그보다 거의 한 세대 후에 영국에서 태어나 파리에서 교육을 받은 솔즈베리의 요하네스는 마찬가지로 학예에 대해서 다룬 『메타로기콘』에서 "수학적인 고찰은 자연을 모방하는 것이다. 따라서 고대인들은 수학자들을 '자연철학자들의 원숭이(모방자)'라고 불렀다"라고 기록했다.[75] 오직 자연학만이 사물의 본성을 바탕으로 해서 자연현상을 인과적으로 규명할 수 있다고 여겼던 것이다. 그에 비해 사물을 우유적偶有的인 양적 규정만으로 논하는 수학적 과학은 현상의 기술에 만족하는 것으로 저급한 취급을 받았다. 이후 근대에 이르기까지 천문학은 자연철학으로서의 신분을 부정당한다.[76]

중세 후기의 서구는 이슬람 연구자의 저작을 통해 프톨레마이오스를 계승한 수학적 천문학을 배웠다. 다른 한편, 12세기 중세 이슬람의 아리스토텔레스주의자였던 코르도바의 철학자 아베로에스Averroës(이븐 루슈드)가 남긴 방대한 주석을 통해 아리스토텔레스의 많은 저작에 대해 배우게 된다. "아리스토텔레스의 학설은 최고의 진리다"라고 공언한 아베로에스에게 "진정한 천문학"은 "그 기초가 자연학의 원리에 있는 것"이어야만 했다.[77] 따라서 아베로에스는 프톨레마이오스 천문학을 인정하지 않았다. 실제로 아베로에스는 『형이상학』의 주석에서 다음과 같이 말했다.

> 우리는 이심원과 주전원이 자연에 반하며, 주전원은 불가능하다고 주장한다. 원주상을 주회하는 물체는 우주 중심의 둘레만을 주회할 수 있다. 만약 그 중심과 무관한 원운동이 있다고 한다면 우리는 또 하나의 중심과 구각을 상정해야 하는데, 자연학에 따르면 그것은 불가능하다. 프톨레마이오스의 이심원 또한 마찬가지이다.

그는 『천체론』의 주석에서도 "프톨레마이오스가 가정한 [행성의] 운동은 자연학적으로 부적절한 두 가지, 즉 이심원과 주전원을 바탕으로 한다. 그러나 이는 모두 틀린 것이다"라고 분명하게 언급한다.[78] 동시대 아베로에스의 영향을 받은 안달루시아의 이슬람교도 천문학자 비트루지Nur ad-Din al-Bitruji(알페트라기우스)는 이심원은 진공 상태의 공간을 필요로 하는데 "그것은 진리와는 거리가 먼 불명예이며, 하늘의 진실이 아니다"라고 단언했다.[79]

12세기 이슬람교 지배하에 있던 코르도바에서 태어난 유대인

철학자 모세스 마이모니데스Moshe ben Maimon도 역시 아리스토텔레스 자연학에 기반을 두고 주전원 이론을 부정했다.

> 원주 궤도를 따르는 주회 운동이 우주의 중심이 아닌 다른 중심을 지닌다고 가정하는 것은 부조리하다. 중심에서 밖으로의 운동, 중심으로의 운동, 그리고 중심의 주변을 도는 운동 이 세 가지만이 우주의 질서 안에서 존재할 수 있는 근본원리이기 때문이다. 그러나 주전원 운동은 이 세 가지 중 어떤 것에도 해당하지 않는다. 또한 아리스토텔레스가 자연철학에서 이야기한 바에 따르면 주변을 도는 운동은 그에 고정된 구체가 있어야만 한다. 이것이 바로 왜 지구가 정지해 있는가를 설명하는 근거이다. 그러나 주전원 가설은 천체가 움직이는 중심의 주변을 주회한다고 주장한다.[80]

결국 아리스토텔레스주의자의 입장에서 보면 "이심원과 주전원이 [행성 운동의] 예측에 효과적이라고 해서 자연학적인 비현실성과 우주론적으로 조화롭지 못한 감각을 해소하지는 못했던 것"이며, "[아리스토텔레스 이후에] 동심구 천문학을 주장하는 대부분에게는 『알마게스트』의 성공이 자연학적 원리를 부정하거나 무시하는 변명이 될 수 없었다".[81]

그리고 이러한 논의는 끝까지 파고들면 관측에 의거한 수학적 천문학 자체를 부정하기에 이른다. 아베로에스는 다음과 같이 덧붙인다.

천문학자들은 이러한 (이심원과 주전원) 궤도가 존재한다는 가정에서 출발했다. 그들은 이 가정에서 우리들의 감각을 통한 관측에 일치하는 결과를 이끌어냈다. 그러나 그들은 그들의 출발점이 된 전제가 역으로 그 관측[결과]의 필연적인 원인임을 어떤 방식으로든 증명하지 않았다. 이 경우에는 관측된 결과만이 알려져 있으며, 원리 그 자체는 알려져 있지 않다. 왜냐하면 결과에서 원리를 논리적으로 이끌어낼 수는 없기 때문이다. 따라서 자연학의 진정한 원리에서 이끌어낼 수 있는 '진정한' 천문학을 찾기 위해서는 새로운 탐구가 필요하다. 실제로 지금은 천문학이라 불릴 만한 것이 존재하지 않는다. 우리가 천문학이라고 부르는 것은 계산과는 일치하지만 물리적 실재와는 일치하지 않는다.[82]

이렇게 만년의 아베로에스는 『형이상학』에 단 주석에서 "주전원과 이심원이 불가능하기 때문에 우리는 자연의 기초에 기반을 두는 진정한 천문학으로 돌아갈 것을 생각해야 한다. … 나는 젊은 시절 이 연구를 완성하길 원했지만 이제는 나이가 들어 포기했다. 그러나 누군가는 이러한 논의를 통해서 이 연구를 하게 될 것이다"라고 남긴다.[83]

실제로 1185년경 비트루지(알페트라기우스)는 아베로에스에 응답하여 수학적이면서 이심원을 사용하지 않는 동심구 천문학을 구상했다. 아리스토텔레스 자연학의 제諸 원리와 프톨레마이오스의 수학적 천문학을 통합하는 것이 목표였던 것이다. 이 책은 1217년 마이클 스콧Michael Scott이 라틴어로 번역해 서구 사회에도 알려지게 되었으며, 한때는 호의적으로 받아들여졌다. 13세기 옥스퍼드의 로버트 그로스테스트Robert Grosseteste는 다음과 같이 말했다. "아리스토텔레스에 따르면 천체 운동의 이 같은 [프톨레마이오스류의] 존재 방식은 상상 속에서만 가능하다. 자연에서는 있을 수 없다. … 알페트라기우스는 이심원과 주전원 모두 사용하지 않고 아리스토텔레스의 방식으로 어떻게 현상을 구제할 수 있는지 보여주었다."[84] 같은 시기 옥스퍼드에서 수학했던 로저 베이컨도 처음에는 비트루지 이론 쪽으로 기울었던 것 같다.[85]

그러나 비트루지의 시도는 결국 실패했다. 13세기 후반 베르됭의 베르나르는 그의 책에서 아베로에스와 비트루지의 이론을 소개한 후에 그 결함을 지적하고, 이심원·주전원 이론을 채택해야 한다고 주장했다. 즉, "전자의 길[비트루지의 이론]로는 지금까지 나타난, 사고력 있는 자라면 가정할 필요가 있는 내용을 구제하는 것이 불가능하며 불충분하다. 후자[프톨레마이오스 이론], 즉 태양 이외의 행성에 대해 이심원과 주전원, 그리고 동시에 다른 극 주변을 도는 복수의 궤도를 가정하는 방법이 남고, 필요하다. … [천문학 연구의] 발단부터 이러한 방식이 견지됨으로써 천체의 운동, 거리, 크기에 대해서 우리가 알 수 있었던 모든 내용이 지금까지 연구되었다".[86] 이 경우에는 현실의 관측이 판단의 근거였다. 행성 운동을 예측하는 측면에서는 동심구 이론이 프톨레마이오스 이론에 한참 못 미쳤던 것이다.[87] 실제로 철학자 쪽에서 제기된 수학적·기술적 천문학에 대한 '원리적' 비판에도 불구하고, 현실의 천체 운동을 예측하는 데에는 자연학적·철학적 우주론은 무력했다.

마이모니데스는 아리스토텔레스의 자연관이 허용하지 않는 이심원과 주전원을 사용하지 않으면 각 행성의 운동을 제대로 설명할 수 없다는 것을 이미 "현실적인 어려움"이라고 평했으며, 주전원과 이심원을 통한 행성 운동의 설명을 천문학의 작업으로서 용인했다.[88] 또한 14세기 프랑스의 니콜 오렘Nicole Oresme은 "지금까지의 관측으로 알려진 각 천체의 운동에 관한 현상을 구제하기 위해서는 몇몇 천체는 이심운동을 하며 주전원상을 움직인다고 가정해야만 한다"라고 인정했다.[89] 또한 14세기 영국 월링포드의 리처드도 주전원과 이심원을 수학적인 공상으로 보기는 했지만, 그와 같은 천문학적 구성을 상상하지 않으면 "임의의 순간에 우리가 관측하는 위치에 대해 정확하게 일치하는 체계적인 천체 이론을 만드는 것은 불가능하다"라고 양보했다.[90]

그러나 자연학 입장의 프톨레마이오스 비판, 특히 주전원과 이심원의 사용에 대한 비판이 종식되지는 않았다. 14세기 장 뷔리당Jean Buridan처럼 이심원은 인정하지만 주전원은 거부하는 입장도 있었다. 뷔리당은 "이심원을 가정하거나 상상하는 방식은 행성 간 상호의, 혹은 우리에 대한 위치와 배열을 아는 데 매우 유효하며, 천문학자는 그 이상을 요구하지 않는다"라는 의견이 있다는 사실을 인정한다.[91]

현대적인 관점에서 보면 관측에 의한 검증을 수반하지 않는 아리스토텔레스의 동심구 이론은 단지 꾸며낸 이야기처럼 느껴진다. 그보다는 수학적으로 정밀한 프톨레마이오스 천문학이 훨씬 더 높은 수준의 학문으로 보인다. 실제로 프톨레마이오스 천문학은 관측 데이터를 통해 모델 파라미터를 정확히 산출하는 방법을 제시하므로, 관측을 통한 검증이 가능한 훌륭한 이론이었다. 그러나 당시에는 주관적이며 모호한 감각에 의존한 관측을 기반으로 한 천문학보다는, 틀릴 여지가 없는 논증에 준거하여 우주의 원리를 설명하는 자연철학의 학문적 위계가 더 높았던 것이다.

적어도 12세기 이후 유럽에서 연구되고 교수教授된 아리스토텔레스 철학도 마찬가지로 사변적인 학문이었다. 앞서 언급한 솔즈베리의 요하네스는 "논증하는 학문의 지식을 후세에 남긴 아리스토텔레스"는 "'철학자'라는 일반적인 명칭"으로 불리기에 적합하다고 이야기한 초기 아리스토텔레스주의자였으며, 학문의 확실성은 논증에 의해 뒷받침된다고 했다.

> 논증적인 논리학은 제 학문의 기본원리로 쓰이며, 그로부터 귀결을 이끌어낸다. … 이것은 사물이 그래야만 한다는 것에만 관심을 갖는다. 이것은 진리를 가르치는 사람들의 엄밀함에 적합한 것으로, … 그 위엄은 진리 자체의 확실성에서 생겨난다.[92]

이와 같은 입장에서 보면 주전원이나 이심원처럼 원리적으로 문제가 많은 개념을 날조해서 앞뒤를 맞출 뿐인 천문학은 도무지 학문으로 인정하기 어려웠을 것이다. 아리스토텔레스 철학의 신봉자들은 계산 기술과 같은 수학적 천문학을 멸시했다. 애당초 "[중세의] 자연학자, 특히 우주론자들은 행성의 위치에는 특별히 관심을 가지지 않았던 것"[93]이다.

16세기가 되어서도 상황은 마찬가지였다. 예를 들어 이탈리아 남부 세사의 아고스티노 니포Agostino Nifo는 아베로에스의 견해를 따라서 건전한 증명은 결과에 대해 필연적인 원인이 있어야 한다고 주장했다. '현상을 구제'한다고 칭해지는 수학적 천문학을 부정적으로 봤던 것이다. 설령 이심원과 주전원의 가정이 현상을 잘 설명한다고 해서, 이 원들이 실재한다고 증명된 것은 아니다. 그때까지 발견되지 않은 방법으로 그 현상이 구제될 수도 있기 때문이다.[94] 1531년에는 비트루지의 책이 새로 라틴어로 번역되어 출판되었다.[95] 거의 같은 시기인 1534년에 파도바의 의사이자 아리스토텔레스주의자였던 지롤라모 프라카스토로Girolamo Fracastoro는 다음과 같이 말했다.

> 잘 알려진 대로 천문학을 생업으로 삼는 사람들은 별들이 보이는 현상을 설명하는 것이 극히 어렵다는 점을 평소부터 알고 있었다. 이를 설명하는 방법이 두 가지 있기 때문이다. 하나는 동심구, 다른 하나는 이심원을 사용한다. 각각의 방법에는 위험과 어려움이 따른다. 동심구를 사용하는 사람들은 결코 현상을 설명할 수 없다. 이심원을 사용하는 사람들은 확실히 현상을 더 적절하게 설명하는 것 같다. 그러나 이 신성한 물체에 관한 그들의 관념은 오류이며, 불경이라고 할 수도 있다. 그들은 천상에 적합하지 않은 위치와 형상을 이들 물체에 부여했기 때문이다. … 이들[이심원을 사용한 히파르코스와 프톨레마이오스]의 천문학에 대해,

> 혹은 적어도 이심원 가정에 대해서는 철학 전체가 부단히 항의의 목소리를 높여온 것이다.[96]

또한 프라카스토로는 1538년에 저술한 『동심구 혹은 별에 관하여』를 저술하여 동심구 이론을 주장했으며, 그 2년 전에는 파도바의 학생 조반니 바티스타 아미코도 같은 시도를 했지만 모두 결과는 좋지 않았다.[97] 이리하여 중세 천문학은 일종의 막다른 골목에 다다랐다. 아리스토텔레스 자연학의 원리에 기반을 두면서 정량적으로 만족할 수 있는 천문학을 구축하는 것은 중세 자연철학자의 '못다 꾼 꿈'이었다.[98]

이렇게 근대 이전까지 서구 천문학은 자연철학으로서의 아리스토텔레스 우주론과 수리과학으로서의 프톨레마이오스 천문학 사이의 분열과 상극이라는 문제를 내포하고 있었다. 따라서 중세까지 천문학을 개혁한다는 것은 그저 행성의 위치를 계산함에 있어 우주의 중심을 지구로부터 태양으로 바꾸는 것만이 아니라, 자연학인 동시에 수학적이며, 원리적인 기초가 있으면서 관측에 의한 정량적 근거로 뒷받침되는 천문학을 새로 만들어내야 했던 것이다.

이 작업은 15세기 중기 포이어바흐와 레기오몬타누스로부터 17세기 초두 요하네스 케플러까지 약 한 세기 반의 과정을 거쳐 완수된다. 이를 설명하는 것이 바로 이 책의 목적이다.

10. 프톨레마이오스의 『지리학』

그러나 15세기로 날아가기 전에, 『알마게스트』 뒤에 쓰인 프톨레마이오스의 『지리학(게오그라피아)』을 살펴볼 필요가 있다.*23 이 책에 쓰인 지리학이 『알마게스트』에서 전개된 천문학과 『테트라비블로스』에서 논의된 점성술과 관련이 있을 것이라 여겨지기 때문이다. 그뿐만 아니라 서구는 15세기 프톨레마이오스 천문학을 사실상 재발견함과 동시에 그의 지리학을 발견했으며, 적어도 천문학과 지리학은 거의 동시에 뛰어넘었다. 16세기 서구에서 일어난 세계상의 전환은 우주상과 함께 지구상까지도 함께 바꿔버렸으므로, 이 둘을 따로 떼어서 생각할 수는 없는 것이다.

프톨레마이오스의 『지리학』은 제1권에서 "지리학이란 이 지구에서 사람이 도달할 수 있는 지식 전체와 더불어 통상 그와 결합되어 있는 것을 도형화하여 표현하는 것이다. 지지학地誌學과는 다음과 같은 점에서 다르다. 즉, 지지학은 각각의 장소를 따로 떼어내서 하나하나 독립적으로 묘사한다"(I-1.1), "지지학은 지도

---

*23 다행히 일본에는 오다 다케오織田武雄가 감수하고 나카쓰카 데쓰로中塚哲郎가 번역한 『프톨레마이오스 지리학プトレマイオス地理学』이 존재한다. 이것은 "첫 일역일 뿐만 아니라 세계 최초로 충분한 텍스트 비평을 거친 근대어 완역이라고 해도 좋을 업적"으로 평가받으므로(야모리矢守, 1985), 이하의 인용은 나카쓰카 번역본을 따른 것이다(단, 한자어 사용은 다소 변경했다). 인용 부분은 '권(로마숫자)-장(아라비아숫자)·절(아라비아숫자)'로 지정했다.

상에 기재된 것의 크기보다 상태를 문제로 삼는다. … 한편, 지리학은 상태보다 크기를 문제로 삼는다"(I-1.4), 그리고 "지지학에는 수학적 방법이 전혀 필요 없는 데 비하여, 지리학에서는 수학이야말로 가장 중요한 요소이다"(I-1.5)라고 나온다. 즉, '지지학(콜로그라피아)'은 국소적·부분적·기술적인 데 비하여, '지리학(게오그라피아)'은 대역적·전체적·수학적이다. 지리학에서 수학의 중요성을 강조한 것은 프톨레마이오스가 처음은 아니다. 한 세기도 전에 스트라본이 먼저 이야기했다. 그뿐만 아니라 수리학의 선구자인 기원전 3세기의 에라토스테네스, 그리고 지도투영법의 선구자로 그보다 조금 더 일찍 활약한 티로스의 마리노스도 있다. 프톨레마이오스는 개별적으로 수행된 선인들의 수학적 방법을 명확하게 체계화하여 기록으로 남겼다.

프톨레마이오스가 제창하는 지리학의 수학화, 즉 수리지리학 형성의 기본은 먼저 지구를 평행권(위도권)과 자오선(등경도선)의 그물 격자로 감싸서 위도와 경도를 이용한 각 지점의 엄밀한 수학적 위치를 정하는 것이다. 또 하나는 축척 개념을 중시하는 것이다.

좌표에서 "정확한 위치란 대원이 360도로 되어 있다고 할 때, 경도의 경우 특정 지점을 통과하도록 그려지는 자오선이 서쪽 끝을 경계 짓는 자오선[본초자오선]으로부터 적도상에서 몇 도 떨어져 있는가를 의미한다. 한편 위도의 경우에는 어떤 지점을 통과하는 위도권이 적도로부터 자오선상에서 몇 도 떨어져 있는가를 말한다"라고 명확하게 정의되어 있다(I-19). 자오선과 경도선에 대한 언급은 그 이전에도 있었지만 체계적으로 일관된 설명을 한 것은 프톨레마이오스가 처음이다.

축척에 관해서는 "항상 거리의 비례 관계를 고려하면서 현실의 모습과 닮아야 함을 명심한다"라고 명기되어 있다(I-1.4). 또한 그때까지의 지도가 정보의 밀도에 대응하여 "각각의 지형이 지니는 비례 관계와 형상을 여기저기에서 왜곡시킬 수밖에 없었다"라는 것을 감안하여 "세계를 몇 장의 지도로 분할하는" 이른바 아틀라스의 사용을 제창한다(VII-1.2). 이때 부분별로 분할된 지도에 대해서는 "모든 지도가 같은 축척일 필요는 없으며, 각각의 지도 내부에서 각 부분이 동일한 비례 관계를 지키는 것만으로 괜찮다"(VIII-1.5)라고 되어 있다.

> 이 지도에서 예를 들어 자오선군을 평행으로 긋고 경도권군을 직선으로 긋는다 해도 자오선상에서 1도당 거리와 위도권상에서 1도당 거리 사이에 대원(자오선) 대對 그 지도의 중앙경도권의 비와 같은 비가 채용된다면 크게 틀리지는 않을 것이다. (II-1.9)

또한,

> 적어도 부분도의 경우에는, … 위도권을 나타내는 원 대신에 직선을 긋고, 자오선까지도 타원 곡선이 아니라 평행선으로 그린다고 해도 실체로부터 그다지 떨어지지는 않을 것이다. (VIII-1.6)

라고도 지적했다(그림1.14). 곡면(구면)상의 직교좌표계를 도입했을 뿐만 아니라, 그 좌표에서 국소적으로 유클리드 계량을 할 수 있음을 지적한 것이었다. 이는 데카르트가 직교좌표를 사용한 것보다 1,500년 가까이 앞선 것이다. 그리고 프톨레마이오스는 구면상의 직교좌표를 다룰 때 거리와 각도의 변형 모두 가능한 한 최소화하는 형태로 평면상에 투영하는 방법으로 티로스의 마리노스가 사용한 원통투영법을 대신하는 방법을 두 가지 제창했다. 순원추도법純圓錐圖法과 의원추도법擬圓錐圖法(그림1.15(a)(b))이 그것이다.

흥미로운 점은 책을 손으로 베껴 쓸 수밖에 없는 상황에서 이 좌표계(경위망)를 사용하는 것이 정보 전달의 정확성과 관련 있다는 지적이다. 프톨레마이오스는 지도 제작에서 '본문 기사記事의 유용성'을 이야기했다.

> 그림의 표본이 없어도 본문을 읽는 것만으로 가능한 한 쉽게 지도를 그릴 수 있는 방도를 제시하는 것이 중요하다. 왜냐하면 사본으로부터 사본으로 (지도를) 옮겨 베끼는 중에 조금씩 발생하는 변화가 겹치면 결국 원래 모습이 알기 어려울 정도로 왜곡되는 것이 보통이기 때문이다. (I-18.2, 3)

손으로 베낄 때마다 도상의 정보가 손상되고 부정확해진다. 이것은 거의 한 세기 전에 플리니우스Plinius가 『박물지』에서 식물학·본초학에 관해 언급하면서 지적한 사항이다.[99] 식물학과 본초

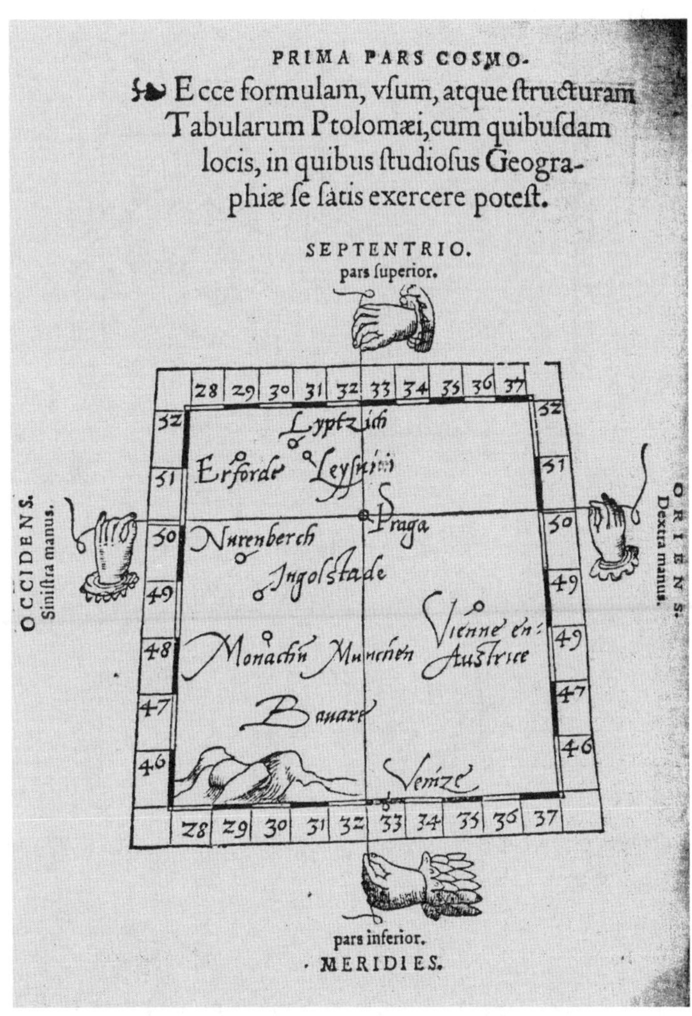

그림1.14 부분적 지도에 대한 경선과 위선에 의한 직각좌표의 적용. 페트루스 아피아누스 『천지학의 서』(1553)에서.

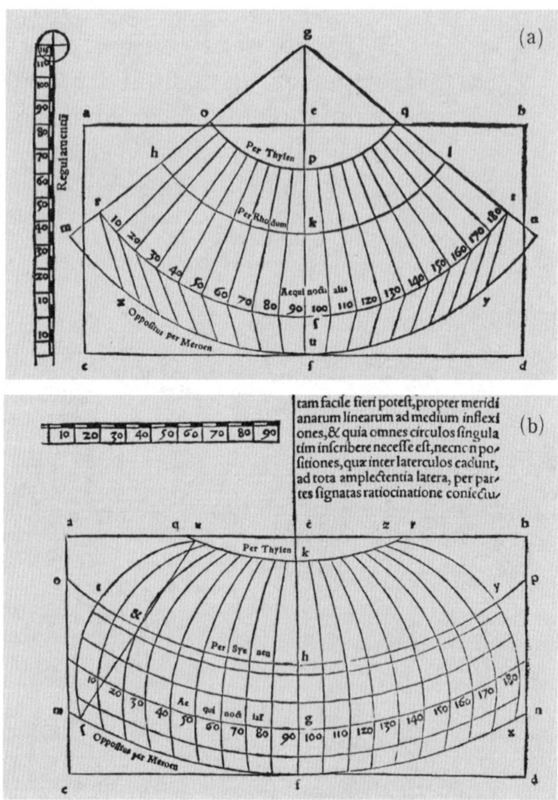

그림1.15 (a) 순원추도법 (b) 의원추도법. 프톨레마이오스 『지리학』 1540년 바젤판에서 발췌.

학에서 이러한 문제가 해결된 것은 15세기 말 목판화 혹은 동판화 삽화를 사용한 책들이 등장하면서부터이다. 즉, 하드웨어의 개혁에 의한 것이었다. 그러나 지도의 경우는 달랐다. 프톨레마이오스는 "표시해야 할 지점 하나하나를 적절한 장소에 기입하려 한다면, 경도상의 위치와 위도상의 위치를 확보해야만 한다"(I-18.4)라고 말하면서, 이 문제는 수학적인 좌표를 사용함으로써 해결할 수 있다는 것을 꿰뚫어 보고 있었다. 이것은 소프트웨어의 개혁에 의한 것이다. 고대 프톨레마이오스 지리학이 15세기 이후가 되어서야 정확히 복원된 것도 이러한 이유에 의해서이다.

그리고 이것은 지리학이 천문학과 밀접한 관련이 있음을 보여주었다.

> 그것[지리학에서의 수학의 중요성]은 지구 전체의 형상과 크기, 그리고 천구에 대한 위치가 가장 먼저 고려되어야 하겠지만, 그로써 지구에 있는 사람의 지혜로 알 수 있는 영역이 어느 정도의 규모이며 어떤 상태에 있는지를 기술하고 거기에서 각각의 지점이 천구상의 어떤 경위도에 있는지 말할 수 있게 된다. 더 나아가 하루 밤낮(1태양일)의 길이, 천정天頂에 나타나는 항성, 항상 지평선 위나 지평선 아래를 움직이는 항성, 요컨대 관측 지점을 설명하기 위해 관련지어 고찰해야 할 모든 사항을 이해할 수 있다. (I-1.6)

이 인용에 선행하는 "지리학의 본질은 이미 알고 있는 세계가 하나로 이어져 있다는 것을 제시하고 그 형상의 특질과 (우주에서의) 위치를 보이는 것이다"(I-1.1)라는 문장의 의미가 여기에 있는 것이다.

프톨레마이오스가 이처럼 지리학과 천문학을 관련지은 것은 『알마게스트』에서 이미 시사했던 바 있다. 같은 책 제2권 권말 부록에 각 위도당 평행권에서의 각과 호의 방대한 표가 실려 있는데 그 후에 나온 것이다.

> 각도를 취급하는 방법론상의 논의를 끝냈으므로 천문 현상을 계산하기 위해서는 관측이 수행되는 각 지역 도시의 위도와 경도를 결정하는 방법만 남았다. 그러나 이 문제에 대한 논의는 지리학이라는 책에서 별도로 다루는 영역에 속한다.[100]

이처럼 『알마게스트』와 『지리학』을 보면 프톨레마이오스가 지리학과 천문학을 떼려야 뗄 수 없는 관계로 여겼던 것을 알 수 있다. 이로부터 지리학에서의 천체관측의 중요성이 다시금 도출된다.

> [각 지점의 위치에 관한] 조사 및 보고는 측지測地 혹은 천체관측에 기반을 둔다. 측지에 기반을 두는 방법은 각지의 상대적 위치를 단지 거리 측정만으로 규명한다. 그러나 천문학적 방법은 천체관측의나 해시계를 이용한 천체관측을 통해 밝힌다. 후자가 소위 자족적이며 더 확실한 방법인 데 비해, 전자는 대략적인 방법이며 후자의 보조가 필요하다. (I-2.2)

이렇게 하여 "천체 현상을 측정한 데이터를 여행 기록보다 우선시할 것"이라고 결론짓는다(I-4). 예를 들어 지상에서 두 지점 간의 정확한 거리를 구할 때는 천체관측을 통해 얻은 경도차와 위도차로부터 두 지점을 통과하는 대원의 호 길이를 산출하는 것이 좋다고 했다. 프톨레마이오스가 그린 지리학의 모습은 천체관측을 기본적인 수단으로 하고 천문학에서 개발된 구면삼각법을 도구로 삼은 수리지리학이었다. 특히 경도차의 측정에 관해서는 지극히 구체적으로 기술되어 있다.

> [지금까지의 기록에서는] 대부분의 거리, 특히 동서 방향의 거리에 대해 대략적인 보고밖에 주어지지 않았다. 그러나 아마도 이것은 조사하는 자가 태만해서라기보다 더 수학적인 관측 방법의 사용이 지금까지 쉽지 않아서였을 것이다. 대부분의 사람이 동일 시각에 서로 다른 지점에서 관측한 월식을 기록하는 것을 가치 있다고 생각하지 않았기 때문이다. 예를 들어 알베라[현재의 아르빌]에서 5시에, 칼케돈(카르타고)에서 2시에 나타난 월식을 이용한다면, 표준시간으로 두 지점이 동서 방향으로 얼마나 떨어져 있는지가 분명해졌을 것이다. (I-4)

수치의 정확성은 제쳐두더라도 추론 방법은 합리적이다. 경도를 정확하게 결정하는 것은 16세기 대항해시대 이후 유럽인에게는 지극히 중요한 문제였는데, 이에 대한 최초의 이론적 해결이 여기에 주어졌던 것이다.

그러나 실제로 『지리학』 제2권 이후 나오는 방대한 지명 일람에 첨부된 위도와 경도의 값이 반드시 정확하다고만은 할 수 없다.*[24] 특히 지중해 연안에서 멀리 떨어진 지역에 대해서는 여행자의 기록이나 담화로부터 산출한 경우가 대부분이었다. 프톨레마이오스는 앞에서 언급한 3시간 차이로부터 알베라와 카르타고의 경도차를 45도로 예측한다. 실제로는 거의 34도(알베라 동경 44도, 칼케돈 동경 10도)로, 시간 차로 환산하면 2시간 16분이어야 한다. 당시에는 정확한 시계가 없어 시간의 측정이 어려웠고, 특히 두 지점의 시간 차를 측정할 때는 상당한 오차가 발생했다. 이처럼 프톨레마이오스가 기록한 경도차의 값은 전반적으로 실제 값보다 2할 내지 3할 정도 크다. 실제로 그는 유럽과 아시아를 실제 크기보다 크다고 생각했다. 그의 지도에서는 지중해가 동서로 거의 경도 60도(실제로는 약 40도)였고, 유럽의 서쪽 끝에서 중국의 동쪽 끝까지는 경도 180도(실제로는 약 130도)로 펼쳐져 있었다. 한편 지구의 크기는 실제보다 작게(실제 크기의 4분의 3 정도로) 생각했다.*[25] 이러한 이중의 오류 때문에 유럽에서 출

---

*24　프톨레마이오스가 왕성하게 활동했던 시기의 로마제국은 오현제 중 한 명인 안토니누스 피우스(138~161)의 시대로, 세력 범위를 크게 확대하여 '로마의 평화'를 구가하며 동방과의 교역도 눈부시게 발전했던 시대였다. 특히 알렉산드리아는 동방무역의 중계지로서 번영했다. 따라서 그 이전의 어떤 시대보다도 유럽·아프리카·소아시아·인도에 대한 정보, 특히 멀리 떨어진 지역에 관한 지식이 풍부했다고 생각된다. 그의 『지리학』에 실린 방대한 지명 리스트는 이에 힘입은 바가 크다.

*25　에라토스테네스는 지구의 둘레를 25만 2,000스타디온으로 추정했으나, 프톨레마이오스의 『지리학』에는 "자오선은 360도로 이루어진다. … 1도는 약 500스타디온에 해당한다"라고 되어 있다(I-7.1). 즉, 지구의 둘레는 18만 스타디온이다.

발해 서쪽으로 돌아 아시아까지 도달하는 거리가 현실보다 상당히 작게 예측되었고, 이것이 중세의 로저 베이컨과 피에르 다일리Pierre d'Ailly를 거쳐 콜럼버스에게까지 전해진다. 콜럼버스가 이에 고무되었다는 것은 자주 지적받는 사실이다. 프톨레마이오스의 방법론이 요구했던 높은 수준에 비해, 그가 살았던 시대에 축적된 경험이 너무 부족했다고 말할 수밖에 없다. 이러한 한계가 극복되는 것은 바로 15세기 말 콜럼버스와 바스쿠 다가마Vasco da Gama의 항해로 시작되는 대항해시대에 들어서부터이다.

그러나 특별히 주목할 점이 있다. 『지리학』에는 "시간과 함께 지구 표면도 변화하기 때문에, 더 새로운 조사 기록에 마음을 둘 것"이라는 기술이 있으며(I-5), 프톨레마이오스는 지리학이 새로운 조사와 보고를 통해 끊임없이 갱신되어야 한다고 말했다는 점이다. 17세기 프랜시스 베이컨은 『학문의 진보』와 『노붐 오르가눔』에서 아리스토텔레스와 플라톤과 같은 고대 철학자들의 철학이 "마치 우상처럼 우러러 받들어질 뿐으로, 그 이상 진전하지 않는다"라고 비꼬며, 이에 비해 기계기술과 같이 사용하는 경험에 의하여 "하루하루 성장하며, 완성되는" 학문을 대치시킨다. 그리고 "항해와 발견은 사람들에게 모든 학문이 한층 더 진보하고 발전할 것이라는 기대를 심어준다"라고 말하며, 더 나아가 이러한

1스타디온은 149미터에서 198미터까지에 해당하는 거리이다. 이로부터 지구의 반경을 구하면, 에라토스테네스의 경우 6,000킬로미터에서 7,500킬로미터까지의 범위에 있어 현재 알려진 값(6,400킬로미터)과 겹치는데, 프톨레마이오스의 경우 4,300킬로미터에서 5,700킬로미터까지의 범위로 상당히 작다.

발전이 "한 세대의 경험을 통해 완성된다고 믿어서는 안 되며, 다음 시대에 맡겨야 한다"라고 끝맺는다.[101] 그러나 베이컨이 이야기한, 경험의 확대가 피드백되는 가소적이며 발전적인 학문이라는 이상은 천수백 년 전 프톨레마이오스가 이미 가졌던 것이다.

프톨레마이오스의 천문학과 지리학은 여러 의미에서 근대과학의 선구였다고 할 수 있다.

제2장

지리학, 천문학, 점성술

포이어바흐를
둘러싸고

1. 인문주의와 프톨레마이오스의 부활

독일의 종교개혁기 마르틴 루터의 맹우로서, 특히 수학과 천문학 교육을 중시하여 프로테스탄트 교육개혁에 큰 공헌을 한 필리프 멜란히톤은 1531년 다음과 같은 말을 남겼다.

> 이 [천문학] 이론은 여러 나라에서 몇 세기에 걸쳐 등한시되고 난 후, 최근 독일에서 포이어바흐와 레기오몬타누스라는 탁월한 두 인물에 의해 되살아났다.[1]

그리고 프랑스의 사제이면서 철학자였던 피에르 가상디는 1654년에 16세기 천문학자 티코 브라헤의 전기를 저술했는데, 서두에 고대부터 당시까지에 걸친 천문학사의 소론小論을 넣었다. 여기에서 포이어바흐와 그 제자 레기오몬타누스에 관해 거의 같은 평가를 내리고 있다.[2] 현대에도 "최종적으로 코페르니쿠스의 저작으로 결실을 맺는 천문학 계산에 대한 새로운 관심의 회복은 게오르크 포이어바흐(1423~1461)와 빈대학에서의 그의 제자였던 요하네스 레기오몬타누스(1436~1476)에 힘입은 바가 크다"라고 이야기된다.[3] 근대 서구에서 프톨레마이오스 천문학이 부활하고 변혁된 것은 대체로 15세기 후반 포이어바흐와 레기오몬타누스로부터 시작된다고 볼 수 있다. 일단 그 배경부터 살펴보기로 하자.

서유럽에서 처음 그리스어에서 라틴어로 직접 번역된 프톨레마이오스의 책은 15세기 초기 『지리학』으로, 야코부스 앙겔루스(이탈리아 이름은 야코포 안젤로 데 스칼페리아)가 번역했다. 1394년 비잔틴제국(동로마제국)의 마누엘 크리솔로라스가 황제 마누엘 2세의 사자로서 대對투르크 방어전의 원조를 호소하러 서유럽까지 왔다. 3년 후 크리솔로라스는 콜루초 살루타티를 중심으로 한 피렌체 인문주의자들의 초대를 받아 그리스어 교사로서 다시 피렌체를 방문했다. 이때 가져온 그리스어 문헌 중에 이 『지리학』이 포함되어 있었던 것이다.[4] 크리솔로라스는 피렌체에 체류했던 3년간 레오나르도 브루니와 니콜로 니콜리 등 인문주의자에게 그리스어를 가르치면서 고대 그리스 문예에 대한 동경과 열정을 심었다. 번역자인 야코부스는 살루타티에게 감화된 피렌체의 인문주의자로, 그리스어를 배우기 위해 1395년 콘스탄티노플(현 이스탄불)로 건너가서 크리솔로라스와 함께 피렌체에 돌아온 특이한 경력의 소유자이다.

그 이전에 프톨레마이오스의 『지리학』이 서유럽에 전혀 알려지지 않았던 것은 아닐지라도 『알마게스트』에 비하면 잘 언급되지 않았다. 실제로 이 책이 라틴 세계에 어느 정도 널리 알려지게 된 것은 야코부스의 번역이 사본 형태로 나돌게 되면서부터이다. 단, 이 단계에서 지도는 딸려 있지 않았다.

당시 대학에서 연구되던 스콜라학에 대한 비판자로 등장한 북이탈리아의 인문주의자(우마니스타)는 위계적인 교회 조직의 지배와 형해화形骸化된 스콜라학의 권위주의에 저항하는 새로운 인간상을 고대의 문예 속에서 이끌어내고, 폐쇄 상태에 빠져 있던 스콜라학에 '고대인의 뛰어난 지혜'를 대치시켰다. 간단히 말해 '중세의 야만'에 의해 손실된 '고대의 찬란함'을 고전 연구를 통해 회복하려는 운동이었던 것이다. 또한 라틴어 auctorius에 '문서'와 '권위'라는 두 가지 뜻이 있는 것처럼, 원래 유럽에는 글로 쓰인 내용을 너무 쉽게 믿는다고 해도 좋을 만한 문서 숭배 풍조가 있었다. 중세 유럽에서는 서책이 '모든 지식의 원천'이라고 여겨졌던 것이다. 이러한 이유로 초기 인문주의자는 고대 서적에 대해 거의 무비판에 가까운 신뢰를 보냈다.[5]

예를 들어 12세기 로마의 의사 갈레노스의 이론에 기반을 두고 실시되었던 중세 대학 의학교육에서 16세기 전반에 일종의 개혁이 이루어진 사례가 있다. 이는 이슬람 학자들의 주석에 '오염'된 아라보 갈레니즘을 대신할 순정純正 갈레노스 원전을 발굴하여 신성화하는 형태로 진행되었다. 다른 예로서, 1세기 로마의 플리니우스가 쓴 『박물지』는 지금 읽으면 의심스러운 사실과 명백한 오류를 다수 포함하고 있지만, 중세 내내 널리 읽혔으며 자연백과사전으로서의 권위를 지녔다. 15세기 후반 베네치아의 인문주의자 에르몰라오 바르바로는 "그[플리니우스]가 없었다면 라틴의 학예는 거의 존재하지 않았을 것이다"라고 말했다. 그와 동시에 같은 책에 대해서 처음으로 비판한 것도 바르바로의 『플리니우스 교정』이었다. 바르바로는 이 책에서 『박물지』 전권에 걸쳐 수천 가지 내용을 교정했지만, 실제로는 플리니우스가 전거典據한 고대 문헌을 다시 조사한 것으로, 사본의 사본이 만들어지는 과정이 반복되면서 섞여 들어간 오류를 씻어냈다.[6] 이 사례들 모두 경험에 비추어 내용을 음미하거나 관찰을 바탕으로 검증하는 자세는 보이지 않는다.

이처럼 극단적이지 않더라도, 인문주의자들은 많든 적든 상고주의에 기반을 두고 고대 문헌을 무비판적으로 존중하는 자세를 보였다. 15세기 이탈리아의 인문주의자 레온 바티스타 알베르티는 고대 로마의 비트루비우스가 쓴 『건축서』에 전면적으로 의거한 『건축론』을 저술했다. 이 알베르티의 영향을 받은 건축가 안토니오 필라레테가 자신의 저서에서 "나는 고대 관행과 양식의 답습을 무조건 상찬한다"라고 쓴 것[7]이 상징적인 사례가 될 것이다.

당시 이탈리아 인문주의자들은 '중세의 야만'에 오염되지 않은 순수한 라틴어와 그리스어 학습을 중시했다. 경쟁적으로 서유럽 각지의 수도원에 잠자고 있던 고대 문헌을 찾았으며, 비잔틴 사회에서 보존되었던 그리스 서적을 갈구했다. 이러한 운동은 직접적으로는 중세의 호교적護教的인 입장에서 수정되고 때로는 자의적인 기준에 따라 여러 토막으로 나뉘진 텍스트를 복원하고, 이슬람 사회를 경유하면서 아라비아어를 중역할 때 발생한 왜곡과 반복된 복제를 통해 섞여 들어간 오류를 배제하여 순정 텍스트로 되돌리는 것이 목적이었다. 따라서 자연스럽게 문헌학적인 색채가 강했다. 아니, 문헌학이라는 학문이 이 과정에서 탄생했다고 해도 좋을 것이다.

당시 피렌체 인문주의자들이 프톨레마이오스의 『지리학』에 보인 관심 또한 주로 문헌학적이며 언어학적인 방면과 지지학적인 정보를 향한 것이었다. 14세기에는 이탈리아 르네상스 문학을 대표하는 『데카메론』의 작가 지오반니 보카치오가 로마제국 시대 플리니우스의 『박물지』와 폼포니우스 멜라의 『지지地誌』를 포함한 고대 문헌들에서 나타나는 산, 샘, 강, 연못, 늪, 바다의 지명을 알파벳 순서로 수록한 사전 『산, 숲, 샘 등의 명칭에 관하여』를 편찬했다. 15세기 중기에는 역사가 플라비오 비온도가 저술한 『이탈리아 안내』에서는 서문에서 언급된다.

> [서로마제국 말기에 침입해 온] 야만인들은 모든 것을 파괴했습니다. 그리고 아무도 그사이에 벌어진 일들을 문자 기록을 통해 자손들에게 전하지 않은 결과, 우리는 고대 저술가들이 빈번히 사용했던 이탈리아의 각 지역, 도시, 마을, 호수, 산의 이름을 대부분 모릅니다. 말할 것도 없이 지난 1,000년간 있었던 사건들에 대해 우리는 알 수 없습니다.[8]

그리고 본문에서는 고대의 지명과 15세기 이탈리아의 지명을 대조했다. 르네상스기에는 고대 그리스와 로마의 문예에 나타난 토지의 정확한 지명과 위치에 대한 정보가 요구되었던 것이다. 이탈리아 인문주의자들이 프톨레마이오스의 『지리학』에 크게 관심을 둔 것도 그들이 복원하고자 했던 고대 세계의 전모가 그 책에 상세히 기록되어 있었기 때문이다.

실제로 이탈리아 르네상스를 대표하는 시인 페트라르카와 작가 보카치오가 플리니우스의 『박물지』에 관심을 보인 이유 중 하나는 고대 로마제국에 관해 가치 있는 지리학적 기술이 포함되어 있었기 때문이다.[9] 세계지도의 역사를 다룬 책에서는 "르네상스의 패러독스 중 하나는 그것이 과학적인 운동이 아니었다는 점이다. 그것은 문학적·예술적·정치적이었으며, 그 외에도 여러 면이 있었지만 과학적인 운동은 아니었다. 프톨레마이오스의 부활마저도 문학적인 사건이었으며, 고대 이론의 재발견 또한 15세기에는 그 내용이 궁극적으로는 시대에 뒤떨어진 부분이었다"라고 쓰여 있다.[10] 확실히 이탈리아에서 프톨레마이오스 『지리학』이 부활한 것은 그러한 경향이 현저했다.

즉, 폴 로즈Paul Rose가 쓴 『르네상스의 수학』에 나오는 것처럼, 야코부스 앙겔루스가 프톨레마이오스 『지리학』에 몰두한 행위는 "그 저작의 수학적·지도학적 내용에 대한 관심보다는 오히려 문헌학적·지지학적인 동기가 컸"으며, 그의 번역은 "수학에 관해서는 실질적인 지식 없"이 이루어진 것이었다.[11]

2. 독일의 인문주의 운동

알프스산맥보다 북쪽에 위치한 나라들, 특히 독일이나 오스트리아에서는 사정이 다소 달랐다.[*1] 이탈리아에서 인문주의 운동은 주로 대학의 외부에서 벌어졌으나, 독일과 중부 유럽에서는

---

*1 이후 오스트리아 및 스위스 일부를 포함하여 당시의 독일어권 전체를 '독일'이라고 표기한다.

대학에도 인문주의자들이 파고들었다. 이탈리아의 경우 "인문주의가 대학에서는 활기를 띠지 못했"지만,[12] "독일의 대학은 인문주의의 이상을 보급·촉진하는 데 부정적으로 작용하지 않았으며 오히려 긍정적인 힘이 되었다". 독일의 인문주의개혁은 1450년대부터 1520년대, 1530년대에 걸쳐 대학에서 학습의 목적과 방법을 근본적으로 바꿨다고 평가받는다.[13]

원래 독일의 대학은 당초부터 북이탈리아, 프랑스, 영국의 대학과 다소 다른 성격을 띠고 있었다. 프랑스의 경우, 이탈리아에서 대학이 여러 곳에서 탄생한 이후에도 14세기 중반까지 신성로마제국과 동유럽에는 대학이라는 제도가 전혀 없었다. 독일은 대학 교육의 선도국이었다.[14] 그러나 그 이후 "[1417년] 기독교가 크게 분열된 상황이 끝날 때까지 신성로마제국에서는 전에 없이 빠른 속도로 새로운 대학이 잇달아 탄생했다".[15] 프라하대학의 창설은 1348년, 크라쿠프는 1364년, 빈은 1365년, 하이델베르크는 1385~1386년, 쾰른은 1388년, 에르푸르트는 1392년, 라이프치히는 1409년, 로스토크는 1419년으로, 이 대학들은 대체로 파리대학을 모델로 하여 만들어졌다. 그러나 창설된 지 얼마 되지 않았기 때문에 스콜라학의 전통은 그리 강하지 않았을지도 모른다. 더구나 대부분이 거의 자연발생적으로 혹은 황실의 발의로 탄생한 13세기 이탈리아·프랑스·영국의 대학과는 다르게, 신성로마제국의 신설 대학은 거의 세속군주가 창설했다.[16] 실제로 독일어권 최초의 대학인 프라하대학은 신성로마제국의 황제였던 룩셈부르크가家의 카를 4세가 창설했으며, 빈대학은 이에 대항하기 위해 합스부르크가의 루돌프 4세가 창설했다. 크라쿠프대학(야겔로니아대학)은 폴란드의 왕 카지미에시가 설립했다. 15세기 후반에는 더 많은 대학이 만들어졌다. 바젤대학은 1461년, 잉골슈타트는 1472년, 트리어는 1473년, 튀빙겐과 마인츠는 1476~1477년에 창설되었다.

대학의 신설과 함께 학생 수도 증가하면서 출신 계층의 저변도 확대되었다. 대학의 역사를 다룬 전문서에 따르면 "[독일 대학의] 평균 등록자 수는 [14세기 말부터 16세기 초두까지] 한 세기가 조금 넘는 기간 동안 (300명에서 3,000명으로) 10배가 되었다". 또한 "13세기 독일에서는 부자와 귀족만이 파리대학 혹은 볼로냐대학에 갈 수 있었"던 것에 비해 "15세기에는 검소한 계층 출신의 학생도 독일의 지방대학에 다닐 수 있게 되었다"라고 되어 있다.[17] *2 1494년 제바스티안 브란트는 『바보배』에서 "지금까지 아테네 이외에 학문은 없다고 취급되었다. 그 후 이탈리아, 프랑스, 그리고 지금은 독일에도 학문이 있으며, 포도주를 제외하면 무엇 하나 부족한 것 없는 나라이다"라고 구가했다.[18] 단적으로는 "독일에서 대학의 설립은 독일인의 지적이고 사회적인 해방이었다. 그 이후 상인과 직인들도 '출세가도'에 들어설 수 있게

---

*2 자크 베르제Jacques Verger의 저서는 15세기 유럽의 많은 대학에서 "가난한 학생의 존재가 기록되어 있"는데, "이와 같은 학생은 특히 독일의 대학에 많다"라고 말한다(Verger(1973), p.195). 실제로 15세기 초반 빈, 하이델베르크, 쾰른, 라이프치히, 로스토크에서 입학자의 15~30퍼센트가 빈곤 계층이었다(Overfiedld(1984), p.24).

되었다".[19]

또한 영방군주가 창설한 많은 독일 대학은 창설 후에도 계속적으로 군주로부터 재정적인 지원을 받았으며, 군주의 의향을 강하게 반영하고 있었다. 특히 빈대학은 최초로 왕도 황제도 교황도 아닌 인물의 주도로 만들어진 대학이며, 창설한 합스부르크가의 궁전은 신학과 법학부터 정치와 외교, 의학·의료에 달하는 실질적인 문제에 관해 빈대학의 전문가에게 종종 조언을 구했다. 이러한 배경으로 말미암아 독일 대학의 교육과 학문은 실질적이며 세속적인 성격을 띠게 되었다.[20]

대학의 창설에 관여한 군주나 그 후계자들은 때로 인문주의가 대학에 침투하는 데도 힘을 발휘했다.[21] 예를 들어, 빈이 1480년대 후반에 헝가리 왕 마차시 코르빈(마티아스 코르비누스)에게 한때 점령당한 후 빈대학의 재흥을 꾀한 합스부르크가의 막시밀리안 1세가 솔선하여 대학에 인문주의를 도입하고, 독일 인문주의 운동의 중심인물로서 '대인문주의자Erzhumanist'라고 칭해져 잉골슈타트대학에서 교편을 잡았던 콘라드 셀티스를 1494년에 초청하여 위로부터 인문주의를 도입하려 했던 것도 알려져 있다. 이렇게 해서 빈은 막시밀리안 1세 시대에 "인문주의의 일대 중심"이 되었다.[22]

15세기 말기에 가까운 시기에 창설된 대학은 당초부터 인문주의 운동이 고양된 분위기에서 태어났다. 1502년 창설된 비텐베르크대학에서는 창립 초기부터 인문주의에 대한 적대심은 없었다고 전한다.[23] 일례로 같은 대학의 학예학부는 1509년에 지리학자

바르톨로메우스 스테누스를 채용했는데, 그는 취임강연에서 베르길리우스나 루카누스와 같은 고대 문예를 이해하는 데 있어서 지리학의 필요성과 중요성을 역설했다. 대학에서 최초로 정규로 급여를 받는 직위에 임명된 그는 앞으로 보게 될 것처럼 이탈리아 인문주의의 영향을 크게 받았다.[24] 그리고 같은 대학의 창설자 작센 선제후選帝侯 프리드리히 현공賢公은 1512년에 비텐베르크대학 도서관의 운영을 인문주의자인 게오르그 슈팔라틴에게 맡겼다. 이 슈팔라틴이 비텐베르크대학에 큰 영향을 끼치게 된다.[25]

인문주의 자체도 독일에서는 이탈리아와 다소 달랐다. 북이탈리아의 인문주의자가 문학적이며 시민적이었던 것과는 반대로, 독일의 인문주의자는 아카데믹하며 지식과 교육에 열정을 쏟았다. 이탈리아 인문주의자가 오로지 문예와 수사학에 관심을 두었던 것에 비해 독일의 인문주의자는 대학의 학예학부에서 배우는 4과科, 즉 수학적 과학에도 많은 관심을 기울였다.[26] 이는 독일에서 당시 인문주의 운동의 일인자였던 셀티스가 16세기 초 빈대학에 기존의 4학부 외에 인문주의 연구기관으로서 '시인과 수학자의 칼리지'를 창설한 사례에서도 엿볼 수 있다. 이 칼리지에서는 두 명의 교수가 웅변, 즉 시와 수사학을, 다른 두 명의 교수가 지혜, 즉 수학과 천문학을 가르쳤다.[27] 수학과 천문학에 문학과 수사학과 대등한 지위가 부여된 것이다. 실제로 "장래의 철학자는 무엇을 알아야 하는가"라는 제목의 1492년 송가에서 셀티스는 라틴어 학습으로 시작해서 일반적인 인문주의 교육을 언급한 뒤에 천문학과 지리학의 중요성을 설파했다.[28]

또한 고대 로마를 시조의 땅으로 여기는 이탈리아에서는 인문주의의 고대 연구는 조국을 부흥시키겠다는 의욕과 결합되어 있었다. 그러나 고대와 덜 친근한 독일에서는 그러한 감정이 나타날 수 없었다. 아니, 그뿐만 아니라 이탈리아 인문주의자가 번번이 고대 로마의 계승자로서의 자부심을 과시하며 그 외의 지역을 무시하는 것에 대한 반감마저 있었다. 원래 고대 로마의 고전은 중유럽을 '야만'의 땅으로 묘사했다. 예를 들어, 1세기 로마의 폼페니우스 멜라의 『지지』는 게르마니아를 "주민들은 몸과 마음 모두 두려운 인종이다. 본래의 야만에 더해 심신에 모두 가혹한 훈련을 수행한다. … 인접하는 모든 부족과 싸움을 일으키는데, 그 이유는 단지 싸우고 싶기 때문이다. 자신의 토지를 전혀 열심히 경작하지 않으며, 주변의 넓은 토지를 방치하는 것이 그 증거이다. 이 사람들에게 있어 법이란 힘이며, 따라서 약탈을 해도 부끄럽게 생각하지 않는다"라고 기록되어 있다.[29] 그리고 "토지는 황량하며, 기후는 혹독하고, 풍물과 풍속이 처참한 게르마니아"라고 이야기하는 타키투스의 『게르마니아』에서도 그 주민의 야만성에 대해 기술한 내용이 보인다.[30] *3

---

*3 다만 타키투스의 『게르마니아』는 독일인 자신이 알지 못했던 과거의 독일인과 그 사회를 기록했다는 점에서, 한편에서는 16세기 독일에서 호의적으로 받아들여졌다. 또한 "게르마니아의 각 민족은 다른 민족과의 결혼에 의한 오염을 겪지 않아, 전적으로 본래적이고 순수하게 자기 자신만을 닮은 종족으로서 스스로를 유지해왔다"와 같은 기술(이즈이泉井 번역, p.40)은 20세기 나치 독일이 인종적 내셔널리즘의 근거로 사용하게 된다. Krebs(2011) 참조.

이러한 경향이 고대 문헌에 한정된 것만은 아니었다. 동시대의 이탈리아에서도 종종 독일의 학예뿐만 아니라 생활 습관에 대해 선조가 '야만 민족'이었음을 떠올리게 하는 듯한 표현으로 빈정대기도 했다. 1373년 페트라르카의 『이탈리아 비방자 논박』에는 "예전부터 갈리아인은 동물적인 습속 때문에 프랑크인이라 불렸으며, 때로는 흉포한 사람들로 여겨졌습니다"라고 되어 있다. 그뿐만이 아니다. 과거의 사실로서가 아니라 "갈리아족은 역시 야만적입니다. … 그렇지만 여러 야만족 중에서는 갈리아인이 가장 온화합니다"라고 되어 있어, 게르마니아는 갈리아 이상으로 야만적이라는 것을 함축적으로 나타냈다.[31] 앞서 언급된 바르바로는 이로부터 100년이 더 지난 후인 1485년 북유럽 스콜라학자를 "둔하며 상스럽고 교양 없는 야만인"으로 평가했다.[32] 르네상스 전성기의 이탈리아인은 독일을 "고대 라틴 제국은 말할 것도 없이 고대 그리스와는 무관계한, 미개하고 야만스러운 지역"으로 봤던 것이다.[33]

독일 인문주의는 시에나 출신의 에네아 실비오 피콜로미니가 합스부르크가의 프리드리히 3세를 섬기며 1443년부터 1455년까지 빈에 체류했을 때 탄생되었다. 후에 교황 비오 2세가 된 에네아는 고전문학에 대해서도 넓은 지식을 지녔던 교양인으로서 빈대학에서 라틴문학을 강연했고, 독일에 인문주의의 숨결을 불어넣었다. 또한 그는 독일 각지를 방문하여 독일의 지지地誌 『게르마니아』를 씀으로써 독일의 지리학 발전에 크게 기여했다. 그러나 '세련된' 이탈리아 문화 배경에서 자란 에네아 자신은 그의 눈에 비친 독일인의 '거칠고 난폭한' 행동거지나 '야만적인' 풍습에 대한 혐오를 감추려고 하지 않았다. 중세 후기 독일 문화를 다룬 책에 "1448년 에네아 실비오 피콜로미니는 여성은 모두 간통자, 남성은 모두 사기꾼 혹은 매춘부 아내의 기둥서방이라는 인상을 받았다"라고 나올 정도였다.[34] 이것이 반드시 과도한 과장이라고만은 할 수 없었다. 1477년 프리드리히 3세의 아들 막시밀리안 1세가 당시 북이탈리아와 나란히 경제적으로 발전하고 있었던 플랑드르에 터를 잡은 부르군트 공국(부르고뉴)의 공녀 마리아와 결혼했을 때, 빈의 궁전은 경제적·문화적 격차에 직면하게 되었다. 에무라 히로시江村洋의 저서에서 이러한 실정에 대해 설명한 내용을 인용한다.

> 예를 들어 양국의 경제관념도 하늘과 땅 차이였다. 빈 궁전의 금전 감각은 마치 중세 초기처럼 초보적인 것에 불과했으나, 브뤼셀은 세계 경제의 첨단을 걷는 것에 걸맞게 복식부기 제도가 확립되어 있었다. 관공서 조직이 훌륭하게 정비되었으며, 세금을 징수하는 체제도 튼튼했다. 오스트리아에서는 범죄인의 처벌도 제대로 이루어지지 못했기 때문에 노상강도와의 사사로운 싸움이 끊이지 않았으나, 부르고뉴에서는 재판소가 정상적으로 기능했다. 같은 궁전이라고 해도 빈은 중세를 벗어나지 못했으나, 브뤼셀은 벌써 르네상스 문화의 꽃을 피우고 있었다. 그러므로 일상 의복과 음식부터 생활 습관과 종교 관념에 이르기까지 여러 영역에 걸쳐 큰 차이가 있었다.[35] [*4]

따라서 독일의 인문주의자는 자신들의 후진성을 극복하기 위해 열심히 학습에 몰두했다. 그와 동시에 자신들을 멸시하는 이탈리아 지식인의 거만한 태도에 반발하게 된 것도 무리는 아니었다. 실제로 1492년에 "우리들이 술꾼이며, 무자비하고, 야만적이며, 극악무도하고 폭력적이며 수많은 악덕에 물들어 있다고까지 쓴 옛 그리스, 라틴, 히브리 저술가들의 악평을 일소하지 않겠는가"라고 학생들에게 호소한 것은 다름 아닌 콘라드 셀티스였다.[37] 그리고 이는 셀티스가 독일의 인문주의자들에게 최초의 포괄적인 독일 지지서地誌書 『게르마니아 안내』의 작성을 호소하는 것으로 이어진다. 플라비오 비온도의 『이탈리아 안내』를 모델로 한 이 기획은 1508년 셀티스가 사망하면서 미완성으로 끝났지만, 고대 그리스와 로마의 저술가들이 부정확하고 비참하게 묘사하거나 무시하고 업신여긴 독일을 더 정확하고 더 빛나게 기술해야 한다는 민족적인 사명감에 의해 촉발된 것이었다.[38] 당시 독일에서 지리학에 대한 관심이 모아지는 데 하나의 원동력이었던

---

*4 신성로마제국의 왕 막시밀리안 1세는 1495년 보름스에서 제국의회를 개최하고, 제국 내 제후의 항쟁을 불법으로 하는 영구평화령을 발포했으며, 이에 따라 제국최고법원(재판소)을 창설했다. 또한 전국 징세제를 실시하고, 법의 집행을 담당하는 크라이스 제도를 제정할 것을 결의시켰다. 그러나 신성로마제국이라고 해도 그 실체는 각각이 사실상 소국가와 마찬가지인 300이 넘는 세속적 제후령, 사교령司敎領, 제국자유도시의 집합이었다. 따라서 각각의 대표자로 이루어진 제국의회에서 형식적인 결의가 바로 실행될 수는 없었다. 그럼에도 불구하고 이에 의해 제국은 불완전하게나마 하나의 법적 공동체가 되었으며, 독일은 중세에서 근대로 이행했다고 여겨진다.[36]

것이다.

물론 이 배경에는 갑자기 일어난 독일 내셔널리즘이 있었다. 15세기 후반부터 '독일 민족의 신성로마제국Heiliges Römisches Reich teutscher Nation'이라는 칭호가 사용되었다는 것이 이를 드러내는 하나의 예이다.[39] 1486년부터 30년 남짓 그 왕좌에 있었던 막시밀리안 1세 자신이 "독일 인문주의자의 우두머리"였으며 "독일의 옛 전설과 영웅적인 가요를 수집하여, … 독일의 민족의식 고양에 힘썼다"라고 한다.[40] 셀티스가 10세기 독일의 여류시인이자 수녀인 로스비타 폰 간델스하임을 발견하여 1501년에 그 작품집을 출판한 것도 전적으로 예전의 독일인이 지녔던 위대함을 떠올리게 하여 자긍심을 자각시키기 위함이었다.[41] 셀티스와 그 후 로이힐린 등 다른 많은 독일 인문주의자들은, 중세 스콜라학자를 마찬가지로 멸시하는 이탈리아 인문주의자들과 달리 13세기 철학자 알베르투스 마그누스를 높이 평가했다. 이것은 알베르투스가 슈바벤에서 태어나 쾰른에서 교단에 선 순수 독일인이었다는 점과 무관하지 않을 것이다. "우리의 알베르투스 마그누스Albertus noster Magnus"라고 말한 것은 레기오몬타누스였다.[42]

레기오몬타누스는 1470년대에 출판한 서적의 서문에서, 한편으로는 "근래 우리나라 사람이 발명한 훌륭한 인쇄기술"이라고 썼는데, 다른 한편으로는 "야만하다고까지는 하지 않아도 서적과 학식 있는 사람과는 멀리 떨어진 독일에 살고 있는 나"라고 썼다.[43] 이러한 표현에서 당시 독일 지식인의 뒤틀린 심리를 읽어낼 수 있다. 단적으로 "독일인 인문주의자는 알프스 저편에 대해 심리적으로 무척 양면적이며", 한편으로 이탈리아 문화와 학예에 대해 강하게 동경하는 마음을 지니고 이탈리아의 선진성에 압도되기는 했지만, 다른 한편으로는 강한 내셔널리즘의 요소를 내포하고 있었다.[44] 이 때문에 독일 인문주의자는 이탈리아에 뒤지지 않게 고대의 학예를 열심히 배웠으나, 동시에 그 학습 대상과는 어느 정도 거리를 두고 때로는 비판적일 수밖에 없었던 것이다.

3. 15세기의 빈대학

독일이 프톨레마이오스 『지리학』을 수용할 때 이탈리아와 달랐던 점은 지리학의 수학적 측면에도 관심을 가졌다는 것이다.

15세기 중기에 빈대학과 그 근교에 있던 클로스터노이부르크 수도원에서 지도학에 관한 학파가 탄생했다고 주장하는 다나 듀랜드Dana Durand의 논문 「독일과 중유럽 최초의 근대 지도서」에 따르면, 당시에는 프톨레마이오스의 『지리학』에서 특히 토지의 좌표를 위도와 경도로 정하는 것에 큰 관심을 기울였다고 한다.[45] 중유럽이 프톨레마이오스 『지리학』을 받아들이는 과정을 자세히 연구한 패트릭 달치Patrick Dalché의 논문 「프톨레마이오스 『지리학』의 수용」은 "학파의 탄생"이라는 듀랜드의 주장에는 비판적이지만 "프랑스, 이탈리아와 다르게 독일은 초기 단계[15세기 전반]부터 『지리학』의 '수학적 측면'에 관심을 보였다"라고 기술한 점에서 일치한다.[46] 즉, "15세기 전반 남독일의 수도원과 빈대학의 학자들은 프톨레마이오스의 『지리학』, 그중에서도 특히 [각 도시의] 좌표를 계산하고 수집하는 일에 깊이 관여"했던 것이다.[47] 독일의 이러한 관심은 16세기 독일에서 수리적인 지리학의 발전을 이끌어낸다.

또한 앞서 기술한 것처럼 프톨레마이오스의 수학적인 지리학은 천문학과 밀접하게 관련되어 있었으며, 따라서 수리지리학에 대한 관심은 천문학에 대한 관심으로 이어진다. 당시 독일에서 "지리학의 르네상스"가 있었다고 주장하는 제럴드 스트라우스 Gerald Strauss의 저서에는 다음과 같이 쓰여 있다.

> 독일의 인문주의자들은 프톨레마이오스의 지도와 텍스트로부터 고대 독일인에 관한 정보를 얻고자 했다. 그들은 지리학에서 가장 중요한 일은 일련의 지도상에서 지구 표면을 정확하게 표현하기 위해 필요한 모든 소재를 비판적으로 수집하는 것이라는 알렉산드리아인의 주장에 마음이 움직일 수밖에 없었다. 즉, 지리학자에게는 천문학에서 결정된 위도와 경도로써 위치를 확정하는 것이 요구되었다.[48]

이리하여 독일어권에서 수학적 지리학에 대한 관심의 중심이었던 빈이 프톨레마이오스 천문학 부흥의 거점이 되고 있었다(그림2.1).

1365년 창설된 빈대학은 파리대학 교수였던 하인리히 폰 랑겐슈타인[49]이 1380년대 처음으로 부임하면서 도약하기 시작했다.

그림2.1 15세기의 빈. 하르트만 셰델 『뉘른베르크 연대기』(1493)에서 발췌.

1378년에서 1417년까지 가톨릭교회의 대분열이 일어나면서 아비뇽과 로마의 두 교황이 각자의 정통성을 주장했을 때, 파리대학은 모든 교관에게 아비뇽의 클레멘스 7세를 지지할 것을 강요했다. 이 때문에 마르부르크 근교 출신인 랑겐슈타인과 같은 독일계 교관들이 파리대학을 떠났다. 이들은 자신들이 신설한 독일의 각 대학에서 직책을 구했고, 이후 독일의 대학을 발전시키는데 핵심적인 역할을 하게 되었다. 1380년대 하이델베르크대학과 쾰른대학의 창설은 이에 힘입은 바가 크다.*5 빈에서는 루돌프 4세의 동생 알브레히트 3세가 1383년 랑겐슈타인을 초청했다. 또한 1384년에는 로마의 교황 우르바노 6세가 파리대학에 대항하여 빈대학에 신학부의 설치를 인가했다. 이를 계기로 빈대학의 위신은 높아졌다. 그리고 영국과 프랑스의 백년전쟁(1338~

*5 교회의 대분열 중에 유럽에서는 열 개의 대학이 탄생했는데, 이 중 여섯은 독일의 대학이었다(Verger(1998), p.80, 원주 p.29, n.63).

1435) 동안 독일 학생이 파리대학을 경원시하는 분위기와 15세기 초에 민족주의적인 경향이 강한 후스파의 활동이 활발해진 프라하로부터 독일계 학생이 옮겨 오는 등의 사정이 겹쳐 빈대학은 15세기 중기 중유럽 최대의 대학으로 성장하게 되었다.*6

빈대학의 발전에 힘쓴 초대 학장인 작센의 알베르투스는 원래 대학에서 뷔리당의 가르침을 받은 자연철학자였다. 그래서 빈대학에서는 당초부터 자연철학 교육이 비교적 자유롭고 강력하게 이루어질 수 있었다. 그뿐만 아니라 파리대학을 모델로 해서 만들어지기는 했지만 파리에 비해 "보수적이지 않"았으므로, 새로운 서적을 도입했을 뿐만 아니라 "파리대학에서 요구되는 것보다 훨씬 더 많은 양의 수학이 부과되었다"라고 전한다.[50]

또한 빈대학의 자연철학 교육은 랑겐슈타인에 의해 점점 더 확고해졌다.[51] 랑겐슈타인은 소르본대학에서 수학하고 1375년에 신학박사 학위를 취득했다. 그는 신학 교수였지만, 『과학전기사전』에는 "[산술·기하학·천문학·음악] 4과에서 제공되는 내용 이상의 수학과 천문학을 빈에서 처음 배울 수 있었던 것은 파리에서 최신 수학을 들여온 헤세의 헨리[하인리히 폰 랑겐슈타인]의 노력이 있었기 때문이다"라고 기록되어 있다.[52] 그는 1364년에 천문학에 관한 수고手稿 『이심원과 주전원의 거절에 관하여』를 썼으

---

*6 대분열과 빈대학 발전의 관계에 대해서는 Shank(1988), pp.14-17, 24 참조. 1480년대 한때 빈이 헝가리에 점령되었음에도 불구하고, 1450년부터 1520년까지 70년간 빈대학의 연간 입학자 수 평균은 420명이었다. 이는 당시 독일의 대학 중에서 가장 큰 규모였다(Overfield(1994), p.23, Byrne(2007), p.7).

며, 1370년대에는 혜성에 관한 논고와 점성술을 비판하는 논고를 남겼다. 점성술 비판에서는 "주전원은 실재성을 지니지 않는다"라고 썼다.[53] 『이심원과 주전원의 거절에 관하여』는 표제로부터 짐작할 수 있는 것처럼 프톨레마이오스류의 이심원·주전원을 배제하고 다시 동심구 이론으로 되돌아옴으로써 자연학(물리학)에 기반을 둔 천문학을 세우려는 제언이었다. 그가 의도한 것은 수학적 기술이 물리적 실재에 대응하는 천문학이었다. 즉, 1325년에 태어난 랑겐슈타인은 14세기에 비트루지를 계승했던 소수의 사람들 중 하나였다.[54] 그의 책은 소위 아베로에스의 논의를 다소 수정한 것이었으며, 일부는 프톨레마이오스의 도움을 받은 것이다. 태양에 대해서는 다음과 같이 기록했다.

> 태양의 운동을 설명하기 위해 우리는 세계[의 중심]에 완전하게 동심적인 유일한 구를 가정하고, 태양은 그 자신의 중심 주변을, 태양이 수대의 구에서 움직인다고 하는 이심원의 지지자들이 가정하는 것과 마찬가지로 불규칙한 운동을 한다고 한다. 이 불규칙성은 세계[의 중심]로부터 이심원의 중심까지의 [프톨레마이오스가 상정한] 거리만큼 세계의 중심으로부터 떨어진 어떤 점[등화점(이퀀트)]에서 보면 일정함으로 귀결된다.[55]

즉, 태양운동은 지구에서 보면 불규칙적인 회전이지만, 등화점에서 보면 일정하게 회전하는 구에 고정된 운동이 되는 것이다. 실제로 더 구체적인 형태로 논의가 전개되지는 않으며, 행성에 대한 언급이 거의 없으므로, 이 동심구 이론은 즉흥적인 착상의 범위를 넘어서지 않는다. 그러나 앞의 인용에서 알 수 있듯이 랑겐슈타인은 프톨레마이오스의 등화점을 인정했다. 그뿐만 아니라 태양운동에 대한 '진운동', '평균운동', '가감차' 등의 정의는 프톨레마이오스와 동일하다. 수학적으로 프톨레마이오스 이론의 영향을 받았음이 분명하게 나타난 것이다. 무엇보다도 랑겐슈타인이 직접 근거로 삼은 것은 프톨레마이오스의 『알마게스트』가 아니라 13세기 이후에 쓰인 『행성의 이론』 등이었던 것 같다.[56] 아무튼 프톨레마이오스의 수학 이론을 받아들이면서도 이심원과 주전원을 단지 수학적인 가상의 구조로 취급하여 배제하고, 구를 물리적 실재로 보아 천문학을 재구성해야 한다는 그의 방향성은 이후 포이어바흐와 레기오몬타누스에게 영향을 끼치게 되었다.

그렇다고 해도 랑겐슈타인의 수학과 천문학 교육이 실제로 어떤 형태였는지는 자세히 알 수 없다. 당시 빈대학의 기록을 연구한 클라우디아 크렌Claudia Kren의 논문에 따르면, 공적인 기록에 한해서는 빈대학에서도 학예학부의 천문학에 관련된 교육은 유럽의 다른 대학과 큰 차이가 없었다고 한다. 특별히 높은 수준의 강의가 이루어진 것도 아니었다.[57] 랑겐슈타인이 천문학 부흥에 미친 영향에 대해서는 단정적으로 이야기할 수 없을 것 같다.

오히려 빈대학이 15세기 중유럽에서 수학·천문학 교육과 연구의 중심이 된 데에는 "빈 최초의 수학 전문가로 볼 수 있는 교수"로 칭해지는 요하네스 그문덴(그문덴의 요하네스_옮긴이)이 큰 역할을 했다.[58] 그문덴은 1400년 빈대학에 입학했다. 랑겐슈타인은

1397년에 사망했으므로 직접적인 접점은 없었을 것이다.[59] 그문덴은 1406년부터 학예학부 교단에 섰으며, 특히 1416년부터 1425년까지 수학과 천문학을 강의했다. "그의 주요한 관심 분야는 천문학이었다. 수학과 관련된 저작에서도 천문학에서 쓰일 법한 문제만을 다뤘다. … 그가 쓴 천문학 저서는 그가 수학에 쏟았던 노력보다 더 중요하다."[60]

또한 천문학에 대한 그의 관심은 랑겐슈타인과 달리 실질적인 것이었다. 그는 1425년 이후 성직에 종사하는 동시에 행성표, 캘린더(역) 및 얼머낵Almanac(천문력)을 여럿 작성했으며, 수학서 집필을 비롯하여 노바라의 캄파누스가 쓴 『행성의 이론』을 발췌·편집했다.[61] 그가 1422년부터 1440년까지 작성한 행성표와 계산절차서(캐논)는 『알폰소 표』의 기준점이 빈이 되도록 바꿔 쓴 것이다. 이를 통해 그는 13세기 세비야에서 작성된 『알폰소 표』를 중유럽에 보급하는 데 크게 공헌했다.[62] 그는 기술에도 관심이 많아 몇 가지 천체관측 기기 제작을 위한 지시서와 사용법 안내서를 남겼다. 또한 자신의 유고와 수집 서적, 그리고 직접 제작한 관측 기기를 빈대학에 기증할 의사를 유언장의 형태로 남기고 1442년 사망했다.[63] 이로 인해 그문덴은 그의 사후에도 빈대학에 영향을 미칠 수 있었으며, 앞에 기술한 것처럼 "15세기 빈은 수학과 천문학이 더 강화된 커리큘럼을 발전시키게 되었다".[64] 1518년 얼머낵(천문력)을 출판한 빈의 천문학자 안드레아스 페를라흐는 타이틀 페이지에 "가장 높은 학식을 지닌 인물, 일찍이 빈의 충실한 학자였던 동문, 스승 요하네스 그문덴의 표로부터"

라고 기록했다.[65]

4. 포이어바흐와 『행성의 신이론』

이와 같은 지적 풍토와 학습 환경에서 프톨레마이오스 천문학의 부활과 변혁의 씨앗이 발아하게 되었다. 이것은 게오르크 포이어바흐로부터 시작된다.*7 포이어바흐는 1423년 현재의 오스트리아 북부 도시 린츠 근교에서 태어났다. 1446년에 빈대학에 학생으로 등록했으며, 1448년에 학예학사 학위를 취득하고, 그 후 이탈리아에서 공부했다. 그는 이탈리아에서 현지의 인문주의자들과 교류했는데, 특히 로마에서는 니콜라우스 쿠자누스에게 인정받았으며 피렌체에서는 파올로 토스카넬리와 만났던 것으로 생각된다.

포이어바흐는 1452년에 빈으로 돌아갔다. 1453년에는 자유학예를 가르치는 자격으로 학예석사를 취득했으며, 다음 해인 1454년부터는 빈대학의 학예학부 교단에 섰다. 베르길리우스, 유베날리스, 호라티우스 등의 라틴문학을 강의하고, 에네아 피콜로미니의 뒤를 따라 해당 대학의 부흥에 공헌했다. 독일 문학사를 다룬 책에는 "[대학에서] 인문주의 강연을 실시한 독일 최초의 학자"로 기록되었다. 가장 유력하지는 않더라도 1450년대 독일

---

*7 탄생지에서의 이름은 Peurbach이며, Peuerbach로 쓰기도 한다.

의 대학에 인문주의를 처음 들여온 중심 멤버 중 한 사람인 것만은 확실하다.[66] 그러나 이탈리아 인문주의자들과는 달리, 그의 주요한 관심은 천문학에 있었다.

포이어바흐는 그문덴이 죽은 지 4년 뒤 빈대학에 입학했다. 직접 접촉한 것은 아니겠지만, 포이어바흐는 그문덴이 확립한 커리큘럼에 따라 수학과 천문학을 배웠을 것이다. 또한 그는 대학에 기증된 그문덴의 유품들, 즉 장서와 장치를 이용할 수 있었으며, 실제로 그문덴의 유고를 철저하게 학습했을 것으로 추정된다. 포이어바흐가 수학과 천문학 속으로 파고들어 간 것은 단순히 독일 인문주의의 일반적인 경향이라기보다는 그 이상으로 15세기 빈의 교육 환경이 영향을 끼쳤을 것이다.

당시 대학에서 천문학 교육에 쓰였던 교과서는 13세기 전반에 요하네스 데 사크로보스코가 쉽게 쓴 『천구론』과, 그보다 수준이 높고 난해하여 『알마게스트』의 중간 정도 수준인 『행성의 이론』, 그리고 『알폰소 표』와 『톨레도 표』와 같은 천체표와 그에 딸린 계산절차서였다. 사크로보스코의 『천구론』은 당시 대학에서 가장 많이 사용된 소책자이다. 이 책의 내용은 플리니우스의 『박물지』 제2권과 아리스토텔레스 우주론의 개략, 그리고 프톨레마이오스 행성 이론을 놀라울 정도로 간단히 설명한 것이 거의 전부이다. 특히 행성의 운동에 관해서는 제4장에서 이심원과 주전원 모델로 유와 역행을 정성적으로 간단히 설명했을 뿐으로, 내용이 매우 불충분하다. 천체표와 관측 장치의 사용법 역시 빠졌으며, 행성의 위치를 계산하는 데에도 도움이 되지 않는다. 정량적인 기술은 에라토스테네스의 방법에 따른 지구 크기 추정이 거의 유일하다. 한편 『행성의 이론』은 태양·달·행성별로 등화점을 동반하는 이심원·주전원 이론의 개설서로, 도판과 함께 나름 자세한 설명을 포함하고 있지만 천체의 위치를 계산하는 방법의 설명서에 가까워 기술 방식이 일방적이며 모호한 설명도 있다. 『알마게스트』의 엄밀한 수학적 기술에는 한참 미치지 못한다. 이에 대해서는 후에 레기오몬타누스가 대화편 『크레모나인의 망상에 대한 반론』(이하 『행성의 이론 논박』)을 저술한 바 있으며, 여기서 "크레모나의 게라르도가 썼다고 전해지며 꽤 오래전부터 여러 대학에서 학습용으로 쓰는 『행성의 이론』—천박하나 학식 있는 많은 사람들에 의해 무비판적으로 수용된 저서"라고 혹평했다.[67] *8

『알마게스트』 자체는 12세기 중기에 만들어진 불완전한 아라비아어 중역본이 존재했는데, 내용이 기술적技術的이며 전문적이어서 15세기까지 대학 교과서로 쓰이기에 너무 어려웠던 것 같다.[68] 필사본이 거의 남아 있지 않다는 사실이 『알마게스트』가 대학 교과서로 쓰이지 않았음을 방증한다.[69] *9 천문학 이론을 둘

---

*8 현재는 『행성의 이론』 저자가 크레모나의 게라르도가 아닐 것으로 추정되지만, 레기오몬타누스 시대에는 게라르도일 것으로 여겨졌다. 페데르센Pedersen의 영역은 *SBMS*, pp.451-465에 있다.

*9 14세기 말 존 가워가 쓴 『연인의 고백』 제7권에는 두 번, 초서Geoffrey Chaucer의 『캔터베리 이야기』 중 '바스의 아내 이야기'에는 세 번 『알마게스트』가 언급된다(Gower, pp.706, 710, 717; Chaoucer, 岩波文庫訳, 中, pp.14, 20). 따라서 책의 이름 자체는 그런대로 알려져 있었을 것이다. 그러나 가워가 『알마게스트』의 내용이라고 기록한 몇몇 해설은 원래 내용과 다르므로, 그가 실제로 『알마게스

러싼 중세의 논의는 그 바탕이 되는 『알마게스트』로 돌아가지 않았다. 제임스 번James Byrne이 말한 것처럼 "프톨레마이오스가 그가 이용할 수 있는 관측을 바탕으로 자신의 모델을 어떻게 만들었는가에 대한 상세한 설명과 증명을 포함한 더 포괄적인 텍스트인 『알마게스트』는 때때로 인용될 뿐 진지하게 다뤄지지는 않"았던 것이다.[70]

제자였던 레기오몬타누스에 따르면 포이어바흐는 라틴어 번역에 의거했을지언정 『알마게스트』를 거의 외우다시피 할 정도로 깊게 읽었다고 한다. 이런 의미에서 "프톨레마이오스가 만든 [천문학의] 지식 대부분을 흡수한 최초의 유럽인"이라는 빅터 토렌Victor Thoren의 평은 지나치지 않다.[71] 그 포이어바흐가 쓴 책이 『행성의 신이론』(이하 『신이론』)이다. 이 책은 성 스테파누스 성당의 부속학교로서 창설된 빈의 시민학교Bürgerschule에서 1454년에 강연한 일련의 강의를 바탕으로 쓴 책이다. 제목에서 짐작할 수 있는 것처럼 예전부터 전해지던 『행성의 이론』을 대신하는 저서로 자리매김되었다.

지너Zinner에 의하면 『신이론』은 1472년 초판이 출판된 후 1653년까지 56판까지 나왔으며, 이탈리아어·프랑스어·스페인어·히브리어로도 번역되었고 주석서도 많이 만들어졌다. "16세기 가장 선호된 교과서"라고 평할 만하다.[72] 사크로보스코의 『천구론』도 1472년 처음 인쇄된 후 1673년까지 계속 출판되었다.[73]

트』를 읽었다고는 생각되지 않는다.

스페인 인문주의자 후안 루이스 비베스는 1531년 출판된 『교육론』에서 자연학을 배우기 위한 책으로서 사크로보스코의 『천구론』과 나란히 이 『신이론』을 추천했다.[74] 영국에서는 이론천문학 관련 서적에 대한 요구가 급속하게 늘어나면서 그에 대응해 1602년 토머스 브랜드빌이 『일곱 행성의 이론』을 저술했지만, 기본적으로 『신이론』과 그 이후 출간된 포이어바흐의 책과 주석을 바탕으로 업데이트한 내용이었다.[75] 1613년 이탈리아에서는 갈릴레오가 코페르니쿠스의 비판자들에게 비판 전에 코페르니쿠스를 이해하는 것이 우선이라고 말하면서, 그를 위해 읽어야 할 책들로 다음을 들었다. 유클리드의 『원론』, 사크로보스코의 『천구론』, 포이어바흐의 『신이론』을 공부한 상태에서 프톨레마이오스의 『알마게스트』와 코페르니쿠스의 『회전론』을 읽어야 한다는 것이다.[76] 이 시대에도 포이어바흐의 책은 사크로보스코의 책과 함께 천문학의 표준적인 입문서였다.

현재 『신이론』은 1954년에 출판되어 1972년에 재판된 레기오몬타누스의 저작집에 1472년판의 복각판이 수록되어 있을 뿐만 아니라, 에이튼Aiton의 영역이 잡지 《OSIRIS》에 게재되어 쉽게 읽을 수 있다.[77] 사크로보스코의 『천구론』에 비하면 정밀하지만 『알마게스트』 자체에 비하면 훨씬 쉽다. 후반의 제8천구의 운동(세차운동)에 대한 자세한 논의와, 다음 절에서 다룰 수성의 운동에 대한 독자적인 기술을 제외하면 예전부터 내려온 『행성의 이론』과 내용면에서 크게 다르지 않다. 그럼에도 널리 읽힌 이유는 기술된 내용이 정확하고 분명하며 읽기 쉬웠기 때문이다.

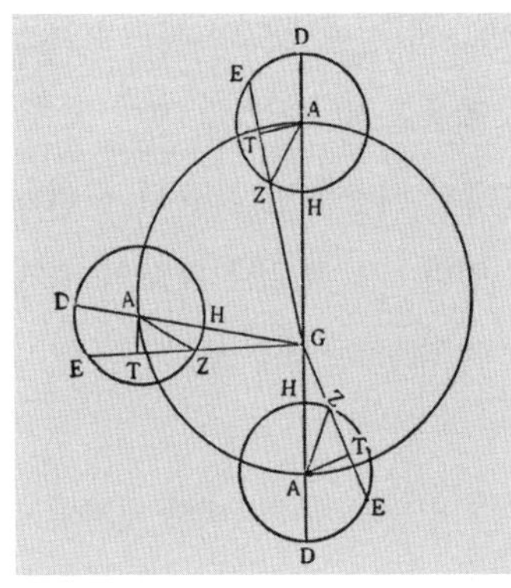

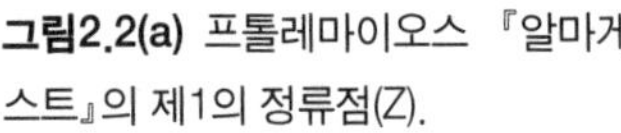
그림2.2(a) 프톨레마이오스 『알마게스트』의 제1의 정류점(Z).

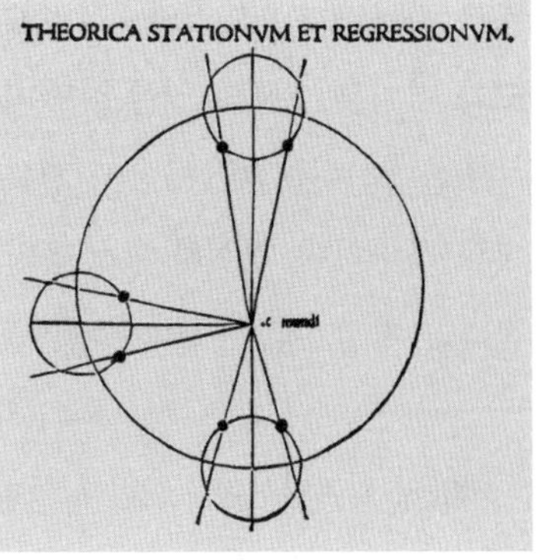

그림2.2(b) 포이어바흐 『행성의 신이론』의 정류점(그림의 검은 점).

정확성 측면에서는, 예를 들어 사크로보스코의 『천구론』에서는 지구의 중심에서 행성의 주전원까지 이은 접선의 접점이 행성의 정류점이라는 잘못된 기술이 있다.[78] 한편 『행성의 이론』에는 “제1의 정류점은 행성이 역행운동을 시작하는 점, 제2의 정류점은 행성이 순행을 시작하는 점”이라고만 쓰여 있으며, 그 이상의 설명은 없다.[79] 이 때문에 사크로보스코 이후 중세 내내 이러한 오류가 종종 언급되었다. 그러나 프톨레마이오스의 『알마게스트』 제12권에는 정확한 위치가 나와 있다. 그림2.2(a)는 『알마게스트』 일역본에 첨부된 것으로, 그림의 점 Z가 정류점을 나타낸다. 그리고 포이어바흐의 『신이론』에서는 자세한 설명은 없지만 정류점으로 그림2.2(b)가 주어졌다.[*10] 두 그림을 비교해보면 포이어바

*10 그림2.2(a)에서 $\overline{ZT}:\overline{GZ}=\omega_1$ (주전원 중심이 유도원상을 움직이는 회전각

호가 프톨레마이오스의 『알마게스트』에 정통했으며 사크로보스코가 저지른 오류의 영향을 받지 않았음을 알 수 있다.

또한 『신이론』에는 당시 천문학에서 사용했던 특유의 용어에 대해 하나하나 친절하게 설명되어 있다. 그 예로서 태양의 원지점과 근지점, 평균 거리와 평균운동에 대한 설명을 보자.

> 태양의 원지점이란, 첫 번째 의미로 이심원의 원주상에서 세계의 중심[지구]으로부터 가장 멀리 떨어진 점을 말한다. 그 위치는 세계의 중심으로부터 이심원의 중심을 통과하게 그린 직선[장단축]에 의해 결정된다. 그 직선은 원지점의 선이라 불린다. 근지점은 이심원의 원주상에서 세계의 중심으로부터 가장 가까운 점이며, 그것은 항상 직경상에서 원지점의 반대편에 있다. 평균 거리[의 점]와 근지점의 중간에 있는 원주상의 점이다. 태양의 근지점은 동일한 이심원상에 단 두 점만 도출된다.
>
> 태양의 평균운동이 그리는 선은 이심원의 중심과 태양의 중심을 이은 선에 평행하도록 세계의 중심[지구]으로부터 그은 선이다.
>
> …
>
> 태양의 평균운동이란, 백양궁의 시점始點[춘분점]으로부터 평균운동의 선까지 동쪽 방향으로 잰 수대의 호弧이다. 태양의 원지점이

속도) : ω_2(주전원상을 움직이는 행성의 회전각속도)일 때 Z가 정류점이다. 아폴로니오스에 의거하는 프톨레마이오스의 증명은 복잡하지만, Van der Vaeden(1954), p.329f., Pederson(1974), p.331f., Pederson & Pihl(1974), p.84에 현대적인 증명이 있다.

뜻하는 두 번째 의미는 백양궁의 시점으로부터 원지점 선까지 수대상을 동쪽 방향으로 센 호이다. …
태양의 진운동 선은 세계의 중심으로부터 태양 본체를 지나 수대까지 연장한 선으로, 태양이 원지점이나 근지점에 있을 때는 평균운동의 선과 일치한다.
태양의 진운동은 백양궁의 시점으로부터 진운동의 선까지 이어지는 호이다. 진운동과 평균운동은 태양이 원지점이나 근지점에 있을 때는 일치하지만, 그 이외의 지점에서는 항상 다르다.
태양의 가감차는 평균운동의 선과 진운동의 선 사이에 있는 호이다. 이 값은 태양이 원지점이나 근지점에 있을 때 영이며, 태양이 평균 거리에 있을 때 최대가 된다.[80] *11

이 부분에 대한 기술은 예전부터 전해져 내려온 『행성의 이론』과 거의 일치하지만, 완전히 동일하지는 않다. 프톨레마이오스의

---

*11 그림1.3의 TS_m이 '평균운동의 선', TS'가 '진운동의 선', M_1, M_2가 '평균 거리의 점'이다. 수대상에서 대응하는 점 M_1', M_2'는 원지점과 근지점으로부터 같은 거리만큼 떨어져 있다. 이 점에서 가감차가 최대가 되는 것은 제1장의 각주11을 참조하라. 아래에 번역어, 원어, Aiton의 용어를 대조한 표를 첨부한다. 라틴어 longitudo의 원래 의미는 '길이'임에 주의. Pederson의 용어는 *SBMS* 『행성의 이론』 영역본을 참조했다.

번역	어원	Aiton의 영역	Pederson의 영역
평균 거리	longitudo media	mean distance	mean distance
평균운동	medius motus	mean longitude	mean motus
진운동	verus motus	true longitude	true motus
가감차	aequatio	equation	equation

『알마게스트』에는 없는 개념인 '평균 거리'를 예로 들면 『행성의 이론』에서는 "태양이 평균 거리에 있을 때 가감차가 최대"라는 언급은 있지만, '평균 거리' 자체에 대해서는 "그 [이심]원상의 원지점과 근지점 중간에 위치하는 두 점의 거리를 평균 거리라고 부른다"라고 쓰여 있을 뿐, 부도附圖에서는 장단축에 대해 직교하는 선이 '세계의 중심'인 지구로부터가 아니라 이심원의 중심으로부터 그어져 있어 혼란의 불씨가 되었다.[81] 이에 비해 포이어바흐의 『신이론』은 해당 부분에 대해 오해의 여지가 없도록 정확하게 기술했다.

또한 여기에서 '원지점, 근지점'이라고 번역한 단어를 에이튼Aiton은 apogee, perigee로 영역했으나, 원어는 aux, oppositum augis이고, 직역하면 '원점遠點, 원점의 충衝'이다. 아라비아어에서 유래한 이 어색한 라틴어 표현은 13세기 로저 베이컨의 『대저작』, 사크로보스코의 『천구론』, 저자를 알 수 없는 『행성의 이론』, 그리고 노바라의 캄파누스가 쓴 『행성의 이론』, 월링포드의 리처드가 쓴 『천상의논고天象儀論考』 등에서 사용되었다. 그리고 다음 장에서 보겠지만 레기오몬타누스 또한 답습해서 썼다. 이러한 점에서 포이어바흐는 인문주의자로서 행동한 것은 아니다. "포이어바흐의 천문학은 그가 인문주의에 따른다는 증표를 거의 보이지 않았던" 것이다.[82] 이에 비해 코페르니쿠스가 apogaeum, perigaeum이라는 그리스어를 사용하여 조어를 만든 것은 청년 시절 오랫동안 이탈리아에서 배우며 당시의 인문주의에서 깊은 영향을 받았기 때문일지도 모른다. 여기서는 일단 포이어바흐의

『신이론』이 내용적으로나 표현상으로나 중세적인 것에서 완전히 탈피하지 않았다는 점을 지적해둔다.

오히려 다음과 같은 사실이 결정적으로 중요하다. 『신이론』의 최초 인쇄본은 포이어바흐의 사후 그의 제자인 레기오몬타누스가 자신의 노트를 바탕으로 해서 편찬한 것이다. 40쪽이 채 안 되는 작은 책자이지만 행성과 달, 그리고 태양의 궤도를 그린 목판 도판이 29개나 포함되어 있으며 텍스트 설명이 보충되었다. 단지 알기 쉽다는 점에만 주목해서는 안 된다. 완전히 동일한 삽화가 들어간 서적이 수백에서 천 단위로 발행되었던 것이다. 그때까지 필사를 거칠 때마다 변형이나 오류가 발생하여 품질이 나빠지는 문제가 있었던 필사본과는 결정적인 차이가 있었다.

식물학사 연구자 아그네스 아버Agnes Arber의 『근대식물학의 기원』에 따르면, 1475년에 아우구스부르크에서 출판된 『자연의 서』가 목판 삽화를 장식이 아니라 본문의 도해로 사용한 첫 인쇄물이라고 한다.[83] *12 그러나 레기오몬타누스가 『신이론』을 출판한 연도는 확실하지 않아 전문가들 사이에서 의견이 갈린다. 지너와 에이튼은 1472년경, 크롬비Crombie는 책에서 1472년 혹은 1473년, 페데르센은 1473년, 클렙스Klebs는 논문에서 1473년 혹은 1474년, 루퍼트 홀Rupert Hall은 1474년경, 디어Dear는 1475년

---

*12 『자연의 서』는 콘라트 폰 메겐베르크가 중세 문헌을 독일어로 번역한 최초의 독일어 박물학서이다. 콘라트 폰 메겐베르크는 빈의 스테파누스 성당 부속학교 교장으로, 사크로보스코의 『천구론』을 독일어로 번역한 것으로도 알려져 있다(Shank(1998), p.11; Kintzinger(2003), pp.56-59).

으로 주장한다.[84] 어찌 되었든 1475년 혹은 그 이전이므로, 『신이론』은 목판으로 찍은 설명도가 들어간 최초의 서적일 가능성이 크다. 적어도 수학서·천문학서로서는 목판 인쇄된 도판이 포함된 최초의 서적이며, 이러한 의미에서 『신이론』의 요람기본(인큐내뷸러)은 자연과학서의 새로운 형태를 제시했다고 볼 수 있다. 참고로 사크로보스코의 『천구론』, 그리고 익명 저자의 『행성의 이론』은 1472년에 페라라와 베네치아에서 인쇄되었으나, 이 책들의 도판은 나중에 손으로 그려 넣은 것이었다.[85]

5. 포이어바흐의 천문학

『신이론』의 논의는 별다른 서두 없이 바로 "태양은 세 개의 구각을 지니고 있다Sol habet tres orbes. 이 구각들은 서로 모든 표면이 나뉘어 있지만, 서로 접촉되어 있다"라고 시작한다(그림2.3). 이 태양운동 메커니즘을 개략적으로 설명하면 다음과 같다.

그림2.3과 같이 태양의 운동은 세 구각에 의존한다. 가장 바깥에 있는 구각(그림의 바깥쪽 검은 부분)은 두께가 일정하지 않으며, '세계의 중심C·mundi'인 지구를 중심으로 하는 바깥쪽의 구면과 '태양 유도원의 중심C·deferentis Solem'인 이심을 중심으로 하는 안쪽 구면의 표면을 지닌다. 가장 안쪽의 구각(그림의 안쪽 검은 부분)도 두께가 균일하지 않으며, 이심을 중심으로 하는 바깥쪽 구면과 지구를 중심으로 하는 안쪽 구면이 있다. 이 둘 사이에 끼

THEORICAE NOVAE PLANETARVM GEORGII
PVRBACHII ASTRONOMI CELEBRATISS. DE Sole

Ol habet tres orbes a ſe iuicē omni
q̄q; diuiſos atq; ſibi cōtiguos quorū
ſupremus ſm ſupficiem conuexā ē
mūdo cōcentricus: ſm cōcauā autē
eccentricus. Infimus uero ſm con/
cauā cōcentricus: ſed ſm conuexā
eccentric⁹. Terti⁹ autē in horū me/
dio locat⁹ tam ſm ſupficiē ſuā con/
uexā q̄; cōcauā eſt mūdo eccentric⁹
Dicit' autē mūdo concentric⁹ orbis

THEORICA SOLIS.

그림2.3 포이어바흐 『행성의 신이론』 1쪽 태양 궤도의 그림. 1485년본.

인 제3의 구각(그림의 흰 부분)은 이심을 중심으로 하며 두께가 균일한 구각이다.

> 구각orbis의 중심이 세계의 중심과 일치할 때, 그 구각은 세계와 동심적同心的이라고 하고 그렇지 않을 때 이심적이라고 한다. 따라서 처음 두 구각은 부분적으로 이심적이며, 태양 원지점의 유도각誘導殼이라고 불린다. 태양의 원지점이 그 [구각의] 운동에 따라 움직이기 때문이다. 제3의 구각은 단적으로 이심적이다. 이 구각은 태양의 유도각이라고 하며, 태양의 물체는 여기에 고정되어 그 운동에 따라 움직인다. 가장 바깥쪽의 볼록구면凸球面과 가장 안쪽의 오목구면凹球面은 지구를 중심으로 하기 때문에, 이 세 구각으로 이루어진 태양의 전구tota sphaera는 두께가 균일하며 다른 행성의 모든 전구와 마찬가지로 세계에 대해서 동심적이다.[86] *13

---

*13 본문 중 "단적으로 이심적" 혹은 "부분적으로 이심적"이라는 표현의 어원은 각각 eccentricus simpliciter, eccentricus secundum quid로, 다음에 나타낸 피에르 다일리의 용어와 구별 방식을 답습한 것이다.

> 만약 세계의 중심을 안쪽에 품은 구각의 표면 중 하나가 세계의 중심이 아닌 다른 지점을 중심으로 할 때, 그 표면은 이심적이라고 한다. 이와 같은 이심성에는 두 가지 형태가 존재한다. … 어떤 구각의 바깥쪽과 안쪽 표면 모두가 세계의 중심 이외의 지점을 중심으로 할 때 이를 단적으로 이심적이라고 한다. 그러나 어떤 구각의 한쪽 표면의 중심이 세계의 중심과 일치하며 다른 한쪽의 표면의 중심은 그렇지 않을 경우는 부분적으로 이심적이라고 한다. (Byrne(2007), p.73f.에서. McMenomy(1984), p.221, p.410 n.124; Grant(1994), p.281f. 참조)

목성을 제외한 각 행성의 운동도 주전원과 등화점의 도입을 제외하면 이와 마찬가지로 세 층의 구각으로 이루어진 구조로 설명된다. 즉, 행성들은 각각 고유한 구각을 지니며, 태양의 경우 그림에서 흰색으로 나타낸 태양 궤도를 포함하는 일정 두께의 구각(단적으로 이심적인 유도각)이 행성의 경우에는 주전원의 직경과 동일한 두께를 지닌다. 행성은 "그 단적으로 이심적인 중앙의 각 안쪽에 달의 경우와 마찬가지로 행성의 물체가 붙어 있는 주전원을 지닌다"라고 되어 있다.[87]

이와 같은 이론은 11세기 카이로의 이븐 알하이삼과 같은 중세 이슬람 연구자가 먼저 이야기했던 것인데, 13세기 라틴 세계에서는 로저 베이컨이 언급했으며, 14세기 말에는 파리대학의 피에르 다일리나 머튼 칼리지의 교수로 여겨지는 웨일즈의 그리트 또한 삼층구각구조에 대해 말했다. 빈에서는 작센의 알베르투스가 삼층구각구조의 지지자였으며, 그와 그의 영향을 받은 장 뷔리당의 책이 사용되었는데 역시 삼층구각구조에 대한 언급이 있었다고 한다.[88]

그러나 교과서로서 정련된 형태의 구성으로 인쇄된 것으로는

에이튼Aiton은 각각 eccentric absolutely, eccentric relatively로, 스워들로Swerdlow는 simply eccentric, eccentric in a cirtain sense로 영역했다. 또한 여기서 '구각'이라고 번역한 원어는 orbis(복수는 orbes)이며, '구'의 원어는 sphaera. 번역어 선택 시 "포이어바흐는 orbis를 두 표면을 지니는 spherical shell을 표현할 때 썼다"라는 에이튼의 주석, 그리고 "코페르니쿠스와 달리 포이어바흐는 sphaera와 orbis를 구별해서 사용했다"라는 스워들로의 지적에 따랐다(Aiton(1981), p.94; Swerdlow(1976), p.123f.).

포이어바흐의 책이 처음이었다. 더구나 여러 번 판을 거듭하고 주석서도 많이 만들어진 점을 감안할 때, 그의 책은 당시 가장 큰 영향력을 발휘했던 중요한 서적이었다.

포이어바흐의 책에서 특기할 만한 사항은 삼층구각구조에 물리적 실재성을 부여했다는 점이다. 이것은 예를 들어 "태양의 물체는 그것[태양의 유도각]에 고정되어 있어 그 운동에 따라 움직인다 ad motum enim eius corpus solare infixum sibi movetur"라고 표현한 것과, 행성에 대해서도 그와 마찬가지의 표현을 쓴 것에서 확인된다.[89] 즉, 이 『신이론』은 자연학적(물리학적)으로 새롭게 파악된 프톨레마이오스 모델이었다. 구각 모델에 기반을 둔 『행성가설』에 의해 보완된 『알마게스트』의 설명이라고 볼 수도 있다. 이는 제자인 레기오몬타누스가 대화편 『행성의 이론 논박』에서 프톨레마이오스의 주전원 이론이 진공을 허용한다고 비판한 아리스토텔레스 자연학의 입장에 대해, 자신의 지지자로 설정한 인물의 입을 빌려 포이어바흐의 삼층구각구조에서는 진공인 공간이 어디에도 남아 있지 않다고 평하는 부분에서도 알 수 있다.[90] 이 부분의 기술은 제임스 번의 학위논문에서 큰 도움을 받았는데, 그에 따르면 빈에서 언급된 삼층구각 모델이 "천상계 실재의 구성을 나타내고 있음은 의문의 여지가 없다"라고 한다.[91] 실제로 1609년에는 케플러가 그것을 프톨레마이오스 천문학의 "아리스토텔레스의 원리에 기반을 둔 … 자연학적 설명"이라 평한 바 있다.[92]

이렇게 하여 "라틴·기독교 세계에서 자연철학자가 아닌 천문학자가 처음으로 자신이 만든 모델의 자연학[물리학]적인 문제에 직면”했던 것이다.[93] 고대 그리스 이후 현격한 차이를 보였던 천체 운동에 대한 수학적 기술과 자연학적 설명을 연결하는 과제였다. 이것은 이후 “행성[운동]에 대한 기하학적 모델을 자연학적으로 현실화하는 하나의 형태”로서 널리 받아들여졌다.[94] 프톨레마이오스가 『행성가설』에서 수행한 행성 운동 메커니즘의 물질화materialization가 16세기 후반 포이어바흐의 『신이론』에 의해 알려지게 되었다는 지적도 있다.[95] 이 삼층구각 모델은 16세기 말기 장 페나, 크리스토프 로스먼, 티코 브라헤가 실재하지 않음을 밝힐 때까지 천동설·지동설의 구별 없이 물리적 기술의 기본 패러다임을 구성했으며, 코페르니쿠스에게도 큰 영향을 끼쳤다.

코페르니쿠스에게 영향을 끼쳤다고 여겨지는 중요한 점 하나는 포이어바흐가 지구에서 본 다섯 행성의 운동과 태양운동 사이의 상관성에 대해 명기한 것이다.

『신이론』에는 세 외행성에 대해 “이들 세 행성의 평균운동은 각각의 주전원의 운동을 더하면 태양의 평균운동과 도·분 단위까지 동일하다”라고 기술되어 있다.[96] 이것은 그림1.8에서 $\angle S_{m}T\Gamma = \angle PQR + \angle Q_{m}T\Gamma$가 성립한다는 것, 즉 주전원의 중심에서 행성을 바라보는 방향이 지구에서 평균태양을 보는 방향과 평행임을 의미한다. 『신이론』은 이에 더하여 두 내행성에 대해 “태양의 평균운동은 이 두 행성의 평균운동과 일치한다”라고 지적하며, 이에 더하여 모든 행성이 지니는 특성으로서 기술했다.

> 여섯 행성은 운동할 때 태양과 무언가를 공유하며in motibus aliquid cum

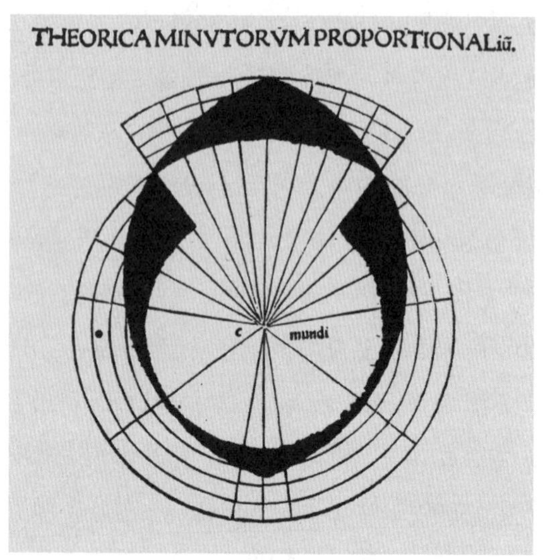

그림2.4 『행성의 신이론』에서 수성의 주전원 중심의 궤도.

Sole communicare, 태양의 운동은 각각[의 행성]의 운동이 마치 공통의 거울로 삼는 측정의 규준commune speculum et mensure regulam 같은 것이다.[97]

행성의 운동이 태양의 운동과 공유하는 "무언가"가, 지구에서 바라본 태양의 연주운동임을 알아내기 일보 직전까지 왔다. 아무튼 이 지적은 태양의 운동(지동설에서는 지구의 운동)이 행성 운동의 제2의 부등성에 관여하고 있다는 강한 인상을 주었다.*14

---

*14 그러나 이는 이미 프톨레마이오스가 시사한 바 있으며[Ch.1.6] 중세에도 알

이와 더불어 『신이론』에는 수성의 궤도운동에 관한 흥미로운 기술이 있다. "수성의 주전원 중심은 다른 행성처럼 원형의 유도원 궤도를 그리는 것이 아니라, 평면상에서 계란과 비슷한 형태의 궤도를 그린다"라는 기술이다(그림2.4).[98] 포이어바흐가 어떻게 이 곡선에 도달했는지는 알 수 없으나, 2,000년에 걸친 원궤도의 주박이 처음으로 풀린 것이다.

이처럼 포이어바흐는 훌륭한 천문학 입문서를 남겼지만, 실제로는 이론가라기보다 실무에 종사하는 기능자practitioner였다. 이는 『천구의의 제작과 사용에 관하여』라는 논고를 저술한 일로부터도 추측할 수 있다.[99] 지너의 『레기오몬타누스 평전』에는 포이어바흐가 해시계 등의 장치 제작을 촉진함으로써 시각 측정법 분야를 발전시켰다고 나와 있다.[100] 실제로 포이어바흐는 1456년에 벽면 해시계를, 그다음 해에는 황제 프리드리히 3세에게 바치는 아스트롤라베를 제작했으며, 시계와 측정법에 관한 수고手稿도 남겼다. 해시계 제작을 위해서 빈의 연간 태양고도표를 작

려진 사실이었다. 노바라의 캄파누스는 자신의 저서 『행성의 이론』에서 금성과 수성의 평균운동이 태양의 운동과 같다는 점을 지적했으며, "화성, 목성, 수성에 대해서는 주전원상의 평균운동을 유도원상의 평균운동에 더한 합은 태양의 평균운동과 같다"라고 명확하게 기술했다. "각각의 행성에 대한 기술로부터, 이들은 모두 태양과 무엇인가를 공유한다in aliquo communicant cum sole. 태양은 그것으로부터 모든 것이 보이며, 그것으로부터 모든 것이 자신의 운동이 모종의 형태를 차용하는 이른바 공통의 거울commune speculum과 같다." Campanus of Novara, *Theoria planetarum*, pp.302, 306. 포이어바흐의 표현에서 이 기술의 직접적인 영향을 받았음을 분명히 확인할 수 있다.

성하기도 했다.

또한 포이어바흐는 1459년 방대한 분량의 『식食의 표』를 완성했다. 새로 계산한 일식과 월식의 표였다. 이 『식의 표』는 1514년 빈대학의 탄슈테터가 인쇄·출판했는데, 마찬가지로 빈대학 교수인 스티보리우스가 쓴 서문에는 "자와 실을 사용하여 이 장치로 세계의 시간을 구하는 이 방법은 프톨레마이오스가 고안했던 것이다. … 사분의와 측연선을 이용하여 시간을 도출하는 방법으로 이 장치를 개량한 것은 지극히 넘치는 재능과 풍부한 학식을 지닌 게오르크 포이어바흐의 기여이다"라고 구체적으로 기술했다.[101] 여기에서 언급된 사분의는 원래 프톨레마이오스의 『알마게스트』에 기술되어 있던 것인데, 특히 포이어바흐가 설명한 것은 기하학적 사분의로서 이후 천체의 고도 측정, 그리고 지상에서 직접 접근할 수 없는 지점까지의 거리와 그 지점의 고도 측정에 이르기까지 널리 사용되었다(그림2.5). 포이어바흐는 고대 관측천문학의 전통으로 돌아가려 했던 것이다.

그리고 포이어바흐는 실제로도 레기오몬타누스와 함께 몇 가지 천체관측을 수행했다. 200년 이상 뒤에 영국 그리니치천문대의 초대 대장 존 플램스티드는 1681~1682년 강의에서 다음과 같이 말했다.

> 포이어바흐와 레기오몬타누스는 1460년에 오스트리아 빈에서 태양의 자오선 고도가 하지에는 65도 06분, 동지에는 18도 10분으로, 그 차이가 46도 56분임을 관측했다. 이로부터 그들은 [적

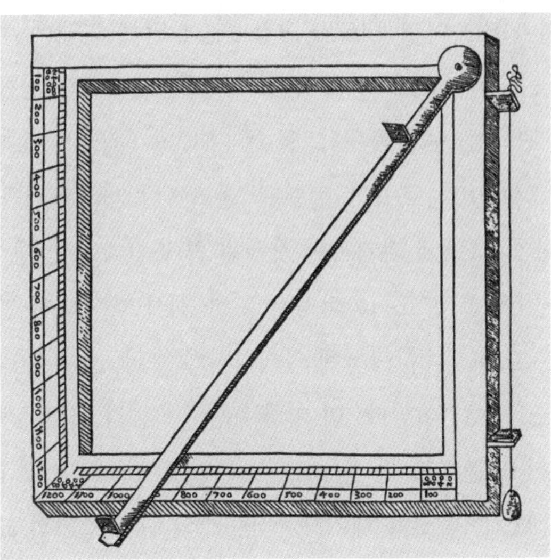

그림2.5 포이어바흐의 기하학적 사분의quadratum geometricum. 조준기의 앙각仰角을 θ라고 할 때, 가로축과 세로축의 눈금 x, y는 각각

$$x = \frac{1200}{\tan\theta}, \quad y = \frac{1200}{\tan(90^\circ - \theta)}$$

를 나타낸다. θ가 45° 이상일 때는 x를, 45° 이하일 때는 y를 읽으며, x, y의 값으로부터 θ를 구할 때는 표를 이용한다.

도로부터] 하지까지의 진짜 거리가 그 절반인 23도 28분이라고 결론지었다. 이것은 황도의 최대 경사각, 즉 태양의 최대 적위赤緯이다.[102 ＊15]

＊15 이는 빈의 위도를 $23^\circ 28' + (90^\circ - 65^\circ 06') = 48^\circ 22'$로 구한 셈이다. 빈의 위도는 현재 48도 14분으로 알려져 있는데, 오차 8분은 당시의 천체관측 정밀도 한계 안에 있는 값이다.

포이어바흐는 이미 1451년 8월 9일에 달에 의해 목성이 엄폐됨을 관측했다. 그리고 나중에는 레기오몬타누스와 함께 일련의 식 현상 관측을 수행했다. 그들은 1457년 9월 3일에 빈으로부터 서쪽으로 90킬로미터 떨어진 멜크에서 개기일식을 관측했다. 『알마게스트』에 의거하여 작성된 천체표(태양·달·행성의 운행 추정표)인 『알폰소 표』를 바탕으로 한 계산에 의하면 완전한 식(즉, 충)은 오후 11시 14분에 일어나야 했으나, 실제 관측된 시각은 오후 11시 6분이었다. 미 항공우주국NASA의 월식표에서는 세계시 21시 04분으로, 동경 15도 20분인 멜크 시간으로 11시 5분이 된다. 포이어바흐와 레기오몬타누스의 관측 결과와 크게 차이 나지 않는 것이다. 또한 1460년 7월 3일에 빈에서 관측된 부분월식은 오후 10시 20분에 끝났는데, 『알폰소 표』가 예측한 종료 시각인 오후 9시 10분과는 큰 차이가 있다. 그러나 나사의 표에 의하면 10시 9분이 되어야 해서, 이 역시 그들의 관측이 더 정확했다.[103] 이처럼 기존의 천체표와 실제 관측 사이의 차이를 경험한 것은 특히 레기오몬타누스에게 천문학을 부흥시키는 데 정확한 관측이 필요함을 느끼게 했을 것으로 짐작된다. 포이어바흐는 더 나아가 자신이 만든 『식의 표』의 정밀도를 실측을 통해 검증했다. 1460년 12월 27~28일에 관측된 월식의 경우, 포이어바흐 표의 예측에서는 시작이 12시 42분, 종료가 13시 58분이었다. 한편 레기오몬타누스의 관측에서는 시작이 12시 47분, 종료가 13시 55분이었다. 그런대로 잘 일치했던 것이다.[104] 또한 1456년에는 후에 핼리 혜성으로 불리게 되는 혜성을 관측했는데, 이에 대해서는 나중에 살펴보기로 하자[Ch.9.4.].

이렇게 포이어바흐가 천문학 부흥의 단초를 제공함으로써, 관측에 의거한 자연학으로서의 천문학에 이르는 첫걸음을 내딛게 되었다.

6. 실학으로서의 중세 천문학

포이어바흐는 자신이 만든 사분의를 그로스바르다인*16의 주교이자 열렬한 점성술 신봉자인 요한 비테스(야노스 비테스)에게 기증했는데, 여기에 첨부된 메시지에는 다음과 같이 쓰여 있었다.

> 고도 측정을 위해 불완전한 장치를 사용하면서 어떻게 하면 더 쉽고 적절하게 만들 수 있는가 하는 생각을 하게 되었습니다. 저희들은 오로지 실천을 통해, 한층 더 현명해지는 것입니다.

상징적이다. 이것은 지너의 책에서 재인용한 것인데, 지너가 말한 것처럼 포이어바흐는 "그때까지 이어져 내려오던 학문을 관측을 통해 확인하는 수법을 도입했던 것"이다.[105] 포이어바흐의 이러한 방식은 그때까지 대학에서 주로 이루어졌던 학문 행위와는 크게 달랐다.

---

*16 현 루마니아의 오라데아. 헝가리어로는 너지바러드.

그때까지의 학문은 정의와 원리로부터 비롯되는 논증을 가장 중시했으며, 대학 교육은 '강의lectio' 중의 '설명expositio'으로 불리는 고대 문헌의 해석과 '문제quaestio'에 대한 '토론disputatio'으로 불리는 논증 연습을 중심으로 이루어졌다. 후자(토론)에서는 진위를 판정할 명제를 끄집어내고, 그 명제가 진리라는 근거와 거짓이라는 근거를 각각 모두 열거한 후 어느 한쪽의 논거를 모두 논박함으로써 다른 한쪽의 주장이 '결론determinatio'으로 도출되었다. 자연학에서도 이론의 타당성은 이와 같은 레토릭의 정교함에 의존했다. 중세 과학사의 권위자 에드워드 그랜트Edward Grant의 저서에 의하면 "[중세에는] 자연철학에서 진리를 입증할 때 실험과 경험에 호소하는 경우가 거의 없었다. 선험적인 제 원리, 제 진리로 적절하게 입증함으로써 문제를 해결했다"라고 되어 있다. 실험적인 연구가 전혀 없었다는 것은 정확하지 않다. 13세기의 경우 페트루스 페레그리누스와 로저 베이컨의 사례가 알려져 있다. 그러나 "14세기 말부터 16세기 초까지 최상의 두뇌를 가진 자들은 실제 현상과는 무관한 순수 논리학 문제에 더욱 흥미를 지니게 되었다".[106] 그리하여 이후의 자연철학자들은 "그들의 가설적인 결론을 [실재의] 세계와 비교하여 검증하는 것에 전혀 흥미를 보이지 않았던" 것이다.[107] 서유럽의 대학에서 "실험실은 중세를 거친 훨씬 뒤에도 전혀 없었다"라고 알려져 있다.[108]

그뿐만 아니라 손을 사용하는 일은 직인이 할 일이라며 멸시당했으며, 자신의 손으로 관측 기기나 실험 장치를 만드는 것은 중세 유럽의 학문 세계에서는 거의 고려되지 않았다.

12세기 생빅토르의 위그는 『디다스칼리콘』에서 공학과 상학과 농학의 중요성을 설파했으나, 이후에 설립된 대학은 그에 따르지 않았다. 의료 실천과 밀접하게 관련되어야 할 의학에서마저도 대학에서는 임상의 경험이나 해부한 시체의 관찰보다 고대 권위자가 쓴 서적의 해석을 중요시했다. 절개 수술 등 손을 더럽히는 처치나 의약의 조제는 대학 교육을 받지 않은 직인인 외과의와 약제사가 맡았다.[109] 중세에는 "그때까지 천문학과 측지학 외의 분야에서는 정확한 [측정] 장치에 대해 알려진 바가 없었으며, 대학의 권위자들은 실험철학에서 필요한 장치를 제공했을지도 모를 직인과 기술자의 세계와 동떨어진 생활을 하고 있었다. 그들은 과학적인 실험실과 같은 개념은 생각할 수조차 없었던 것"이다.[110] "기술적인 사항까지 내려가서 연구하거나 고찰하는 것은 학문에 대한 일종의 불명예로 여겨지고 있다"라고 프랜시스 베이컨이 인정한 것은 17세기 초가 되어서였다.[111]

이러한 사실로 볼 때, 많은 천체표와 캘린더를 작성하고 관측 장치에 대한 논고를 남긴 그문덴이나, 상업의 근간이었던 인도-아라비아숫자를 사용하여 삼각함수표를 작성하고 더 나아가 직접 관측 장치를 제작·개량하여 관측을 수행한 포이어바흐의 연구 방식은 그때까지의 스콜라학과는 크게 다르다. 이는 천문학이라는 학문의 특수성을 반영한다. 실제로 당시까지 대학에서 교육되었던 학문 중에서는, 이론의 옳고 그름이 실물을 이용한 실험이나 현실의 자연을 관측함으로써 판정되는, 그리고 이를 위해 특별한 장치의 개발과 개량이 계속되는 현대 자연과학 연구실의 당연한 풍경이 천문학 외의 분야에서 보이지 않았다. 유일하게 천문학에서만 그러한 논의가 가능했으며 그와 같은 방법이 실행되었다.

천문학사 연구자 리처드 크레머Richard Kremer가 말했듯이, "주어진 시각의 천체 위치 예측을 목적으로 하는 이론을 만들기 위해 관측을 사용한다는 개념은 바빌로니아 천문학의 탄생 때부터 존재했다".[112] 바빌로니아의 기술적技術的인 천문학이 그리스에서 철학의 세례를 받은 후에도, 우주와 별에 대한 이론이 철학적·논증적인 자연학으로서의 우주론과 관측에 기반을 둔 수학적·기술적인 천문학으로 분열됨으로써 천문학 자체의 특수성이 유지될 수 있었다. 기원후 2세기 프톨레마이오스의 『알마게스트』에는 수학적인 논의뿐만 아니라 여러 가지 관측 기기의 구조에 대한 설명과 사용법이 기술되어 있다. 제프리 로이드Geoffrey Lloyd의 『후기 그리스의 과학』에 따르면, 5세기의 천문학에 대해 "프로클로스의 『천문학 가설 개요』는 다양한 천문관측 기기의 제작 방법을 설명하는 데 꽤 많은 분량을 할애했다"라고 한다.[113]

이러한 경향은 중세 후기에도 이어졌다. 이슬람 세계에서는 몇 가지 정교한 아스트롤라베*[17](천체관측에서 넓은 용도로 쓰인 기구로, 구면천문학 연구에 쓰인 일종의 아날로그 컴퓨터)가 제작되어,

---

*17 고대에는 현재 '아스트롤라베'라고 불리는 원판 조합에 앨리데이드를 붙인 장치(그림3.4)뿐만 아니라 현재 '천구의armillary'라고 불리는, 여러 링을 입체적으로 조합한 형태의 장치(그림3.8)도 '아스트롤라베'라고 불리기도 했으므로 주의가 필요하다. 여기서 말하는 것은 전자의 형태이다.

최첨단 관측 장치로서 유럽 사회에도 전해졌다. 이를 통해 관측에 기반을 둔 수리과학으로서의 천문학이 유럽에 도입되었던 것이다. 11세기 중기에는 베네딕트회의 수도사였던 라이헤나우의 헤르만(헤르마누스 콘트락투스)이 아스트롤라베의 구조와 사용법에 관한 짧은 책을 썼다. 1140년경에는 이슬람 점성술사 마샤알라가 쓴 아스트롤라베에 관한 논고를 세빌리아의 후안이 라틴어로 번역했다. 거의 같은 시기에 바스의 아델라드는 플란타지네트 가문의 헨리 왕자를 위해 아스트롤라베에 관한 소논문을 썼다.[114]

12세기부터 13세기에 걸쳐 서유럽 사회는 이슬람 사회로부터 천문학을 배우면서 장치를 사용한 관측도 함께 받아들였다. 사크로보스코의 『천구론』에는 아스트롤라베에 대한 논급이 있었다. 사크로보스코는 사분의에 관한 소논문도 남겼는데, 해시계에 관한 기술도 포함된 이 논고에서는 천문학이 "장치로 조작하는 과학scientia operativa per instrumenta"으로 규정되었다.[115] 13세기 옥스퍼드의 로버트 그로스테스트도 『사분의에 관한 논고』를 남겼으며, 몽펠리에의 로베르투스 앙그리쿠스도 사분의에 관한 논고와 아스트롤라베의 취급 설명서를 저술했다. 사분의에 관해서는 같은 세기에 카스티야의 알폰소 10세(재위 1252~1284년)의 궁정 천문학자가 편찬한 『천문학 지혜의 서』에도 기록되어 있다. 13세기 말에 사망한 노바라의 캄파누스도 사분의의 개량형을 만들었다고 한다.[116]

13세기에 가장 앞서서 아리스토텔레스 자연학을 받아들인 철학자 알베르투스 마그누스도 "이들 [천문학상의] 제 문제는 자연학적인 추론으로는 충분히 고찰할 수 없다. 그를 위해서는 우리들 수학자[천문학자]의 장치와 관측을 필요로 한다"라고 인정했다.[117] 역시 13세기 인물인 로저 베이컨은 『대저작』에서 천문학을 '논리적인 천문학'과 '실용적인 천문학'으로 분류한 후 각각의 방법에 대해 설명했다. 전자에 대해서는 "하늘에 있는 모든 것의 양을 고찰한다. … 이 양은 기기에 의해per instrumenta 파악된다"라고 되어 있으며, 후자에 대해서는 역시 "그에 적합한 다양한 천문기기, 제 천문표 및 계산절차서(캐논), 즉 이들을 확증하기 위해 발견된 규칙에 의해 수행된다"라고 결론짓는다. 또한 베이컨은 라틴 세계에서 이슬람 철학자의 프톨레마이오스 비판에 관한 논의가 없는 것은 관측 기기의 결여 때문이라고 판단하여 교황에게 관측 기기의 제작을 재촉했다.[118] 같은 시기 알폰소 10세의 명으로 만들어진 천체표 『알폰소 표』의 카스테리아어 설명서 서두에는 "천문학의 과학은 관측 없이는 이루어질 수 없는 과학이다"라고 명기되어 있다. 또한 알폰소 10세에 대해, "그는 『알마게스트』에서 프톨레마이오스가 설명한 천구의 및 기타 관측 기기를 만들게 했으며 톨레도에서 관측하도록 명했다"라고 이어서 설명했다.[119]

그 이후에도 천문학의 발전은 관측 기기의 개발·개량과 보조를 맞췄다. 프톨레마이오스의 원리에 기반을 두고 천체의 위치를 관측하거나 표시하는 토르퀘툼(그림2.6)에 관해서는 베르됭의 베르나르 및 폴란드의 프랑코가 13세기 후반에 남긴 저술이 있는데, 특히 후자는 여러 권 필사되어 유럽에 그 지식을 전파하는 역할

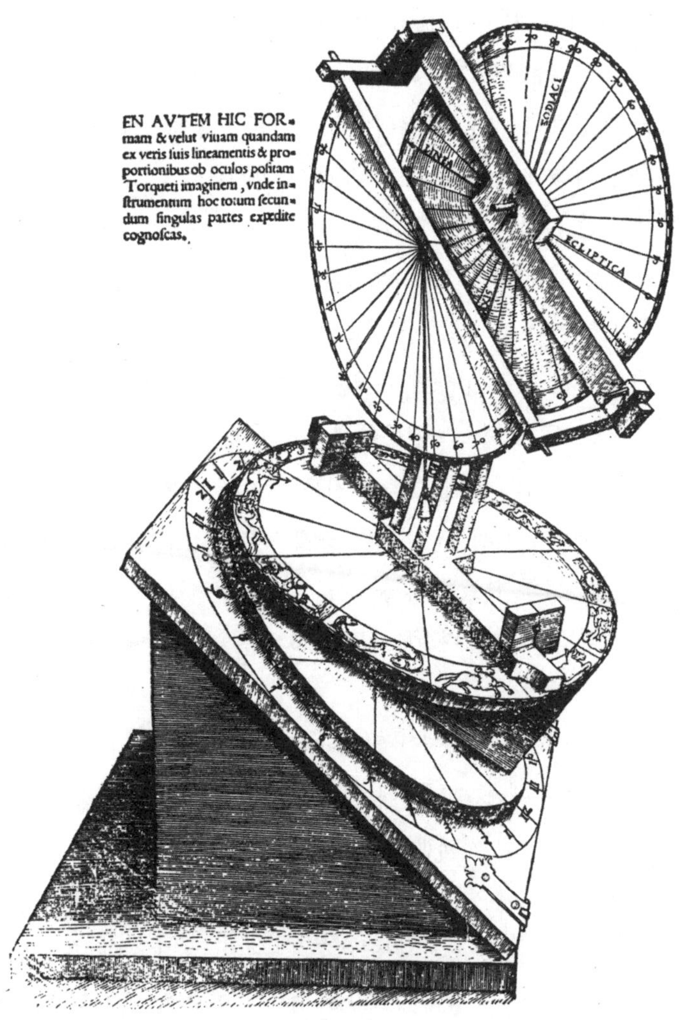
EN AVTEM HIC FOR=
mam & velut viuam quandam
ex veris ſuis lineamentis & pro=
portionibus ob oculos poſitam
Torqueti imaginem , vnde in=
ſtrumentum hoc totum ſecun=
dum ſingulas partes expedite
cognoſcas.
ZODIACI
ECLIPTICA

그림2.6 토르퀘툼.

을 했다. 14세기 초 사망한 리모주의 피에르는 파리대학의 의학부 평의원직을 맡았던 의사이자 점성술사였는데, 천체의 황도좌표를 측정할 수 있는 토르퀘툼을 이용하여 1299년에 혜성 관측 기록을 남겼다. 14세기 초 파도바의 피에트로 다바노는 토르퀘툼에 관한 논고를 저술했다.[120]

이처럼 천문학은 중세에서 "유일하게 정밀한 관측과 예측을 필요로 하는 과학"이었다.[121] 그 가장 큰 이유는 고대부터 천문학이 주로 역산과 점성술에 쓰이는 실학이었기 때문이다. 앞서 로이드Lloyd가 프로클로스 천문학에 관해 설명한 인용문 다음은 "그러나 실제로 이루어진 관측은 천문학 이론의 문제에 관한 연구에 도움을 주는 것보다 더 빈번하게 역曆의 조정과 같은 실용적인 목적을 위해, 혹은 점성술에서 믿고 있던 것과 관련되어 수행되었다"라고 되어 있다.[122] 천문학 자체를 위한 천체관측은 존재하지 않았던 것이다.

중세 전기의 서유럽에서 천문학의 주요한 과제는 역산computus이었다. 그 외에는 수도원에서 기도 등의 성무聖務 일과에 관한 시간을 알기 위해 천체관측을 이용한 정도였던 것 같다.[123] 점성술의 역사에서 확인할 수 있듯이, 원래 "역의 계산은 과학적인 천문학이 탄생한 첫 번째 원인으로 볼 수 있는 것"이다.[124] 7세기 세빌리아의 사교司教 이시도루스와 8세기 영국 노섬브리아 베네딕트회의 수도사 베다가 역산에 대해 보였던 관심은 제일표(부활제 등 제일祭日을 정하는 역표)의 작성과 관련되어 있었다. 당시 역의 구체적인 문제는 부활제 일정을 결정하는 것이었다. 당시 상용력은 태양력으로서의 율리우스력이었지만, 부활제를 춘분 직후 보름날 다음의 첫 일요일로 정했던 325년 니케아 공의회의 결정은 고대 유대의 태음력(히브리력)에 의거했다. 이 날짜를 정하는 것이 당시로서는 어려운 문제였다. 725년 베다가 쓴 『시간의 이론에 관하여』는 이 시점에서 해결책을 제시했다. 그러나 전문서에 따르면 "역에 관한 흥미와 천체의 관측은 지속되어", 대학이 창설된 뒤에도 역산법은 중요시되었다.[125]

앞서 기술했듯이 사크로보스코도 『역산법』을 남겼다. 이 책은 태양의 운동에 기초한 율리우스력, 달의 운동에 기초한 교회력의 문제를 포괄적으로 논했으며, 사크로보스코의 저서 중에서도 가장 분량이 많으면서도 독창적인 작품이기에 가장 공을 들여 쓴 것으로 생각된다.[126] 사크로보스코의 묘비명에는 '역산가Computista'라고 쓰여 있다고 한다. 그에게는 천문학, 수학, 역산법은 일체가 된 실학이었다.

역산에 관해 보충하자면, 기원후 46년에 제정되어 1년을 365일과 4분의 1일로 정한, 즉 평년을 365일로 하고 4년마다 366일인 윤년을 두는 율리우스력이 점차 현실의 관측과 맞지 않는다는 문제가 있었다. 13세기 후반 로저 베이컨도 주저 『대저작』에서 현행의 율리우스력으로는 "130년마다 여분의 1일"이 발생한다는 점을 이미 지적했다.[127] *18 14세기 초의 피에르 다일리와

---

*18 율리우스력에서는 400년간 100회의 윤년이 있다. 그러나 현재 알려진 1태양년(태양이 춘분점을 통과한 후 다시 춘분점까지 돌아오는 시간)은 365일 5시간

중기의 니콜라우스 쿠자누스도 역시 율리우스력의 문제를 지적했다. 중세 후기 역법의 개혁은 기독교가 피해 갈 수 없는 문제가 되었다.[128]

한편 중세 후기에는 점성술이 유럽에 침투하기 시작했다. 그리고 "중세 후기의 [서구] 세계는 우주의 자연학적 본질에 관한 아리스토텔레스의 사변보다 하늘에서 벌어지는 현상에 대한 정확한 예측에 더 많은 관심을 두었다. 그러나 그것은 주로 점성술에 대한 관심이 늘어났기 때문이다"라고 지적받기도 했다.[129] 이에 동반하여 역산법보다 점성술의 비중이 커졌다. 역산의 경우 태양과 달의 운동만 알아도 충분했지만, 점성술은 그 이상으로 각 행성 운동에 대한 정밀한 예측이 필요했으며 이 때문에 수학적으로 정비된 운동 이론과 진보된 관측 기술을 전제로 했다. 지너의 말대로 점성술의 수행에는 사크로보스코의 기초적인 교과서에 통달하는 정도로는 부족했다. "하늘에서 벌어지는 일들에 대한 더 상세한 관측이 필요했던 것"이다.[130]

이 시대까지의 자연학은 다른 분야에서는 거의 볼 수 없었던 연구 방식, 즉 관찰과 측정을 중시하며 그를 위한 기기를 제작하는 형태를 취했다. 이처럼 중세 스콜라학을 뛰어넘는 근대적인

48분 46초=365.242199일로, 100년마다 약 0.5초 감소한다. 따라서 1년을 365일로 할 경우 남는 끝수는 400년에 0.242199일×400=96.8796일≒97일이다. 즉, 율리우스력에서는 400년마다 윤년이 세 번 더 들어가게(400÷3≒130, 즉 130년마다 1일 여분이 발생하게) 되어, 15세기 중기에는 역이 실제 태양의 운동과 3일×(1400÷400)=10.5일만큼 틀어져 진짜 춘분의 날짜가 3월 11일로 바뀌어버렸다.

연구 방식이 천문학에서 일찍이 수행된 배경에는 중세 전기의 역산법과 후기의 점성술이 강한 요인으로 작용하고 있었다는 것을 확인할 수 있다.

7. 서구 점성술의 기원을 둘러싸고

자, 여기서 잠시 벗어나 당시까지의 점성술이 어떠했는가를 몇 가지 문헌과 연구서를 통해 슬쩍 살펴보자.

점성술의 원형은 일식이나 월식이나 혜성처럼 천공에서 나타나는 이상 현상 및 비일상적인 현상을 지진·홍수·가뭄과 같은 천재지변의 징후 혹은 왕의 죽음이나 내란·전쟁 등 국가와 권력자에게 있어 중대한 일의 전조로 보는 바빌로니아의 별점에 있었던 것 같다. 기원전 6세기에 멸망한 바빌로니아 국가에서 행해졌던 별점은 그대로 이집트와 그리스 사회에까지 전해졌는데, 이집트 종교 등의 영향을 받으면서도 그리스의 사고 체계에 포섭되면서 논리적으로 정밀화되고, 자연철학적인 개념 구조에 의해 다듬어져(치장되어?) 점성술로 발전되었다고 여겨진다.

따라서 별점과 점성술을 칼로 무 베듯이 정확하게 구별하기는 어렵다. 하지만 엄밀하게 둘은 다르다. 하늘에서 일어나는 현상은 별점에서 '지상의 미래를 가리키는 전조'였으나, 점성술에서는 '지상의 물체에 작용하는 원인'이었다.

즉, 별점에서는 자연과 인간 세계는 모두 초월자(신)의 자의적인 뜻에 지배된다고 보는 관점을 기본으로 했다. 따라서 일식이나 월식이나 혜성의 출현 혹은 행성의 합과 같은 천상세계의 이상(비일상) 현상은 초월자의 분노나 변덕적인 감정에 의해 초래될 장래의 이변을 미리 인간 사회에 고하는 초자연적인 사건으로 파악되었다. 이 점에 관해서는 고대 천문학사의 석학 노이게바우어가 초기 메소포타미아 관측 기록에 대해 지적한 부분을 인용할 필요가 있다.

> 순수하게 천문학적인 관점에서 보면 이 관측에는 그다지 주목할 필요가 없다. 이것은 전조omnia에 경험적인 재료를 덧붙이기 위해 관측되었을 것이다. … 이는 제물로 바쳐지는 희생양의 간에서 나타나는 세세한 징후가 전조 점占의 문헌에 기록되어 있는 것과 전적으로 같은 것이다.[131]

이와 달리 점성술에서는 자연은 합법칙적이며 별들의 배치가 일정한 법칙에 준하여 지상세계에 영향을 끼친다고 보았다. 이 배경에는 "항상 존재하여 필연적으로 보이는 자연에 관해서는 어떤 일도 자연에 반해서 일어나지 않는다"라고 설파한 아리스토텔레스의 자연철학이 있었다.[132] 별점과 점성술의 근본적인 차이에 대해서는 마찬가지로 노이게바우어의 지적이 유효하다.

> 그리스의 철학자와 천문학자에게 우주란 직접적으로 상호 관계를 맺는 물체들이 명확하게 규정되는 구조였다. 이러한 물체들

사이의 영향을 예언할 수 있다는 사상은 원리적으로 근대의 기계론과 전혀 다르지 않다. 또한 신이 세계를 자의적으로 지배하고 있다든지, 마술적인 조작으로 사건에 개입한다는 관점과는 완전히 상반된다. 종교, 마술, 신비주의의 배경과 비교할 때, 점성술의 기본적인 교의는 순수한 과학이었다.[133]

1세기에 활동한 로마의 마닐리우스가 쓴 점성술서 『아스트로노미카』에도 "자연은 불확실한 시도를 감수하지 않고 스스로 정한 법칙에 엄밀하게 따른다"라거나, "자연은 이제 더 이상 우리들이 알 수 없는 암흑이 아니다"라는 말이 나온다.[134] 즉, 헬레니즘·그리스에서 형성된 점성술(서양 점성술)은 우주가 자율적인 존재이며 인과적인 법칙에 지배된다는 그리스적 세계 이해를 전제로 했던 것이다. 따라서 천상의 물체가 지상의 사물과 인간에게 영향을 끼친다는 인과적 관계에는 어떤 법칙성이 있으며, 이에 대해 사리에 맞는 이해 방식과 이치에 맞는 설명, 즉 개연적인 예측이 가능하다고 여겨졌다. 점성술은 이론적으로는 자연학의 원리에 준하여 천상과 지상 및 그 관계를 논증하는 우주론적 자연철학이었으며, 실천적으로는 그 관계를 경험적으로 파악하고 관측에 기초하여 미래를 예측하는 실증적인 학문이자 합리적인 기술로 여겨졌다.*19

---

*19 그러나 '별점'과 좁은 의미의 '점성술'은 보통 일괄적으로 '점성술'이라 불린다. 이후 이 책에서 기술할 '점성술'은 주로 좁은 의미의 '점성술'을 뜻하지만, 때

이렇게 헬레니즘·그리스에서 형성된 점성술을 집대성하여, 거기에 당시의 자연학과 천문학적 지식을 원용하여 적합한 근거를 마련하고, 그 시대의 과학적 정신에 준하여 학문 체계에 제시하려 했던 시도가 프톨레마이오스의 『테트라비블로스(네 권의 책)』였다.[135] 손다이크Thorndike의 말을 빌리자면 "점성술이라는 학예art는 『테트라비블로스』에서 그 시대 최고의 수학자로서 가장 사려 깊었던 과학적 관찰자, 혹은 적어도 그 후의 세대가 그렇게 여겼던 인물이 보증하는 해석을 부여받았다"라고 한다.[136] 고대 과학사의 석학 조지 사튼George Sarton의 책에는 "『테트라비블로스』의 명성은 『알마게스트』에 필적하는 정도가 아니라 그것을 훌쩍 뛰어넘은 것이었다"라고까지 쓰여 있다.[137] 16세기 독일의 천문학자 요하네스 스타비우스와 이탈리아의 의사 지롤라모 카르다노도 『테트라비블로스』를 높게 평가했는데, 그중에서도 특히 기상 예측에 관한 내용을 높이 샀다.[138] 이 책은 실로 17세기에 이르기까지 유럽에서 점성술 교과서로서의 지위를 유지했다.

이 『테트라비블로스』의 서두를 보자.

> 시루스여, 아스트로노미아를 통해 예언을 하는 방법에는 가장 중요하면서도 유효한 두 가지가 있다. 순서상의 측면이나 유효성 측면에서 가장 첫 번째는 태양, 달, 별이 상호적으로, 그리고 지구에 대해서 보이는 성상星相을 이해하는 것이다. 두 번째는 이들

때로 '별점'의 의미로도 쓰일 것이다.

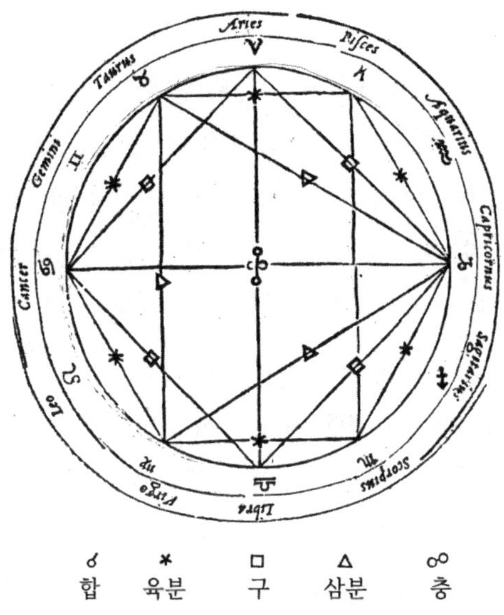

그림2.7 성상(아스펙트)

의 성상 자체가 지니는 자연적인 성격에 의해 이들이 주변에 가져오는 변화를 고찰하는 것이다. 전자가 후자와 밀접하게 연관됨으로써 초래되는 결과를 얻지 못한다 할지라도, 그 자체는 하나의 학문적 지식으로서 요구되는 것이다. 이에 대한 저작[『알마게스트』]에서 가능한 최선의 내용을 논증의 방법을 통해 그대에게 제시했다. 이 책에서는 후자에 대해 논술했는데, 후자는 방법상으로 전자에 비해 올바른 철학적 방법이 불충분하다. 따라서 진리를 추구한다면 후자로부터 얻은 지식을 전자가 지니는 학문적

지식의 확실성과 비교하지 않았으면 한다.[139]

이 '전자', 즉 태양, 달, 행성의 위치 예측은 물론 오늘날 말하는 '천문학'의 영역이다. 그리고 '후자'는 '점성술'에 해당한다. 여기서 '성상(아스펙타스)' 혹은 간단히 '상'이란 천체의 상호적인 위치 관계, 구체적으로는 황도상에서의 두 천체의 각거리(황경차)를 말한다. 각거리란 두 천체로부터 나온 광선이 지구상에서 이루는 각도를 말하며, 합에서는 0도, 충에서는 180도, 삼분에서는 120도, 구矩에서는 90도, 육분에서는 60도가 된다(그림2.7).

태양, 달, 행성은 각각 특유의 성질을 지니며, 이들의 쌍이 하늘의 어느 위치에 있으며 서로 어떠한 상에 있는가가 지구상의 사물이나 인간에 미치는 영향을 결정한다는 것이 점성술의 기본적인 교의이다. 이때 하늘에서의 위치는 천구상의 태양과 행성의 궤도에 있는 수대(황도대)상의 열두 '궁(시그눔)', 그리고 각 수대의 30도를 포함하는 역시 열두 개의 '집(도무스)'이라 불리는 천구상의 공간 중 하나로 지정된다.

여기서 프톨레마이오스가 천문학의 예측에 비해 점성술의 예언을 덜 확실한 것으로 공언했다는 점이 흥미롭다. 『테트라비블로스』에서 "일반적인 사건과 개별적인 사건 모두의 원인은 행성과 태양과 달의 운동이다"라고 단정한 것처럼,[140] 영향이 있다는 점에 대해서는 추호의 의심도 보이지 않는다. 단지 회의적인 관점은 그 영향을 인간이 완전하게 알 수 없다는 것, 따라서 정확한 예측을 할 수 없다는 것에서 유래한다.

vol.1

70쪽 | 값 48,000원

천체투영기로 별하늘을 즐기세요!
이정모 서울시립과학관장의
'손으로 배우는 과학'

make it! **신형 핀홀식 플라네타리움**

vol.2

86쪽 | 값 38,000원

나만의 카메라로 촬영해보세요!
사진작가 권혁재의
포토에세이 사진인류

make it! **35mm 이안리플렉스 카메라**

vol.3

Vol.03-A 라즈베리파이 포함 | 66쪽 | 값 118,000원
Vol.03-B 라즈베리파이 미포함 | 66쪽 | 값 48,000원
(라즈베리파이를 이미 가지고 계신 분만 구매)

라즈베리파이로 만드는
음성인식 스피커

make it! **내맘대로 AI스피커**

vol.4

74쪽 | 값 65,000원

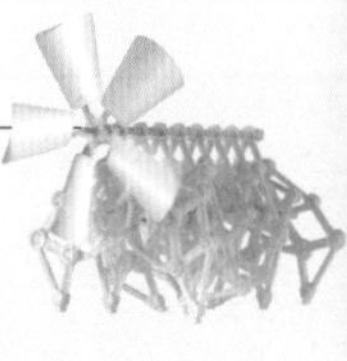

바람의 힘으로 걷는 인공 생명체
키네틱 아티스트
테오 얀센의 작품세계

make it! **테오 얀센의 미니비스트**

vol.5

74쪽 | 값 188,000원

사람의 운전을 따라 배운다!
AI의 학습을 눈으로 확인하는
딥러닝 자율주행자동차

make it! **AI자율주행자동차**

하늘의 운행이 땅에 미치는 영향은 "기본적이면서 중요한 두 가지 부분"으로 분류된다. 하나는 모든 민족이나 국가나 도시에 해당하는 일반적인 사항으로, 기후의 변동, 지진, 홍수, 역병, 기근, 곡물의 수확 등의 예측이다. 또 다른 하나는 개인의 운세에 관한 것이다. 이때 전자가 더 강한 원인에 지배받기 때문에 더 중요하다.[141] 이러한 구별은 후에 '자연점성술'과 '판단점성술'로 나누는 분류 방식의 원형이 되었다.*20

판단점성술은 개인을 다루는 점성술로, '홀로스코프'*21를 이용하여 그 인물의 운세를 예언하거나 성격, 자질, 적성을 판단했다. 출생점성술(탄생시성위점성술)이라 불리기도 했다. 또한 판단점성술에는 전쟁 시작이나 왕위 승계와 같은 국가와 왕실의 중요한 계획부터 시작하여 여행이나 혼례 같은 이벤트에 이르기까지 전조가 좋은 길일이나 피해야 할 흉일을 정해주는 선택점성술과, 분실물 찾기처럼 거의 점복 수준의 질문점성술도 포함되었다. 이러한 행위의 밑바탕에는 마닐리우스가 쓴 책에 나오듯이 "인생의 모든 일이 우주의 힘과 현상에 종속되는 우리들의 운명은 천

---

*20 '판단점성술'의 어원은 astrologie judiciaire, 영어로는 judicial astrology이다. 영어의 judical은 judge와 마찬가지로 라틴어 judicare(판단하다, 중재하다, 결정하다)에서 유래한 단어로, 원래는 '신의 심판에 의한'이라는 의미였던 것 같다.

*21 일반적으로는 특정한 시각의 태양, 달, 행성의 천구(황도십이궁)상 위치와 지표상 위치 사이의 위치관계를 표시한 천체 배치도로, 많은 경우 특정한 개인의 운세를 점치기 위해 그 인물이 잉태된 시각이나 탄생한 시각에 대해 그려졌다. 그림 2.8 참조.

체 배치의 변화와 함께 변한다"라는 인식이 있었다.[142]

한편 자연점성술은 일반적인 기상예보 및 가뭄이나 폭염이나 한파 등 일기불순의 예측, 역병이나 기근의 예언, 농업에서 파종이나 모내기를 하는 날짜의 결정이나 수확량 예측, 그리고 야금업에서의 제련 등 각종 조작을 시행하기에 적합한 시일을 지정하는 데 쓰였다. 그뿐만 아니라 사혈, 입욕, 약제 투여 및 기타 의료 행위의 실시일을 결정하거나 병세의 전환일을 예측(의료점성술)하는 일까지 포함했다. 즉, 대기 변화와 기상 변동, 인간 생리, 동물 행동, 식물 재배, 광물 변성 등 달 아래 세계의 모든 것이 별의 영향 아래에 있다고 여겨졌던 것이다.

하늘이 지상에 미치는 영향에 관한 확신의 바탕에는 아리스토텔레스 우주론과 자연학의 전제인 하늘의 에테르 세계와 땅(달 아래)의 4원소 세계라는 이원적 세계상과 함께 전자가 후자에 작용한다는 생각이 있었다. 아리스토텔레스의 『기상론』에는 다음과 같은 말이 나온다.

> 이 [달 아래의] 영역은 필연성에 의해 천계의 이동으로 이어져 있으며, 따라서 그 모든 것의 운동 능력은 모두 그곳으로부터 통제된다. 왜냐하면 만물의 첫 운동은 그곳으로부터 온 것[별들]을 제1의 원인으로 한다고 파악되어야 하기 때문이다. … 각 원소의 첫 운동이 그곳으로부터 온다는 의미에서의 원인[시원인]은 영구히 운동하는 것[별들]에 귀속되어야만 한다.[143]

에드워드 그랜트가 말했듯이, 아리스토텔레스의 이러한 사상에는 “전통적인 점성술적 신념까지 강력하게 보강하는 요소가 있었다”.[144] 따라서 당시에는 항성천에서 지표까지의 거리는 현재 알려져 있는 것보다 훨씬 짧게 평가되었으며[Ch.1.8], 더욱이 그 사이에는 에테르나 공기가 빽빽이 채워져 있다고 여겼으므로 하늘에서 지상으로의 영향이 존재한다는 것을 극히 자연스럽게 받아들였다. 프톨레마이오스 자신이 이러한 점에서 아리스토텔레스 자연학의 영향을 받았다는 사실은 『테트라비블로스』의 다음 한 구절을 통해 분명해진다.

> 영원한 에테르 물질로부터 방사되는 어떤 종류의 힘이 모든 곳에서 변화의 지배를 받는 지구의 전역에 내리쬐어 침투한다는 사실은 조금만 생각해봐도 분명해진다. 일차적인 달 아래 세계의 원소 중 불과 공기는 에테르 내의 운동에 둘러싸여 변화하며, 이들이 나머지 원소, 즉 흙과 물 그리고 식물과 동물을 둘러싸고 변화를 부여하기 때문이다.[145]

이리하여 점성술은 고대 말기의 그리스와 로마의 지식 계층에게 자연철학의 한 분야로서 받아들여지게 되었다. 3세기의 포르피리오스와 5세기의 프로클로스는 『테트라비블로스』의 주석서를 저술했다.[146]

8. 기독교와 점성술

서로마제국에서 기독교가 공인된 제국 말기, 기독교도들은 이교도인 그리스인으로부터 전해진 점성술에 대해 부정적인 태도를 보였다. 아니, 오히려 적대적이었다. 중세 기독교 세계에 절대적인 영향을 끼친 초기 기독교 교부 아우구스티누스는 정신적 자서전인 『고백록』에서 "[당시 믿었던] 점성가들의 거짓된 점과 불경한 헛소리를 멀리한" 이유와 경위를 자세히 설명하고 "점성가의 예언은 절대 맞지 않을 것이다"라는 말을 남겼으며, "거만하기 짝이 없는 인간에게서 죄를 없애고, 하늘과 별을 창조하여 그것을 지배하는 것에 죄를 지우려 한다"라고 단죄했다.[147] 만년에 저술한 『신국론』에서도 다음과 같이 남겼다.

> 신의 의지에 상관없이 별이 우리의 행위, 그리고 우리가 지니는 선이나 받을 과오를 결정한다고 여기는 사람들은 모든 것에, 즉 진정한 신앙을 지닌 것뿐만 아니라 어떤 종류의 신이라도(그것이 설령 거짓 신들일지라도) 숭배함으로써 귀를 기울이지는 않을 것이다. 이와 같은 생각은 그 어떠한 신도 숭배하지 않으며 신에게 기원하지도 않음으로 이어지기 때문이다.[148]

점성술은 무신론과 연결된다고 여겼던 것이다.

별이 자연의 법칙적 필연성에 준하여 인간의 운세 등에 영향을 미친다는 관점은 전능해야 할 신의 활동을 제한하는 것이었으며,

이러한 숙명론·결정론은 인간의 자유의지와 도덕적 자율에도 반했다. 3세기의 교부 오리게네스의 책에는 "사도 바울이 우리들에게 이야기할 때, 자유의지를 지닌 자, 혹은 자신이 자신의 구원이나 멸망의 원인이 되는 자로서의 우리에게 이야기를 거는 것이다"라고 되어 있다.[149] 4세기에는 아우구스티누스도 "인간은 … 원하는 것 없이는 바르게 살 수 없으므로, 자유의지를 지녀야만 한다. … 바르게 살기 적합하도록 자유의지가 부여되었다는 것은 죄를 저지르기 위해 그것을 이용할 때 신께서 벌을 내린다는 것으로도 이해된다".[150] 그리고 9세기 라바누스 마우루스의 책에는 "세계가 처음 만들어짐과 동시에 인간은 그 의지의 자유를 떠맡았다"라고 명확하게 나와 있다.[151] 기독교의 구원 사상에 따르면 인간의 자유의지는 불가결한 것이었다. 하늘이 실제로 인간의 행위를 완전히 지배하고 있다면, 인간은 선행이나 악행의 책임을 지지 않아도 될 것이며, 기독교에서 말하는 구원의 섭리는 의미를 잃게 될 것이다.

애당초 초자연적인 존재로서의 신에 의한 기적을 인정하는 기독교와, 자연이 스스로의 법칙성에 따라 움직인다는 그리스적 세계관은 양립할 수 없다. 기독교 교회는 기원후 400년 제1톨레도 교회 회의에서 "점성술과 골상학을 신뢰할 수 있다고 생각하는 자는 배척한다"라고 결의하고, 더 나아가 561년 제1브라가교회 회의에서도 "수학자[점성술사*22]가 인정하는 열두 가지 상징[궁]

---

*22 "중세 시기의 어떤 맥락에서는 '수학자mathematici'라는 말이 실제로는 '점

혹은 성좌가 혼령이나 신체의 부분으로 나뉜다고 믿으며 12지파 선조의 이름이 되었다고 말하는 자는 배척한다"라고 추가적으로 결의하여 점성술을 공식적으로 부정했다.[152]

이처럼 서로마제국의 붕괴와 함께, 민간에 전래되는 토속적이며 미신적인 별점은 어찌 되었든, 적어도 『테트라비블로스』처럼 고도로 이론적이거나 홀로스코프를 이용하여 복잡한 논의를 하는 종류의 점성술은 다른 학문과 함께 쇠퇴했고, 사실상 그 모습을 잃게 되었다. 그뿐만 아니라 아우구스티누스는 『고백록』에서 "별의 운행을 알려는 생각은 하지 않는다"라고 하며, 『기독교 교육론』에서는 다음과 같이 단언했다.

> 별의 뜨고 짐이나 그 외 [별의] 운행도 매우 높은 정밀도로 잘 알려져 있다. 이러한 별에 관한 지식은 그 자체로는 미신과는 관련이 없으나, 성서의 해석에는 그다지 도움이 되지 않거나 거의 도움이 되지 않는다. 아무런 이익도 없는 주의 집중은 오히려 해가 된다. 이러한 지식은 어리석은 예언을 말하는 자의 극히 위험한 지식에 가까우므로 경멸해야 마땅하다.[153]

초기 중세 기독교 사회 최대의 이론적 지도자(이데올로그)였던 아우구스티누스는 신앙에 도움이 되지 않는 학문, 학문을 위한 학문을 거부했다. 사실상 천문학 자체가 부정된 셈이었다. 프톨

성술사astrologi'와 같은 뜻이었다(North(1975), p.173)."

레마이오스와 그의 천문학을 언급한 6세기의 보에티우스와 세속적인 학문 중 천문학의 의의를 설파한 카시오도루스와 같은 인물도 존재한 것은 사실이나, 많은 기독교 지식인들(당시의 지식인은 사실상 모두 성직자였다) 사이에서 천문학은 잊혔으며, 프톨레마이오스조차 알려지지 못하고 겨우 『창세기』나 『티마이오스』를 바탕으로 한 유치한 우주론이 전해져 내려오게 되었다. 카시오도루스 또한 "성좌의 아름다움과 놀라운 명징함에 속아 … 마테시스mathesis라 불리는 유해한 계산을 통해 자신들이 사건의 발생을 예지할 수 있다고 믿고 있는" 곳의 "별들에게 사로잡힌 사람들", 즉 점성술사를 성서를 바탕으로 하여 비판했다.[154]

그러나 서유럽이 이슬람 사회를 통해 고대 그리스의 학예를 발견하려는 이른바 12세기 르네상스를 거치는 과정에서 유럽의 지식인들은 고대 그리스·로마의 점성술을 알게 되었다. 또한 "12세기부터 13세기에 걸쳐 일어났던 고전 번역 붐에서 가장 인기 있었던 분야가 점성술이었다"라고도 한다.[155] 실제로 뒤에서 보겠지만 1141년에 사망한 생빅토르 수도원의 위그와 1142년에 사망한 철학자 피에르 아벨라르가 이미 점성술에 관해 논한 바가 있다.

이슬람 사회에서 아바스 왕조의 2대 칼리프(최고 권력자) 만수르(재위 754~775)의 시대에는 『알마게스트』와 프톨레마이오스 천문학에 대한 탐구가 활발했다. 특히 『테트라비블로스』는 9세기에 아라비아어로 번역되어 이슬람 사회에 전해졌으며, 12세기 서유럽이 이슬람 사회를 경유하여 그리스의 학예, 특히 아리스토텔레스 철학을 발견한 것과 거의 동시에 라틴어로 번역되어 유럽인들에게 새로이 알려지게 되었다. 『테트라비블로스』의 라틴어 번역은 『알마게스트』가 라틴어로 번역되기 이전인 1138년이다. 『테트라비블로스』 및 기타 서적을 본보기로 하여 프톨레마이오스의 시대로부터 8세기까지 쓰인 점성술의 경구집 『켄틸로퀴움』(백언집百言集)도 같은 시기에 번역되어 프톨레마이오스의 이름과 한데 묶여 읽혔다. 파르가니가 쓴 프톨레마이오스 해설서도 같은 시기 다른 몇 가지 이슬람 천문학서와 점성술서와 함께 라틴어로 번역되었다. 중세 기술사 연구자 린 화이트 주니어Lynn White Jr.의 말을 빌리면 "천문학, 수학, 의학 및 그 외 여러 가지 중 많은 것이 점성술이라는 마법의 융단을 타고 서유럽으로 들어왔다".[156] 즉, 점성술은 중세 후기에 고대 학예와 함께 불가결한 부분으로서 부활한 것이다.

독일 중세 문학의 대표작으로 1210년 이전에 속어로 쓰인 『파르치팔』에는 "달의 영휴도 상처에 아픔을 가한다. … 그것은 항상 혹한을 동반하는 저 토성이 나타났을 때로, 왕은 그 이전에도 이후에도 그 정도로 격한 아픔을 느낀 적은 없었다. … 토성이 천정天頂에 도착하면 왕의 상처가 먼저 그것을 느끼고, 이어서 또 하나의 한기가 찾아온다"라는 구절이 있다. 작자인 볼프람 폰 에셴바흐는 하급 기사였는데 고등교육은 받지 않았을 것으로 생각된다. 그러나 같은 책에는 아라비아어로 각 행성의 명칭을 설명하는 부분도 있다. 여기에서, 이슬람 사회에서 전해진 점성술이 13세기 초두에 이미 일부 학자뿐만 아니라 상당히 넓은 층에게

까지 퍼졌다는 사실을 엿볼 수 있다.[157]

슈바벤에서 태어난 알베르투스 마그누스는 1245년에 파리대학에서 학위를 취득한 후 같은 대학에서 신학을 강의했는데, 이후 도미니코 수도회의 독일 관구장으로 있다가 1260~1262년에는 레겐스부르크의 주교, 그리고 1263~1264년에는 교황 우르바노 4세의 특사로 일한 기독교 사회의 초엘리트였으며 당시 최고의 지식인 중 한 사람이었다. 그는 "그 과학적인 세계관 안에 점성술을 전면적으로 받아들였다".[158] 그 알베르투스의 책으로 추정되는 『천문학의 거울』의 서두에는 "각각이 천문학astronomia의 이름으로 정의되어 있는 두 가지 위대한 지혜가 존재한다"라고 기술되어 있으며, 그 첫 번째는 오늘날 말하는 천문학, 그리고 "그 두 번째 위대한 지혜maguna sapientia도 천문학이라 불렸지만 그것은 자연철학과 형이상학 사이의 가교가 되는, 별을 판단하는 과학이다"라고 칭송되었다. 그리고 전자를 다룬 책으로서 『알마게스트』, 후자를 다룬 책으로서 『테트라비블로스』가 각각 가장 먼저 언급되었다.[159] 점성술은 자연철학의 일부로서 받아들여졌으며, 『테트라비블로스』는 부활한 점성술의 바이블이었다.

이러한 배경에는 '철학자' 아리스토텔레스가 우뚝 서 있었다. 에드워드 그랜트에 따르면 아리스토텔레스가 서구 사상에 미친 영향은 대대적인 번역이 이루어지기 이전에 이미 시작되었다고 하나, 그것은 이슬람 연구자가 쓴 점성술 서적을 통해서였다. 12세기 서구의 많은 학자들이 "아리스토텔레스의 자연학 저술로부터 많은 관념과 개념을 따온 점성술서"인 아바스 왕조의 점성술사 아부 마샤르(라틴명 알부마사르)의 『점성술 입문』을 통해 "아리스토텔레스 학설과 처음 만났"으며, 그것은 아리스토텔레스 자신의 저작이 다수 번역되기 이전이었다. 점성술을 아리스토텔레스 자연학에 기반을 두고 철학적 기초를 세우고자 했던 9세기 아부 마샤르의 이 『입문』은 1133년과 1140년 두 번에 걸쳐 라틴어로 번역되어 이후 두 세기 동안 라틴 세계에 영향을 계속 미치게 되었다(1489년과 1515년에는 인쇄·출판되었다).[160] 이처럼 『테트라비블로스』에서 논술된 이론적으로 엄밀한 헬레니즘 점성술이 12세기 유럽에 전해졌을 때 아리스토텔레스 자연학과 우주론 그리고 영혼론이 동시에 소개되어, 부활한 점성술에 철학적·자연학적·의학적 기초를 제공했다.

극히 초기 단계에서 아리스토텔레스의 영향을 보여주는 12세기 생빅토르의 위그가 쓴 『디다스칼리콘』에는, '달 위 세계'와 '달 아래 세계'의 이분법과 함께 전자의 운동이 후자를 활성화시키는 것으로 그려졌다.[161] 로저 베이컨도 1265년 『대저작』에서 다음과 같이 기술한다.

> 하늘의 사물은 하위의 사물의 원인이다. 따라서 [지상에서] 생성되는 사물은 생성되지 않는 사물, 즉 하늘의 사물을 통해 알아야 한다. 이에 더하여 하늘의 사물은 보편적인 원인일 뿐만 아니라 하위의 사물에 대해 고유하면서 개별적인 원인임은 아리스토텔레스가 증명했다. … 따라서 지상에 있는 모든 사물의 활동은 하늘에서 기인하는 것이 분명하다.[162]

알베르투스 마그누스도 빠른 시기에 아리스토텔레스 자연학을 수용했다고 알려져 있다. 그는 당시 최고 수준의 학자로, 자연학을 탐구하면서 아리스토텔레스를 학습했을 뿐만 아니라 자신의 관찰과 경험에 입각해 『광물론』과 『동물지』 등을 저술했다. 그가 과학 분야에서 쓴 저작에 관해 손다이크는 "일반적으로 이들 저작은 아리스토텔레스 자연학의 기획을 답습했으며, 당시 아리스토텔레스의 것으로 여겨졌던 저작의 제목에 대응했다"라고 지적했다.[163] 이들 저작이 아리스토텔레스 자연학으로부터 크게 영향받았음은 말할 것도 없다. 『광물론』에는 "사물은 자연물이든 인공물이든 처음에는 하늘의 힘으로부터 자극을 받는다. … 하늘의 배치는 자연이 낳은 여러 상에 영향력을 지닐 것이다"라고 나와 있으며, 광물의 결정에서 보이는 특이한 형상의 형성을 하늘의 영향으로 보는 설이 기술되었다.[164] 물론 하늘의 영향은 광물에만 미치는 것이 아니었다. 지상의 모든 자연과 생명은 별의 운동에 지배받는다는 생각이 그가 자연을 이해하는 방식의 근저에 있었다. 또한 알베르투스는 상위(하늘)가 하위(지상)의 사물에 끼치는 영향이 존재함에 대해 신학적으로 뒷받침했다.

> 하위의 운동이 상위의 운동에 종속되는 것은 하늘과 땅에서 유일하게 위대하며 지고하신 신이 존재한다는 기본적인 증거가 아니겠는가. 만약 [하늘과 땅에] 각각 별도의 원리가 있다면, 만약 신이 하늘과 땅 중 어느 한쪽에만 관여하여 하늘의 왕국과 땅의 왕국이 다른 것이라면 이러한 종속 관계는 확실하지 않을 것이다.

… 그러나 이 과학scientia[점성술]에 의해 그러한 종속 관계가 존재하고 유지되고 있음이 증명되어, 신이 만물의 주라는 사실이 한층 더 적합하게 나타난다.[165]

점성술은 아리스토텔레스를 배운 이 시대의 서유럽에서 새롭게 눈뜬 자연과 우주에 대한 관심의 일부이다. 단적으로 그것은 철학적인 근거를 지니는 하나의 '학예ars'였다.

그러나 실제로는 많은 점성술사들의 예언이 종종 빗나갔기 때문에, 일찍이 점성술 자체에 대한 회의가 있었던 것은 당연할 것이다. 14세기 파리의 니콜 오렘이 분명히 말했듯이 "그와 같은 [점성술에 기반을 둔] 예언이 진리를 말하지는 않는다는 것은 일상적으로 경험하는 일"이었다.[166] 따라서 이는 점성술을 전부 부정하는 것이 아니라 점성술의 특정한 부분만을 미신으로서 배척한 것이었다. 앞서 언급한 위그도 이미 12세기에 다음과 같이 말했다.

[사람의] 탄생이나 죽음, 그 외 임의적인 사건의 관찰을 바탕으로 하여 별을 고찰하는 천문학[점성술]은 부분적으로는 자연적인 존재이지만 또 부분적으로는 미신이다. 자연적인 부분은 건강, 질병, 폭풍, 좋은 날씨, 다산多産과 불모不毛처럼 달 위 세계와 천체의 혼합적인 관여를 바탕으로 변화하는 물체의 조합에 관련된다. 미신적인 부분은 점성학자mathematici들이 다루는 내용, 즉 우연히 발생한 사건이나 자유로운 결단에 의한 일에 관한 것이다.[167]

의료점성술과 함께 자연점성술까지 확실하게 천문학으로 분류했으나, 그 외는 단적으로 미신으로 취급했음을 알 수 있다. '그 외'의 부분에는 별점뿐만 아니라 판단점성술도 포함되었다. 앞에서 언급했듯이 출생점성술의 숙명론은 신의 전능함과 인간의 자유의지를 믿는 기독교의 교의에 저촉되는 측면도 있었기 때문에, 지식인들은 종종 이를 비판했다. 그럼에도 불구하고 자연점성술, 그중에서도 특히 의료점성술에 대한 신뢰는 흔들림이 없었다. 이 점은 점성술을 '미신적'이라고 판정했던 중세 초기의 이시도루스가, 의학에 필요한 것으로서 '천문학'을 마지막에 언급한 것에서도 엿볼 수 있다. 즉, 의사는 "천문학을 통해 성계와 계절의 변화를 고찰한다. 어느 의사가 설명했던 것처럼, 우리의 신체도 하늘의 성질과 함께 변화하기 때문이다".[168] 그리고 위그와 동시대의 인물인 피에르 아벨라르 또한 점성술의 예측 대상을 우연한 것 contingentia과 자연적인 것naturalia으로 분류하고, 신의 전능함과 인간의 자유의지와 관련된 전자에 대한 예언을 미신적이라며 부정했다. 그러나 다른 한편으로 후자에 관련된 것, 즉 농업과 의료에서의 점성술의 유용성은 인정했다.[169] ('미신'의 의미에 대해서는 8장의 각주6 참조.)

13세기 링컨의 대사교로 옥스퍼드대학의 학장을 지낸 로버트 그로스테스트는 점성술에 대해 아우구스티누스와 거의 같은 방식으로 비판했지만, 그럼에도 기상학, 연금술, 의학에 관한 세 종류의 점성술은 정당하며 필요하다고 생각했다.[170] 당시 의학이론으로서 대학에서 강연되었던 갈레노스의 사체액설, 검뇨법 진단이나 사혈 치료도 실제로는 아무런 근거가 없었으며, 점성술 의학만 엉터리였던 것은 아니다. 갈레노스와 히포크라테스가 이러한 의학에 권위를 부여했다면, 프톨레마이오스와 아리스토텔레스는 점성술에 권위를 부여했다.

또한 아리스토텔레스 자연학이 대학에서 교육되고 서유럽의 지식 계급에 침투하는 과정에서 점성술에 대한 기독교 교회의 태도도 변해갔다.

시작도 끝도 없는 세계 그리고 그 자신의 원리에 의해 자율적으로 존재하는 자연이라는 아리스토텔레스의 세계상과, 천지창조와 최후의 심판을 전제로 신의 기적을 인정하는 기독교의 교의는 애당초 양립할 수 없었다. 이미 12세기의 유대인 철학자 모세스 마이모니데스는 이 세계가 "인과율에 의해 필연적으로 실현된 것이라는 [아리스토텔레스의] 이론과 창조주의 의욕과 의지로 실현되었다는 창세기의 교의를 조정調停하는 것은 불가능하다"라고 단언했다.[171] 13세기 초에는 기독교 교회도 아리스토텔레스 철학의 위험성을 깨닫게 되었다. 1210년에 파리 관구의 교회회의는 "자연철학에 관한 아리스토텔레스의 저서와 [아베로에스의] 주석은 파리에서 공개적으로도 은밀하게도 읽어서는 안 된다. 이러한 금지를 위반한다면 파문에 처한다"라고 결의했다.[172] 그 후 반세기 남짓 아리스토텔레스 철학이 대학에 침투하지 못하도록 1270년 파리의 사교 에티엔느 탕피에는 대학에서 열세 가지 철학적 명제에 대해 가르치는 것을 금지했다. 그 하나로 "이 지상에서 활동하는 모든 것은 천체에 의해 결정되는 필연성에 따른다"라는 명제가 있었다. 이러한 금지령은 7년 후 219항의 견책명제로 확대되었으며, 그중 여섯은 점성술에 관한 것이었다. 특히 제21항 "어떤 것도 우연히 발생하지 않으며, 모든 것은 필연적으로 발생한다"는 신의 능력을 제한하며, 제154항 "우리의 의지는 천체의 기능에 따른다"는 인간의 자유의지를 부정하는 것이어서 당시 기독교로서는 인정할 수 없었다.[173]

그러나 아리스토텔레스의 장대한 체계와 치밀한 논증은 차차 유럽의 지식인들을 사로잡게 되었다. 교회는 아리스토텔레스의 학문을 탄압하는 데 성공하지 못했던 것이다. 한편 중세 유럽에서 라틴어로 읽고 쓸 수 있는 지식인은 대부분 성직자였으므로, 기독교 교회는 아리스토텔레스 철학의 침투에 의한 위기에 처하게 되었다. 이러한 위기에 직면한 기독교 신학을 구한 것이 알베르투스 마그누스의 제자였던 도미니코회의 수도사 토마스 아퀴나스였다. 아리스토텔레스의 이론을 기독교 교의에 집어넣은 토마스의 철학사상은 사후 일시적으로 이단 취급되었으나, 1322년에는 복권되어 기독교 세계에서 공식적으로 인정받아 14세기 중기에는 확고한 정통 신학의 지위를 얻었다. 당시 대학은 사실상 교회의 지배하에 있었으나, 대학에서도 학예학부 교육의 중심에 아리스토텔레스가 자리 잡게 되었다.

그리고 토마스와 그의 스승 알베르투스는 이교의 점성술을 기독교와 타협시키는 이론을 새로 만들어냈다. 토마스 스스로 아리스토텔레스에 의거하여 하늘의 물체가 지상에 미치는 영향을 반복해서 이야기하며, 천체가 인간에게 미치는 영향도 인정했다.

토마스는 『아리스토텔레스 형이상학 주해』에서 각 행성의 영향이 하위의 물체에 나타난다고 했으며, 구체적인 예를 다름 아닌 『테트라비블로스』에서 가져왔다.[174] 그가 설명한 바에 따르면 물체인 천체는 역시 물체인 인간의 신체에 작용하지만, 물체가 아닌 인간의 정신과 의지에는 직접 작용하지 않는다. 그 배경에는 "어떠한 물체도 비물체적인 것에 작용할 수는 없다. 따라서 하늘의 물체가 의지나 이성에 직접 영향을 미치는 것은 불가능하다"라는 테제가 있었다.[175] 이러한 논리는 스승 알베르투스의 『광물론』에 나오는 "인간 안에는 두 가지 작용하는 원리가 있다. 즉, 자연과 의지이다. 자연은 별에 지배받지만, 의지는 자유롭다. 그러나 의지는 자연의 영향에 사로잡혀 있으므로 명확하게 저항하지 않는 이상 유연성을 잃게 되어 자연과 마찬가지로 별의 배치나 운동의 영향을 받기 쉽다"라는 논의를 발전시켰을 것이다.[176]

알베르투스의 기본적인 입장은 "별은 절대로 우리 행위의 원인이 아니다. 실제로 우리는 조물주가 자유로운 주체로서 창조했으며, 우리는 자신의 행위의 주인이다"라고 나타났다.[177] 마찬가지로 토마스 또한 무지하거나 참을성 없는 자는 육체적 욕구에 휩쓸림으로써 결과적으로 하늘의 영향에 지배받지만, 점성술에 정통하고 하늘의 영향을 정확히 알며 육체적 충동을 이성에 의해 제어할 수 있는 자는 그 영향에 저항할 수 있다고 주장하여 점성술적인 하늘의 지배와 인간의 자유의지를 타협시켰다.[178] 그리고 이러한 심신이원론은 후기 중세의 서유럽에서 점성술을 시인하는 표준적인 논의가 되었다.

이리하여 기독교 교회는 점성술에 대한 전통적인 적의를 점차 누그러뜨렸다. 1348년부터 그다음 해까지 페스트가 유럽을 습격한 시기에 정통파 신학의 수호신 격이었던 파리대학이 국왕에게 제출한 보고서는 페스트 발생의 원인을 하늘의 영향에서 찾았다. 그리고 "1350년 전후 페스트로 불안했던 세월 동안 [교회와 점성술의] 싸움은 점성술의 전면승리로 끝났던 것"이다.[179] 파리대학은 1360년대 점성술을 의학부의 지도 아래 두고, 의학과 점성술을 배우는 특별한 칼리지를 신설했다.[180] 또한 맥메노미McMenomy의 중세 천문학사의 논문에는 "14세기의 [천문학] 수고手稿는 점성술과 예언집에 대한 관심이 높았음을 보여준다"라고 되어 있다.[181] 이때부터 볼로냐대학이나 파리대학과 같은 유력 대학에서 점성술을 정규 학예의 일부로서 가르치기 시작했다.[182] 14세기 말 초서Geoffrey Chaucer가 쓴 『켄터베리 이야기』에는 점성술에 빠진 옥스퍼드 학생의 이야기가 나오는데, 연구논문에 따르면 옥스퍼드의 머튼 칼리지가 당시 눈부신 점성술 연구의 중심 중 하나였다고 한다.[183]

대학 교육도 그에 응해 변화해갔다. 14세기부터 15세기에 걸쳐 점성술을 중시하는 경향과 함께 산술·기하학·천문학·음악으로 이루어진 사학四學의 지식은 불균형적이었으며, 수학이 점성술의 보조였다고까지 한다. 점성술은 사학의 일환으로서 수학(천문학) 교수가 가르쳤을 뿐만 아니라, 자연철학의 일부로서 철학 교수가 가르치기도 했다. 이에 더해 의학부에서도 의학의 일환으로서 교육되었다. 어떤 의미에서 점성술은 철학적인 천문학과 인과적인

자연철학 양쪽에 걸쳐 있었으며, 둘을 통합하는 상위의 학문으로까지 여겨지게 되었던 것이다.[184]

14세기 후반부터 15세기 초에 걸쳐 살았던 피에르 다일리는 1381년에 파리대학에서 신학박사를 취득한 후 캉브레의 사교가 되었으며, 1381년부터는 파리대학의 학장을 지내고, 프랑스 국왕을 섬겼으며, 추기경(교황의 최고 고문)까지 올라갔던 인물이다. 신학, 철학, 지리학에 정통했으나 말년에는 점성술을 받아들이는 쪽으로 전향했다. 이러한 그의 전향은 서방 교회의 대분열에 의해 촉발되었는데, 최후의 심판과 종말이 닥쳐왔다는 인식이 그 바탕에 있었다고 한다.[185] 그는 1414~1418년에 걸쳐 개최된 콘스탄츠 공의회에서 점성술을 변호했으며, 점성술에 관한 책도 저술했다. 다일리가 1414년에 출판한 저서 『성학星學과 신학의 조화』는 만년의 그가 점성술을 대한 태도를 잘 보여준다. 흠잡을 데 없는 기독교 교도이자 기독교 사회의 초엘리트 신학자가 공의회 자리에서 점성술의 의의를 설파하며 그에 대한 지지를 공개적으로 표명했다는 것 자체가 점성술에 대한 당시 교회의 자세를 읽을 수 있게 해준다.

기독교는 점성술에 대한 무장을 사실상 해제했던 것이다. 이러한 사정으로 15세기에는 더 이상 "아무도 교회가 묵인한 이교의 우주론, 특히 점성술의 부차적인 지배를 부정할 수 없었다".[186] 이탈리아에서는 왕후뿐만 아니라 개별적인 자치체가 점성술사를 고용했으며, 역대 교황들도 공공연하게 점성술을 신봉하게 되었다.[187]

그러나 15세기와 16세기에 점성술이 더 융성해진 것은 독일 지방, 그중에서도 특히 빈이었다. 벨기에의 브라반트에서 태어나 한때 뢰번에서 교단에 섰다가 후에 콜레주 드 프랑스의 수학 교수를 지낸 16세기의 천문학자 요하네스 스타디우스(얀 반 스타이엔)는 1560년에 쓴 천문학의 역사에서 말했다. 고대에 태어나, 프톨레마이오스 시대 전면적으로 꽃피었던 천문학은 유럽에서 한때 쇠퇴했다가 후에 고대 문헌과 함께 이탈리아에서 부활한다.

> 그 후 천문학은(이라고 의인적으로 표현되었다) 오스트리아의 황제 프리드리히[3세]의 후원을 받아 [도나우강 중류의] 판노니아 지역으로 전해져 독일과 친밀한 관계를 맺는다. 이러한 친밀함은 이제껏 누구로부터도 받지 못했던 호의적인 태도였으며, 아낌없이 주어졌던 것이다.[188] *23

이렇게 천문학은 점성술과 분화되지 않은 상태로 라인강 북쪽 게르만 지방에 뿌리를 내리게 되었다. 그리고 프리드리히 3세, 막시밀리안 1세부터 카를 5세와 루돌프 2세에 이르는 합스부르크 가문의 점성술광이 이 시대부터 독일의 30년전쟁까지 한 세기 반 동안 중부 유럽에서 천문학의 발달을 지원했다. 우리는 이에 대해 살펴보게 될 것이다. 자세한 사정에 대해서는 뒤에서 다

---

*23 판노니아는 빈을 포함하는 현재의 오스트리아 동부, 헝가리 서부, 구舊유고슬라비아에 해당한다.

루겠지만, 먼저 다음 사실을 지적해둔다. 15세기 말 빈의 점성술사 요한 리히텐베르거가 1488년에 쓴 『예언의 서』는 이후에도 판을 거듭하여 16세기 초까지 널리 읽혔다. 특히 1484년에 일어난 토성과 목성의 합은 18년 후의 '작은 예언자'의 출현을 예지하는 것이라는 지적이 나중에 마르틴 루터의 등장을 예언한 것이라고 해석되어 큰 반향을 일으켰다. 이 책의 1527년 독일어판에 루터 자신이 서문을 기록한 것을 보아도 그 영향을 미루어 짐작할 수 있다. 1527년 비텐베르크판 서문에는 다음과 같은 기록이 명확히 남아 있다.

> 지상에서 일어나는 일의 원인을 알고자 하는 이는 먼저 하늘의 사물을 주시해야 한다. 이는 아리스토텔레스가 설명했듯이, 이 하위의 세계는 더 상위의 세계와 관련을 맺고 운동하며 또한 그에 의존하므로, 지상의 모든 힘은 하늘에 있는 탁월한 사물에 의해 지배받기 때문이다.[189]

연구 논문에 따르면, 리히텐베르거의 저작은 "그가 이 시대의 전형적인 점성술사였다는 것을 시사한다".[190] 이 『예언의 서』의 내용은 독창적인 저술이 아니며, 이 시대의 많은 논자들의 논점을 집약한 것이었다. 그렇다면 앞에 인용한 주장 또한 당시 점성술사들 사이에서 공유되고 지지되었다고 볼 수 있을 것이다.

밤베르크에서 출생한 독일인 크리스토퍼 클라비우스는 16세기 후반부터 종교개혁에 대항하는 중심 부대가 된 예수회의 교육기관인 로마학원의 수학 교수이자 천문학 교수로서 천문학 교육에서 점성술을 배제했다고 알려져 있다. 그러나 이 클라비우스도 천체가 지상의 물체에 영향을 끼친다는 점은 인정했으며, 그러한 근거를 역시 아리스토텔레스에게서 찾았다. 1581년판 사크로보스코의 『천구론』 주석에서 그는 이렇게 말했다.

> 아리스토텔레스가 『기상론』 제1권에서 즐겨 이야기하듯 하늘의 물체는 하위 세계에서 일어나는 모든 일의 원인이기 때문에, 같은 책에서 그는 하위 세계가 상위 세계의 운동과 관련될 필요가 있다고 말했다. 마찬가지로 『자연학』 제8권에서 그는 모든 사물이 하늘의 운동을 통해 만들어진다고 주장하며, 만물의 생명은 하늘의 운동 때문에 존재한다고 주저 없이 공언했다. 또한 그는 『천체론』 제2권에서 하늘은 빛과 운동을 매개로 하여 하위의 사물에 작용한다고 단언했다. 마지막으로 『생성소멸론』 제2권에서 기울어진 원, 즉 수대에서의 태양운동 및 각 행성의 운동에 의해 하위 사물의 생성과 소멸이 발생한다고 증언했다. 그리고 마찬가지 내용을 다른 여러 곳에서도 확신했으며, 이에 대해서는 거의 모든 철학자 집단이 동의했다.[191]

결국 아리스토텔레스와 프톨레마이오스의 고대 철학과 천문학이 각각 지닌 최대의 권위가 중세 후기부터 르네상스에 걸쳐 서유럽의 지적 계층이 점성술을 받아들이도록 절대적인 힘을 발휘했던 것이다.

9. 지리학과 점성술

제2장에서는 프톨레마이오스 『지리학』의 부활부터 이야기를 시작했는데, 이것도 마찬가지로 점성술의 부활과 밀접한 관련이 있다.

15세기 중기부터 16세기에 걸쳐 중앙유럽에서는 토지의 경도와 위도를 구하는 것에 큰 관심을 보였다. 우타 린드그렌Uta Lindgren은 그의 논문에서 르네상스기 토지 관측이 이루어진 배경으로 세 가지를 들었다. 첫째는 15세기에 대학의 수가 증가했으며, 부를 쌓은 시민과 하급귀족이 사회적 상승을 목적으로 자제들을 대학에 진학시켜 대학의 학예학부에서 수학과 천문학을 배운 이의 수가 늘어났다는 점, 둘째는 상인과 직인들을 위한 산수교실이 도시에 확대되어 실용수학과 실용기하학을 교육했다는 점, 그리고 셋째는 점성술의 유행이다.[192]

점성술은 왜 그리고 어떻게 지리학과 관계할까.

13세기 로저 베이컨의 주저인 『대저작』에 따르면 천문학과 지리학을 배우는 목적은 무엇보다도 성서를 정확히 이해하기 위함이었다. 신학, 그중에서도 특히 성서 본문에 관련된 내용에 관한 천문학의 첫 번째 테마는 하늘에 관한 학습이었다. 그리고 "천문학의 두 번째 테마는 특히 성서 텍스트에 관심을 지니는 경우 세계의 장소에 관한 학습이었다. 성서 텍스트는 장소에 관한 내용으로 꽉 차 있으며, 따라서 이러한 장소에 대해 모른다면 중요한 것을 어느 하나 알 수 없기 때문이다". 논의는 다음과 같이 계속 진행된다.

> 세계의 장소는 천문학을 통해서밖에 알 수 없다. 우리들은 먼저 그 장소의 경도와 위도를 알아야 하기 때문이다. 위도는 적도에서부터, 경도는 동쪽에서부터 잴 수 있다. 이에 의해 그 장소가 어느 별 아래에 있으며, 태양의 경로에서 어느 정도 떨어져 있는가를 알 수 있다. … 또한 천문학을 통해 다양한 영역을 어느 행성이 지배하는가를 알 수 있다. 각 영역은 이러한 원리에 준하여 크게 달라지기 때문이다. 이런 유類의 많은 내용은 천문학을 통해 고찰해야만 한다. 이에 의해 우리는 성서에 쓰인 장소의 본성을 알 수 있다.[193] [*24]

베이컨은 오늘날 말하는 천문학도 점성술과 함께 astrologia라고 기록했으므로, 인용문에 나온 "천문학"은 점성술을 포함하는 것으로 볼 수 있다. "다양한 영역을 어느 행성이 지배하는가"라는 구절이 시사하듯이 점성술에서 하늘과 땅은 밀접하게 연관된 것이었다. 이러한 인식은 "지구상의 모든 점은 하늘의 힘으로 채워진 뿔체의 정점이다"라는 단정으로 더 명확하게 표현되었다.

---

*24　『테트라비블로스』가 라틴어로 번역된 것은 1130년대 후반이다. 1260년대 후반에 출판된 로저 베이컨의 『대저작』에는 직접적인 언급은 없지만 『테틀라비블로스』와 기타 자료에서 유래한 프톨레마이오스의 위서 『켄틸로퀴움』이 프톨레마이오스가 쓴 책으로서 인용되었다(영역본 Vol.1, p.401). 베이컨이 프톨레마이오스로부터 간접적으로나마 영향을 받았음은 분명하다.

이는 지상의 모든 것에 대한 인식에 점성술이 관여한다는 것을 의미했다.

> 세계의 각 사물은 그것이 존재하는 장소에 대한 지식을 제외하고는 제대로 알 수 없다. 포르피리오스가 말했던 것처럼 사물의 다양성은 장소의 다양성에 대응하며, 따라서 장소는 사물의 생성 원리이기 때문이다. … [그러나] 라틴 세계에서 철학은 아직까지 매우 불충분한 상태이다. 세계의 장소에 관해서 확인이 이루어지고 있지 않기 때문이다. 그러나 이러한 확인은 경도와 위도에 관한 지식을 통해 이루어진다. 이때 우리는 각각의 장소가 어느 별 아래에 있는 것인지, 태양과 각 행성의 경로로부터 어느 정도 떨어진 위치에 있는 것인지, 어느 행성이나 궁으로부터 각각의 장소가 제어되고 있는 것인지 알 수 있게 되며, 이들 모두에 대한 것이 특정 장소의 여러 가지 특성을 초래하기 때문이다.[194]

패트릭 달치에 따르면 15세기에는 파리의 피에르 다일리와 피렌체의 파올로 토스카넬리도 프톨레마이오스에 따라서 위도와 경도를 통한 지구 표면의 좌표 결정에 대해 이야기하는데, 이것 또한 점성술적인 관심에서 유래했다고 여겨진다. 다일리는 공직을 떠나 사망할 때까지 3년간을 혜성 관측을 하며 여생을 보낸 것으로 알려져 있다. 달치는 논문에서 그에 대해 “지구의 표면은 하늘의 영향 아래에 있는 것으로 여겨지며, 이는 지리학적 좌표에 의거해 드러난다. … 대역적인 좌표에 대한 그의 관념은 로저 베이컨이 제창한 것과 동일하다. 즉, 지구 표면은 천구와 독립적으로 존재하지 않는다"라고 썼다. 토스카넬리는 파도바에서 학업을 마칠 즈음 프톨레마이오스의 『지리학』을 접했던 것 같다. "토스카넬리의 『지리학』에 대한 관심의 기저에는 본질적으로는 점성술이 있었을 것으로 생각된다. 그것이 이 저작에 대한 그의 연구에 짜임새를 제공했다. … 같은 배경을 지닌 그의 모든 동시대 인물과 마찬가지로 그는 점성술사였으며, 그가 『지리학』을 깊이 읽었다고 한다면 이것은 수학이 아니라 하늘의 물체가 지상에 미치는 효과를 이해하기 위한 것이었다"라고도 기술되었다.[195]

그러나 독일에서는 이미 지식인들 사이에 점성술이 현저하게 침투되어 있었다. 앞서 확인했듯이 독일에서는 이미 지리학의 수학적 측면에 대한 관심이 있었다고 하는 이 달치의 논문은 "그럼에도 [독일에서의] 『지리학』에 대한 관심은 아직까지 천문학적·점성술적 고찰이 지배적이었다"라고 결론지었다.[196] 실제로 후에 코페르니쿠스의 유일한 제자로서 『회전론』의 출판을 결심하게 만든 독일의 청년 수학자 요아힘 레티쿠스는 1536년에 천문학과 지리학의 관계에 대한 강연에서 "하늘의 운동에 대한 학설과 지리학은 하나로 묶여 있으며 분리할 수 없다"라고 분명히 말했다.[197] 독일에서 천문학의 부흥을 기술하기 위해서는 지리학과 점성술 그리고 천문학의 이러한 관계를 피할 수 없는 것이다.

헬레니즘 점성술에는 천구와 지표를 직접적으로 관련짓는 점성지리학에 관한 설명이 있다.

기원후 1세기 마닐리우스는 『아스트로노미카』에서 당시 알려진 사람들이 사는 세상을 상세하게 구분한 후 하늘과 갖는 관련성을 이야기했다.

> 이것이 육지와 바다의 구분이다. 자연은 이러한 영역을 [수대의] 십이궁 사이에 나누어 배속했다. 각각의 궁이 자신이 속하는 왕국과 국민과 강대한 도시를 보호하며, 그들에게 특정한 영향을 끼친다. … 각 국민의 풍습과 풍모에 차이가 있는 것은 이와 같은 구분 때문이다.

그리고 십이궁이 각각 지배하고 있는 지역에 대하여, 예를 들어 "금우궁[황소자리]은 스키티아의 많은 산과 강대한 아시아, 목재가 주요한 재산인 아랍인들을 지배한다"와 같이 하나하나 설명했다.[198]

한편 프톨레마이오스는 『테트라비블로스』에서 더 깊게 들어가 하늘과 땅의 상관관계에 대해 구체적으로 기록했다. 여기에서는 십이궁을 세 개씩 묶음으로써 수대가 네 개의 삼각형(삼각궁)으로 나뉘어 각각의 방위와 행성이 다음과 같이 할당됐다.

1 백양궁·사자궁·인마궁(양자리·사자자리·사수자리)
　: 주로 목성이 지배, 화성이 관여
2 금우궁·처녀궁·마갈궁(황소자리·처녀자리·염소자리)
　: 주로 금성이 지배, 토성이 관여
3 쌍아궁·천칭궁·수병궁(쌍둥이자리·천칭자리·물병자리)

: 주로 토성이 지배, 목성이 관여

4 거해궁·천갈궁·쌍어궁(게자리·전갈자리·물고기자리)

: 주로 화성이 지배, 금성이 관여

또한 지구 표면에 사는 인간의 거주 지역은 이 구분에 대응해 네 개의 '쿼터'로 분할되었다.

우리들이 사는 세계는 이 삼각궁의 수와 같은 네 개로 분할된다. 즉, 위도는 헤라클레스해협[지브롤터해협]으로부터 이소스만까지 우리의 바다와 동쪽에서 여기에 접하는 산릉에 의해 북부와 남부로 나누어지며, 경도는 아라비아만, 에게해, 폰토스[흑해], 마에오티스호[아조프해]로 동서로 나누어져 네 부분이 존재하며, 이들이 위치적으로 그 삼각형에 위치한다. (사분할 된 영역에서) 제1의 부분은 사람이 사는 세계 전체의 북부에 있으며, 켈트와 갈리아를 포함한다. 우리는 그 부분을 유럽이라는 일반적인 명칭으로 부른다.

이러한 내용에 입각해서 유럽에 대해서는 다음과 같이 말했다.

내가 유럽의 쿼터라 부르는 제1의 쿼터는 사람이 사는 세계의 북부에 위치하며, 북서의 삼각궁, 백양궁·사자궁·인마궁에 친밀하고, 예측할 수 있듯이 그 삼각궁의 주인인 서쪽의 목성 및 화성에 지배받는다. 민족명으로 말하자면 이 부분은 브리타니아, 알프스

> 저편의 갈리아, 게르마니아, 바스타르니아, 이탈리아, 알프스 이쪽 편의 갈리아, 아풀리아, 시칠리아, 티레니아, 켈트 그리고 이스파니아로 이루어진다. … 이들 각 민족 중 브리타니아와 알프스 저편의 갈리아, 게르마니아, 바스타르니아는 백양궁 및 화성과 매우 친밀하다. 따라서 대체로 그 주민은 더 잔인하고 어리석으며, 고집이 세고 야만적이다. 그러나 이탈리아와 알프스의 이쪽 편에 있는 갈리아 그리고 시칠리아는 사자궁과 태양에 친밀하기 때문에 다른 지방의 사람에 비해 품격이 있고 호의적이며 협조적이다.[199] *25

어떠한 근거로 이러한 논의가 이루어졌는지는 전혀 알 수 없지만, 점성술에서 천공의 상태(별의 배치)가 지구에 끼치는 영향의 종류는 지상의 지점과 관계한다고 보았으므로, 점성술이 지리학과 밀접한 관련이 있었다는 것은 알 수 있다.

이러한 논의는 르네상스기까지 영향을 미쳤다. 14세기 영국의 시인 존 가워의 『연인의 고백』에는 십이궁을 사분할하여 유럽, 동양(투르크), 동양(기타), 아프리카에 할당하는 논의가 기록되었다.[200] 16세기에는 빈대학의 안드레아스 페를라흐가 수대를 세 개의 사각형으로 분할하여 각각이 지상의 세 지역을 지배한다는 주장을 전재했다. 빈의 탄슈테터는 조금 다른 조합을 취했지만,

---

*25 '바스타르니아'는 러시아의 남서부와 폴란드의 남부, '아풀리아'는 이탈리아의 남동부 풀리아를 가리킨다. '티레니아'는 토스카나 지방인 것 같다.

역시 마찬가지로 특정한 궁이 지상의 특정 지역과 도시를 지배하고 영향을 끼친다고 말했다.[201]

더 현실적인 문제는 다음과 같은 것이었다. 홀로스코프를 이용해 운세를 점칠 때는 그 인물이 탄생하거나 잉태되었던 지점의 정확한 위도와 경도, 그리고 그 시각의 행성 배치를 알아야 한다. 좀 더 자세히 설명해보자. 일단 점을 칠 인물이 탄생한 시각을 정확하게 알았다고 할 때, 다음을 고려해야 한다. 첫째로 그 시각 행성의 위치는 에페메리데스(천체위치추산력)로 구해야 하는데, 에페메리데스는 기준으로 정한 도시에 대해서 작성되어 있으므로 기록된 데이터를 탄생지에 맞게 변환해야 한다. 이를 위해서는 그 지점과 기준점의 정확한 경도차와 위도차를 알아야 한다. 둘째로, 천구를 열두 '집(도무스)'으로 분할하는 선을 그어야 하는데, 역시 여기서도 경도와 위도가 필요하다. 물론 의료점성술에서도 행성의 운행뿐만 아니라 환자가 있는 장소의 정확한 지리학적 좌표에 대한 지식이 필요하다.

이렇게 점성술의 확산은 동시에 각 지점에 대해서 경도와 위도를 통해 정확한 좌표를 부여하는 작업을 필요로 했으며, 이러한 점 또한 수리지리학의 발전을 촉진하게 되었다.

10. 궁정수학관의 탄생

물론 점성술에 대한 비판이 없었던 것은 아니다. 앞서 잠시 언급했지만, 점성술에 대한 당시 지식인들의 비판 중 가장 세심했던 니콜 오렘의 비판을 다시 소개한다. 파리대학 학예학부를 거쳐 나바르대학에서 신학을 전공하고 1356년에 학장이 된 오렘은 한편으로 샤를 5세를 위해 아리스토텔레스의 『논리학』, 『정치학』, 『경제학』, 『천체·지체론』을 프랑스어로 번역했으며, 그 자신이 『화폐론』을 저술한 경제학자였다. 다른 한편으로 자연철학자로서 사실상 직교좌표계를 이용한 그래프를 통해 물체의 낙하 법칙을 연구하여 갈릴레오의 선구자로 여겨진다. 또한 운동의 상대성을 바탕으로 하여 지동설의 가능성을 주장한 것으로도 알려져 있다. 이러한 의미에서 14세기 프랑스 최고의 학자였다.

오렘은 1361년 『점성술에 관한 논고』[202]에서 '아스트로노미아'를 여섯 부분으로 나누어 논했다. 첫째는 "주로 천체의 운동과 그 미래를 알기 위한 측정"에 관한 것, 즉 천문학이었다. 이것은 "사변적이며 수학적"인 "고도로 우수한 과학"이며, "이 부분은 상당한 정도로 알 수 있지만 엄밀하고 정확하게는 알 수 없다". 둘째는 "뜨거움과 차가움, 건조함과 습함 및 기타 종류의 효과"를 일으키는 "별의 성질, 영향과 자연과학적인 힘, 혹은 수대상의 궁과 도度"에 관련된 것이었다. 이 부분은 "자연철학의 일부로 위대한 과학"이자 "점성술적인 예언을 위한 토대"였지만 "우리는 이에 대해 극히 일부밖에 알지 못한다". 셋째는 "별의 주회와 행성의 합"에 관련된 것으로, 세 종류의 예언에 적용된다. 먼저 "대합"으로부터 "역병, 대량 사망, 기근, 홍수, 큰 전쟁, 왕조의 성쇠, 예언자의 등장, 새로운 종교의 탄생, 그 외 유사한 변화"의 예측,

그다음으로 "대기 상태와 날씨 변화"의 예측, 그리고 마지막으로 "신체의 체액 및 의료에 관한 판단"을 내리는 것이었다. 이 중 가장 처음의 것은 "일반적으로는 인식 가능"하지만 구체적으로 언제 어디에서 발생하여 누구를 덮치는가에 대해서는 알 수 없었다. 그다음으로 기상점성술의 예보 또한 원리적으로는 가능하지만 실제로는 "극히 곤란"했다. 실제로 그 규칙은 "대부분 틀렸으며, … 따라서 우리는 어부와 농부가 날씨의 변화를 천문학자[점성술사]보다 잘 예측할 수 있음을 매일 목격했던 것"이다. 마지막 의료점성술에 대해 "달과 태양에 관해서는" 상당히 잘 알려져 있으나, 행성에 관해서는 거의 아무것도 알려져 있지 않다. 그래서 오렘은 이 세 가지는 자연학에 속한 것이라고 생각했다. 네 번째는 "출산, 그리고 특히 인간의 장래에 관한 판단"이었다. 이에 대해서는 "어느 시각에 태어난 인간의 기질과 적성 자체를 아는 것이 불가능하지는 않을지라도, 운명과 인간의 의지에 의해 좌우되는 일에 대해서는 알 수 없"으므로, 결국 "점성술의 이 부분은 알 수 없으며, 이에 대해 쓰인 규칙은 옳지 않다". 그리고 다섯 번째는 분실물 찾기류의 '질문'에 관한 것, 여섯 번째는 여행의 출발일을 정하는 등의 '선택'에 관한 것이었는데 이들은 "어떠한 합리적인 근거도 없으며 진리성도 없다". 점성술 전반에 대해 자세하게 비판하기는 했지만, 적어도 자연점성술에 대해서는 그 근거를 인정했다. 여기에서도 비판의 요점은 하늘이 지상세계와 인간에 끼치는 영향이 존재한다고 해도 그 정확한 효과를 인간이 알 수는 없다는 것이다.[203]

이는 아마도 당시 지식인의 점성술 비판 중 가장 양호한 내용일 것이다. 이와는 별개로 기독교 원리주의적 입장의 비판도 있으나, 이에 대해서는 나중에 마르틴 루터에 입각해 살펴보기로 한다[Ch.7.6, 8.6].

빈의 하인리히 폰 랑겐슈타인도 파리대학 재임 중이었던 1368년에 『혜성에 관하여』, 1373년에 『반점성술논고』를 저술하여 역시 점성술 비판을 전개했다. 이 점에 대해서는 그의 사상을 기술한 전문서를 인용해두자. "이 저작에서 점성술에 대한 그의 주장은 하늘의 영향을 부정하는 것이 아니다. 오히려 불완전하게 이해된 자연의 복잡한 사건에 기초한 예언이 곤란함을 증명하는 것에 의거한다."[204] 그리고 그는 판단점성술을 분명히 부정했지만, 천체가 하위의 물체인 4원소, 즉 지상의 자연에 미치는 영향의 존재 자체는 믿었다. 따라서 의료 실천과 기상 예측에서 점성술을 사용하는 것은 인정했다.[205] 어찌 되었든 "하인리히 폰 랑겐슈타인은 [빈]대학 부흥의 주역이었음에도 불구하고, 그가 판단점성술에 품은 회의는 합스부르크 가문의 궁전에도 그 후의 세대에도 영향을 미치지 못했다"라는 것은 분명하다.[206]

빈의 요하네스 그문덴 또한 점성술에 비판적이었다고 한다. 실제로 그문덴은 점성술을 강의하지 않았다. 그가 빈대학에 기증한 도서 중에는 점성술과 관련된 것도 많았으며 그중에는 『테트라비블로스』에 관한 그의 주석도 포함되어 있었다. 하지만 그는 유언에서 점성술 관련 서적은 함부로 열람하지 않도록 자물쇠를 채운 캐비닛에 넣어두도록 지시했다. 그러나 그의 비판도 점성술 그 자체가 아니라 점성술사의 무능과 어리석음을 향했다고 한다.[207] 그가 작성한 캘린더에는 다음과 같은 설명이 달려 있다.

> 제1궁인 백양궁은 선하고 더우며 건조하고 불의 성질이다. 이것은 머리, 얼굴, 눈, 그리고 머리의 다른 부분에 작용한다. 달이 거기에 있을 때는 심장에 연결되는 혈관의 개방이 머리 이외의 그 어떤 부분에서도 방해받아서는 안 된다. …
> 제2궁인 금우궁은 차갑고 건조하며 땅의 성질인데, 목과 목구멍에 좋지 않다. 그리고 달이 거기에 있을 때는 사혈은 금지되나, 수목과 포도 심기에는 유효하다.[208] …

이것은 극히 일부로 이후에 나머지 열 개의 궁에 관해 마찬가지 설명이 길게 이어진다. 당시 캘린더와 얼머낵에는 보통 의료나 농업을 위해 이런 점성술 예보가 기재되어 있었다. 『과학전기사전』의 기사에는, 그문덴 자신은 점성술에는 비판적이었지만 그가 수대와 사혈의 관계 등을 말했던 것은 "캘린더를 구입한 사람이 이러한 성격의 기술에 특히 관심을 갖고 있었기 때문일 뿐"이라고 한다. 캘린더나 얼머낵 시장이 주로 점성술을 위한 것이었기에, 점성술에 비판적인 제작자라 할지라도 점성술을 무시할 수는 없었던 것일까. 원래 그문덴은 『알폰소 표』에 기반을 둔 행성표를 작성했다고 알려졌지만, 당시로서는 그저 점성술에 사용하기 위한 것이었다.[209]

이리하여 "14세기 말과 15세기 초두까지 유럽의 세속적인 궁전이나 교회에서는 상당한 수의 점성술사가 활약"하는 사태를 야기했다.[210] 원래 천문학(점성술)은 교회 이상으로 세속 권력과 밀접하게 결탁하고 있었다. 이는 합스부르크가의 소재지 빈에서 특히 현저하게 인지된다.

합스부르크가의 궁전에서는 1273년 루돌프 1세가 처음으로 합스부르크가의 장으로서 신성로마제국의 왕좌에 앉은 이후 어떤 일에 관해서든지 점성술이 중요시되어 결정적인 역할을 해왔다. 그의 대관식은 화성과 태양이 육분일 때, 혼례는 금성과 수성이 합일 때, 그리고 보헤미아의 왕 오토카르 2세와 행했던 전쟁은 화성과 태양이 합일 때였다고 한다. 이후에도 궁전의 중요한 행사는 만사가 이와 같이 집행되었다. 1452년 3월 16일 프리드리히 3세와 엘레오노레의 혼례는 역시 수성과 금성의 합일 때 이루어졌다. 후에 막시밀리안 1세가 되는 황태자가 1459년에 태어난 후에는 그의 운세를 종종 점성술사에게 점치게 했다. 실제로 프리드리히 3세는 1452년에 신성로마제국의 황제가 되어 1493년까지 그 지위를 유지했는데, 그동안 빈대학에 공급할 천문학자 몇 명을 점성술사로 들인 사실이 알려져 있다.[211]

그중 한명이 바로 우리의 포이어바흐였다. 1453년 포이어바흐는 빈대학에 자물쇠로 묶여 있던 그문덴의 점성술 관련 서적의 사용을 신청했다. 그리고 그해부터 1456년까지 황제 프리드리히 3세의 전속 궁정 점성술사 보헤미아의 요한 니힐과 서신 왕래를 계속하여, 추천을 받고 그 자신이 1453년부터 헝가리 왕 라디슬라우스 2세의 궁정 점성술사를 지냈다. 그리고 1457년에 라디슬라우스와 니힐이 모두 죽은 후에는 프리드리히 3세의 점성술사로서 종사했다. 포이어바흐 비장의 제자였던 레기오몬타누스는 소년 시절부터 신동으로 이름이 높았으며, 1451년부터 1452년까지 젊은 나이에 합스부르크가의 프리드리히 3세로부터 그의 결혼 상대인 포르투갈의 왕녀 엘레오노레의 홀로스코프를 만들 것을 명받았고, 후에는 그 엘레오노레로부터 장래의 막시밀리안 1세가 될 아들의 홀로스코프 제작을 의뢰받았다(그림2.8).

이처럼 "랑겐슈타인부터 레기오몬타누스에 이르는 80년은 [천문학자의] 학문적인 생활의 주변부에서 점성술과 관련된 일이 늘어났으며, 궁정에서 훈련된 실무가에게 의존하는 일 또한 늘어났던 것"이다.[212] 이렇게 점성술은 "새로운 직업을 만들어냈다". 따라서 "천문학에 생애를 바치고 싶은" 이는 이전까지는 "대학에서 그러한 기회를 거의 찾을 수 없었"지만, "군주의 궁정 점성술사나 도시에서 급여를 받는 '점성술사'로서 자신의 학문적 관심을 심화함과 동시에 점성술의 실천을 통해 생활의 양식을 얻는" 것이 가능해졌다.[213] 또한 합스부르크가의 궁전에서 이전에는 전속 의사가 부업으로 점성술을 수행했지만, 1430년대부터 1460년대에 걸쳐 지리학에도 정통한 수학적 천문학자를 고용하는 방향으로 전환하게 되었다.[214] 그리고 궁전에 종사하는 이 점성술사들은 '수학관mathematicus'이라 불리게 된다. 베이커와 골트슈타인의 논문에도 있듯이 근대 초두의 천문학자는 중세 점성술사의 상속인이었다.[215] 포이어바흐만 해도 빈대학에서는 오로지 고전문학을 가르쳤을 뿐이며 천문학자, 즉 점성술사로서 받아들여진 것은

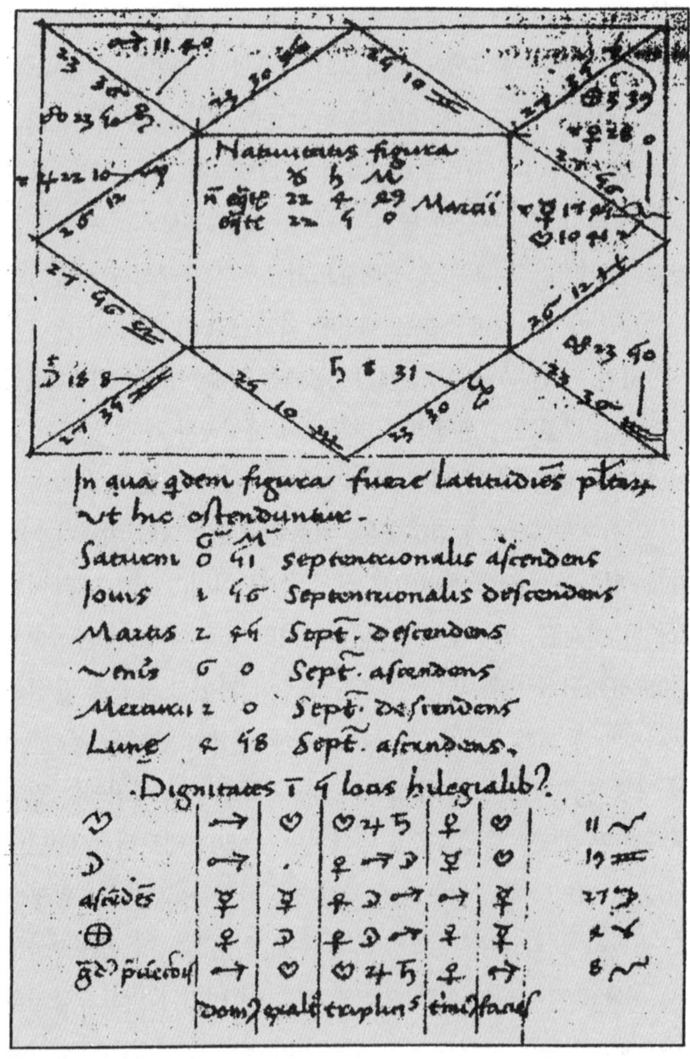

그림2.8 레기오몬타누스가 1459년 막시밀리안 1세의 탄생에 즈음하여 제작한 홀로스코프.

궁정에서였다.

그렇다고 해서 그들이 단지 생계를 위해 뜻에 없는 일을 하며 점성술에 손을 댔다고 보는 것은 성급한 판단이다. 레기오몬타누스는 홀로스코프 제작에 대해 "이 일은 별의 본성에 관한 모든 사항을 고려한 매우 힘든 방대한 계산을 필요로 합니다", "이 일에 종사하는 자는 많은 것을 알아야 합니다. 과학과 철학을 통달하지 않고 별의 본성과 그 다양한 영향을 적절하게 연결 짓는 것은 할 수 없습니다"라고 서간에서 이야기했다(레기오몬타누스의 점성술과 갖는 연관에 대해서는 나중에 기술[Ch.8.5]).[216]

별의 배치가 지상의 자연에 영향을 미친다는 것은 이미 보편적으로 받아들여진 사실이었다. 또한 그 영향을 밝혀내는 점성술은 학문적으로 연구할 가치가 있는 고상한 과학scientia이자 일상생활 전반에 필요한 기술ars이라는 인식은 15세기 유럽에 널리 퍼져 있었다.

이 사실은 또한 점성술적인 예언의 기초에 있는 수학적 천문학, 특히 행성궤도에 대한 기하학적 모델의 물리적인 실재성을 강하게 의식하게 만들었으며, 천문학자 측의 우주론적·자연학적 관심을 높였다. 프톨레마이오스 이론에 기초하여 얻은 행성의 운동이나 배치가 지상의 자연에 작용한다는 점성술의 주장은 프톨레마이오스 천문학의 자연학적 이해와 무관계할 수는 없었다. "천문학자가 예측하는 점성술적 예언이 실재하는 것이라면, 그들이 그 전제로 한 운동 또한 실재여야 할 것"이기 때문이다.[217]

이러한 배경에서 독일에서 요하네스 레기오몬타누스가 등장했으며, 후에 요하네스 케플러가 탄생하게 된 것이다.

***

서양의 근대에서 세계관의 전환과 새로운 학문의 태동은 고대 프톨레마이오스의 지리학과 천문학을 발견해 복원하려는 시도에서 시작했다. 이와 동시에 특히 포이어바흐가 『행성의 신이론』에서 표명한 천문학의 부활은 과거에는 분열되어 있었던 철학적인 우주론과 수학적인 천문학 사이에 다리를 놓는 과제를 제기하게 되었다. 당초부터 문제는 아리스토텔레스 이후의 철학적·자연학적 우주론과 수학적·기술적 천문학을 어떻게 하면 통합할 수 있는가였다.

또한 천문학은 중세의 다른 학문과는 다른 특이한 성격을 지니고 있었다. 원래 역산법 및 점성술을 위한 실학이었기 때문에 장치를 사용한 정량적인 관측을 중시했으며, 그를 통해 이론적인 예측의 옳고 그름을 검증했던 것이다. 이는 한편으로 자연의 관찰과 측정에 기반을 둔다는 점에서, 다른 한편으로 극히 수학적이라는 점에서 시종 고대의 철학자와 교부의 텍스트 해석에 주력했던 중세 대학의 교육과 크게 달랐다. 어떤 의미에서는 가설검증형 구조를 지니고 있었기 때문에 원리로부터의 논증을 가장 우선시하는 중세 대학의 스콜라학적 방법과는 이질적이었다. 또한 실제로 측정 장치를 제작하여 조작한다는 점에서 직인들의 수작업을 멸시하는 중세 지식인의 인식을 초월한 것이었다.

15세기 빈에서 시작된 천문학의 이러한 문제의식과 새로운 연구 방법이야말로 새로운 물리학으로서의 천문학, 그리고 새로운 세계상의 형성을 향한 실마리가 되었던 것이다.

제 3 장

수학적 과학과 관측천문학의 부흥

레기오몬타누스와 발터

1. 수학적 과학의 부활

프톨레마이오스 이론과 관측천문학의 부활을 통해 한층 더 의욕적으로 작업에 몰두한 학자는 레기오몬타누스였다.

레기오몬타누스는 1436년에 쾨니히스베르크*1에서 태어나 빈대학에서 포이어바흐의 강연에 참석한 천문학자이다. 본명은 요하네스 뮐러이며, 라틴명인 레기오몬타누스는 탄생지인 Königsberg(독일어로 '왕의 산'이라는 뜻)를 라틴어화한 것이다. 11세 혹은 12세에 라이프치히대학에 입학하여, 1548년에 약관 12세의 나이로 행성의 위치와 만월·신월新月을 기록한 얼머낵(천문력)을 작성했다고 알려져 있다. "소년 시절부터 수학과 천문학에서 가장 높은 수준의 지식을 지녔다"라고 한다.[1] 그 후 1450년에는 당시 "독일 각 대학에서 아마도 가장 중요한 위치를 점했을 것"이라고도 하며, "알프스 이북에서 과학 학습이 가장 우수한 학교"라고도 하던 빈대학에 학생으로 등록했으며, 1452년에 16세의 나이로 학사 학위를 취득한다.[2] 그리고 그해 이탈리아에서 귀국한 포이어바흐를 만났을 것으로 추정된다. 이후 레기오몬타누스는 1454년에는 포이어바흐가 빈의 시민학교에서 강연한 천문학 강의를 청강했다. 나중에 인쇄된 포이어바흐의 『신이론』은

---

*1 이 쾨니히스베르크는 독일 남부, 프랑코니아에 있는 시장을 중심으로 성장한 도시이다. 철학자 칸트가 탄생한 곳으로 알려진 프러시아의 쾨니히스베르크와는 다르다.

이때의 노트를 바탕으로 한 것이다. 1456년에는 21세로 석사 학위를 취득했다. 학사 학위부터 석사 학위까지 시간이 소요된 것은 대학의 규칙에 따라 그 연령까지는 석사 취득이 인정되지 않았기 때문이라고 한다. 그다음 해인 1457년부터는 포이어바흐에게 협력하여 식이나 혜성의 관측을 수행했고, 구래의 표에 의거한 계산과 실제 관측 사이에 차이가 있다는 것도 알고 있었다.[3]

비잔틴제국 출신 추기경 베사리온이 교황의 특사로서 1460년 5월 빈을 방문하여 『알마게스트』에 명쾌한 주석을 붙여 쉬운 라틴어로 번역해볼 것을 포이어바흐에게 제안했다.*2 이때까지 라틴어 번역으로는 1175년 크레모나의 게라르도가 행한 아라비아어 중역, 그리고 1451년 트레비존드의 게오르게에 의한 그리스어 중역이 알려져 있었지만 모두 부정확했다.*3 특히 게오르게의

---

*2 요하네스 베사리온(1403~1472)은 원래 그리스 정교도였으나, 가톨릭에 입신하여 추기경(교황의 최고고문)까지 올라간 인물이다. 또한 이때의 교황은 비오 2세(재위 1458~1464), 즉 이전의 에네아 피콜로미니였다. 따라서 베사리온은 교황으로부터 포이어바흐에 관해 들었을 것이다. 이 시대 빈의 인문주의 운동을 그린 존 듄John Dunne의 논문에 따르면 피콜로미니는 라틴문학을 강연하는 인문주의자로서의 포이어바흐뿐만 아니라 천문학자로서의 포이어바흐와도 서로 알았을 것으로 추정된다.

*3 실제로는 『알마게스트』는 시칠리아·노르만 왕조를 섬겼던 헨릭스 아리스티푸스가 1150년대 말에 콘스탄티노플에서 가지고 돌아온 그리스어 사본을 무명의 역자가 1160년경에 라틴어로 번역했다. 이 번역 원고가 발견된 것은 1909년이다. 해스킨스Haskins에 의하면 "이 번역은 크레모나의 게라르도가 번역을 마친 1175년보다 적어도 10년은 빨리 완성되었다"라고 한다. 그러나 무슨 이유인지 주목을 받지 못했고 잊힌 것 같다.[4]

번역과 주석에 대해 베사리온은 매우 비판적이었다. 1438~1439년에 페라라와 피렌체에서 열린 동서 기독교회 합동을 위한 회의에 비잔틴 대표로 참가한 베사리온은 콘스탄티노플이 함락되고 동로마제국(비잔틴제국)이 1453년에 붕괴된 후 당시까지 그곳에 보존되어 있던 고대 그리스의 학문적 유산을 올바르게 서유럽으로 전파하여 존속시켜야 한다는 사명감을 지녔던 것이다.

포이어바흐는 이 작업에 몰두했는데, 절반 정도 진행된 1461년에 병으로 사망했다. 그의 유지를 이어 『알마게스트 적요(알마게스트 에피톰)』[5](이하 『적요』)로서 완성한 이가 제자인 레기오몬타누스였다(그림3.1). 레기오몬타누스는 이를 위해 베사리온과 1461년 이탈리아까지 동행하여 그로부터 그리스어를 배웠으며 1462년 말, 늦어도 1463년 중반 이전에는 『적요』를 완성시켰다. 『적요』 첫머리의 서문에는 포이어바흐가 임종 시 남긴 “안녕, 나의 요하네스여, 안녕. 그대를 신뢰하는 스승에 대한 추억에 마음이 움직였다면, 내가 완성하지 못했던 프톨레마이오스의 책을 마무리해줬으면 하네. 그대에게 이것을 유언으로 남기겠네”라는 말이 기록되어 있다.[6] 사실 포이어바흐는 그리스어에 서툴렀으며, 『알마게스트』의 학습은 아라비아어의 중역에 의존했던 것 같다. 레기오몬타누스는 스승의 작업을 계승했지만, 그리스어를 마스터한 그는 포이어바흐가 써서 남긴 부분도 다시 고치는 등 전체를 다듬었을 것으로 여겨진다. 이렇게 『적요』는 완성되었다.

참고로 베사리온이 빈에 방문했을 때, 빈대학에서는 물론 그리스어를 가르치지 않았다.[7] 영국의 대학에서 그리스어가 교육되기

Duodecimus

linquek eni distantia centri epicycli a centrõ equantis: cum qua vt in quinto casu procede. Habes igitur centri equationes ad semicirculos absolutas. Argumentorũ vo equationes in mercurio sicut in reliquis elaborabis. Minuta quoqꝫ proportionalia sicut alibi. Verum equationes argumentorũ: quas in tabula scribi conuenit: fiant ac si centrũ epicycli sit in mediocri eius a centro mundi distantia: dum scꝫ ab auge equantis per. 60. fere gradus distat. Hec de angulis diuersitatum breuiter perstringere libuit.

Explicit Liber Undecimus Epitomatis.
Sequitur Duodecimus.

Liber Duodecimus Speculationes Ampliores Circa Passionem planetarum diuersam: Progressum videlicet Stationem: ⁊ Regressum. Variationes nonnullas in longitudinem motus epicyclorũ gratia accidentes lucidissime discernit.

Propositio Prima.

I planetis altioribus vnicã posueris diuersitatem: epicyclus in concentrico: aut ecentricus sine epicyclo eidem sufficiens erit occasio.

Diuersitati que soli colligata est intellige. Ponamus itaqꝫ ꝙ motus epicycli in concentrico: ⁊ motus planete in epicyclo collecti equenk medio motui solis: quemadmodũ superius ostẽsa postulant. Ecentrici vo centrũ moueatur ad successionẽ signorũ eque velociter cum sole: ⁊ planeta ipse similiter ea velocitate procedat: qua epicyclus in concentrico. Eius quidem medium locum determinet linea a centro mundi ducta equidistanter linee exeunti a centro ecentrici per centrum planete. Sit igit circulus mundo concentricus. a. b. g. super centro. ʒ. ⁊ sit pũctus. a. in quo fuit centrũ epicycli: dum planeta fuit in auge epicycli: scꝫ puncto. d. dũqꝫ sol medio cursu coniunctus fuit planete: ⁊ punctus. h. fuit centrũ ecentrici. Nunc vo epicyclus sit super puncto. b. ⁊ planeta in epicyclo super puncto. o. Ductis igitur lineis. ʒ. b. d. b. o. n. o. ʒ. o. et. ʒ. e. erit angulus. a. ʒ. b. motus medij: ⁊ angulus. d. b. o. diuersitatis siue motus medij argumẽti. Sit aũt angulus. a. ʒ. e. medij motus solis. hinc in linea. ʒ. e. erit centrum ecentri cici: quod sit. n. Ponamus itaqꝫ primo concentricum ⁊ ecentricum equales: et proportionem semidiametri concentrici ad semidiametrum epicycli equalem proportioni semidiametri cẽtrici ad distantiam centrorum. Erit igitur linea. ʒ. b. siue. ʒ. n. equalis. b. o. Cum aũt duo anguli. a. ʒ. b. et. d. b. o. equank angulo. a. ʒ. e. sublato cõmuni. a. ʒ. b. erit angulus. b. ʒ. o. eqlis angulo. d. b. o. quare ʒ. b. et. n. o. equales ⁊ sibi equidistant. Et quia sunt equales: erunt due linee. due linee. ʒ. n. et. b. o. equidistantes. vnde super centro. n. descripto cir

n 4

243

그림3.1 레기오몬타누스(1436~1476)와 『알마게스트 적요』 제12권 명제1이 적힌 페이지.

시작한 것은 1470년대이며, 뤼시앵 페브르Lucien Febvre의 책에 따르면 "1480년대부터 1500년경 초기, 아니 더 나중에까지 … 프랑스 왕국 방방곡곡을 돌아다녀도 그리스어를 해독할 수 있는 사람은 많아야 열 명"이었다고 한다. 당시 선진국이었던 이탈리아의 상황도 크게 다르지 않았다. 이탈리아·르네상스 연구자 유제니오 가린Eugenio Garin에 따르면 "비잔틴이 서방 세계에 그리스 고전을 제공하여 르네상스를 낳았다는 주장은 분명히 미심쩍"으며, 1400년대 중엽 무렵 "인문주의자 대부분이 그리스어를 충분히 알지 못했을 뿐만 아니라 무시하기까지 했다"라고 한다.[8] 레기오몬타누스가 1460년대 초두에 그리스어로 『알마게스트』를 읽은 것은 역시 선구적인 일이었다.

이탈리아에서 레기오몬타누스는 로마, 비테르보, 베네치아, 파도바, 페라라, 그리고 아마도 피렌체를 방문하여 파올로 토스카넬리, 레온 바티스타 알베르티, 니콜라우스 쿠자누스 등 당시로서는 수학에 정통했던 톱클래스의 지식인들에게 식견을 인정받아 후한 대우를 받았다. 후에 천문학에 관한 일련의 서간을 주고받게 된 조반니 비안키니도 이 과정에서 알게 되었다.

그리고 1464년 27세의 레기오몬타누스는 9세기 바그다드의 천문학자 파르가니의 천문학에 관해 파도바대학에서 강연했다. 그가 도입부에서 "유클리드의 각 정리는 1,000년 전에 확실했던 것과 마찬가지로 지금도 확실하며, 아르키메데스의 발견은 천 세기 후에도 [지금] 못지않게 감탄받을 것이다"라고 이야기했던 이 강연은,[9] 유럽에서 수학적 과학이 부활함을 선언한 것이었다. 번역되어 전해진 수학적 진리의 확실성이 변하지 않는 것이라는 고대로부터의 연속성을 강조한 것에서, 문학과 예술 면에서는 복원해서 자랑할 만한 고대 유산을 지니지 못한 독일도 천문학과 수학에서는 이탈리아와 동등한 권리를 지니는 계승자임을 주장할 수 있다는 독일 인문주의자의 자기주장을 읽을 수 있다. 이리하여 레기오몬타누스는 고대의 수학 문헌 발굴과 번역의 의의를 강조하면서, 쇠퇴했던 수학의 학습을 촉진했다. 즉, 그가 파도바에서 했던 장광설은 한편으로 수사학이나 문학에 편중된 동시대 이탈리아의 인문주의자들에게는 수학적 과학의 중요성을 호소하면서, 다른 한편으로 대학 아카데미즘의 학자들에게는 진리에 도달하기 위해 수학은 스콜라학보다 훨씬 더 유효하다고 강하게 주장한 것으로, 13세기 로저 베이컨이 그리했던 것처럼 수학적 과학을 칭송한 것이다.

레기오몬타누스의 파도바 강연의 역사적 의의를 이해하기 위해서는 당시 유럽 대학에서 수학교육을 업신여기고 있었음을 염두에 두어야 한다.

해스킨스Haskins의 『대학의 기원』에는 중세에 대학이 만들어진 이후 현재의 교양 과정에 해당하는 학예학부 교육에 관해 "[산술·기하학·천문학·음악으로 이루어진] 4과四科의 교육에는 거의 주의를 기울이지 않게 되었다"라고 서술되어 있다.[10] 그리고 카조리Florian Cajori의 『초등교육사』에는 15세기 중기가 될 때까지 "대학의 수학 연구는 정말로 열성적이지 않은 상태로 간신히 유지되고 있는 것에 지나지 않았다"라고 되어 있다.[11] 당시 중요한 과목은 교수가 오전 중에 상세하게 강연한 반면, 그렇지 않은 과목은 오후나 휴일에 신참 석사가 과외 과목으로서 가르쳤고 "수학 텍스트는 14세기 커리큘럼의 일부가 되었을 때 일반적으로는 과외 강의로 수강되었다"라고 한다.[12] 실제로 당시까지 독일의 대학 교육에서는 이른바 4과에서 기껏 유클리드 『원론』의 처음 여섯 권과 사크로보스코 『천구론』 등이 교과서로 쓰였던 정도여서 중요시되었다고는 생각할 수 없다. 1470년대 잉골슈타트의 학칙에서는 석사 학위 취득 희망자부터 4과를 면제했다. 15세기 전반에는 에르푸르트가 수학을 중시했다고 하지만, 1412년 에르푸르트에서 유클리드기하학이 6개월간 강연되었던 것이 예외로, 『역산법』은 1개월, 『천구론』과 『행성의 이론』은 1개월 반으로 끝났다. 아리스토텔레스의 자연철학이 통상 반년 이상에 걸쳐 강연된 것에 비하면 큰 차이가 있었다. 그리고 라이프치히는 15세기 후반에는 천문학 강의를 사실상 포기했다.[13]

레기오몬타누스 스스로 1470년대 초에 이러한 상황을 "몇 세기에 걸쳐 몹시 모욕당하고 모든 사람들에게 거의 버림받게 된 수학 학습"이라고까지 표현했다.[14]

그뿐만 아니라 신학, 철학, 법학과 그 교수들에 비해, 수학과 수학자는 학문적으로도 사회적으로도 한참 낮은 지위에 있었다. 1544년부터 47년에 걸쳐 개최된 트리엔트 공의회에서 도미니코회 신학자 피렌체의 조반니 마리아 토로사니는 "상위의 학문scientia superior"으로서의 신학과 자연학에 비해 수학과 천문학을 "하위의 학문scientia inferior"으로 위치시켰다.[15] 이것은 학문적인 서열일 뿐만 아니라 사회적인 서열이기도 했다.

과학사회학의 전문가에 따르면 14세기부터 15세기에 걸쳐 "유럽 전역의 대학에 수학과 천문학 교수직이 생겨났다. … [그러나] 이들 과학 분야의 중요도는 낮아, 가능하면 철학 교수직으로 옮기는 것이 영전榮轉이며, 신학·법학·의학의 교수가 된다면 더 좋은 것으로 여겨졌던 것"이다. 실제로 14세기 및 15세기에는 "천문학자와 수학자는 자연철학과 도덕철학 교수들에게 부여된 지위나 재정적인 보수는 공식적으로 부정되었다"[16]라고 한다. 15세기 볼로냐대학에서는 수학 교사의 급여가 법학이나 의학 교사의 급여에 비해 10분의 1 수준이었다.[17] 1530년대에 뢰번대학을 나온 수학자 겜마 프리시우스가 의학을 다시 공부한 것은 수학으로는 가족을 먹여 살릴 수 없었기 때문이라고 전해진다.[18] 인문주의 교육개혁이 어느 정도 진행되었던 독일의 대학들에서는 상황은 어느 정도 개선되어는 있었다. 1520년에는 셀티스가 빈에 시인과 수학자 칼리지를 창설했다. 그래도 1520년에 히브리어 학자 요한 로이힐린이 잉골슈타트대학에 초청되었을 때 연봉이 200그루덴이었던 반면, 1527년에 페트루스 아피아누스가 같은 대학의 수학 교수로 부임했을 때 연봉은 100그루덴이었다.*4 마

---

*4 거의 같은 시대 뉘른베르크 교회의 설교사 안드레아스 오시안더의 연봉이 400그루덴(Dargan(1905) p.89), 그리고 당시 독일 최고의 화가로 인정받은 알브레히트 뒤러가 가장 만년인 1521년부터 7년간 황제 막시밀리안 1세로부터 받은 연금은 연 100그루덴이었다(Dürer, 『자전과 서간』, pp.187f., 266). 참고로 당시 화가는 예술가가 아니라 직인으로 여겨졌다.

찬가지로 비텐베르크와 마르부르크에서 수학 교수의 급여는 의학 교수의 절반이었다.[19]

유럽의 고등교육기관에서 수학, 특히 실용수학의 중요성이 여기저기에서 조금씩 이야기되기 시작한 것은 16세기 후반부터이다. 수학은 철학을 시작으로 하는 각 학문에서 교육상 꼭 필요하다고 생각한 크리스토퍼 클라비우스가 예수회 교육정책의 지휘함인 로마 학원의 교수에 취임한 것은 1567년, 파리에서 페트루스 라무스가 논리학을 중시하는 종래 파리대학의 수학교육을 실용적인 관점에서 비판한 『수학강의』를 낸 것이 1569년, 그리고 영국에서 존 디가 『유클리드 원론』 영역본의 '서문'에서 자연학과 기술에 수학이 중요함을 설파한 것은 1570년이었다. 덴마크의 티코 브라헤가 코펜하겐대학에서 "고대 철학자들이 그처럼 높은 학식에 도달한 것은 그들이 유소년기부터 기하학을 배웠기 때문이라고 나는 믿는다. 그런데도 우리들 태반은 청년기의 대부분을 문법과 언어를 학습하는 데 낭비한다"라고 개탄한 것은 1574년이었다.[20] 나중에 서술하겠지만 독일 종교개혁의 지도자 필리프 멜란히톤이 루터파 대학에서 수학을 중시하는 교육개혁을 단행한 것은 이 시기보다 이른 1530년대였다[Ch.8.4]. 그리고 스페인의 인문학자 후안 루이스 비베스가 그의 교육론에서 수학교육의 중요성을 설파한 것은 1531년이었다.[21] 그러나 레기오몬타누스의 파도바 강연은 이들보다 반세기 이상 앞선 것이었다.

레기오몬타누스가 말했던 수학은, 수학에 관한 학문으로서의 산술과 양에 관한 학문으로서의 기하학, 그리고 중간적인 과학으로서의 광학·음악·천문학·정역학(무게의 과학)이었다. 여기서는 점성술을 포함한 천문학이 "수학적 과학의 진주"로서 그 자매인 중간적 과학보다 우월할 뿐만 아니라 어머니로서의 산술과 기하학조차 뛰어넘는 최고 학문의 지위를 부여받았다. 그리고 "다른 학예를 통해 사람이 동물과 구별되는 것처럼, 천문의 과학을 통해 사람은 신에 가까워진다"라고 했다. 여기에는 "스콜라철학에 대한 수학의 우월성"으로서 "수학의 아름다움과 논리적인 힘"과 함께 "지식의 개량에 있어 수학이 지닌 놀라운 응용성"을 들고 있다. 수학은 모든 지식의 기초이자 기술의 주요한 도구이며, 건축과 군사기술은 말할 것도 없이 철학, 더 나아가서는 의학·법학·신학의 교육에서도 유효하며, 따라서 아리스토텔레스 자연철학을 이해하는 데에도 중요시되었다. 수학이 실용적으로 유용함을 강조하는 것이 레기오몬타누스 수학관의 특징이었으며, 무엇보다도 수학은 최고의 수학적 과학인 천문학을 위한 학문이었다.[22]

그런데도 이 고귀한 학예가 아직까지 황폐한 상태에 있으며 붕괴할 위기라는 것이 레기오몬타누스의 현실 인식이었으며, 이를 회복해야 한다는 조급한 주장이 이 강연의 기조였다. 10년 후에 출판된 『행성의 이론 논박』의 '서문'에서 레기오몬타누스는 동시대의 책에 과거의 서적에 대해 "너무나도 무비판적인 읽기와 영합하는 주석"이 달려 있는 데 분노를 감추지 못했다.

> 이와 같은 타락은 거의 모든 자유 학예에 나타나는데, 수학에 대해서는 다른 어떤 것에 비해서도 염치가 없어 견디기 힘들다. 수

학이 영원한 확실성의 기준을 담당한다는 사실은 누구나 동의함에도 불구하고, 우리 시대의 태만에 의해 [작금의] 천체 과학처럼 거의 내용이 없는 상태에 가까울 정도로 얄팍한 것이 되었기 때문이다.[23]

천문학을 중심으로 한 수학적 과학의 부활은 레기오몬타누스 평생의 숙원이었다.

2. 레기오몬타누스와 삼각법

레기오몬타누스는 『적요』를 각필擱筆하고 파도바에서 강연했던 해까지 『삼각형총설』을 집필했다. 『삼각형총설』은 정의·공리·정리의 형식으로 쓰였으며, 전반(1권·2권)은 평면삼각법, 후반(3권·4권·5권)은 구면삼각법에 대한 내용이었다. 도판도 많이 포함되어 있었다.

『삼각형총설』에 꼭 새로운 수학 이론이 쓰여 있었던 것은 아니다. 제5권의 정리2에는 구면삼각법에서의 코사인법칙이 기록되어 있는데, 영어 번역자의 서문이나 『과학전기사전』의 '레기오몬타누스' 항목에는 레기오몬타누스의 발견이라고 되어 있다. 이 방면에 어두운 필자로서는 진위를 확인하기 힘들지만, 적어도 서유럽에서 이 정리에 대해 처음으로 이루어진 표명임은 맞는 것 같다. 그러나 당시까지 알려지지 않았던 정리가 포함되지 않았다고 해도, 16세기에 쓰인 이 책에 등장하는 것 자체로 큰 의의를 지닌다. 예를 들어 제2권의 정리1에는 "직선으로 이루어진 모든 삼각형에서 한 변[의 길이]과 다른 한 변[의 길이]의 비는, 그 한 변에 마주한 각도의 사인과 다른 한 변에 마주한 각도의 사인의 비와 같다"라고 나와 있다. 이것은 평면삼각법의 정현正弦 정리(이른바 사인법칙_옮긴이)로, 천문학뿐만 아니라 16세기 중기부터 수행된 삼각측량에서 큰 힘을 발휘했다. 이 정리도 이전부터 사용되어왔던 것 같지만, 그 내용을 수식으로 나타내지 않았을지라도 정리를 증명과 함께 명확하게 표현한 것은 레기오몬타누스가 처음이었다.[24] 마찬가지로 구면삼각법의 정현 정리도 정리16·17에 기록되었다. 제2권의 정리26에는 삼각형의 두 변의 길이 a, b와 끼인각 θ가 알려져 있을 때, 그 면적이 $\frac{1}{2}ab\sin\theta$로 주어진다는 내용이 쓰여 있다. 이 또한 처음으로 명기된 사례인 것 같다.

어찌 되었든 이 『삼각형총설』은 그때까지 대부분 개별적으로 기록되어 적당히 임기응변적으로 사용되고 있던 거의 모든 삼각법칙에 대해 증명과 사용법을 포함하여 포괄적이면서 체계적으로 기술한 책이었으며, 서유럽에서 처음으로 나온 평면삼각법과 구면삼각법에 관한 교과서이기도 했다. 이 책은 당시로서는 어려운 수학이었던 삼각법의 학습과 사용을 매우 용이하게 했으며, 삼각법이 수학의 한 분야로서 독립하는 데 큰 역할을 했다.[25]

그러나 레기오몬타누스의 집필 의도는, 속표지에 "필자는 이 다섯 권의 책에서 천문학에 관한 지식에 완벽히 숙달하고 싶은 이에게 필요한 모든 내용을 설명할 것이다"라고 선언한 것처럼, 어디까지나 천문학의 학습을 돕는 것이었다. 원래 평면삼각법은 고대 이집트에서 토지의 측량이나 피라미드 같은 대규모건축물의 건설을 위해, 그리고 구면삼각법(구면기하학)은 고대 이집트와 바빌로니아에서 천문학을 위해 만들어져 그리스에서 발전되었다. 즉, 어느 쪽도 기원은 실용수학이었다. 애당초 구면삼각법에 관해 14세기 월링포드의 리처드가 쓴 『네 권의 책』과 같은 해설서가 없지는 않았지만, 단지 천문학만을 위한 고등기술(당시로서는 비전秘傳)이었다. 레기오몬타누스 자신도 천문학에서 삼각법 학습이 중요함을 충분히 자각하고 있었다. 우리는 『삼각형총설』의 '독자에게'라고 제목을 붙인 서문에서 다음의 지시 사항과 자찬의 글을 읽을 수 있다.

> 나는 『적요』 다음에 이 책을 썼는데, 내가 제시하고자 하는 학예를 그 반대 순서로 학습하길 바란다. 삼각형의 과학을 배우지 않고서는 천체에 대해 만족할 만한 지식을 습득할 수 없기 때문이다. … 위대하며 훌륭한 것을 배우고자 하는 이, 천체의 운행에 대해 고찰하는 이는 먼저 삼각형에 대해 이들 정리를 배워야 한다. 이러한 인식이 있는 이에게는 천문학의 모든 것과 특정한 기하학의 문제로 향하는 문이 열릴 것이다.[26]

『삼각형총설』은 1464년에 쓰였으나 크게 미뤄져 1533년에 출판되었다. 그러나 이 책이 16세기 천문학의 발전에 기여한 역할

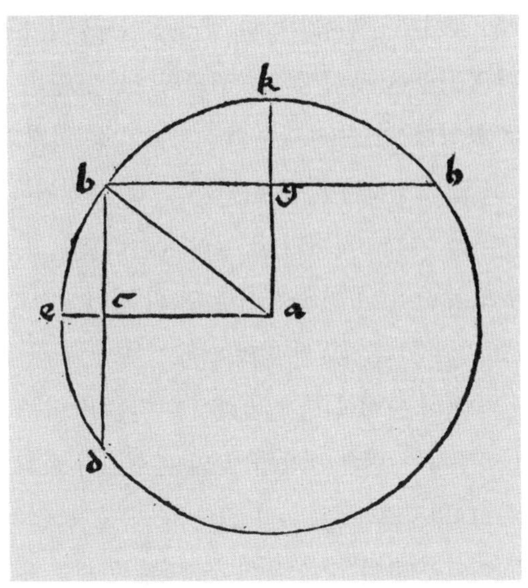

그림3.2 레기오몬타누스의 정현 정의. 『삼각형총설』 제1권 정리20. 반현 $\overline{bc}=\frac{1}{2}\overline{bd}$가 호 $\widehat{be}$의 정현. 보각의 호 $\widehat{bk}$의 사인인 $\overline{ac}$가 호 $\widehat{be}$의 여현餘弦(코사인_옮긴이).

은 매우 크다. 제2판은 1561년에 바젤에서 출판되었다. 그 영향은 이미 코페르니쿠스에게서 확인할 수 있다. 뉘른베르크에서 처음으로 출판된 수년 후, 비텐베르크의 젊은 수학자 요아힘 레티쿠스가 이 책을 가지고 코페르니쿠스를 방문했다. 코페르니쿠스는 『회전론』의 원고를 마무리하는 단계에서 『삼각형총설』에 의거하여 몇 가지 삼각법의 정리를 추가했다.[27] 1543년 출판된 『회전론』은 구성과 기술의 형식 면에서 프톨레마이오스의 방식을 바탕으로 했으나, 평면삼각법과 구면삼각법을 제1권의 13장과 14장에 나누어 설명한 것은 레기오몬타누스가 저술한 책의 영향으로 보인다. 실제로 구면삼각법의 정리를 설명한 본문에서는 제1권 14장의 XIII–XV에 해당하는 원고의 24, 25장은 나중에 삽입되었음이 확인되었다.[28] 레티쿠스가 가지고 온 레기오몬타누스의 책을 보고 급하게 추가했기 때문일 것으로 추정된다.

『삼각형총설』 제1권 첫머리의 '정의'에는 "호와 그 현이 이등분될 때, 우리는 반이 된 현을 반이 된 호의 정현sinnus rectus이라고 부른다"라고 나와 있다. 제1권 정리20에도 "모든 직각삼각형에서 그 예각[의 정점]이 중심이 되고 빗변이 반지름이 되는 원을 그리면 예각에 마주하는 변은 이웃한 호의 정현이다"라고 기록되어 있다.[29] 즉, 그림3.2에서 현 bd의 절반 bc가 호 be, 즉 ∠bac의 '정현'이다. 이로부터 알 수 있듯이 '정현'은 현재의 정의처럼 직각삼각형의 빗변과 그 각에 대한 변의 비(삼각비)가 아니라, 변의 길이 자체로서 정의되었음에 주의하자. '정현'의 개념을 레기오몬타누스가 처음으로 도입했다는 것은 아니다. 그러나 레기오몬타누스의 책은 프톨레마이오스 이래로 계속 사용해온 그때까지의 '현' 개념을 대신해 '정현'을 삼각법의 기초로 두었다는 점에서 특기할 만하다. 이것은 의도적으로 수행된 것이다. 베네치아의 도서관에 남아 있는 베사리온의 유고에서 지너가 발견한 레기오몬타누스의 초고에는 정현으로 계산할 때의 여러 이점이 쓰여 있었다고 한다.[30] *5

---

*5 『삼각형총설』에 쓰인 것은 '정현sinnus rectus' $\sin\theta$와 '보각의 정현' $\sin(90^\circ-\theta)=\cos\theta$, 그리고 '정시正矢, sinnus versus' versed $\sin\theta=1-\cos\theta$로,

1541년 뉘른베르크에서 출판된 페트루스 아피아누스의 『정현 혹은 제1동자의 도구』에는 90도까지 1분 간격으로 쓰인 정현표가 9쪽에 걸쳐 기록되었다. 또한 코페르니쿠스는 1543년의 『회전론』에서 프톨레마이오스가 남긴 현의 표에 대응하는 것으로서 반현(실질적으로 정현)의 표를 썼으며, "이렇게 하는 주요한 이유는 현 전체보다 그 절반이 증명이나 계산에 더 빈번하게 사용되기 때문"이라고 설명했다.[31] 레기오몬타누스의 영향은 이러한 부분에서도 확인할 수 있다.

16세기 중기 네덜란드의 수학자 겜마 프리시우스는 소유하고 있던 코페르니쿠스의 『회전론』 제1권 14장의 바깥쪽 여백에 구면삼각법의 사인 정리를 레기오몬타누스의 책의 방식을 따라 썼으며, "Iohannes de Monte Regio libre 4 Propositio 17"이라고 기입했다.[32] 이 시대에서 『삼각형총설』은 구면삼각법에 필요한 천문학서를 읽을 때 늘 함께 읽는 책이었다. 1575년에 사망한 메시나의 수학자 모로리코의 구면삼각법에 관한 책은 레기오몬타누스로부터 분명한 영향을 받았다고 한다.[33] 그 세기 최고의 천체관측자였던 덴마크의 티코 브라헤는 만년에 쓴 『천문학의 새로운 기계』(1598)에서 천문학에 필요한 삼각법의 계산에 대해 "누구라도 간단히 이해할 수 있는 것은 아니며, 노력하지 않는

'정접正接, tangent'은 사용되지 않았다. 후에 레기오몬타누스는 『방향표』를 저술하는데, 여기에는 원의 반경을 $r = 100000$ 으로 하는 사실상 유효숫자 여섯 자리의 정현표 외에 1도 간격으로 90도까지의 tangent 표가 첨부되었다.

사람들에게는 특히 다루기 어렵다"라고 보았다. 이 시대에도 삼각법은 난해한 수학이었다. 티코는 청년 시절에 쓴 『신성에 대해서』(1573)에서 삼각법의 각 정리는 『삼각형총설』를 바탕으로 했음을 밝히고, "이 책의 모든 내용은 기하학적으로 일관된 형태로 엄밀하게 연결되어 기술되었다"라고 평하며 추천했다.[34]

영국에서는 고등교육을 받지 않은 선원으로, 항해에 필요한 수학을 독학한 윌리엄 보로가 1581년에 탈고한 『컴퍼스 혹은 자침의 방향에 대한 논고』에서 평면삼각법과 구면삼각법의 정리에 관해 여러 번 코페르니쿠스와 레기오몬타누스의 책을 참조했다. 그리고 도구를 제작하는 직인이었던 존 블레그레이브가 1585년에 저술한 『수학의 보석』 제5권은 레기오몬타누스의 『삼각형총설』에 기초하여 쓰인 책인데, 열다섯 곳에서 대응하는 권과 장을 기입하여 정리와 문제를 제시했다.

현재 그리니치천문대라고 불리는 영국의 국립천문대는 레기오몬타누스의 사후 200년이 지난 1675년에 창설되었다. 이곳의 초대 대장 존 플램스티드는 선원과 기술자를 위한 대학으로 창설된 런던의 그레섬 칼리지에서 1681년부터 1684년까지 39회의 강연을 진행했는데, 마지막 강연에서 이렇게 말했다.

> 여러분에게 천문학을 (하늘의 물체가 어떻게 움직이는가, 특히 어떻게 해서 우리가 그에 대한 지식을 얻을 수 있는가를) 가르치는 것이 나의 책무입니다. 나의 강연에서 이 모든 것을 3년에 걸쳐 속어로 꽤 자세히 설명했습니다만, 여러 국면에서 삼각법의

118 IOH. DE REGIOMONTE

20521. quem multiplico per ſinum totum, producuntur 1231260000, hunc diui
do per 35267. exeunt 34912. ſinus ſcilicet lateris a g. inuenio igitur ex tabula la
tus a g 35.35. deinde pro latere & angulo reliquis ad numeros huius refugio.
Sed maneat angulus g quantus erat, & ſit latus a g 20. gr. multiplico ſinum 36.
gr. qui eſt 35267, per ſinum 20. gr. ſcilicet 20521. procreantur 723714107. quæ di
uido per ſinum totū, exeunt 12062. ſinus ſcilicet arcus a b, quare ipſe arcus a b
erit 11.36. reliqua per huius numerabimus. Ponatur demum angulus a g b, ut
prius 36. & arcus b g 20. Sinus 36 eſt 35267. Sinus complementi 20. eſt 56382.
quem duco in 35267. producuntur 1988423994. hoc diuido per ſinum totū, exe
unt 33140. ſcilicet ſinus complementi anguli b a g, cuius arcus eſt 33.32. hic dem
ptus ex 90. relinquet 56.28. & tantus habebit angulus b a g. ipſum eñ minorē
eſſe quarta circumferentiæ, arguit arcus b g datus minor quadrāte. Reliqua tan
dem per operationē præcedentis abſoluemus. Non egre feras, ſi ſolito prolixiores
in his tribus propoſitionibus uideamur, id enim poſtulat tenor operationis, nō ni
hil moræ attulit exemplaris numerorum manuductio, in qua ſi te ſatis exercueris, to
tā fermè artem triangulorum ſphæralium facilem arbitraberis.

그림3.3(a) 레기오몬타누스『삼각형총설』1쪽. 숫자는 모두 아라비아숫자로 표기되어 있다. 첫째 행 "20521, 그것은 전정현sinus totus을 곱하면 1231260000이 된다". 이것은 $rsin\theta = 1231260000 \div 20521 = 60000$ 임을 나타낸다. 즉, 정현은 그림3.2에서 $\overline{ab} = 60000$ 라고 했을 때 bc의 길이이다. 본문 중 $\overline{35}.35$와 $\overline{11}.36$은 60진법의 각도 $35°35'$, $11°36'$을 나타낸다. 이런 방식으로 유효숫자가 큰 자릿수의 계산이 가능하다.

REVOLVTIONVM LIB. V. 160

rum B D eſt 10000. in modico quoq; à Ptolemaico inuento, ac
idem ferè. Tota uero A D E earundē part. eſt 11460. & reliquæ E C
8540. Et quas aufert epicycliū in A part. 500. ſumma abſide eccē
tri, eas reddit in infima, ut maneant illic part 10960 ſummæ, hic
9040. infimæ. Quatenus igitur dimidia diametri orbis terræ fue
rit pars una, erunt in apogæo Martis ac ſumma diſtantia pars
una, ſcru. XXXVIII. ſecūda LVII. In infima pars una, ſcru. XXII.
ſecunda XXVI. In media pars una, ſcrup. XXXI. ſecunda XI. Ita
quoq; & in Marte motus magnitudinis & diſtantiæ ratione
certa per terræmotum explicata ſunt.

그림3.3(b) 코페르니쿠스『회전론』1쪽. 로마숫자와 아라비아숫자가 혼재되어 있어 매우 읽기 힘들다(Pannekoek(1951), p.200에는 "코페르니쿠스의 책에는 본문의 모든 숫자가 로마숫자로 주어져 있다"라고 되어 있는데, 이것은 틀린 내용이다). 60진 소수 1 ; 38, 57(화성의 원일점 거리)가 una, seru, XXXIII. secunda LVII로 표기되어 있다. Rosen 역(p.270)과 Wallis 역(p.777)도 평균 거리에 맞도록 1 ; 39, 57로 정정했다.

지식이 필요했습니다. “삼각법은 학식 있는 수학자를 만족시키는 모든 것을 포함하고 있다. 그것은 하늘이 숨기고 있는 모든 것을 밝은 곳으로 이끌어낸다.” 그 유명한 티코[브라헤]는 이와 같이 말했습니다.

지금까지 많은 저술가가 삼각법에 대한 이론을 자세히 설명했습니다. 그중에는 히파르코스, 아그리파, 프톨레마이오스 등 고대의 인물이 포함되어 있습니다만, 이들은 정현이 아닌 현과 반현만을 사용했습니다. 그로부터 1,300년이 지난 후 (레기오몬타누스라는 이름으로 잘 알려진) 요하네스 뮐러가 여섯 자리까지 들어맞는 정현표를 작성했습니다.[35]

삼각법의 역사를 다룬 책에서 확인할 수 있듯이 레기오몬타누스의 『삼각형총설』이 “삼각법에 관해 당시 가장 영향력이 컸던 서적”이었음은 분명하다.[36]

보충하면, 레기오몬타누스의 『삼각형총설』에 쓰인 숫자는 당시에 오히려 상업수학에서 사용된 아라비아숫자로 통일되었다(그림3.3(a)). 이에 비해 그 후 출판된 코페르니쿠스의 『회전론』에서는 아라비아숫자와 로마숫자가 혼재되어 지금 보면 매우 기이한 느낌을 준다(그림3.3(b)). 이러한 점에서도 레기오몬타누스는 선구자였다.*6

---

*6 『삼각형총설』 제2권 정리 23의 논의는 삼각형에 관한 문제를 대수적인 방식, 즉 방정식을 통해 푼 첫 사례이다. 레기오몬타누스는 이 방정식을 $\frac{1}{4}$ census &

3. 레기오몬타누스의 프톨레마이오스 비판

천문학 이야기로 돌아가자. 최종적으로 레기오몬타누스가 쓴 『적요』는 『알마게스트』의 라틴어 번역이라기보다, 난해한 『알마게스트』에 대해 수학적 엄밀성을 잃지 않고 명확하게 다시 써 『알마게스트』의 무미건조한 기술을 명제와 그 증명으로 정리한 것으로, 삽화도 매우 많이 들어갔다. 274쪽 분량에 무려 287개의 그림이 들어가 있었다.[37] 이는 프톨레마이오스 이론의 보급에도 크게 공헌했다. 한 예로 갈릴레오가 청년 시절에 남긴 노트 중 천문학에 관해 기술된 부분에는 프톨레마이오스의 책과 레기오몬타누스의 『적요』가 권수와 명제번호 표기와 함께 여러 번 언급되었다.[38] 갈릴레오는 『적요』를 통해 프톨레마이오스 천문학을 배웠던 것이다.

그보다 더 중요한 점은 『적요』가 프톨레마이오스 이론을 부활시켰을 뿐만 아니라 과거의 이론과 서적을 접할 때의 태도를 개

---

136 minus 6 rebus aequales unidelicet 4 censibus & $2\frac{1}{4}$ demptis 6 rebus로 표현했다. 이것을 현대적인 수식으로 표현하면 $\frac{1}{4}x^2 + 136 - 6x = 4x^2 + 2\frac{1}{4} - 6x$가 된다. 방정식론이 발전했던 이탈리아에서는 13세기 피보나치부터 1494년 파치올리의 책에 이르기까지 방정식에서 음의 계수를 받아들이지 않았다. 음의 계수 방정식은 프랑스에서 니콜라 쉬케가 1484년에 처음으로 썼다고 여겨지는데(Boyer의 『수학의 역사 3(数学の歴史 3)』 p.13), 『삼각형총설』은 그보다 빠르다. 실로 "레기오몬타누스는 15세기 최초이자 최대의 대수학자代數學者, cossist 중 한 사람으로 불려야 마땅"하다(Kaunzner(1968a), p.291. 또한 idem(1968b)도 보라).

선했다는 것이다.

레기오몬타누스도 고대 문예에 밝았으며, 역시 인문주의자로 여겨진다. 그는 『알마게스트』의 아라비아어 중역이 아닌 그리스어 직역에 열의를 보였다. 물론 베사리온에게서 의뢰를 받은 것과 천문학 자체에 대해 강한 열의를 품었던 것도 영향을 미쳤겠지만, 그가 고대 학예 복원의 가치와 의의를 알고 있었기 때문일 것이다. 실제로 레기오몬타누스는 이탈리아에서는 고대 그리스 수학서와 과학서 수집에 힘썼으며, 아르키메데스의 수학서를 여러 권 필사하여 독일에 가지고 돌아왔다. 프톨레마이오스의 『지리학』도 그리스어 판본을 직접 정확하게 새로 번역할 계획을 세웠다. 디오판토스가 쓴 『산학』의 그리스어 사본을 베네치아에서 발견한 것도 그였다.[39] 또한 레기오몬타누스는 로마에서 그리스어 신약성서를 필사하기도 했다. 이는 단지 그리스어 학습을 위한 것만은 아니었으며, 그가 기독교도이자 인문주의자로서 고대 문헌을 경외했음을 보여준다. 이것은 1516년 에라스무스가 처음으로 그리스어 신약성서를 교정한 후 라틴어 번역을 추가해 출판한 것보다 반세기 앞선 일이었다. 그러나 레기오몬타누스를 무비판적으로 고대 문헌을 신성시하거나 상고주의적으로 고대 문물을 수집하기만 했던 당시의 많은 인문주의자들과 비슷하게 취급해서는 안 된다. 그는 고대 문헌인 프톨레마이오스의 책에 대해 뛰어난 천문학자이자 수학자로서 비판적인 태도로 임했다.

1464년경 레기오몬타누스는 33세 연상인 페라라 공국의 천문학자 조반니 비안키니와 서신을 수차례 주고받았다. 비안키니는

『알폰소 표』를 기반으로 한 『천체표』를 작성한 천문학자로, 에스테 가문의 회계 관리자였던 인물이다. 그는 『알마게스트』를 열심히 읽은 독자였으며, 1456년에는 『알마게스트』의 입문서와 주석서를 저술했다. 프톨레마이오스의 열렬한 신봉자로서 알려졌기에 포이어바흐의 사후 레기오몬타누스가 그에게 접근했을 것이다.[40] 레기오몬타누스는 그에게 보낸 편지에서 동시대 인문주의자를 기탄없이 비판했다.

> 오늘날 천문학자 대부분의 태만socordia에는 언제나 놀랍니다. 그들은 마치 속임을 당하기 쉬운 여성처럼 책 속에서 찾을 수 있는 표나 절차는 무엇이든지 신성한 불변의 진리로 받아들입니다. 그들은 저자를 완전히 믿은 나머지 진실에는 관심을 가지려 하지 않습니다.[41]

1470년대에 나온 『행성의 이론 논박』의 '서문'에도 이처럼 동시대인을 비판하는 내용이 담겨 있다.[42] 『적요』가 프톨레마이오스 이론을 복원한 것은 그 자체로 이러한 학습 태도를 개선한 측면이 있다.

이때까지의 천문학 교육은 초급 과정에서 사크로보스코의 『천구론』, 상급 과정에서도 겨우 『행성의 이론』을 바탕으로 해서 이루어졌다. 레기오몬타누스가 몹시 빈정거리는 어조로 이야기했듯이 "천문학자[점성술사]로서 명성을 얻으려면 … 『행성의 이론』과 『천구론』을 훑어보기만 하면 되며, 몇 가지 표와 예언집을 조금만 알면 충분"한 실정이었다.[43] 『행성의 이론』은 나름 정밀해서, 『알폰소 표』와 같은 천체표와 계산절차서를 사용해 행성의 위치를 예측하는 데 필요한 최소한의 지식을 제공했다. 그러나 이것은 일종의 설명서(올라프 페데르센Olaf Pedersen은 short manual[44]이라 불렀다)로, 이론이 어떻게 형성되었는지에 대한 배경이나 경험적인 근거는 전혀 다뤄지지 않았다. 노바라의 캄파누스가 쓴 『행성의 이론』은 앞서 말한 『행성의 이론』보다는 훨씬 자세하다. 하지만 캄파누스도 그의 책에서 논의된 행성의 이론에 대해 "이 모델들은 놀라운 프톨레마이오스의 논쟁의 여지가 없는 증명irrefragablilis demonstratio에 의해 확실히 뒷받침된다"라고 썼다.[45] 프톨레마이오스는 중세 내내 수학적 천문학의 절대적인 권위자였던 것이다.

그에 비해 『알마게스트』 자체에는 관측 데이터로부터 행성궤도 파라미터를 유도하는 방법이 상세히 기술되어 있었으며, 이것을 레기오몬타누스의 『적요』가 보다 명석하게 부활시켜 설명했다. 따라서 『적요』에 기초하여 프톨레마이오스 이론의 형성 과정을 직접 검증하고 모델의 근거를 음미함으로써, 천문학을 공부하는 학생들은 노력 여하에 따라 기존의 모델을 비판하고 다른 것으로 바꿀 수 있는 능력을 체득할 수 있었다.[46] 『과학전기사전』의 기술에 따르면 이러한 의미에서 "『적요(에피톰)』는 르네상스기에 고대의 수학적 천문학을 진정으로 재발견한 사례이다. 천문학자들은 이 책을 통해 이전까지는 이해할 수 없었던 프톨레마이오스 이론을 이해할 수 있게 되었다"라고 할 수 있다.[47]

레기오몬타누스 스스로도 한편으로는 천문학의 내재적 이론에 입각하여, 다른 한편으로는 자신의 관측에 의거하여 프톨레마이오스 천문학을 비판했다.

이론에 입각한 비판을 먼저 살펴보자. 앞서 말했듯이[Ch.1.6] 『알마게스트』 제12권에는 행성의 제2의 부등성에 관해 이심원 모델로도, 주심이 회전하는 주전원 모델로도 설명할 수 있는 것은 외행성뿐이라고 되어 있다. 이에 대해 『적요』 제12권에는 다음과 같이 쓰여 있다[48](그림3.1).

> 명제I: 외행성에서 유일한 부등성[제2의 부등성만]을 가정한다면, 동심적인 유도원상의 주전원 하나와 주전원을 동반하지 않는 이심원 모두 부등성의 원인이 된다.
>
> 명제II: 같은 것이 수성과 금성에 대해서도 반드시 나타난다.

여기에 대해 천문학사 연구자 스워들로Swerdlow가 언급한 내용을 보자.

> 나는 코페르니쿠스가 『적요』 제12권의 두 명제를 주의 깊게 탐구한 후 태양중심이론에 도달했다고 믿는다. 그는 여기에서 제2의 부등성의 이심원 모델로부터 태양을 중심으로 한 행성 운동의 표현으로 이어지는 큰 결론을 이끌어냈던 것이다. … 이처럼 레기오몬타누스는 코페르니쿠스가 이룬 대발견의 토대를 제공했다.[49]

이 점에 대해서는 나중에 코페르니쿠스를 다룬 장에서 자세히 설명할 것이다[Ch.5.2].

후자(관측에 의거한 비판)는 앞 장에서도 언급했듯이 『알마게스트』를 바탕으로 작성된 『알폰소 표』의 오류를 발견한 것이다. 『알폰소 표』는 13세기 작성된 가장 기본적인 천체운행표로 레기오몬타누스가 활동했던 시대까지 서양 세계에서 널리 사용되고 있었다. 레기오몬타누스는 1464년 2월 비안키니에게 보낸 마지막 편지에서 항성천 운동부터 달과 행성의 운동에 관한 내용에 이르기까지 프톨레마이오스 이론을 구체적이면서 정량적으로 비판했다.

예를 들어 레기오몬타누스는 포이어바흐와 함께 수행한 관측에서 하지일 때 태양의 적위, 즉 황도면과 적도면이 이루는 각도 23도 28분을 얻었으며, 토스카넬리와 레온 바티스타 알베르티의 관측 결과도 23도 30분이었음을 알고 있었다. 그러나 프톨레마이오스 이론에 기반을 둔 『알폰소 표』로 이 값을 계산하면 22도 47분이 나와, 자신의 관측 결과와는 41분이 다르며 이탈리아 관측자들의 결과와는 43분이나 차이가 났다. 레기오몬타누스는 이 차이를 "허용하기 힘든 오차error intollerabillis"라고 표현했다.[50]

그는 또한 화성에 대해서도 이미 1461년 12월의 첫 관측에서 『알폰소 표』를 통한 예측에 대해 "오차가 2도임에 주목하라Ecce error in duobus gradibus"라고 강조했다.[51] 더 나아가 『알마게스트』에 실려 있는 화성의 파라미터, 유도원의 반경을 $a = 60$으로 했을 때 주전원의 반경 $c = 39.3$, 그리고 지구로부터 유도원의 중심에 이르는 거리(이심 거리) $ea=6$을 사용하면, 화성까지의 최대 거리는 $a=(1+e)+c=105.3$, 최소 거리는 $a(1-e)-c=14.7$이다. 따라서 그 비는 105.3:14.7=7.2:1이 된다.[52] 지구에서 본 시직경이 거리에 반비례한다면 화성 크기, 즉 면적은 거리의 제곱에 반비례한다. 레기오몬타누스는 이에 따라 최소 거리일 때와 최대 거리일 때의 비에 대해 다음과 같이 지적했다. 비안키니에게 보낸 마지막 편지에 포함된 내용이다.

> 만약 화성의 이심율[e]이 가정된 대로이며 주전원의 직경도 마찬가지라고 한다면, 화성의 겉보기 최대 면적과 최소 면적의 비는 거의 52 대 1[7.2^2:1=52:1]이 됩니다. 하늘이 충분히 맑을 때의 조건에서도 마찬가지라면 누가 보더라도 화성이 결코 그렇게까지 커지진 않았다고 저는 믿습니다.[53]

금성에 대해서도 마찬가지였다. 『알마게스트』의 파라미터로 계산하면 겉보기 면적비가 최대 45배가 되는데, "그처럼 큰 금성은 아무도 확인한 적이 없다"라고 기록했다.[54] *7

마지막으로 달의 경우에는 [관측 결과와 『알폰소 표』를 바탕으로

---

*7 구체적인 수치는 Ch.1.5, (1.11)에 있다. 이미 중세기에 레비 벤 게르손 등이 프톨레마이오스에 대해 같은 비판을 했던 것 같다. Goldstein(1972), p.44f.; (1996a), p.1f. 참조.

한 예측이] 매우 크게 어긋나는 경우가 빈번하므로 보통 사람조차 천체를 다루는 신성한 과학을 날카로운 이로 찢어버릴 것입니다. 저는 1461년 12월에 월식을 관측했습니다만, 관측된 종료 시점이 계산한 값보다 넉넉히 1시간은 빨랐습니다. … 저는 또한 다른 월식도 관측했는데, 지속 시간과 달이 가려진 부분의 크기가 계산 결과와 크게 달랐습니다. 그 점에 대해서는 다른 적절한 곳에서 자세히 말씀드리겠습니다. 또한 달의 이심율과 주전원이 지금까지 주장해온 바와 같다면, 다른 조건이 일정할 경우 특정한 위치에서의 크기가 다른 위치에서의 크기보다 4배는 크게 보여야 합니다.[55] *8

마지막 문장에서 지적한 내용을 보자. 1장에서 기술한 프톨레마이오스의 달 궤도 파라미터[Ch.1.4]에 따르면, 달이 가장 멀리 있을 때와 가까이 있을 때 거리의 비는 아래와 같다.

$$\frac{a+c}{a(1-2e)-c}=\frac{65;15}{34;09}\fallingdotseq 2\,,$$

따라서 달의 겉보기 면적비가 어처구니없게도 4배로 나와버리는 것이다.

행성은 원래 너무 작기 때문에 육안으로 보는 이상 면적의 변화는 알기 힘들다. 그리고 고대부터 당시까지 별의 크기 차이는

---

*8　12월 17일 로마에서 관측한 월식을 언급한 것이다. 식이 끝난 시각은 별의 고도 관측으로부터 추정했다. Swerdlow(1990), p.188f., Zinner(1968), p.142 참조.

밝기 차이로 나타난다고 알려졌으나, 실제로는 전혀 근거 없는 믿음이었다. 동일한 별에 대해서도 거리 변화에 동반하는 밝기 변화는 인간의 눈에 비선형적으로 반영되기 때문에, 별(행성)이 다가와도 거리나 거리의 제곱에 반비례해서 느껴지지는 않는 것 같다.[56] 게다가 금성의 경우 훗날 갈릴레오가 망원경으로 확인했듯이 지구에 근접했을 때는 태양과 지구 사이에 있어(달의 경우 신월에 해당) 지구에서 볼 때의 밝기(반사광)가 줄어들며, 오히려 지구로부터 멀어졌을 때 태양 건너편에 있어(달의 경우 보름달에 해당) 밝아진다. 그리고 이러한 밝기 증감의 효과가 거리의 원근에 의한 효과를 상쇄하는 방향으로 작용한다. 따라서 화성과 금성의 경우에 대한 레기오몬타누스의 비판이 옳은지 그른지는 이 시점에서 판단이 불가능했다.

그러나 달은 시직경이 충분히 크기 때문에 레기오몬타누스 비판의 옳고 그름을 육안으로 쉽게 판단할 수 있다. 실제로 지구에서 본 달의 크기 변화는 1.3배 정도로 겉보기에 거의 차이가 없다. 신월과 반달의 경우 그늘진 부분까지 포함해서 그렇다. 이 점은 알렉상드르 쿠아레Alexandre Koyré가 말했던 것처럼 확실히 "프톨레마이오스 체계의 약점 중 하나"였다. 스워들로에 따르면 레기오몬타누스는 이 시대의 천문학에 대해 "신뢰를 완전히 저버린 것은 아니었지만, 심각한 의문점을 제기"했던 것이다.[57]

달의 겉보기 크기에 대한 지적은 『적요』 제5권 명제22에서도 반복되었다.[58] *9 코페르니쿠스는 이를 통해 프톨레마이오스 이론에 대한 비판에 눈을 뜨게 되었다. 『과학전기열전』의 '코페르니쿠스' 항에는 "베네치아에서 인쇄된 『적요』의 이 한 구절이 당시 볼로냐대학에서 공부 중이던 코페르니쿠스의 주의를 끌었다"라고 나온다. 『적요』가 인쇄·출판된 것은 1496년이다. 이때 이탈리아를 방문한 코페르니쿠스는 다음 해인 1497년 1월 처음으로 볼로냐대학에 학생으로 등록했으며, 천문학자인 도메니코 마리아 노바라의 집에 하숙하면서 4년을 보냈다. 따라서 그사이에 노바라를 통해서 레기오몬타누스를 알게 되었을 것이고, 당연히 『적요』 또한 학습했을 것이다. 실제로 코페르니쿠스가 최초로 지동설을 주창했던 수고手稿인 『소논고(코멘타리오루스)』에는 레기오몬타누스가 행한 것과 동일한 프톨레마이오스 비판이 기록되어 있다. 또한 후에 지동설을 전면적으로 전개한 『회전론』 제4권 2장에서도 이 점을 다시 지적했다.[59] 물론 단지 이것만이 지동설에 대한 코페르니쿠스의 문제의식 전부는 아니었다고 해도, 그의 프톨레마이오스 비판에서 주요한 논점 중 하나였음은 분명하다.

---

*9 실제로 달의 시직경은 29′22″과 33′31″ 사이에서 변하며, 면적의 최대 변화는 $(33'31''/29'22'')^2 \fallingdotseq 1.3$배이다. 14세기 다마스쿠스의 천문학자 이븐 알 샤티르와 유대인 천문학자 레비 벤 게르손이 이 점을 지적했으나 무시되어왔던 것 같다(Goldstein(1972), p.46; (1997b), p.11).

『적요』 제5권 명제22 "[프톨레마이오스의 이론에 따르면] 달은 주전원의 근지점이자 구矩의 상태일 때, 만약 그 [표면의] 원이 모두 보였다면 그것이 주전원의 원지점이자 충의 상태일 때에 비해 4배로 보여야 하는데, 실제로 그렇게 크지 않은 것은 놀라운 일이다".

4. 레기오몬타누스와 동심구 이론

레기오몬타누스는 비안키니에게 보낸 프톨레마이오스의 달 운동론에 대한 비판에 입각하여 1470년대까지 계속 쓴 『트레비존드의 게오르게에 대한 테온의 옹호』(이하 『테온의 옹호』)에서 이심원·주전원 모델에 대한 불신감을 표명했다.

> 만약 시간이 허한다면 절대 만족할 수 없는 알페트라기우스[비트루지]의 방식이 아니라 무언가 새롭고 더 적절한 방식으로 이심원과 주전원을 사용하지 않고absque eccentrico et epicciclo 달의 운동에서 나타나는 부등성을 어떻게 구할 수 있는가 증명할 것이다. 대다수의 천문학자가 하고 있는 것과는 다른 방식을 선택하거나 이끌어내야 한다. 아무런 이유도 없이 이처럼 생각한 것은 아니다. 달에 이심원과 주전원이 없는 것이 그 이유였다. 만약 그것들[이심원과 주전원]이 있다면, 관측자 시야의 중심에서 달[면의 넓이]을 보는 각도가 어느 순간에는 대기 상태, 지평선, 자오선에 대한 달의 관계 등 여러 조건들이 동일할 터인데도, 다른 순간에 보는 각도의 거의 2배가 되어버려 그 때문에 달 [표면의] 면적은 특정한 위치에 있을 때 다른 때보다 4배나 클 텐데 지금까지 그러한 현상을 본 사람은 아무도 없기 때문이다.[60]

『테온의 옹호』는 비잔틴제국에서부터 망명한 트레비존드의 게오르게가 라틴어로 번역한 『알마게스트』와 그 주해에 대한 상세한 반론으로서, 레기오몬타누스가 글로 엮어 쓴 573쪽에 달하는 방대한 논고였다.[61] 원래 동향의 게오르게에게 비판적이었던 베사리온의 뜻을 이어서 쓴 것이기는 했지만, 그 치열한 논박 속에는 레기오몬타누스 자신의 천문학에 대한 견해가 스며들어 가 있었다. 그러나 20세기 말에 과학사가 마이클 섕크Michael Shank가 그 내용을 밝히면서 중요성을 지적하기 전까지는 이 『테온의 옹호』는 별로 주목받지 못했다. 적어도 제대로 다루어진 적은 없었던 것 같다. 당시까지 인쇄조차 되지 않았으며, 『저작집Opera Collectanea』에도 수록되어 있지 않다. 여기서는 섕크의 연구에 기초하여 살펴보기로 하자.

여기에서 레기오몬타누스는 프톨레마이오스 이론의 기본적인 결함으로 이심원과 주전원의 사용을 들고, 동심구 천문학astronomia cocentrica을 그에 대치시켰다.

아리스토텔레스가 설명한 동심구 이론 자체는 실용적인 예측 천문학에는 도움이 되지 않았다. 비트루지가 아베로에스와 같은 아리스토텔레스 원리주의자가 제기한 의견을 받아들여 정밀화를 시도했지만 결국 성공하지 못했다. 그럼에도 불구하고 『적요』를 저술하여 프톨레마이오스 천문학의 전모를 복원해 라틴 세계에 소개한 주역이었던 레기오몬타누스가 동심구 이론을 다시 채용한 것은, 의외라고 느껴지는 것을 넘어서 기이한 느낌까지 든다. 아마도 바로 이 때문에 지금까지 많은 천문학사 연구자들이 『테온의 옹호』에 주의를 기울이지 않았을 것이다.*10 그러나 동심구 모델의 부활은 사실 레기오몬타누스가 『적요』 집필 이전부터 고려하고 있던 것이었다.

레기오몬타누스는 1460년 그로스바다인의 사교 야노스 비테즈에게 보낸 편지에서 이심원과 주전원이 없는 천문학을 4부로 된 논고로 전개할 계획에 대해 이야기했다.

> 저는 제1부에서 확실한 논거와 장래의 관측을 통해 주전원에 관한 종래의 가설을 때려 부술 생각입니다. 제2부에서는 그를 통해 운동의 모든 부등성을 구할 수 있는 동심구에 대한 고찰을 주저 없이 제창할 예정입니다. 제3부에서는 제2부의 내용을 기하학적인 근거를 바탕으로 해서 확인하게 될 것입니다. 제4부에서는 이들 운동을 계산하는 방법과 원기元期에서의 새로운 위치를 기준으로 작성된 표가 포함될 것입니다.[62]

즉, 레기오몬타누스의 계획에서 이 새로운 동심구 이론은 이심원이나 주전원 같은 가공의 수학적 구조를 도입하지 않고도 정량적으로 정확한 예측을 가능케 하며, 따라서 새로운 천체운행표 작성 시에 기초로 사용될 것이었다. 그는 이 편지에서 태양과 달

---

*10 레기오몬타누스가 빈에 있을 때 남긴 것으로 추정되는 노트에는 13세기에 동심구 이론을 주장했던 비트루지에 대해 매우 비판적인 글이 있다. 이 노트의 존재 또한 레기오몬타누스가 동심구 이론으로 기울어졌던 것이 일시적인 일탈 혹은 미망에 지나지 않는다는 견해를 뒷받침하며, 더 나아가서는 『테온의 옹호』가 무시받게 된 이유 중 하나였던 것 같다. Carmody(1951) 참조. 그러나 섕크는 이 노트를 상세히 검토한 후 레기오몬타누스가 쓴 것이 아니라고 결론지었다. 이 노트의 내용과 그를 둘러싼 이전의 논의, 그리고 섕크 자신의 결론에 대해서는 Shank(1992) 참조.

에 대해 의도한 이론의 개략을 설명했다.[63]

그리고 1463년 말 혹은 1464년 초에 비안키니에게 보낸 두 번째 편지에서도 몇 가지 문제를 제기한 후 곧바로 동심구 천문학에 대한 구상을 피력했다.

> 만약 최초로 완전한 동심구 천문학이 확립된다면 이 유형의 문제 대부분이 이 표를 통해 풀릴 것으로 생각합니다. … 다양한 행성 운동을 동심구를 통해 구하는per cocentricos salvare 것은 훌륭한 일일 것입니다. 나는 태양과 달에 대해서 이미 한 가지 방법을 제시했습니다. 다른 행성에 대해서는 아직 약간의 준비가 되어 있는 상황입니다. 이들이 완전해질 때에는 이 표를 통해 모든 행성의 가감차를 계산할 수 있게 될 것입니다.[64]

이러한 논의들에서 하인리히 폰 랑겐슈타인의 영향을 읽어낼 수 있다. 실제로 레기오몬타누스가 랑겐슈타인의 논고인 『이심원과 주전원의 추방에 관하여』를 노트한 사실이 알려져 있다.[65] 또한 『테온의 옹호』에서 "제諸 행성의 평면적인 원궤도circulus superficialis가 아닌 물체적인 구각orbis corporeus을 충분히 보완하는 형태로 논하는 것, 즉 그 형상, 순서, 크기, 회전축 내지 이런 종류 외의 '우유성'을 논하는 것은 천문학자의 책무astronomi afficium이다"라는 기술에는 물질적인 구각을 통해 프톨레마이오스 이론의 재구성을 시도한 포이어바흐의 영향도 엿볼 수 있다.[66]

[프톨레마이오스보다] 나중의 인물들은 지극히 교묘하고 상세하게 천체의 자연본성을 파고들어 가, 별을 나르고 있는 것이 3차원적으로 퍼져 있지 않은 단순한 수학적인 원circulus mathematicus이 아니라 무언가 다양하고 교묘한 수송 방법으로 별을 나르는 구상의 물체corpora globica라고 생각했다. 예를 들어 권위자 프톨레마이오스는 태양에 단일한 이심원을 할당했으나, 그들[후에 등장한 이들]은 그것이 얇은 원circulus tenuis이 아니라 그 하부의 천공과 원소 영역 전체를 둘러싸고 있는 모든 방향으로 일정한 두께의 [3차원적인] 구각orbis이라고 생각했다. 그들은 태양 스스로 두 개의 동심적인 구면sphaera에 둘러싸인 이 구각에 고정되어 이른바 에테르 영역을 헤맬 일 없이 그를 포함하는 구각의 운동에 구속되어 그 중심 주변을 주회한다고 생각했다.[67]

인용문만 봐서는 "[프톨레마이오스보다] 나중의 인물들posteriores"이 누구인지 불분명하지만, 13세기의 비트루지, 14세기의 하인리히 폰 랑겐슈타인, 그리고 15세기의 포이어바흐가 분명히 포함될 것이다. 결국 랑겐슈타인부터 포이어바흐 그리고 레기오몬타누스에 이르는, 빈의 천문학 부활 전통이 의도했던 바는 단순히 프톨레마이오스 천문학을 복원하는 것이 아니었다. 수학적으로는 프톨레마이오스의 정밀함을 보증하는 동시에 자연학적으로 뒷받침되는 근거를 지닌 우주론으로서 물리학적 천문학을 창출하는 것이었다.

그러나 이를 위해서는 사실 아리스토텔레스 자연학 자체도 새로운 자연학(물리학)으로 바뀌어야만 했다. 레기오몬타누스의 생각은 아직 거기까지 미치지 못했다. 오히려 그는 아리스토텔레스 자연학에 충실했다. 이는 그가 비트루지를 비판한 대목에서도 파악할 수 있다. 비트루지의 이론에서는 금성의 천구가 태양의 천구 위에 놓였다[68][Ch.5.3]. 그러나 달의 구 윗면과 태양의 구 아랫면 사이에는 지구의 반경 1,000여 배에 달하는 간격이 있다. 이는 프톨레마이오스 이래 아랍의 천문학자들도 확인한 값이다.

> 그러나 레기오몬타누스는 『적요』 제9권 명제1에서 말했다. 자연은 이 공간이 공허임을 허락하지 않는다. 따라서 어떤 물체든 그곳을 메우고 있어야 한다. 그러나 그 물체는 달이나 태양의 구와는 별개의 것일 것이다. 사실 그처럼 거대한 것을 가정하는 것은 무익할 것이다. 따라서 자연스러운 적성適性으로부터 그 공간은 금성과 수성을 요구한다.[69]

레기오몬타누스는 행성구가 실재함을 믿었을 뿐만 아니라, 진공의 존재를 부정하는 아리스토텔레스 자연학도 믿었던 것이다.

좌우간 비테즈에게 보낸 편지에서 레기오몬타누스가 논의한 내용의 진의는 자연학의 원리에 기초하면서 동시에 수학적으로 엄밀한 천문학을 만들어내자는 것이었다. 『테온의 옹호』에는 그 목표가 "현상을 계산하는 데 적절할 뿐만 아니라 천체의 운동 법칙과 함께 그 형상에 대한 완전한 지식을 진정으로 부여하는 천문학에 도달하는 것"이라고 명확하게 제시되어 있다. 이어서 레기오

몬타누스는 "그 이외의 것은 허구의 학예fictiam artem이다"라고 기술하기까지 했다.[70]

당시 자연학의 원리와 현상이 배치背馳됨은 무엇보다도 행성 운동에서 보이는 부등성에서 나타났다. 이심원과 주전원의 도입은 오로지 이 부등성을 '구제하기' 위한 것이었다. 이에 대해 레기오몬타누스는 『테온의 옹호』에 나오는 구절에서 자신의 견해를 충분히 드러냈다.

> 하늘의 [진정한] 운동은 완전히 일정한 것이지만 우리에게는 부등不等하게 나타난다. 따라서 우리는 무엇보다도 이심원과 주전원으로는 결코 보존될 수 없는 이 일정성을 구제해야만 한다.[71]

그는 다음과 같이 표명하기도 했다.

> 천체의 운동에서는 다른 무엇보다도 다음의 두 가지, 즉 근원적이면서 본래적인 일정성equalitas과 겉으로 드러나는 부등성inequatitatis이 확보되어야 한다. 전자는 얇은 원이 아닌 구각에서per orbes, non per tennues circulos 기인하며, 후자는 그 증명력 때문에 평면상의 원으로per circulos in planitie 설명된다. 전자는 일정하지 않은 운동을 허용하지 않는 천상계 물체의 자연본성에 알맞으며, 후자는 이들 운동을 비등속이면서 불규칙적인 것으로 보는 관측자, 즉 인간에 관련된다. 전자는, 이렇게 말해도 괜찮다면, 프톨레마이오스가 완전히 무시한 것이며, 후자는 프톨레마이오스가 앞에서 기술한 증명을

통해 운동의 질을 사상捨象하여 운동의 양을 수로 나타내는 것을 통해 그 궁극을 달성한 것이다.[72]

레기오몬타누스는 "우리에게는 부등하게 나타나는 것"과 "하늘의 [진정한] 운동"이 같지 않다고 지적했다. 그리고 그 배경에는 인간의 관측에서는 부등하게 나타날지라도 진짜 운동은 어디까지나 자연학의 원리에 따라 일정하고 규칙적이라는 생각이 있었다. 플라톤의 그림자를 느끼게 하는 그의 이러한 사상은 후에 코페르니쿠스에게도 크게 반영되었음을 보게 될 것이다. 코페르니쿠스는 프톨레마이오스가 말하는 행성 운동의 제2의 부등성, 즉 유와 역행이 실제로는 관측자의 움직임(지구의 운동)에서 기인한 착각에 지나지 않는다는 것을 꿰뚫어 보았다.

5. 과학의 진보라는 개념의 출현

레기오몬타누스는 비안키니에게 보낸 편지에서 "매우 총명한 우리의 프톨레마이오스"[73]라고 말하며 그를 최대의 천문학자로 평가했으나, 동시에 프톨레마이오스 이론을 엄격하게 비판했다. 레기오몬타누스가 행한 비판의 화살 끝은 다음 문제를 향해 있었다. 첫째는 천문학에 자연학적인 근거를 부여하는 문제였으며, 둘째는 그 수학적 귀결과 관측 결과가 불일치하는 문제였다. 레기오몬타누스에게 계산과 관측의 어긋남은 그 기초가 되는 수학적 모델의 부적절함을 뜻하는 것이었다.

자연과학에서 이러한 태도는 현재의 입장에서 보면 당연한 것이다. 그러나 당시로서는 지극히 새로운 관점이었다. 중세 후기 대학의 자연철학에서 수학이 사용되지 않았던 것은 아니다. 그렇기는커녕, 예를 들어 아리스토텔레스의 운동 이론에 대한 비판에서는 수학적인 논의가 상당히 중요시되었다. 등가속도운동, 혹은 일반적으로 일정한 비율로 증가하는 양에 대한 1차함수 그래프에 해당하는 그림까지 사용되었다. 그러나 이것은 어디까지나 형식적이면서 가설적인 논의·논증의 연습이었으며, 현실의 측정을 통한 검증은 전혀 의도되지 않았고, 그 자리에서 실제의 수치를 다루는 일도 없었다.[74] 당시 "이 운동학적 분석을 전개한 중세의 학자들"이 "노동의 장을 서재에서 작업장으로 옮기는 것은 생각지도 않았던 것"이다.[75]

한편 기술의 세계에서 정량적 측정은 널리 이루어지고 있었다. 특히 금속의 정련精鍊·야금 기술에서는 상당히 정밀한 중량 측정이 실시되었다. 탄도학 분야에서도 16세기에는 거리의 수학교사 타르탈리아가 군사기술자와 협력해서 실물을 통한 실험과 정량적인 측정을 수행했다.[76] 그러나 정련소와 공방에서 이루어진 실천은 대학에서 이루어진 연구 또는 교육과 아무런 관계를 맺지 않았으며, 또한 대학의 철학자들이 타르탈리아의 실험으로 말미암아 운동 이론의 재검토를 요구받은 사실도 17세기 이전까지는 보이지 않는다. 중세의 대학에서 "자연의 직접적인 관찰을 필요로 하고, 한층 더 실험을 필요로 하는 학문은 교육의 장에서 한

번도 적당한 장소를 부여받지 못했다".[77]

대학에서 교육된 학문 중 이론상의 귀결이 정량적인 측정에 기초해 음미되는 분야는 천문학뿐이었다. 이것은 앞 장에서 살펴보았듯이 실학으로서의 천문학이 지닌 특이성 때문이다. 천문학에서는 계산에 의한 예측과 관찰 결과가 일치하는지 항상 질문했다. 그럼에도 불구하고 프톨레마이오스 천문학이 그토록 긴 기간에 걸쳐 인정받고 받아들여진 것은 그 수학적 증명을 비판적으로 검증할 수 있을 만한 지식과 능력을 지닌 인물이 극히 소수였기 때문이기도 하지만, 동시에 프톨레마이오스 천문학, 즉 등화점을 동반하는 이심원·주전원 이론이 실제로 훌륭한 모델이었으며 [Ch.1.7], 그 당시의 관측 정밀도가 프톨레마이오스 이론과 현실의 차이를 밝히는 데 충분한 수준이 아니었기 때문이다.

레기오몬타누스는 처음으로 이론의 음미와 관측에 기초한 검증이라는 두 측면에서 비판한 자격자로서 이름을 알렸다. 앞서 언급했던 비안키니에게 보낸 편지에는 관측 결과가 『알폰소 표』에 의한 예측과 맞지 않는다는 점에 입각해 "프톨레마이오스로부터 오늘날까지 알바테니우스[바타니]와 그 외 인물들이 태양과 달의 운동을 수정해왔지만, 나머지 다섯 행성은 사실상 등한시되어왔습니다"라고 썼으며, 다음과 같이 논의를 이어갔다.

> 이런 유형의 사항에 대해서는 이 정도면 충분하겠지요. 저는 이 같은 상황에 대한 고민 때문에 종종 괴로워하며 오늘날의 나태와 무기력에 대해 개탄해왔습니다. 확실히 오늘날 철학에 헌신하고

자 하는 이에게는 몇 가지 도전해야만 하는 과제가 있습니다. 우리들 눈앞에는 선배들의 발자취가 남겨져 있습니다. 그를 바탕으로 이들 문제에 전력을 다하기만 한다면 확실히 전진할 수 있는 incedere possimus 상태에 있습니다.[78]

과학사가 에드거 질셀Edgar Zilsel은 "지식의 진보라는 이상은 중세 스콜라 학도에게는 무관했다. 근대 최초의 세속 학자인 르네상스 인문주의자들도 과학의 진보 편에 서 있던 것은 아니다. 소수의 예외를 제외하면 그들은 고대의 저자들을 뛰어넘을 수 없는 대상으로 여겼기 때문이다"라고 지적했다.[79] 마찬가지로 에드워드 그랜트 Edward Grant도 "중세의 자연철학자들은 보통 실험이라는 방법을 통해 세계에 대한 지식을 얻는 일은 하지 않았다. 또한 과학의 진보라는 유용한 개념도 지니지 않았다"[80]라고 언명했다. 실제로 중세 유럽의 대학에서 '강의'를 의미하는 라틴어 lectio는 '낭독'의 의미를 지니고 있었다. 즉, 대학의 강의는 각 분야에서 권위 있는 과거의 저작을 읽고 해설하는 것이었으며, 독자적인 사상이나 새로운 발견을 이야기하는 경우는 없었다.[81] 그렇기는커녕 중세 서구사회에서는 "고대의 권위 있는 사상을 반복해서 논하는 것은 좋게 여겨졌지만, 새로운 생각을 논하는 것은 단죄되었다"라고까지 한다. 중세 내내 유럽의 지식인은 고대를 동경하는 마음에 사로잡혀 있었다. 이는 12세기 콩슈의 기욤이 했던 말로 집약적으로 표명된다. "고대인은 현대인보다 훨씬 더 뛰어나다." 말하자면 문명의 퇴보사관이었다.[82]

콩슈의 기욤보다 거의 한 세기 뒤 인물인 솔즈베리의 요하네스는 12세기 중기에 쓴 『메타로기콘』에서 이렇게 기술했다. “우리는 고대의 저작가들에게 감사해야만 한다. 왜냐하면 그들의 저작은 우리 사상의 원천이며, 사람들의 주석에 의해 더 풍부해질 수 있기 때문이다.”[83] 학문의 진보는 가능하다고 해도 고대 학문을 해석하는 범주 내에 있었다. 실제로도 중세에 각각의 학문 분야에서 쓰인 많은 저작은 고대의 권위 있는 서적의 ‘주석’이라는 형태를 지녔다.

로저 베이컨은 13세기 서구 세계에서 가장 먼저 아리스토텔레스 철학을 받아들인 인물로 알려져 있다. 이교도 아리스토텔레스의 이론이 기독교의 가르침에 맞지 않는다는 점은 이미 지적되고 있었다. 그러나 베이컨은 “아리스토텔레스는 고대인의 확실한 지식을 갱신하여 밝게 드러냈”기 때문에 그 철학은 “신의 진리”, 즉 성서의 가르침과 모순될 리가 없다고 주장했다. 그 근저에는 “성서가 주어진 사람들에게, 즉 성인들에게 신은 처음부터 철학의 힘을 부여했다. 그것은 인간이 필요로 하는 하나의 완전한 지혜가 존재한다는 사실이 이렇게 밝혀지기 때문이다”라는 인식이 있었다.[84] 타락하기 전의 인류는 신으로부터 올바른 신앙과 올바른 학문을 부여받았으며, 따라서 진정한 종교와 진정한 철학을 “하나의 완전한 지혜” 안에서 향수했다고 믿었던 것이다.

그렇다면 신앙의 입장에서 지지받은 진정한 학문 연구란 그 이후 잃어버린, 신으로부터 받았던 지식을 발굴하여 복원하는 일과 동일해진다. 코페르니쿠스조차 지동설을 제창할 때 지구의 운동을 언급한 고대인의 이름과 언설을 원용했다. 코페르니쿠스의 유일한 제자이자, 처음으로 지동설을 옹호한 책인 『제1해설』을 저술한 레티쿠스는 고대 이집트인은 완전한 천문학을 소유했다고 굳게 믿었다.[85] 16세기 후반(1584년)에 조르다노 부르노는 대화편 『성회 수요일 만찬』에서 구래의 우주론을 고집하는 논쟁 상대가 "나는 고대인의 의견에 반하는 것을 원하지 않는다. 왜냐하면 현자가 말한 것처럼 '고대에는 지혜가 있었'기 때문이다"라고 말하게 했다.[86] 17세기의 갈릴레오도 신과학으로서의 지동설을 옹호할 때 "소요학파[아리스토텔레스 학파]의 의견은 오래되었기 때문에 많은 제자와 찬미자가 있다"라고 한탄할 수밖에 없었다.[87]

이러한 시대 배경에 비춰보면 앞서 본 레기오몬타누스의 발언은 두 가지 점에서 선구적이었음을 알 수 있다. 첫째, 관측과의 일치를 통해 이론의 올바름을 검증한다는 것. 둘째, 학문이 선인들이 도달한 지점을 넘어 전진할 수 있다는 것. 이것은 관측 데이터를 한층 더 축적하고 관측의 정밀도를 높임으로써 그때마다 개정되고, 더 정밀화되어, 하늘의 실상에 더 잘 다가가는 가소적이며 발전성 있는 학문으로서 천문학을 파악했다는 것을 의미한다. 레기오몬타누스가 남긴 내용에 프톨레마이오스에 대한 대단한 칭찬과 엄격한 비판이 함께 보이는 것에서 시대를 앞서간 레기오몬타누스의 자세를 살펴볼 수 있다. 그것은 유럽 학문관의 한 전환점을 나타내는 것이었으며, 이러한 의미에서 레기오몬타누스가 비안키니에게 보낸 편지는 스워들로가 말했듯이 "과학혁명의 정신을 체현한 최초의 문헌"이었다.[88] 다음은 레기오몬타누스 평전을 쓴 에른스트 지너의 지적이다.

결국 레기오몬타누스는 베사리온을 둘러싼 인문주의자 서클에는 만족하지 못했던 것이다. 그는 고대 저작의 가장 좋은 판본을 얻으려는 인문주의자의 노력을 인정했다. 그는 아르키메데스, 프톨레마이오스 및 기타 그리스의 학자에 대해 [인문주의자와] 같은 일을 했기 때문이다. 그러나 그는 그것으로 충분하지 않았다. 그 이상으로 중요한 일은 고대의 지식을 새로운 연구 분야의 토대로 활용하는 것이었다.[89]

이론적으로는 아직 뛰어넘을 수 있는 존재로서 우뚝 서 있던 것과 동시에 여러 가지 결함이 있는 것 또한 분명해진 프톨레마이오스 천문학의 재생과 발전을 위해서는 수많은 정확한 관측이 필요하다. 이것이 레기오몬타누스의 결론이었다.

6. 레기오몬타누스의 천체관측

베사리온과 헤어진 레기오몬타누스는 1467년에는 야노스 비테즈의 요청으로 프레스부르크*11로 갔다가, 이듬해에는 헝가리

---

*11 빈에서 동쪽으로 65킬로미터 떨어진 곳이다. 현재의 슬로바키아 수도 브라티슬라바.

왕 마차시 코르빈의 요청으로 수도 부다로 옮겼다.*12 왕의 숙원이었던 프레스부르크에 대학을 창설하는 사업을 1465년 교황이 인가했기 때문이다. 헝가리에서 레기오몬타누스가 직접 맡은 일은 왕이 군사원정에서 약탈해 온 전리품들 중 도서를 정리하는 것과 왕을 위해 점성술을 수행하는 것이었다. 당시 작성한 『방향표』도 점성술을 위한 것이었다. 그러나 이후 보헤미아와 전쟁 상태에 들어간 헝가리를 떠난 레기오몬타누스는 1471년 뉘른베르크시에서 거주 허가를 취득하고 그곳을 거점으로 삼아 천문학의 쇄신을 위해 계속해서 천체관측과 자연과학서 출판에 착수했다.

레기오몬타누스가 뉘른베르크를 선택한 것은 신중한 판단의 결과였다. 그는 에르푸르트대학의 학장 크리스티안 로더에게 이렇게 전했다.

> 저는 이곳[뉘른베르크]에 영주하기로 정했습니다. 관측 장치, 특히 천계에 대한 모든 과학의 기초가 되는 천문학 연구에 사용할 천문학 기기를 조달하기 쉬운 것도 이유 중 하나지만, 그뿐 아니라 상인들이 왕래하는 유럽의 중심으로 여겨지며, 여러 곳에 살

---

*12 마차시 코르빈(라틴명 마티아스 코르비누스, 재위 1456~1490). 투르크, 보헤미아, 헝가리전에 승리했고, 합스브루크가와도 싸워 일시적으로 빈을 점거했다. 그는 산업을 진흥하고 문예에도 힘을 썼는데, 점성술의 신봉자로 피에르 벨의 『혜성잡고』에는 “마차시 코르빈이라는 헝가리 왕은 점성술사가 긍정하지 않으면 아무것도 하지 못했습니다”라고 쓰였다(p.45f). 또한 그의 궁정도서실에는 약 2,500부의 서적이 있었는데, 이는 당시 유럽에서 최대 규모였다(L. Jardine(1996), p.366).

고 있는 학식 있는 사람들과 통신하는 데 적합하다고 생각했기 때문입니다.[90]

이 편지는 15세기 마지막 사반세기에는 제국자유도시 뉘른베르크가 교역의 중심으로서 경제적으로 번영했을 뿐만 아니라 이미 정밀기기 제작이 발전해 있었다는 사실을 알려준다. 그곳에는 레기오몬타누스가 구하던 것이 있었다.

찰스 싱어Charles Singer 등이 편집한 『기술의 역사』에 수록된 논문 「과학기계의 제작: 1500년경-1700년경」에 따르면, 16세기 초에는 한편으로 "기계의 설계와 실제 제작에 특별한 관심을 지닌 과학자(주로 천문학자)"가, 다른 한편으로 "가능한 한 천문학자, 수학자의 도움을 받지 않고 이들 기계를 제작할 수 있는 직인들"과 "일반용 기계를 다양하고 특수한 형식으로 제작하는 방법을 배운 모든 직인들"이 나타났으며 "둘 모두 처음에는 뉘른베르크와 그 주변(특히 아우구스부르크)에 집중해 있었다"라고 한다.[91]

중세 독일 경제의 중심은 원래 함부르크와 뉘른베르크처럼 북독일의 한자동맹에 소속된 도시에 있었으나, 이윽고 발트해 무역의 중심은 남부 네덜란드로 이동하여 15세기에는 남독일의 도시 뉘른베르크, 아우구스부르크, 울름이 네덜란드와 베네치아를 남북으로 잇는 요충지로 발전해갔다. 특히 뉘른베르크는 프라하부터 바젤까지 동서로 이어지는 가도상에 있어 말 그대로 중앙유럽 교역의 요충지에 위치해 있었다.

또한 아우구스부르크의 푸거 가문과 피렌체의 메디치 가문 같은 대재벌이 존재하지 않았던 제국자유도시에서는 실권을 쥐고 있던 "도시문벌이 종래의 구성 그대로 상업과의 관계를 유지했을 뿐만 아니라, 계속해서 유능한 상인들을 자신의 동료로 삼아" 시를 경영하고 있었다. '도시문벌'이 42 가족, 그 아래에 있는 상인·관료·의사·법률가 등의 이른바 '명망 있는 시민'이 약 400 가족으로, 뉘른베르크의 상류 계급을 형성했던 그들이 제휴하여 상업상의 이해에 주요한 관심을 기울였으며, 시를 내세워 경제활동에 매진했다. 그리하여 "1500년경 독일의 상업 거래를 토대로 하여 뉘른베르크는 지도적인 위치에 있었다"라고 전한다.[92] 그리고 16세기 전반에 그 번영의 정점을 맞이하게 되었다.

뉘른베르크가 경제적으로 성공한 비밀은 협애狹隘한 '도시경제'에 자족하지 않고 유럽 전역에 이르는 경제활동을 전개하며 동시에 외래인에 대해서도 자유로운 경제활동을 허용했던 데에 있다. 실제로 뉘른베르크의 상인은 플랑드르, 브라반트, 이탈리아 북부의 각 도시에 많은 주재원을 상주시켰으며, 지방에서는 외부의 상인에 대한 체류 규제를 완화하고 외부인과 공동 경영하는 상사회사의 설립까지 허용했다. 레기오몬타누스가 통신의 편의성을 언급한 배경이다. 우편제도가 확립되지 않았던 당시의 통신은 보통 이동하는 상인에게 위탁해서 이루어졌던 것이다.

또 한 가지 비밀은 춘프트(주로 수공업자의 동맹조합을 모체로 한 정치 단체)의 폐해를 막고 수공업 단체를 엄격히 통제하는 동시에, 자본력이 있는 대기업을 설립하고 수공업의 원재료 확보와 국제적인 시장을 보장했던 것이다. 춘프트는 '춘프트 없는 도시'

라는 말이 있을 정도로 기득권에 고집하고 폐쇄적이었으며, 이미 자유경쟁과 기술혁신의 발목을 붙잡고 있었다.[93] 이미 1500년까지 뉘른베르크에서는 약 150개의 서로 다른 수공업이 존재하고 있었다. 당시 약 500명의 장인과 그 밑의 도제 혹은 막 고용살이를 끝낸 직인이 일하고 있었는데,*[13] 그들은 원료 조달과 제품 판매를 도매업자에게 위탁함으로써 더 전문화되어 제품의 품질을 향상시켰다.

이리하여 뉘른베르크에서는 16세기에 금속가공업이 크게 발전했다. 그리고 16세기 전반에는 공예 면에서 명성의 정점에 도달하게 되었다. 특히 그중에서도 무기, 갑주, 자물쇠 및 기타 금속제품·사치품, 그리고 시계, 악기, 천체관측 장치와 같은 정밀기기를 생산하는 데 있어 유럽의 중심이 되었다. 특히 시계에 대해서는 전문 역사서에 "15세기 말까지는 명성을 떨칠 정도의 시계 제작 중심지는 없었다. 그러나 세기가 끝날 무렵부터 아우크스부르크와 뉘른베르크가 그 중심지가 되었다. … 경제가 눈부시게 성장한 기간은 16세기 중엽 무렵 끝났던 것처럼 보이지만, 시계학 분야에서 독일의 이 두 도시가 지닌 명성은 17세기의 첫 10년까지 이어졌다"라고 기술되어 있다.[94] 또한 "뉘른베르크 근처에는 주요한 시장이 없었다. 따라서 그곳에서 생산된 제품은 국제적인 취향이나 요구에 적합하도록 설계될 수밖에 없었기에 다양

---

*13 당시 독일에서는 '장인'과 '직인'을 엄밀히 구별하여 사용했지만, 이후에는 수공업에 종사하는 '장인'과 '직인'을 구별하지 않고 '직인'으로 쓴다.

성이 풍부했"으며, 뉘른베르크는 제조업자의 다채로움과 우수함으로 알려지게 되었다.[95] 레기오몬타누스가 뉘른베르크를 선택한 또 하나의 이유이다.

천체관측 기기에 관해서는 1444년에 니콜라우스 쿠자누스가 뉘른베르크를 방문했을 때 세 점의 기기(토르퀘툼, 아스트롤라베, 천구의)를 구입했다고 알려져 있다. 천체관측용 기기처럼 전문적인 정밀기기를 제작하기 위해서는 솜씨가 뛰어난 직인뿐만 아니라 천체관측에 대한 수학적 이론이나 그에 통달한 사람의 협력과 조언이 필요했다. 그러나 이론적인 조언과 지도가 있었다고 해도, 수학과 기계학에 어느 정도 밝아 지시를 이해하고 실현시킬 수 있을 만큼의 지식과 기량을 소유한 직인이 있었다는 사실이 중요하다. 이 점에 대해서는 당시 측량술의 역사를 포괄적으로 기술한 우타 린드그렌 논문의 다음 구절을 인용해둘 만하다.

> 15세기 첫 3분의 1에 해당하는 기간 동안 남독일에서는 산술교실Rechenschule이 만들어졌다. 여기서는 주로 산업수학을 가르치는 한편, 기하학의 기초도 가르쳤으며, 이는 예를 들어 제조업에는 도움이 되었다. 이처럼 산술교실을 통해 수학의 기초가 보급되었다. 이들 학교는 다른 기예와 더불어 천체관측을 위한 장치의 제작 방법도 철저히 가르쳤으며, 직인들은 도구를 제조하는 데 전문화되어 학자들은 어느새 이들 장치를 스스로 만들지 않을 수 있게 되었다.[96]

뉘른베르크의 경우도 15세기 말부터 참사회參事會가 시에 있던 초등학교 네 곳을 행정과 상업에 도움이 되도록 개혁·운영했다. 독일어 읽고 쓰기와 함께 초등적인 수학도 교육되었기 때문에 나름의 수준을 지닌 직인도 존재했다.[97] 레기오몬타누스가 뉘른베르크에서 필요했던 관측 기기를 조달할 수 있었던 것도 이와 같은 전문 직인이 있었던 덕분이었다.

레기오몬타누스 자신도, 몸을 쓰는 관측 작업이나 직접 손으로 기계를 제작하는 일을 싫어하지 않고 오히려 적극적으로 임했다. 당시 많은 지식인들이 경멸한 일이었다. 고대부터 서유럽에서는 문서를 상대하는 두뇌 노동과 수공업에 종사하는 직인의 일을 엄격히 구별하고 차별했다.[98] 하지만 레기오몬타누스는 이러한 풍조로부터 자유로웠다. 이러한 그의 태도는 앞에서도 기술했던 로더에게 보낸 편지의 내용에서 미루어 짐작할 수 있다. 그는 자신의 천문학 연구를 "전쟁"으로 표현했으며, "우리들의 무기는 팔갑옷도 아니고 투창도 아니며, 파성추破城鎚나 투석기도 아니다. 그것은 히파르코스와 프톨레마이오스의 관측용 자막대이다"라고 말했다. 다른 한편으로는 "오늘 천체 운동의 계산법을 배워 대중으로부터 뛰어난 천문학자로 불리고 있으나, 천문학을 하늘에 대해서가 아니라 실내에서 수행하는 데 익숙해진 이들이 있다"라고 불평했던 점에서도 알 수 있다.[99] 많은 '천문학자'가 점성술에 필요한 행성의 위치를 구할 때 각종 천체표를 통해 책상 위에서 계산하는 데서 그쳤지만, 레기오몬타누스는 관측 기기를 이용한 실제 천체관측을 통한 검증을 그에 대치시켰던 것이다.

18세기 영국의 인쇄업자였던 새뮤얼 팔머라는 인물이 1732년에 기술한 인쇄술에 관한 역사서가 있다. 가동활자를 이용한 인쇄술의 발명은 요하네스 구텐베르크, 요한 푸스트, 페터 쇠퍼라는 통설에 대해, 사실 진짜 발명자는 레기오몬타누스이며 그가 구텐베르크 등에게 가르쳐줬다는 이설異說이 페트루스 라무스 이후 18세기 초까지 존재했다는 사실이 거기에 기록되어 있다.

> 이 견해에 대한 근거로 여겨진 생각은 그[레기오몬타누스]가 푸스트와 구텐베르크와 동시대인이며, 나중에 뉘른베르크로 옮기기는 했지만 서로 가까이 있었기 때문에 그와 같은 일이 가능했다는 것이다. 이것이 한층 더 현실성을 띠게 만드는 것은 레기오몬타누스가 기계학을 완전히 습득했으며, 날아다니는 쇠로 된 파리를 제작했고, 그것이 그의 손에서 날아올라 윙윙 소리를 내며 방 안을 날아서 그의 손으로 돌아왔다는 이야기이다. 그는 또한 나무로 된 독수리를 만들었는데, 그것이 황제를 만나기 위해 뉘른베르크에서 날아가 황제의 머리 위를 기운 좋게 선회한 후 다시 레기오몬타누스에게 돌아왔다고 보고한다. 오늘날 이와 같은 이야기를 옳다고 주장하는 것은 위험할 것이다.[100]

레기오몬타누스와 얽힌 인조 파리와 독수리에 관한 에피소드는 이미 16세기에 비텐베르크대학의 필리프 멜란히톤과 프랑스의 페트루스 라무스가 이야기했으며, 16세기 중기에는 영국인 토머스 브라운도 언급했다. 그 후에도 1640년 영국인 존 윌킨스의 책, 18세기 후반의 독일인 요한 베크만이 쓴 『서양사물기원』, 그리고 19세기 후반의 빌헬름 쉐러가 쓴 『독일문학사』에도 기록되어 있다.[101] 이 이야기 자체는 물론 미심쩍지만, 이러한 이야기가 소문으로 전해졌던 것은 사실이다. 보통 사람의 능력을 뛰어넘는 사람의 이야기로 과장되어 전해져 내려와 마치 마술적인 힘을 소유했던 것처럼 선전되는 일은, 파우스트의 전설이나 교황 실베스테르 2세에 관하여 전승된 이야기*14에서도 보이는 것처럼 중세부터 근대 초두까지 유럽, 특히 독일에서는 자주 있었다. 이 점을 차치하더라도 이 에피소드는 레기오몬타누스가 실제로 손재주가 있었으며 공작에 능한 사람이었다는 점을 시사한다.

1462년에 레기오몬타누스가 로마에서 제작한 아스트롤라베는 아직까지 보존되어 있다[102](그림3.4). 이것은 그가 처음 만들어 베사리온에게 헌정한 것인데, 이후에도 몇 개를 더 만들었던 것 같다. 16세기 초 뉘른베르크의 게오르크 하르트만이 제작한 해시계와 아스트롤라베 제작 매뉴얼에는 레기오몬타누스가 놋쇠로 아스트롤라베를 여러 개 만들었다고 쓰여 있다.[103] 그는 이뿐만 아니라 천체관측용 황도천구의와 프톨레마이오스의 측정자와 크

---

*14 이슬람의 지배하에 있었던 10세기 스페인에서, 당시 유럽에는 알려지지 않은 최신 수학과 천문학을 체득한 오리야크의 제르베르, 나중의 교황 실베스테르 2세(재위 999~1003)에 대해 19세기 하인리히 하이네의 책에는 "법왕 실베스테르는 코르도바에서 공부하던 시절에 사탄과 동맹을 맺고, 그 악마적인 조력으로 지리학, 기하학, 천문학, 식물학 및 기타 모든 유익한 기술, 그중에서도 특히 법왕이 되는 술수를 배웠다"라는 구전이 쓰여 있다(Heine, 『정령 이야기』, p.67).

그림3.4 레기오몬타누스가 1462년에 제작한 아스트롤라베(표면).

로스스태프를 만들고 그 사용법에 대한 수고手稿도 남겼다.[104] 크로스스태프에 대해서는 1460년대에 쓴 소책자 『혜성의 크기와 경도 및 그 진정한 위치에 대하여, 열여섯 문제』에서 혜성의 겉보기 크기를 측정하기 위한 "교묘한 도구instrumentum artifex"로서, 또한 달과 태양의 관측에 사용 가능한 것으로서, 다시 그 구조와 사용법을 도판과 함께 기록했다(다음 장의 그림4.11). 그가 "메테오로스코프"라고 부른 천구의는 지너의 설명에 따르면 "두 개의 분리된 링으로 이루어진다. 수평 방향의 원과 자오면의 원이 같은 대 위에 설치되어 있고, 그 안에서 서로 직교한 두 개의 링이 시간과 함께 적도를 따라 움직인다. 이 두 개의 링에는 각도 눈금이 달려 있고, 상부의 사분원은 천정에서 지평선까지 이어진다. 시간 링에는 정반대의 위치에 작은 구멍이 뚫려 있다. 이 장치는 지구상의 경도와 위도의 측정에 사용된다"라고 한다. 그는 또한 그 천구의와 거의 같은 구조의 특수한 링 형태 해시계Ringsonnenuhr의 고안자로서도 알려져 있다.[105]

결국 레기오몬타누스는 대단히 학식 있는 인물이었는데, 다음 세대에 태어난 여러 명의 수학적 기능자mathematical practitioner의 선구자였다. 이렇게 해서 레기오몬타누스는 뉘른베르크의 상인 베른하르트 발터의 협력을 받아 계속해서 천체관측을 행했다. 관측에는 개량된 대형 크로스스태프와 프톨레마이오스의 측정자가 사용되었다.[106]

레기오몬타누스가 뉘른베르크에서 수행한 천체관측은 알려진 것만 해도 다음과 같다.

1471년 6월 2일, 7월 26일, 8월 9일, 9월 9일,

1472년 1월 20일, 2월 20, 21, 23일, 3월 6, 8일, 9월 26, 27일,

1473년 3월 10, 11, 30일, 4월 6, 19, 20, 27일, 6월 7, 8, 11, 13, 17일, 8월 31일, 9월 8, 11, 13, 14, 18, 21일,

1474년 9월 7일,

1475년 6월 15일, 7월 26, 28일

이와 같이 총 35회 있었다.[107] 주로 태양고도의 측정이었다. 그

이전까지 레기오몬타누스가 특히 빈과 이탈리아에서 수행한 관측*15은 식이나 합 같은 특별한 시점에서 산발적으로 이루어졌는데, 그것도 기존의 천체표를 검증하기 위한 것일 뿐이었다. 새로운 천문학을 수립하기 위한 기초와 가능한 한 계속적인 관찰은 뉘른베르크에서 시작되었던 것이다.*16

7. 자연과학서의 출판 계획

레기오몬타누스가 천문학의 개혁을 위해 남긴 또 하나의 커다란 유산은 예로부터 전해지는 수학서와 천문학서를 편집·번역하고 새로운 서적을 집필하여 인쇄출판을 시작한 것이다. 그는 서유럽에서 인쇄술이 탄생한 뒤 불과 20년 정도밖에 지나지 않은 1470년대 초두에 재빨리 그 잠재적 가능성을 꿰뚫어 보고 자연과학서의 자비출판에 뛰어들었다. 세계 최초로 수학서와 천문학·지리학·물리학 등의 수학적 자연과학서를 전문으로 취급하는 출

*15 남아 있는 기록으로 볼 때, 레기오몬타누스가 천체관측을 시작한 것은 1457년 6월의 혜성 관측과, 앞 장에서 살펴보았던 포이어바흐와 공동으로 수행한 1457년 9월의 월식관측으로 보인다(Zinner(1968), p.35f.).

*16 1472년에 레기오몬타누스는 혜성의 위치와 그 변화, 즉 운동을 측정했으며, 크로스스태프로 혜성의 머리와 꼬리의 크기를 측정했다. 또한 그는 혜성 관측에 시차視差를 이용한 방법을 사용하여 이후의 관측자들이 따라갈 길을 개척했다. 이 점은 뒤에 기술했다[Ch.9].

판사가 탄생한 것이다. 앞서 기술한 새뮤얼 팔머는 레기오몬타누스가 인쇄술의 발명자라는 억지 가설은 부정했지만, “내가 아는 한 레기오몬타누스는 초기의 인쇄업자이며, … 그 기술의 완성을 도왔다고 믿는다”라고 기록했다.[108] 인쇄술은 이제 막 태어난 기술이라 개량할 부분이 많았으므로, 레기오몬타누스가 그 점에서 무언가 기여했을 것이라고 충분히 추측할 수 있다.

이처럼 당시로서 인쇄는 최첨단 기술이었다. 시대착오적인 발상일 수 있지만, 대학을 떠나 왕후귀족의 후원을 받지도 않고 도시상인과 제휴하여 인쇄출판업에 뛰어든 레기오몬타누스는 현대의 상황으로 보면 대학이나 국립연구기관에서 벗어나 최첨단 정보산업의 세계로 뛰어든 기업가와도 같았다. 또한 인쇄공방을 갖춘 상설 천체관측 시설은 유럽사상 처음으로 대학, 군주, 교회의 권력과 관계를 맺지 않은 과학연구기관이었다고 말할 수 있다.

레기오몬타누스가 뉘른베르크를 선택한 이유 중 하나는 앞서 기술했듯이 정밀기기의 제작이 발전한 곳이었기 때문이다. 또 하나는 새로 탄생한 인쇄출판업의 선진도시이기도 했으며, 목판화 예술이 번성했던 곳이라는 점도 있을 것이다. 특히 많은 수의 정밀한 도판을 필요로 하는 수학서·천문학서의 인쇄에는 많은 수의 목판화 직인이 필요했다. 제럴드 스트라우스Gerald Strauss가 말했듯이, “그는 뉘른베르크의 인쇄공과 판화작가의 공급원을 이용할 것을 계획하고 있었”던 것이다.[109] 덧붙여 독일 최초의 제지공방(제지용수차)은 1389년부터 1390년까지 뉘른베르크에서 만들어졌다고 한다.[110]

레기오몬타누스의 첫 출판물은 스승 포이어바흐의 『신이론』, 그리고 마닐리우스의 점성술서 『아스트로노미카』였다. 또한 그는 자신이 로마에서 집필한 『행성의 이론 논박』을 인쇄했으며, 그 '서문'의 말미에 "우리나라 사람이 발명한 인쇄라는 훌륭한 기술은 올바르게 교정하여 출판한다면 도움이 됨과 동시에, 오류를 포함한 상태로 유통하면 위험하다는 것은 누구나 알고 있다"라고 기록했다.[111] 레기오몬타누스는 인쇄서적의 유용성을 이해했을 뿐만 아니라, 오류를 포함한 서적이 대량으로 나돌 때의 유해성도 동시에 잘 알고 있었다. 레기오몬타누스가 과학서를 출판했을 때 의도한 바는 당시까지 대학에서 사용되던 낮은 질에 오류가 적지 않았던 서적을 대신하여 정확한 고품질의 교과서를 대량으로 싼 가격에 공급해서 천문학의 수준을 높이는 것이었다. 따라서 그는 고대 그리스 문헌에 대해서는 그리스어 원전을 새로 번역함으로써, 혹은 그렇지 않다면 주석을 붙임으로써 신뢰할 만한 텍스트를 제공하려 했다.

그 구체적인 프로그램으로서, 1474년 레기오몬타누스는 출판 계획 일람을 단면 인쇄된 전단지로 만들었다.[112] 여기에는 이미 다 쓴, 혹은 집필을 예정하고 있는 자신의 저술 몇 가지 외에도, 프톨레마이오스의 『알마게스트』와 『지리학』의 새 번역과 『테트라비블로스』와 『하르모니아』, 알렉산드리아의 테온이 쓴 『알마게스트 주해』, 유클리드의 『원론』, 프로클로스가 쓴 『천문학 가설 개요』, 요르다누스의 『산술』, 테오도시우스의 『구면론』, 메넬라오스 『구면론』의 새 번역, 헤론의 『기체론』, 비텔로의 『광학』,

아폴로니우스의 『원추곡선론』, 아리스토텔레스(실제로는 가짜 아리스토텔레스)의 『기계학』, 그 외 『켄틸로퀴움』과 오스트리아의 레오폴트와 안토니오 데 몬투르모 및 그 외 점성술서, 고대 로마시대 휴기누스의 『천문학의 시』, 혹은 세계지도와 독일·이탈리아·스페인·프랑스 지도 등을 포함한 수십 점이 기록되어 있다.

이처럼 인문주의자로서 레기오몬타누스는 고대 문헌을 복원하는 일에 큰 의의가 있음을 알았지만, 그 내용은 이탈리아 인문주의자들의 경우와는 상당히 달랐다. 어느 연구자의 조사에 따르면, 15세기 이탈리아 인문주의자 여섯 명의 총 2,500점을 넘는 장서의 내역이 법률 20%, 문학 17%, 교부학 15%, 철학 15%, 역사 10%, 자연과학과 실용과학 5%, 기타 18%였던 것과는 반대로, 레기오몬타누스가 남긴 장서와 수고手稿의 내역은 천문학 94점(35%), 기하학 32점(12%), 점성술 28점(10%), 문법 18점(7%), 산술 17점(7%), 자연철학 15점(6%), 문학 15점(6%), 장치류 13점(5%), 광학 7점(3%), 지리학 6점(2%), 의학 5점(2%) 및 기타로 되어 있다.[113] "근대사회에서는 아르키메데스와 아폴로니우스가 쓴 그리스어 저작의 복원이 호메로스, 에우리피데스, 플라톤이 쓴 그리스어 저작의 재발견보다 훨씬 중요하다"라는 생각이 레기오몬타누스의 본심이었을 것이다.[114]

그러나 그와 동시에 그 출판 목록에는 12세기 비텔로와 13세기 요르다누스의 저서, 그리고 14세기 장 드 뮈르의 『수론사권數論四卷』이 포함되어 있었음에 주목하자. 레기오몬타누스는 파도바 강연에서 말했듯이 천문학과 광학에서 중세 이슬람 연구자의 공헌, 혹은 13세기 후반부터 14세기 초까지 파리와 파도바에서 의학을 강의했던 피에르 다바노의 점성술 의학을 높게 평가했다.

한편 디어Dear의 책은 인문주의자에 관해 "그들은 중세의 야만성을 거절했다"라고 단정하고 있다.[115] 실제로도 예를 들어 이탈리아 인문주의에 강한 영향을 받은 16세기 구이도발도 델 몬테는 비탈면에 대한 역학 문제에서는 중세 요르다누스의 옳은 이론을 "더러운 것"이라 하며 피하고, 고대 파포스의 "우아하지만 틀린" 이론을 고집했던 것이 알려져 있다.[116] 또한 16세기에 활동한 의사 장 페르넬은, 중세 대학에서 가르쳤던 갈레노스 의학은 이슬람 학자에 의해 "오염"된 "아라보 갈레니즘"이라고 하며, 그 인문주의적 지향에 기초하여 순정 갈레노스 의학의 복원을 꾀했다.[117]

이에 비해 레기오몬타누스는, 고대를 너무 찬미한 나머지 처음부터 중세를 '야만'으로 취급하고, 이슬람 연구자의 공헌을 무시하는 당시의 인문주의자와는 선을 그었다. 이는 그의 출판 목록을 보면 알 수 있다. 그는 중세와 아랍의 학자가 수행한 작업을 정당히 평가했다. 이와는 대조적으로 중세 스콜라학 내부의 출판 계획에서 아리스토텔레스 자연학의 수학화를 목표로 한 토머스 브래드워딘, 장 뷔리당, 니콜 오렘의 책은 전혀 포함되지 않았다. 관찰이나 측정과는 상관없이 수행되었던 자연학의 사변적인 수학화는 레기오몬타누스가 의도한 바가 아니었다. 그의 이러한 자세는 1464년의 파도바 강연 이후 줄곧 일관되게 유지되었다.[118]

그러나 이처럼 매우 야심적이었던 레기오몬타누스의 프로그램은 그가 뜻밖의 죽음을 맞이하는 바람에 좌절되었다. 어찌 되었든 과학사가 사튼Sarton이 말했던 것처럼 레기오몬타누스는 "과학의 보급에 인쇄서적이 기여할 수 있는 가능성을 충분히 인지했던 최초의 과학자"였다.[119]

레기오몬타누스 사후 인쇄출판 방면에서 그의 정신과 작업을 이어받은 사람은 다음 장에서 다룰 뉘른베르크의 수리기능공들, 그리고 15세기의 가장 훌륭한 과학서 인쇄업자라 평가받는 에르하르트 라트돌트, 뉘른베르크의 인쇄업자 요하네스 페트레이우스였다(페트레이우스에 대해서는 나중에 다룰 것이다[Ch.6.1]). 아우크스부르크에서 태어나고 자란 라트돌트는 1476년에 베네치아에서 인쇄공방을 개설했으며, 1486년에 아우크스부르크로 돌아와 그 일을 계속했다. 인쇄서적의 일반적인 역사에서도 라트돌트는 최초로 근대적인 속표지와 정오표를 추가한 것, 그리고 최초로 3색 컬러 삽화를 인쇄한 것 등으로 특별히 기록되었다.[120] 또한 특히 자연과학서 인쇄 분야에서 개척자로서의 선명한 발자취를 남겼다.

이 라트돌트가 처음 출판한 저작이 레기오몬타누스의 『캘린더』(1476년 라틴어판)이다. 이 책은 처음으로 제목에 출판 연도를 아라비아숫자로 기재한 것으로 특기할 수 있다(그림3.5).[121] 그는 이후에도 레기오몬타누스의 『방향표』, 그리고 피에르 다일리의 『성학과 신학의 조화』를 처음으로 인쇄했다. 그는 또한 1485년에 사크로보스코의 『천구론』과 포이어바흐의 『신이론』, 그리고 레기오몬타누스의 『행성의 이론 논박』을 합쳐서 출판했다. 그뿐만 아니라 레기오몬타누스가 계획했으나 이루지 못했던 유클리드 『원론』의 라틴어 번역본과 프톨레마이오스의 『테트라비블로스』 등도 출판했다. 1484년 출판된 『테트라비블로스』는 아라비아어 번역본을 중역한 것인데 켄틸로퀴움이 같이 붙어서 나왔다. 그 외 보에티우스의 『산술』(1488년), 아부 마샤르의 『점성술의 꽃』(1488년), 『점성술 입문』(1489년) 등의 출판도 라트돌트의 손을 거쳤다. 그도 1484년에 출판 목록의 전단지를 만들어 남겼는데, 이는 레기오몬타누스의 방식을 모방한 것으로 생각된다.[122] 레기오몬타누스가 출판을 계획했던 휴기누스의 『천문학의 시』는 1475년에 처음으로 페라라에서 인쇄되었으나, 삽화는 한 장 한 장 손으로 그린 것이었다. 이에 비해 라트돌트는 1482년과 1485년 판화 도판을 삽입하여 같은 책을 출판했다.[123]

라트돌트가 1482년에 출판한 유클리드 『원론』은 13세기 노바라의 캄파누스가 라틴어로 번역한 판본을 바탕으로 했다. 이것은 『원론』의 최초 인쇄본editio princeps일 뿐만 아니라 선명하고 정밀한 수백 점의 판화 도판을 포함했는데, 도판과 본문이 일체화된 수학서로서 시대의 한 획을 그었다(그림3.5). 고대 이후로 인류에 다대한 영향을 미친 서적을 시대 순으로 나열한 저작 『인쇄와 인간정신』에서는 스물다섯 번째 항목에서 이 책을 언급했는데, "유클리드의 『원론』 최초본은 매우 훌륭한 인쇄물이었으며, 도안이 본문과 밀접한 연관을 맺도록 세심하고 사려 깊게 제작되어 이후 수학서의 모델을 형성했다. 이것은 실질적으로 기하학적 도형과 함께 인쇄된 최초의 서적이다"라는 평가를 받았다.[124] 특기할 만한 사항은 라트돌트 자신이 그 의의를 자각하고 있었다는 점이

AVreus hic liber est : non est preciosior ulla
Gēma kalendario : quod docet istud opus.
Aureus hic numerus : lunę : solisq; labores
Monstrantur facile : cunctaq; signa poli :
Quotq; sub hoc libro terrę per longa regantur
Tempora : quisq; dies : mensis : & annus erit.
Scitur in instanti quęcunq; sit hora diei.
Hunc emat astrologus qui uelit esse cito.
Hoc Ioannes opus regio de monte probatum
Composuit : tota notus in italia.
Quod ueneta impressum fuit in tellure per illos
Inferius quorum nomina picta loco.

.1476.

Bernardus pictor de Augusta
Petrus loslein de Langencen.
Erhardus ratdolt de Augusta

III

SI intra circulū puncto signato. ab eo plures q̃3 due linee ducte ad circū ferentiam fuerint equales. punctū illud centrum circuli esse necesse est.

Propositio .10.

SI circulus circulum secet. in duobus tantum locis secare necesse est.

Propositio .11.

SI circulus circulum contingat. lineaq3 per centra eorum transeat. ad punctum contactus eaꝝ applicari necesse est.

Propositio .12.

SI circulus circulum contingat siue intrinsecus siue extrinsecus. in vno tantum loco contingere necesse est.

그림3.5 라트돌트가 출판한 레기오몬타누스의 『캘린더』(1476)의 표지(위)와 유클리드 『원론』(1482)의 한 페이지(아래).

다. 라트돌트는 베네치아에서 출판한 같은 책의 서두에 인쇄자인 자신이 쓴 서문을 포함시켰는데, 거기에서 이렇게 단언했다.

> 이토록 강력하고 명성 높은 도시에서 고대와 최근의 저서가 다수 인쇄되었습니다. 그럼에도 불구하고 극히 고상한 학문인 수학을 다룬 서적은 전혀 혹은 거의 출판되지 않았으며, 중시되지 않는다는 사실이 저는 항상 의아했습니다. 이를 곰곰이 생각한 끝에 저는 수학서의 [출판을 둘러싼] 곤란이 무엇인가를 이해하게 되었습니다. 실제로 이들 수학서적에 포함되어 있는, 올바른 이해를 돕기 위해 꼭 필요한 기하학의 도형을 만드는[인쇄하는] 방법을 그 누구도 도출하지 못했던 것입니다. 오로지 이것만이 만인에게 주어진 이익을 방해하는 것이므로, 저는 『원론』의 논술 부분과 마찬가지로 쉽게 기하학의 도형을 인쇄하는 방책을 힘써 창안했습니다. 그리고 저의 이러한 공헌 덕에 그리스인들이 '수학(마테마타)'이라고 부른 학문은 물론 그 외 학문에 관해서도 가까운 장래에 그 서적들 대부분에 도판이 포함될 것이라고 기대하고 있습니다. … 저는 전 15권 모두 기하학적 증명을 완전한 방식으로 망라한 유클리드의 이 책을 세심한 주의를 기울여, 멈추지 않는 노력으로, 하나의 도형도 빠뜨리지 않고 인쇄해왔습니다.[125]

이것은 렌초 발다소Renzo Baldasso의 학위논문에서 인용한 것이다. 발다소는 여기에 시사된 도형의 새로운 인쇄 방법이 목판이나 동판이 아니라 금속편metal strip을 사용한 것으로, 레기오몬타누스가 캘린더와 에페메리데스를 인쇄할 때 가로세로로 그어진 괘선을 인쇄하기 위해 고안했던 것이라고 설명했다. 그림3.5에 이 유클리드 『원론』의 한 페이지를 옮겼는데, 확실히 선의 두께가 균일하고 도형이 샤프한 형태를 띠고 있어 발다소의 추측은 타당성 있는 것으로 생각된다. 가격도 2리라 10솔디로 당시로서는 저렴한 수준이었다. 500 가까이 되는 수의 도판을 모두 판화로 제작했다면 이 가격으로 맞출 수 없었을 것이다.[126]

레기오몬타누스가 포이어바흐의 『신이론』을, 라트돌트가 유클리드의 『원론』을 인쇄·출판한 것은 정확한 도판을 포함한 과학서 대량생산의 시작이었다. 이는 단지 많은 삽화가 포함되었다는 것만을 의미하지 않는다. 여기에서는 중세 수고본手稿本의 경우처럼 도상圖像이 본문text의 보조에 그치는 것이 아니라, 도상이 문자 정보와 대등하다는 유용성을 주장하며 상호 불가결한 존재가 되었다. 여기서 학문에서의 사고 과정과 지식의 전달 방식이 중세 스콜라학과는 이질적인 것이 되었으며, 연구와 교육 그 자체의 변혁을 초래할 수밖에 없었다. 기하학적인 도상이 17세기 데카르트와 갈릴레오의 자연관에 끼친 영향을 확인하는 것은 쉬운 일이다.

그건 그렇다고 쳐도, 이러한 서적이 수백 혹은 천 단위로 인쇄되어 몇 번씩이나 판을 거듭하고 비교적 싼 가격에 판매되는 현상이 초래한 변화는 현재 상상할 수 있는 것보다 훨씬 컸다. 코페르니쿠스는 이 『원론』을 가지고 있었다. 케플러가 1596년에 쓴 『우주의 신비』에서 반복해서 언급하고 있는 “캄파누스판 유클리드"는 이것을 지칭한다. 그때까지 중세 대학에서 사용되었던 유클리드의 필사본이 고가에 그 수도 적었을 뿐만 아니라 삽화도 많아야 겨우 수십 개의 손으로 그린 도판이었다는 점은 결정적인 차이이다. 실제로 『알마게스트』와 같은 서적은 필사 시 잘못 베낀 부분이 나오기 쉬웠으며, 도판이 붙어 있어도 그것이 정확하다는 보증이 없었다. 그뿐만 아니다. 이것들은 인쇄서적에 비해 압도적으로 수가 적었으며 대학과 수도원의 서고에 귀중품으로서 엄중히 보관되거나, 혹은 미려하게 장정裝幀되어 영주나 군주의 도서관에 위엄의 상징으로서 진열될 뿐이었다. 이런 상황에서는 젊은 학생이 곁에 두고 익히기 곤란하며, 널리 연구되어 비판의 대상이 되는 것도 기대하기 힘들었다.

『신이론』, 『적요』, 『원론』처럼 많은 도판이 포함된 서적이 수학과 천문학에 정통한 이의 손으로 면밀하게 교정되고, 대량으로 인쇄되어 많은 학자와 학생이 직접 손에 들고 공부할 수 있게 되었을 때 처음으로 그 이론이 널리 정확하게 교육될 수 있다. 또한 동시에, 그 내용상의 한계와 불충분한 부분도 밝혀지게 된다. 초기 인쇄본이 초래한 영향은 엘리자베스 아이젠슈타인Elizabeth Eisenstein이 말했던 것처럼 "인쇄술은 고전의 부활 자체에 변화를 가져왔"으며, 특히 "레기오몬타누스가 뉘른베르크에 인쇄소를 만든 15세기에 천문학 연구에 중대한 변화의 요소가 발생했다".[127] 레기오몬타누스가 천문학의 개혁에 미친 영향을 이야기할 때는 그가 프톨레마이오스 천문학에 대한 명쾌한 해설서와 유용한 수학서를 썼을 뿐만 아니라, 그와 라트돌트가 이들을 인쇄물의 형태로 세상에 내보냈다는 것을 함께 생각해야 한다.

8. 에페메리데스와 캘린더

레기오몬타누스의 출판물 중에서는 그 자신의 역작인 『에페메리데스』와 조금 더 대중적인 『캘린더』가 중요하다. 실제로 "레기오몬타누스는 『에페메리데스』, 즉 1475년부터 1506년까지 날짜에 따른 태양, 달, 행성의 위치를 기록한 얼머낵으로 독일 전 지역에 이름이 알려져 있었다. 이와 마찬가지로 보급된 것은 1475년부터 1531년까지를 망라하여 두 세대 뒤까지 기록한 『캘린더』였다"라고 스트라우스Strauss의 책은 전한다.[128] [*17]

깅거리치Gingerich는 1474년 처음으로 인쇄·출판된 『에페메리데

---

*17 Ephemerides(Ephemeris의 복수형)는 날짜별 천체운행표. '천체위치추산력' 혹은 간단히 '천측력'이라고 번역된다(ephemeris의 원래 의미는 '일기'). 그리고 Almanac은 "다가올 해의 천문학 혹은 점성술적인 사건, 즉 수대에서 발생하는 행성과 별의 회합 및 식을 상세히 기술한 표"를 의미한다(Capp(1979), p.25). 1471년 레기오몬타누스가 로더에게 보낸 편지에는 "얼머낵이라고 불리는 행성의 에페메리데스planetarum ephemerides, vocant almanach"라고 되어 있다('Briefwecsel', p.327). 또한 빈의 수학과 천문학(점성술) 교수 안드레아스 페를라흐는 1519년의 강연에서 "아라비아어 '얼머낵'과 라틴어 'Diale' 혹은 'Diurnale', 그리스어 '에페메리데스'는 매일의 행성 배치에 관한 서적이다"라고 이야기했다(Hayton(2004), p.215). '에페메리데스'와 '얼머낵'은 사실상 같은 것으로 봐도 무방하다. 따라서 이하에서는 일반명사로 사용할 때는 에페메리데스, 특정한 인물이 작성한 서적의 이름을 고유명사로 표기할 때는 『에페메리데스』로 기술한다. 캘린더Kalendarium도 마찬가지.

스』(그림3.6)를 "그의 가장 야심적인 저작"이라고 평가했다. 지너에 따르면 이것은 "이후 3세기 동안 에페메리데스의 표준standard이 되었다". 또한 지너에 따르면 이 책은 896쪽에 달하는 분량으로 적어도 30만 개의 수를 포함했다고 한다. 그런데 이 데이터를 모두 손 계산으로 도출했다고 하니 그야말로 상상을 초월한 노력이다. 당시까지의 대학에서는 볼 수 없었던 연구 방식이었을 것이다.[129]

1549년에 비텐베르크의 수학 교수 에라스무스 라인홀트가 레기오몬타누스에 대해 언급한 한 문장에는 이 "30년을 망라한 『에페메리데스』"에 관한 기록이 있다.

> 당시 이 저작은 매우 환영받아서 한 권이 헝가리 금화 열두 개에 팔려 모든 나라의 사람들이 절망했다. 이탈리아인도 프랑스인도 헝가리인도 폴란드인도 독일인도 지금까지 이와 같은 역曆을 본 적이 없었다.[130]

20세기 초두 드레이어Dreyer가 쓴 천문학사에는 "뉘른베르크에서 인쇄된 서적 중에서 레기오몬타누스의 『에페메리데스』만큼 큰 반향을 일으켰던 책은 없다. 이 책은 수년 사이에 포르투갈과 스페인의 대담한 선원들에게 헤아릴 수 없을 만큼 큰 도움이 되었다"라고 되어 있다. 레기오몬타누스의 『에페메리데스』가 항해에 도움이 되었다는 주장은 다른 곳에서도 종종 확인된다.[131] 콜럼버스 시대부터 16세기 전반까지 원양항해 시에는 레기오몬타

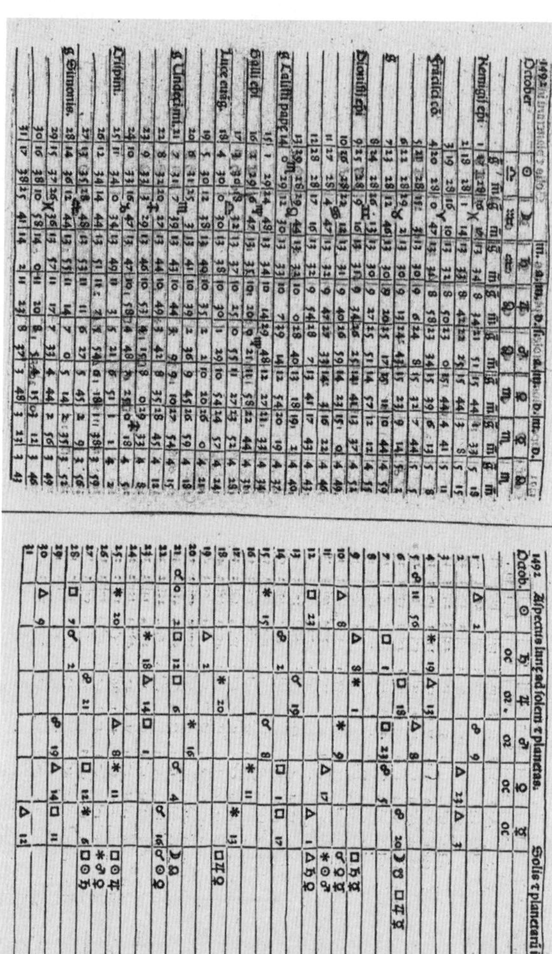

그림3.6 레기오몬타누스의 『에페메리데스』에서 1492년 10월을 다룬 페이지. 왼쪽 페이지는 날짜에 따른 태양과 달과 행성의 경도를 매일 기록한 것. 오른쪽 페이지는 태양 및 행성과 갖는 달의 상, 태양과 행성의 상으로 점성술에 사용되었다. 일식과 월식은 매년 합쳐서 기록되었다.

누스의 『에페메리데스』 혹은 자쿠토의 『영년 얼머낵Almanach perpetuum』(보통 '천측력'으로 번역함_옮긴이)을 휴대했다.[132 *18] 아메리고 베스푸치가 쓴 1500년과 1502년의 편지에도 이 책들이 사용되었다는 기록이 있다.[133]

그러나 항해술의 역사에 관한 연구논문에 따르면, 1606년 스페인과 포르투갈 항해사는 다음과 같이 증언했다고 한다. 당시 경도 결정을 위해 사용된 천문학적인 방법은 선원들이 감당할 수 있을 만한 것이 아니었으며, 충분히 정확한 표도 없었기에 도움이 되지 못했다고 말이다.[134] 실제 항해는 오로지 추측항법dead reckoning, 즉 진행 방향, 진행 속도의 확정과 시간 계측에 기초한 계산에 의지해 이루어졌다.[135] 항해 시에 에페메리데스는 태양고도의 값을 읽을 때 정도만 사용되었으며, 천체관측이 이루어졌다고 해도 북극성의 고도나 태양고도의 측정을 통한 위도의 확인 정도였다.[136]

실제로 콜럼버스가 첫 번째 항해에서 서인도제도에 도착할 때까지의 항해 기록은 가끔 북극성에 주목한 부분 외에 전부 진행 방향과 항행 거리의 측정에 관한 내용으로 채워져 있다.

---

*18 아브라함 자쿠토는 1450년경에 태어난 스페인의 유대인 수학자이다. 살라망카와 사라고사에서 천문학을 가르쳤으나, 1492년에 스페인 정부가 유대인 추방을 결행하는 바람에 포르투갈로 망명했다. 포르투갈에서는 궁정에서 점성술사로 일했다. 그의 『영년永年 얼머낵』은 1473년에 히브리어로 작성되었으며, 1496년에 라틴어판이 인쇄되었다. 원래 이 책은 점성술을 위한 것이었다. 그러나 포르투갈의 국가사업으로 아프리카 대륙을 끼고 도는 인도 항로를 개척할 때 자쿠토가 조언자 역할을 했던 경위로 선원들이 항해 시 휴대하게 되었던 것 같다.

항해에 에페메리데스를 이용한 이유 중 하나는 상륙 지점과 유럽의 경도차를 측정하기 위함이었다. 이것은 식과 같은 특정한 천문 현상이 유럽과 얼마 정도의 시간 차를 두고 일어나는가를 아는 것에 의존했다. 그러나 가장 중요한 바로 그 시간 차를 정확하게 알지 못했기 때문에 상당한 오차가 발생할 수밖에 없었다. 새뮤얼 모리슨Samuel Morison이 쓴 콜럼버스 전기에는 "콜럼버스는 뉘른베르크를 기준으로 한 월식 시간이 적힌 레기오몬타누스의 『에페메리데스』를 지녔기에 대략적인 경도를 추측할 수 있었다"라고 되어 있지만, 사실 그것은 상당히 "대략적rough"이었기 때문에 실용적이었을 것이라고는 도무지 생각할 수 없다.*19

실제로는 모리슨의 책에 "항해사보다는 오히려 점성술사를 위해 만들어진 요하네스 뮐러(레기오몬타누스)의 최신작 『에페메리데스』"라고 기록된 것처럼,[137] 항해 시에도 에페메리데스의 중요한 용도는 점성술이었다. 예를 들어 콜럼버스가 쓴 항해일지의 1493년 1월 13일 자를 보면 출항을 하지 않은 이유가 그달의 17일에 예정된 달과 태양의 합이 어떻게 이루어지는지, 또 강풍의 원인인 달과 목성의 충, 달과 수성의 합, 태양과 목성의 충에 관

---

*19 콜럼버스의 제4회 항해에서 관측된 1504년 2월 29일의 월식이 한 예이다. 레기오몬타누스의 『에페메리데스』에 기반을 두고 스페인의 가디스항과 자메이카섬 중부에서 콜럼버스가 관측한 시각의 차이는 7시간 15분이다. 따라서 경도차가 거의 15°×(7+15/60)≒109°로 추측되지만 실제로는 70도가 조금 넘는 수준으로, 오차가 40도 가까이 된다. 1494년 9월 14일의 월식도 위처럼 추측했으나, 이 경우에도 20도 이상의 오차가 발생했다(Morison(1942), pp.478f., 655; Randles(1995), p.403).

해 조사하기 위함이었다고 기술되어 있다.[138] 1483년에 성지를 순례한 독일인 성직자의 기록에는 지중해를 항해할 때조차 점성술사와 점쟁이가 도선사로서 동행했으며, 그들이 별을 관측하여 바람의 방향을 지시했던 사실이 나와 있다.[139] 포르투갈인 고메스 데 아주라라가 쓴 1460년대 아프리카 서해안의 기니 탐험기에도 탐험 중에는 점성술적인 판단을 중시한다는 대목이 나온다.[140] 날씨 상황에 영향을 크게 받았던 당시의 항해는 많은 판단을 점성술에 맡겼던 것이다.

특히 해양국가가 아니었던 독일의 경우, 당시 에페메리데스의 주요 시장은 점성술이었다. 레기오몬타누스의 『에페메리데스』에는 62개 도시의 좌표(경도는 뉘른베르크를 기준으로 1시간 차)가 기록된 표가 포함되었는데, 이것은 홀로스코프를 쓰기 위해 필요한 것이었다. 16세기 이탈리아의 저명한 점성술사 루카 가우리코가 홀로스코프를 쓸 때 레기오몬타누스의 『에페메리데스』를 사용한 사실이 알려져 있다. 원래 『알폰소 표』와 같은 천체표와 그에 부속된 '캐논'이라 불리는 사용절차서는 실천적인 점성술에서 필수 불가결한 요소였는데, 레기오몬타누스의 『에페메리데스』가 이를 대신하게 된 것이다. 『에페메리데스』는 레기오몬타누스 사후에도 15세기 마지막 20년 동안 열 번 넘게 판을 거듭했으며, 이후에도 계속 재판되어 오랜 시간 동안 사용되었다. 대부분은 라트돌트가 출판한 책인데, 거기에 실린 주석은 점성술을 더 배려한 내용이라고 알려져 있다.[141]

다른 한편으로 레기오몬타누스가 1474년에 작성 및 인쇄한

『캘린더』는 라틴어판뿐만 아니라 독일어판(그림3.7)도 있었으며, 라틴어판을 읽을 수 없는 상인과 직인들에게도 유용하여 널리 보급되었다.[142] *20

여기에는 1475년부터 1531년까지의 교회력, 태양과 달의 위치를 구하는 데 필요한 표, 그리고 일식과 월식의 일시와 그림도 첨부되었고, 측정용 사분의의 사용법과 휴대용 해시계의 제작법도 기록되었다. 뉘른베르크의 게오르크 하르트만은 16세기 초에 쓴 해시계와 아스트롤라베 제작 매뉴얼에서 낮 시간대에 관한 내용은 이 『캘린더』를 참조하도록 지시했다.[143] 또한 이 『캘린더』에는 부활절처럼 해마다 날짜가 바뀌는 이동축일을 계산하기 위한 황금수goldinzal와 주일문자suntagpuchstable도 기록되었다.*21

또한 이 『캘린더』의 라틴어판 말미에는 당시 시행되었던 율리

---

*20 동시대 뉘른베르크의 시민 하르트만 셰델은 레기오몬타누스의 『캘린더』 1판이 1,000부 인쇄되었다고 기록했다(Zinner(1968), p.105).

*21 이동축일은 원래 태음력에 의거했던 유대교의 축일을 태양력으로 나타내기 위해 만들어졌다. 6,940일≒19태양년≒235삭망월이므로, 이 주기로 월령과 역일이 거의 일치한다. 기원전 433년에 고대 그리스 천문학자인 아테네의 메톤이 발견했다고 전해지며, 메톤 주기(혹은 장章)라고 불린다(메톤은 1태양년=(365+5/19)일로 했다). 이 주기는 바빌로니아에서 기원전 500년 이전부터 사용되었던 것으로 여겨지며, 메톤은 그것을 배웠으리라고 생각된다. Britton & Walker(1996), pp.33, 40; Toomer(1996), p.64 참조. '황금수numerus auresus'는 기독교에서 일요일을 지칭하며, '주일문자litera dominicalis'는 교회력에서 어떤 해의 일요일을 연중 내내 나타내는 데 사용된다. 1월 1일을 A로 하고, 이어지는 날짜에 B, C의 순서로 문자를 부여할 때 첫 일요일에 해당하는 알파벳이 바로 그해의 주일문자가 된다. 예를 들어 어떤 해의 1월 1일이 화요일이라면, 그해의 첫 일요일은 6일이므로 주일문자는 F가 된다. 이것들은 부활절의 계산에 쓰였기에 교회력에 기록되었다.[144]

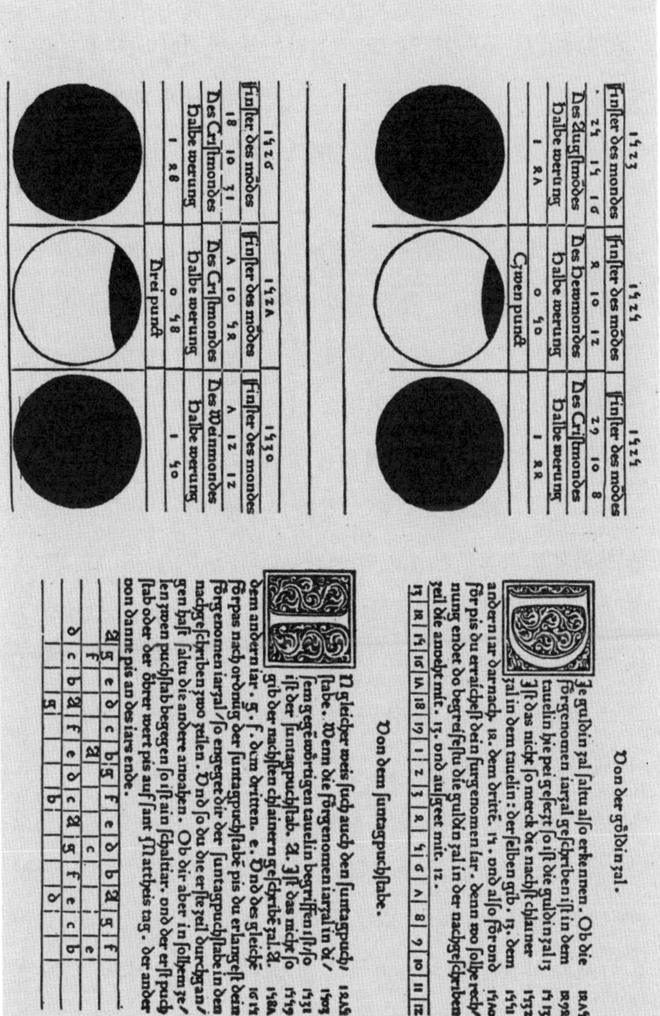

1523	1524	1524
Finster des mondes	Finster des mōdes	Finster des mōdes
25 15 16	4 10 12	29 10 8
Des Augstmōdes	Des Hewmondes	Des Cristmondes
Halbe werung	Halbe werung	Halbe werung
1 47	0 50	1 44
	Zwen punct	

1526	1527	1530
Finster des mōdes	Finster des mōdes	Finster des mondes
18 10 31	7 10 54	7 12 12
Des Cristmondes	Des Cristmondes	Des Weinmondes
Halbe werung	Halbe werung	Halbe werung
1 28	0 58	1 50
	Drei punct	

Von der gōldin zal.

Die guldin zal saltu also erkennen. Ob die fōrgenomen iarzal geschriben ist in dem tauelin hie pei geseczt so ist die guldin zal 13. Ist das nicht so merck die nachst chlainer zal in dem tauelin: derselben gib. 13. dem andern iar darnach. 14. dem drittē. 15. vnd also fōr vnd fōr pis du erraichest dein furgenomen iar. denn wo solhe rechnung endet do begreifestu die guldin zal in der nachgeschriben zeil die anvecht mit. 13. vnd ausgeet mit. 12.

1475
1492
1513
1532
1551
1570

13	14	15	16	17	18	19	1	2	3	4	5	6	7	8	9	10	11	12

Von dem suntagpuchstabe.

In gleicher weis such auch den suntagpuchstabe. Wenn die fōrgenomen iarzal in disem gegēwōrtigen tauelin begriffen ist/so ist der suntagpuchstab. A. Ist das nicht so gib der nachsten chlainern geschribē zal. A. dem andern iar. g. f. dem dritten. e. Vnd des gleichē fōrpas nach ordnūg der suntagpuchstabē pis du erlangest dein fōrgenomen iarzal/so engeget dir der suntagpuchstabe in den nachgeschriben zwo zeilen. Vnd so du die erste zeil durchgangen hast saltu die andere anvahen. Ob dir aber in solhem zelen zwen puchstab begegen so ist ain schaltiar. vnd der erst puchstab oder der ōbrer wert pis auf sant Mattheis tag. der ander von danne pis an des iars ende.

1475
1503
1531
1559
1587
1615

A	g	e	d	c	b	g	f	e	d	b	A	g	f
	f				A				c				e
d	c	b	A	f	e	d	c	A	g	f	e	c	b
			g				b				d		

그림3.7 레기오몬타누스의 『캘린더』(독일어판)의 한 페이지.

우스력의 부족한 점이 지적되어 있다. 그레고리 개혁과도 이어지는 문제점이 기록되어 있으므로, 전문을 번역한다(부활절을 춘분 이후 첫 보름 다음의 첫 일요일로 결정한 325년의 니케아 공의회가, 춘분을 율리우스력의 3월 21일로 정한 것이 배경이다).

> 나는 부활절 축제에 관한 의구심에 사로잡히지 않았다면 나의 캘린더 계획을 여기에서 끝낼 생각이었다. 이 작업이 이 문제의 연구에 도움이 되기를 바란다. 부활제가 첫날의 14일 후(즉, [춘분 후 최초의] 만월)[후 최초의 일요일]에 기념되어야 함은 신이 정한 법이기 때문에, 정확한 축일은 분명히 다음 두 가지 사실, 즉 춘분과 그 후 최초의 보름에 의거해 지내게 된다. 그리고 이들 모두는 교회가 사용하는 로마력[율리우스력]을 통해 일시가 정해졌다. 그러나 윤년에 대해서 그 규칙이 충분히 정확하다고 말하기는 어렵다. 신월이 76년마다 거의 6시간 진행하기 때문에, 그리고 오늘날에는 [낮의 길이와 밤의 길이가 같아지는 진정한] 춘분이 [공의회에서 정한 3월 21일이 아니라] 3월 11일이 되어, 지금으로서는 3월 11일과 21일 사이에 보름달이 생기면, 수도원장 디오니시우스 엑시구스의 역산법에 반함에도 불구하고 이것이 진짜 부활절의 보름달이 되는 것이다. 따라서 (살펴본바 상당히 잘 알려진 사실인데) 3월 11일이 진정한 춘분임을 아는 자, 관측과 표에 기반을 두고 보름을 결정하는 자, 그리고 신이 정한 법을 어떻게 읽어야 하는지 알고 있는 자라면 누구나 이 기간 중 보름이 되었을 때 어찌하여 부활절이 다음 일요일이 아니라 교회가

선포한 4주에서 5주 뒤의 날짜가 되는 것인지 의문을 지니게 된다. 이 사실은 어떤 유대인이 베사리온 추기경과 나를 겨냥한 것처럼 제기하여 많은 논의를 불러일으켰다. 어떤 때는 이러한 모호함이 브레멘의 사제들을 혼란에 빠지게 만들었다. 그들은 부활절 날짜를 다른 모든 기독교도들보다 거의 한 달이나 빠르게 정했으며, 그것 때문에 지금까지 비웃음 당하고 있다. 그러나 우리는 신이 정한 극히 단순한 지시에 따르는 데에 필요한 판단력조차 지니고 있지 않다며 우리의 무지를 책망하고, 우리는 신뢰할 수 없다고 주장하는 뻔뻔한 유대인이 우리에게 내던진 이 비방과 중상에 대해 매우 부끄럽다는 생각이 든다. 이러한 이유로, 이처럼 본의 아닌 조소의 화살에 대응하기 위해, 바른 규칙이 구래의 디오니시우스의 규칙과 어떻게 다른가를 수년에 걸쳐 사전에 결정해둘 노력을 하는 것은 필시 가치 있는 일일 것이다.[145]

레기오몬타누스는 이 부분을 『캘린더』 라틴어판에 썼으며, 독일어판에는 게재하지 않았다. 종교개혁 이전이었기 때문에, 교회의 오류를 지적하거나 비판하는 내용을 대중에게 밝히기를 망설였기 때문일까.

이후 레기오몬타누스는 교황 식스토 4세로부터 역법의 개정에 협력해줄 것을 요청받아 로마로 갔는데, 1476년 7월 그곳에서 객사했다.*22 이때 그의 나이 향년 40세였다. 역법의 개혁은 한

---

*22 그의 사인에 대해서, 『테온의 옹호』에서 심하게 비판한 트레비존드의 게오

세기가 조금 더 지난 후 예수회의 크리스토퍼 클라비우스의 노력으로, 그레고리우스 13세의 손으로 이루어진다.

9. 제자 발터와 관측천문학

요절한 레기오몬타누스가 의도한 천체관측은 그 의발衣鉢을 이어받은 베른하르트 발터가 계승했다. 뉘른베르크의 상인이었던 발터는 레기오몬타누스보다 여섯 살 연상의 인물로, 학문상으로 레기오몬타누스의 제자이자 공동 연구자였으며, 레기오몬타누스 사후 그의 연구유산 관리인이자 계승자이기도 했다.[*23]

발터는 물론 레기오몬타누스가 뉘른베르크에서 시작한 관측에 협력했다. 최후의 공동 관측은 1475년 7월 28일이며, 발터의 단

르게의 아들이 암살했다는 불온한 설도 있다. 이 에피소드는 그리니치천문대 대장 존 플램스티드의 1682년 강의에도 나온다(Framsteed, *Gresham Lectures*, p.216). 그러나 지금은 그해 초 테베레강이 범람하여 발생한 역병 때문에 죽었다는 설을 널리 받아들이고 있다.

*23 일설에 따르면 발터가 레기오몬타누스를 재정적으로 지원했다고 한다(Strauss(1966), p.246; Wightman(1962), I, p.111; Pedersen & Pihl(1974), p.299; Meurer(2007), p.1178). 이 이야기의 출처는 발터가 죽고 45년 뒤 비텐베르크대학의 수학 교수인 에라스무스 라인홀트가 행한 강연의 한 구절 "[뉘른베르크에서 레기오몬타누스가] 인쇄공방을 개설하는 데 든 경비는, 풍부한 재력과 함께 천상에 관한 지식 연구를 사랑하는 베른하르트 발터가 주로 조달했다"인 것 같다(Melanchthon, *Orations*, p.243f.). 그러나 이를 뒷받침하는 증거는 없다(Kremer(1980), p.174, p.187 n. 3; Zinner(1968), p.111).

독 관측은 레기오몬타누스가 7월 말 로마를 떠난 직후인 8월 2일 시작되어 1504년 3월 30일(발터 자신이 죽기 16일 전)까지 실로 30년에 걸쳐 계속되었다. 관측 항목은 태양이 자오선을 통과할 때의 고도, 일식과 월식, 달에 의한 항성과 행성의 엄폐, 행성의 충, 기준으로 선택한 특정 항성에서 행성까지의 각거리 등이었다. 관측 회수는 1544년 쇠너가 인쇄한 문서에 포함된 것만 해도 태양고도 측정 746회, 혜성 관측과 달·행성·항성의 위치 결정 615회에 달했다. 레기오몬타누스가 뉘른베르크에서 4년여에 걸쳐 수행한 태양고도의 관측이 29회였으며, 코페르니쿠스가 전 생애에 걸쳐 10회밖에 관측하지 않았던 것을 고려하면 발터의 관측이 기간과 횟수 모두의 측면에서 이전까지의 모든 사례를 압도했다는 것을 알 수 있다.

발터가 천체관측에 기여한 공적은 그때까지 특별한 상태에 대해서만 이루어졌던 산발적인 관측으로부터 긴 시간에 걸친 지속적인 관측으로 전환했다는 점이다. 이는 천체관측의 개념을 아주 새롭게 만들었다. 보통 이 공적은 16세기 후반의 티코 브라헤에게 돌아가지만,[146] 발터는 이 점에서 티코의 선구자였다. 발터의 관측 기록은 "거의 지속적으로 이루어진 관측 중 지금까지 남아 있는 최초의 사례"인 것이다.[147] 그의 관측 데이터를 자세히 조사한 도널드 비버Donald deB. Beaver는 이렇게 말했다.

> 뉘른베르크는 천체관측 방법의 중요한 개혁이 이루어진 곳이다. 관측천문학에 중요한 공헌을 한 천문학자는 레기오몬타누스의

제자이자 계승자인 베른하르트 발터(1430~1504)이다. 이 개혁은 긴 시간에 걸친 관측으로 실현되었는데, 이 사실 자체가 그때까지 답습되어온 방식과는 다른 발전이었다. … 그 관측의 규칙적이며 계통적인 성격이야말로 전통적인 천체관측으로부터의 도약이었으며 중요한 의미를 지닌다. … 발터의 관측은 라틴 유럽에서 계통적 천체관측의 길에 내딛은 첫걸음이었다.[148]

덧붙여 발코니에서 행한 천체관측도 발터가 시작한 것으로 알려져 있다. 이 때문에 뉘른베르크에 있는 발터의 집은 유럽에서 관측 장치를 갖춘 최초의 실질적인 천문대라고도 일컬어진다.[149]

또한 그의 관측은 정밀도 측면에서도 그 이전의 것을 뛰어넘었다. 크기 약 2.5미터의 놋쇠로 된 개량형 프톨레마이오스의 측정자를 사용함으로써 태양고도를 각도 0.5분까지 측정했다. 별의 위치 측정에는 1475년부터 1488년까지 천장의 각도를 약 30도까지 측정할 수 있는 대형 크로스스태프가, 1488년 이후에는 높은 정밀도의 황도천구의(프톨레마이오스 천구의)가 사용되었다(그림3.8). 크로스스태프는 레기오몬타누스가 사용한 것과 동일하며, 크기 1큐빗(약 9피트)으로 별들 사이의 각거리를 분 단위까지 구할 수 있었다. 또한 천구의는 천체의 경도와 위도를 직접 측정할 수 있었으며, 그 정밀도는 (천구의 기준점이라고 한 특정 항성의 위치 오차를 제외하면) 주의 깊게 조정하여 태양고도의 오차가 각도 1분 이내, 별의 경도 측정 오차는 각도 5분 이내였다.[150] 티코 브라헤가 등장할 때까지 발터를 제외하면 가장 좋은 정밀도

ECLIP. COMET. PLAN. AC FIX.

Anno 1491.

6. Ianuarij ♂ in una linea cum duabus ſtellis quas credis 22.
& 23. ♌, & ibidem incepit retrogradari, ſtationem nõ percepi.
Eodem die circa occaſum Solis ex obſeruatione meridiana in
25. gra. 15. m̃. ♑ poſito, reperi ♀ in 12. gr. ♓. & poſt horã in 2, gr.
15. m̃. ♊, credo ꝙ deficiat Aldebaran, uſus ſum perpendiculo.

11. Ianuarij circa occaſum, locus Solis ex obſeruatione meri-
diana 0. gra. 20. m̃. ♒, ♀ 17. gra. 15. m̃. ♓. Poſt horam medio ce
li exiſtente 27. grad. ♈. Aldebaran 2. grad. 35. m̃. ♊. uſus ſum
perpendiculo.

17. Ianuarij Sol ex obſeruatione meridiana 6. gra. 30. mi. ♒.
Venus 23. gra. 15. mi. ♓. reperta uſu perpendiculi Aldebaran in
gra. 2. 35. mi. ♊. Cometa circa principium ♈. cũ latitudine me-
ridionali hora inter ſextam & ſeptimam.

28. Ianuarij loco Solis poſito ſuper 17. gra. 35. mi. ♒. Venus
per armillas 3. gr. 10. mi. ♈ hor. quaſi prima noctis. Aldebaran
2. gra. 23. mi. ♊ Vide utrum locus Solis ſit bene poſitus.

14. Februarij hor. 4. poſt meridiem loco Solis ex obſeruati
one meridiana ſuper 4. gra. 50. mi. ♓ poſito, reperi ♀ in 15. gr.
34. mi. ♈ hor. ſeptima poſt meridiem, e
♊ uſu noui perpendiculi, ſed addendo
ris quę fluxere ab obſeruatione ad ☉ &
debaran 2. gra. 35. mi. ♊. ſicut prius ſęp
nalis 4. gra. 45. min.

16. Februarij ☉ ex obſeruatione me
mi. ♓ hora prima poſt meridiem ♀ 16. g
quinta poſt meridiem ☉ poſitus ſuper
gra. 25. mi. ♈. eadem diſtantia ut prius
bularum ac obſeruationum. Aldebara
ridiem loco ♀ ſuper 16. gra. 30. mi. ♈. p
in 2. gra. 35. mi. ♊. Item ♃ in 28. gra. ♉

13. Martij de mane inter ſecundam
noctis ♂ in una linea cum octaua & ſ
octaua ℨ totius intercapedinis octauę &

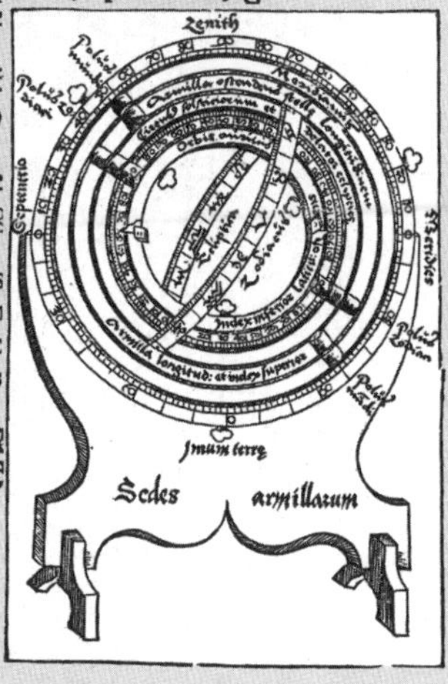

그림3.8 발터의 관측 기록 일부와 프톨레마이오스 천구의.

의 한계가 각도 10분 내지 15분이였던 것을 생각하면, 발터의 관측 정밀도는 발군이었다.

한마디로 발터는 "티코 브라헤 이전의 천문학자 중 가장 정밀하고 정확한 관측을 수행한 인물"이며, 그의 관측 수준은 당시로서 "놀라울 정도로 정확"했다.[151]

그는 관측 방법 또한 개선했다. 히파르코스 이래 행성의 경도는 달을 매개로 이용하여 태양의 경도로부터 구하는 것이었다. 발터는 달을 금성으로 대체하는 방식을 도입했으며, 이는 중요한 개선이었다. 왜냐하면 금성은 달에 비해 시직경이 작으며, 시차가 극히 작고, 움직임도 느려서 이러한 목적에 훨씬 적합하기 때문이다. 이 방법은 나중에 티코 브라헤와 카셀의 빌헬름 4세의 궁전에서 일하던 크리스토프 로스먼이 채용했다.[*24]

발터는 또한 현재 '대기차大氣差'라고 불리는 현상, 즉 천체의 빛이 지구 표면의 대기에 의해 굴절되어 일몰시 태양이 지평선에 접근할 때 움직임이 느려진다는 사실을 11세기 이라크의 알하젠(이븐 알하이삼)과 13세기 비테로와는 독립적으로 발견했다고도 알려져 있다. 1489년 3월 7일의 기록에는 이미 지평선 아래로 가라앉았어야 할 별이 보이는 것에 관하여 "광선의 구부러짐 때문에propter radius fractos, 지평선 아래에 있음에도 지평선 위에서 보

---

*24 금성과 태양의 각거리를 먼저 측정하고, 그다음으로 측정 대상인 별과 금성의 각거리를 측정한다. 태양의 경도는 표를 통해 구할 수 있으므로, 이를 통해 별의 경도를 구할 수 있다. Dreyer(1890), p.348; Beaver(1970), p.41f; Moran(1978), p.281f. 참조.

인다"라고 기술하고 있다.[152]

또한 발터는 천체관측에 시계를 사용한 선구자 중 한 사람이었다. 1484년 발터가 남긴 기록을 보자.

> 1월 16일. 나는 전날의 정오부터 정오까지 시간을 정확하게 알려주는 잘 교정된 시계horologium bene correcto를 사용하여 수성을 관측했다. 날이 밝을 즈음 수성이 지평선에 접하는 것을 보고 그와 동시에 56개의 톱니를 지닌 톱니바퀴 시계에 추를 달았다. 그것은 태양의 중심이 지평선에 나타날 때까지 1회전에 더하여 톱니 35개분 회전했다. 따라서 그날 수성은 태양보다 1시간 37분 빨리 뜬 것인데, 이는 계산 결과와 거의 일치했다.

이미 스승 레기오몬타누스가 천체관측에 시계를 사용할 것을 제안하고, 톱니바퀴 시계Räderuhr도 언급하고 있으므로, 발터의 이러한 시도는 스승의 귀띔 혹은 영향에 의한 것이겠지만, 이와 함께 뉘른베르크라는 도시에서 시계 제작이 활발하게 이루어졌던 것 또한 배경이 되었을 것이다.[153]

인도-아라비아숫자로 기록된 레기오몬타누스와 발터의 관측 데이터는 1544년 뉘른베르크의 요하네스 쇠너가 인쇄하고(그림 3.8),[154] 1618년 빛의 굴절 법칙으로 이름이 알려진 레이던대학의 교수 스넬이 새로 인쇄했다.

나중에 다루겠지만, 최초로 발터의 관측 데이터에 주목한 사람은 코페르니쿠스였다. 아직 인쇄된 형태로 등장하기 이전의 단계였다(제5장 각주12 참조). 케플러는 티코 브라헤의 관측에 기초한 천체운행표인 『루돌프 표』를 1627년에 출판했는데, 이 과정에서 발터의 데이터에 상당히 주의를 기울였다.[155] 16세기 후반에 측정의 정밀도 향상을 계속 추구했으며 코페르니쿠스의 관측에 대해서 그 정밀도를 엄격하게 비판한 당시 최대의 천문학자 티코 브라헤도 태양년을 결정할 때 자신의 관측 결과뿐만 아니라 "레기오몬타누스와 그 제자 발터의 관측 결과" 또한 함께 사용했다.[156 *25] 그뿐만 아니라 "발터의 이름은 브라헤의 저서에 여러 번 등장했으며, 브라헤는 분명히 그를 뛰어난 관측자로 여겼다".[157]

발터가 단독으로 관측을 수행하기 시작한 지 200년 후인 1675년에 창설된 그리니치왕립천문대의 초대 대장 플램스티드는 1682년의 강의에서 이렇게 말했다.

> 베른하르트 발터의 관측 결과가 그 자체 내에서도, 혹은 그 이후에 다른 이들이 다른 성질과 구조를 지닌 장치를 사용하여 관측한 결과와도 잘 일치하는 것은, 그가 앞선 이들이 신중하지 못하여 초래한 실수를 반복하지 않도록 잘 대비했음을 확신시켜준다.[158]

플램스티드의 이 강의는 1681년부터 1684년까지 그레샴 칼리

---

*25 티코가 자신의 관측치와 발터의 관측치를 취합하여 유도한 1태양년은 365일 5시간 48분 45초로, 20세기 초에 정밀하게 관측된 값보다 단지 1초 짧을 뿐이다(Dreyer(1890), p.333).

지에서 이루어졌는데, 강의 중 발터의 관측치가 여러 번 사용되었다. 플램스티드와 동시대 천문학자인 에드먼드 핼리는, 발터가 1487년 회귀선의 위도를 관측한 값이 1686년 뉘른베르크에서 관측된 값과 정확히 일치한다는 점을 발견했다.[159] 그리고 18세기 프랑스 천문학자 니콜라 라카이유는 태양 이론의 요소를 결정할 때 발터의 데이터를 원용했다.[160] 거의 2세기 이상 뒤의 프로 관측자나 천문학자가 봐도 발터의 관측은 합격점을 땄을 것이다. 지너가 말한 대로 "그는 타고난 관측가였다".[161]

발터의 데이터는 자세했다. 관측 결과인 수치뿐 아니라 때때로 맑음과 흐림 같은 날씨 조건, 혹은 "매우 정확certissmae" 혹은 "매우 신중diligentissimae"처럼 관측의 질에 관한 부분까지 기록되어 있었다.[162] 케플러는 1604년 『광학』에서 발터의 관측에 대해 "그 관측은 신중하게 이루어졌다ovservatio diligens"라고 인정했으며, 1627년의 『루돌프 표』의 서문에서 다시 한 번 발터의 근면과 신중함을 칭찬했다.[163] 발터가 이처럼 꼼꼼한 성격이 된 것은 그가 상인이었다는 사실이 크게 기여하지 않았을까. 앨프리드 크로즈비Alfred Crosby의 책에 있는 것처럼 "사업적이라는 말은 신중함과 치밀함, 그리고 실전에서는 숫자를 다룬다는 것과 같은 뜻이다. 이러한 특성은 이것을 실천한 사람들이 수량적으로 파악 가능한 경험을 가능한 한 수량적으로 표현한 결과로, 과학과 기술의 발전을 이끌어낸 요인 중 하나가 되었다".[164]

13세기 이후 서구 세계에서는 원격지와 문서를 통해 행하는 거래가 확대되었으며, 공동경영을 하는 회사 조직이 탄생했다.

도시의 상인들에게는 일상적인 상품과 자본의 관리, 혹은 환전, 이자, 이익배분 계산이 요구되었다. 따라서 꼼꼼한 기록 습관과 사무처리 능력은 계산 능력과 함께 없어서는 안 될 요소였다. 북이탈리아, 독일, 네덜란드의 도시에는 상인과 직인의 제자들을 위한 습자교실과 산수교실이 만들어져 있었으며, 상인의 세계에서는 대학보다 앞서 인도-아라비아숫자를 사용한 십진법 표기가 침투하여 다양한 계산 기법이 개발되고 있었다. 베네치아에서는 복식부기가 고안되고, 15세기 말에는 루카 파치올리가 상업 수학과 복식부기의 기법을 기록한 라틴어 책이 출판되었다. 이 책에서는 일기장·분개장·원장이라는 세 종류의 상업 장부를 다루며, 이들 장부에 상거래 내용 및 수량을 매일 상세하게 기록해야 함을 지시하고 있다.

실제로도 피렌체 지방의 도시 프라토의 다티니 상회는 14세기 말부터 15세기 초에 걸쳐 20년간 500권 이상의 회계부와 원장을 남겼다. 이것은 우연히 현대까지 남았기에 알려졌지만, 특별한 사례는 아니었다. 이탈리아뿐만 아니라 다른 지역의 상회에서도 거의 동일한 작업이 이루어졌을 것으로 여겨진다. 독일에서도 1481년에 아우크스부르크에서 태어난 상인 루카스 렘의 일기가 남아 있다. 이 일기에 따르면 열세 살에 베네치아로 수업을 받기 위해 떠난 렘은 그곳에서 산술을 익혔다. 그와 더불어 학교에서 부기Buchhaltung을 배우고 "회계부와 분개장을 만들 수 있게 되었다"라는 내용이 있는데, 여기에는 다음과 같은 주가 붙어 있다.

회계부Schludbuch: 이 안에는 현금으로 이루어진 모든 수입과 지출, 그리고 채무[차변] 및 채권[차변]에서의 모든, 그리고 각각의 미지급액이 기재되어 있다. 신은 감사하게도 나에게 [상업적인] 재능을 내려주셨다. 1522년.

분개장Janal: 이 안에는 내가 주인을 위해 거래한 각각의 사항, 예를 들어 수입과 지출, 환換, 현금 수령, 상품 발송, 구입 및 매각 등이 예외 없이 기록되어 있다. 신은 감사하게도 나에게 [상업적인] 재능을 내려주셨다. 1522년.[165]

상인은 상품과 자본을 모두 수치화하여 파악했으며, 그 출납의 상세한 사항을 매일 꼼꼼하게 기록하는 습관이 몸에 배어 있었다. 당시에 이것은 '신으로부터 받은' 특별한 재능이었으며, 발터는 천체관측의 결과를 기록하는 데 그 재능을 발휘한 것이라고 말할 수 있을 것이다. 그는 그야말로 부르주아적인 에토스로 천체관측에 임했으며, 그럼으로써 천체관측에 새로운 방향성을 제시했다.

***

1963년 출간된 네덜란드의 과학사가 포브스Forbes와 다이크스터하이스Dijksterhuis의 『과학과 기술의 역사』에는 "중세의 천문학은 포이어바흐와 레기오몬타누스라는 두 독일 천문학자의 작업에서 정점에 달했으며, 그들과 함께 이 시대는 끝났다"[166]라고 쓰여 있다. 이에 비해 데릭 프라이스Derek J. de Price는 1959년의 논문에서 "천문학이 중세에서 벗어나 코페르니쿠스, 브라헤, 갈릴레오, 케플러, 뉴턴 그리고 근대에 들어서는 연속적인 발걸음을 내딛기 시작한 정확한 날을 정한다면, 분명히 레기오몬타누스의 [『알마게스트』에 대한] 주석[즉, 『적요』]을 선택할 수 있을 것이다"라고 밝혔다.[167] 또한 1514년 빈의 탄슈테터는 포이어바흐의 『식의 표』를 인쇄·출판했는데, 그 서문에 포이어바흐와 레기오몬타누스에 대해 "명망 높은 이 두 인물은 인류의 기억에서 거의 사라진 숭고한 이론을 훌륭한 형태로 부활시켰다"라고 기록했다. 이 주장은 린 손다이크Lynn Thorndike의 책에서 재인용한 것인데, 손다이크는 독일인끼리 같은 편을 든 과대평가로 판단했다.[168] 물론 레기오몬타누스는 전망 없는 동심구 이론에 천착한 사실이 있기 때문에, 포브스와 다이크스터하이스, 그리고 손다이크가 지적한 측면이 전혀 없었던 것은 아니다.

그러나 포이어바흐와 레기오몬타누스가 단지 프톨레마이오스 이론에 대한 훌륭한 입문서와 해설서를 저술했던 것만은 아니다. 특히 레기오몬타누스는 시대를 앞서가 수학적 과학의 중요성을 호소했으며, 관측의 전통을 부활시켰고, 수학서·과학서의 인쇄출판에도 적극적으로 참여했다. 이러한 상황을 종합적으로 판단한다면, 그들이 고대 천문학을 되살려냈을 뿐만 아니라 그 이상으로 새로운 시대를 선구했다는 표현도 과찬이라 할 수 없다. 이러한 의미에서 포브스와 다이크스터하이스의 혹평보다는 프라이스Price의 주장이 설득력 있어 보인다. 역시 포이어바흐와 레기오몬타누스, 그리고 발터는 천문학의 새로운 시대를 열었다고 해야 할 것이다. 스워들로Swerdlow와 노이게바우어Neugebauer의 공저에서도 나오듯이 "『알마게스트』는 12세기 말 이래로 이용이 가능해지긴 했지만, 프톨레마이오스의 저작이 진정한 의미에서 이해되었음을 보여준 것은 레기오몬타누스 이전에는 거의 보이지 않았"으며,[169] 레기오몬타누스의 천문학이 고대의 천문학을 뛰어넘지 못했다고 해도 그 이해를 근본적으로 개선했다는 사실은 인정해야 한다.

천문학 이론 자체에 대해서, 제임스 번James Byrne은 "레기오몬타누스의 천문학에 대한 관심은 두드러지게 다양했으며, 때로는 서로 모순되는 것처럼 보이기까지 했다"라고 기술했다.[170] 분명히 『적요』에서 프톨레마이오스의 이론을 소개한 것과 『테온의 옹호』 등에서 동심구 이론에 집착한 것은 서로 너무나도 동떨어져 있었으며, 그 둘을 통합할 전망을 이끌어내지 못한 것은 사실이다. 그 이후의 레기오몬타누스에 대해서는 두 가지 관점이 있다. 마이클 섕크Michael Shank는 "『테온의 옹호』는 그의 동심구에 대한 희망과 우주론적인 문제의식이 짧은 생애의 마지막까지 건재했음을 보여준다"라고 주장했다. 다른 한편, 스워들로는 "그의 동기는 자연학적인 것이었다. … 그의 목표는 프톨레마이오스의 것과 실질적으로 동등한 동심구 모델을 고안하는 것이었다. … 아마도 그는 자신의 의도에도 불구하고 동심구 모델을 궁극적으로 행성에 적용할 수 없는 것으로 판단했기에 포기했을 것이다"라는 견해를 보여, 섕크와는 상반되는 입장이다.[171] 어느 쪽이 옳은지 판단하기는 어려우나, 자연학적인 행성 이론은 물체적인, 특히 강체적인 천구에 의거하는 한 달성할 수 없었다. 철학자 에른스트 카시러Ernst Cassier가 이야기하듯이 "포이어바흐와 레기오몬타누스는 기하학적인 고찰과 자연학적인 고찰의 양식을 조정하려 했으나, … 두 관점의 결함을 원리적으로 극복하는 데까지 이르지는 못했던 것"이다.[172]

물리학적인 천문학은 150년 후에 요하네스 케플러가 창안한다. 그러나 그것은 행성을 운송하는 강체구 같은 존재가 티코 브라헤와 다른 학자들에 의해 부정되고, 그를 대신하기 위해 케플러가 천체 간에 작용하는 원격력(중력)을 구상했을 때 처음으로 가능해졌다. 즉, 행성 운동의 이해에 대한 패러다임의 전환을 필요로 했던 것이다. 이러한 의미에서 아리스토텔레스의 자연학에 사로잡혀 있는 한, 레기오몬타누스에게 돌파구는 열리지 않았을 것이다. 그러나 천문학을 자연학으로서 논하는 것을 "천문학자로서의 책무astronomi officium"라고 주장했던 레기오몬타누스의 뜨거운 마음은, "천체의 위치와 움직임을 가능한 한 정확하게 예언하는" 것은 "천문학자가 당면한 책무astronomi primarium officium"이기는 하지만 그것만으로는 불충분하며 "사물의 본성을 탐구하는 철학자 공동체에서 천문학자가 배제되어서는 안 된다"[173]라고 이야기한 케플러에게 이어져, 17세기 천문학의 혁명을 이끌었다.

어찌 되었든 포이어바흐, 레기오몬타누스, 발터, 이 3대의 사제는, 고대 문헌을 정확하게 복원하는 인문주의의 방법, 수학을 중시하는 상인의 에토스, 그리고 장치를 이용해 정밀하고 계속적으로 관측하는 직인의 기량, 이 세 가지 요소를 통합함으로써 자연 연구의 새로운 양식을 제시했다. 이는 스콜라학에 대한 비판으로서 시작한 인문주의가 근대과학으로 변모하는 지점이었다.

제 4 장

프톨레마이오스 지리학의 갱신

천지학과

수리기능자들

1. 프톨레마이오스의 『지리학』을 둘러싸고

앞서 기술한 것처럼[Ch.2.1], 프톨레마이오스의 『지리학』은 15세기 초의 라틴어역을 통해 서유럽에서 부활하기 시작했다. 라틴어로 번역된 『지리학』은 15세기 마지막 사반세기에 인쇄출판이 시작되어 그 보급이 가속되었다. 지도를 포함한 사례로서는 1477년 볼로냐에서 동판지도 26매가 첨부된 것이 출판되었으며, 다음 해인 1478년에는 로마에서도 마찬가지로 동판지도 27매(1매는 세계지도이며, 나머지 26매는 각 지역의 지도)가 첨부된 상태로 출판되었다. 이탈리아 밖에서 처음으로 인쇄·출판된 지역은 울름이다. 이탈리아에서는 동판이 발달한 데 비해, 독일에서는 목판 기술이 발달했기에 울름에서 인쇄된 판에는 목판 지도가 첨부되었다.*1 이 지도의 원화는 1465년경에 만들어진 것으로 추정되는데, 1450년대부터 1460년대까지 피렌체에 살았던 독일인 니콜라우스 게르마누스가 그린 것이다.*2

이 울름판에는 원래 프톨레마이오스의 책에는 없었던 이탈리

---

*1 1477년의 볼로냐판, 1478년의 로마판, 1482년의 울름판, 1482년의 피렌체판, 그리고 그 이후 1511년의 베네치아판, 1513년의 슈트라스부르크판, 1540년의 바젤판은 모두 복각판이 나와 국회도서관에 소장되어 있다.

*2 니콜라우스 게르마누스에 대해서는 베네딕트회의 수도사일 것이라는 점 외에 알려진 바가 없다. 그와 그의 작품에 대해서 알려진 모든 것은 Skelton(1963), pp.V, VI;, Karrow Jr.(1993), pp.255–265;, Meurer(2007), p.1182f.에 기록되어 있다. 때때로 니콜라우스 쿠자누스와 혼동되는 것 같다.

아, 스페인(이베리아반도), 프랑스(갈리아), 팔레스타인, 그리고 북부에 있는 각 나라의 이른바 '새 지도新圖, tabulae modernae'가 첨부되어 있다. 이처럼 새 지도를 추가한 것은 첫 시도였는데, 콜럼버스와 바스쿠 다가마 이후 대항해시대에 잇달아 갱신되는 지구상에 대응한 새로운 방식이었다. 그리고 특히 독일에서는 앞서 설명했듯이 프톨레마이오스 지리학의 수학적인 측면과 천문학이 밀접한 관련을 갖는다는 것이 점차 관심을 끌게 되었다.

사실 이때 프톨레마이오스 『지리학』의 제목으로는 『코스모그라피아Cosmographia』가 사용되었다. 1477년 볼로냐판, 1478년 로마판, 1482년 울름판의 제목 모두 *Geographia*가 아닌 *Cosmographia*였다(그림4.1). 지도학사 연구자 패트릭 달치Patrick Dalché는 이렇게 된 주요한 이유로, 프톨레마이오스 지리학이 천문학과 밀접한 관계가 있음에 강한 인상을 받은 번역자들이 당시까지 이어졌던 지지학적 기술인 '지리학(게오그라피아)'과의 차이를 강조하기 위해 '코스모그라피아'라는 제목을 선택했다고 지적했다.[1] 프톨레마이오스 『지리학』 제1권의 '총론'에 나오는 "지리학에서는 지구 전체의 형상과 크기, 그리고 천구에 대한 위치가 가장 먼저 고찰되어야 한다", "천체 현상의 관측 데이터를 여행 기록보다 우선시할 것"이라는 주장을 근거로 하여,[2] 새롭게 발견된 프톨레마이오스 지리학이 단지 '지구(게오)'를 기술한 것이 아니라, '우주(코스모스)'의 일부로서의 지구와 세계를 기술한 것임을 강조하고 싶었던 것일지도 모른다. 뒤에서도 언급하겠지만, 이윽고 16세기가 되어 Cosmographia는 '천지학'이라고 번역할 만한 특수한 의미를 띠

OSMOGRA
phia designa=
trix imitatio ē
toti⁹ cogniti or
bis cū bis q̄ fe=
re vniuersaliter
sibi iunguntur.
A corographia
hec differt. Nā corographia particularius a
toto loca abscidens p se de quolibet ipsorū
agit. describēs ferme singula: etiā minima cō

그림4.1 프톨레마이오스 『지리학』 1482년 울름판의 서두. COSMOGRAPHIA라는 문자가 보인다. 독일에서 인쇄된 최초의 목판화 지도책일 뿐만 아니라, 활자와 각 절 서두의 장식 문자가 아름다워 판화의 역사에서도 특기된다. Hind(1935), Vol.1, p.313f.

게 된다.

레기오몬타누스가 남긴 출판 계획표에도 "프톨레마이오스 코스모그라피아Cosmographia의 새로운 번역"이라고 기재되어 있다.[*3] 그도 프톨레마이오스의 『지리학』을 천문학과 밀접하게 관련된 것으로 파악했다. 레기오몬타누스는 천문학의 개혁을 위해 새롭고 정확한 관측이 반드시 필요하다고 생각했다. 이런 그에게 관

*3 레기오몬타누스는 『크레모나인의 망상에 대한 반박』의 거의 같은 곳에서 이 책을 지칭할 때 Cosmographia와 Geographia를 모두 사용했다(*JROC*, p. 514, line 35, 39). 그 자신은 용어 사용에 특별히 신경을 쓰지 않았을지도 모른다.

측 지점의 정확한 위치(정확한 위도와 경도)를 아는 것은 매우 중요한 일이었으므로, 천문학의 개혁을 위해서는 지리학의 개혁이 필요했던 것이다. 1459년경, 그는 야코부스 앙겔루스가 번역한 프톨레마이오스 『지리학』 연구에 천착했다. 책을 소유하고 있지는 않았기 때문에, 자신의 손으로 직접 필사하여 그리스어 번역본과 대조하는 작업에 몰두했던 것이다.[3]

이렇게 해서 레기오몬타누스는 야코부스 앙겔루스의 번역에 전반적으로 주를 달고 교정을 수행했다. 또한 그는 그 스스로 『지리학』을 정확하게 번역하려는 생각을 가지고 있었다. 빈의 요하네스 앙겔루스는 1510년과 1512년에 출판한 에페메리데스의 서문에 다음과 같이 썼다.

> 그 탁월한 요하네스 레기오몬타누스가 생존해 있었더라면, 우리의 시대는 정정되고 쇄신된 많은 사실을 볼 수 있었을 것이다. 내가 지니고 있는 유고에서 그는 몇 권의 책, 특히 일반적으로 알려진 프톨레마이오스 『지리학』의 오래된 번역과 그 외 다른 책들을 정정하고 싶다는 생각을 숨기지 않고 밝힌 바 있다.[4]

프톨레마이오스 『지리학』을 새롭게 번역하고자 했던 레기오몬타누스의 의도는 그의 출판 계획에서도 읽어낼 수 있다. 그 목록의 첫 번째는 포이어바흐의 『신이론』, 두 번째는 마닐리우스의 『아스트로노미카』였는데, 이 둘은 이미 출판을 마친 상황이었다. 그리고 세 번째, 즉 다음으로 출판할 예정이었던 책이 "프톨레마이오스 『지리학』의 새로운 번역"이었으며, 다음과 같은 설명이 붙어 있었다.

> 널리 사용되고 있는 오래된 야코부스 앙겔루스의 번역은, (비난하려는 것은 아니지만) 번역자 자신이 그리스어와 수학에 충분히 정통하지 않아 결함이 있다. 이 점에 관해서는 그리스어와 라틴어의 저명한 연구자이자 교사인 테오도루스 가자와 걸출한 수학자로 그리스어에도 어느 정도 숙달한 피렌체의 파올로[토스카넬리]처럼 탁월한 권위자들도 같은 견해를 지니고 있다.[5] *4

레기오몬타누스에게 프톨레마이오스 『지리학』을 정확하게 번역하는 일은 단지 인문주의자로서 문헌학적인 흥미를 만족하기 위함이 아니었다. 새로운 과학을 창조하기 위한 토대를 세우는 일이자 천문학 개혁의 일환이었다. 이 계획은 그가 요절해버리는 바람에 좌절되었지만, 그의 의도는 "15세기 말에서 16세기 초까지 수학[천문학]의 가장 중요한 중심지"[6]라 불린 뉘른베르크에서 그의 직간접적인 제자들에 의해 실현되어갔다.

---

*4 『지리학』의 야코부스 앙겔루스 번역이 그리스어나 수학의 이해 측면에서 오류가 있다는 그의 비판은 『행성의 이론 반박』 서문에서도 반복된다(*JROC*, p.514, Pedersen (1978b), p.179f.). 비잔틴의 테오도루스 가자(1400~1478)는 1440년대에 이탈리아로 건너가 1447년에서 1449년까지 페라라대학에서 그리스어를 가르쳤으며, 이후 피렌체와 로마로 이주했다고 알려져 있다. 베사리온의 추종자 중 한 사람으로 아리스토텔레스의 『동물론』과 『문제집』, 테오프라스토스의 『식물지』를 라틴어로 번역했다.

2. 베하임과 베르너

한편 16세기에는 대학에서 교육을 받지는 않았지만 직인이나 상인의 도제로서 교육을 받은 이들이 나오기 시작했다. 이들은 마을의 산수교실에서 수학 지식을 어느 정도 익혔으며, 상업·공예기술·건축에 필요한 실용수학에 능통했고, 기술적 지식을 습득한 사람들이었다. 질셀Zilsel의 표현을 빌리면 "고급 직인"이었던 것이다.[7] 그리고 그들의 일부는 습득한 기술적 지식을 속어로 저술하여 출판함으로써 당시까지 대학과 교회, 그리고 소수의 귀족이 문자문화를 독점하던 상황을 조금씩 허물기 시작했다. 16세기 문화혁명이 이룩한 진전이었다.

다른 한편에서는 대학의 학예학부에서 교육을 받아 수학과 천문학을 익혔고, 습득한 이론을 실제 천체관측과 관측 기기의 제작 혹은 측량과 지도 제작에 응용하는 일이 주요 관심사이며, 때에 따라 그것을 생업으로 삼은 "수리기능자mathematical practitioner"가 등장했다. 그들은 대학에서 교육받았지만 직인이 하는 일에도 주의를 기울였으며, 스스로도 손으로 하는 작업을 마다 않고 실무에 종사했다. 그들은 직인·기술자 측에서 시작된 16세기 문화혁명을 보완했으며, 새로운 자연과학 연구의 방향을 제시했다.

천체관측 및 저술 활동과 동시에, 과학서의 번역과 출판, 더 나아가서는 관측 기기의 제작까지 직접 수행한 레기오몬타누스도 당시의 관점에서는 학자라기보다는 오히려 이와 같은 수리기능자에 가까운 존재였다. 그리고 16세기 초 뉘른베르크와 그 주변에서는 이처럼 의욕적인 '고급 직인'과 '수리기능자'가 여러 명 배출되었다. 그들 중 많은 이들은 직간접적으로 레기오몬타누스와 그 제자인 발터의 영향을 크게 받았으며 지리학, 지도학, 관측천문학을 보급·발전시켰다.

뒤에서 다시 언급하겠지만, 뉘른베르크가 낳은 이들 수리기능자들 중 한 명으로 에츨라우프를 들 수 있다. 이 에츨라우프에 관한 논문에는 "15세기, 16세기 이 도시[뉘른베르크]는 지도학에 관련된 활동의 중심지였다"라고 서술되어 있다. 지도의 역사를 다룬 전문서에서도 16세기 초 독일어권에서 지도 제작의 중심은 뉘른베르크와 라인란트, 그리고 빈이었다. 해양도시는 아니지만, 광범위하게 상업 활동을 영위했던 뉘른베르크의 시민들은 지리학과 지도학에 많은 관심을 보였던 것이다.[8]

헨릭스 마르텔루스는 15세기 말 피렌체에서 지도 제작에 종사했다고 알려진 독일인이다. 그가 1490년경 뉘른베르크에서 만든 작품 중 하나로, 대서양이 아프리카 남단에서 인도양과 이어지는 수제 세계지도가 있다. 이는 물론 1488년 바르톨로메우 디아스가 희망봉을 발견하여 아프리카 남단을 통과한 사실에 입각해 있어, 인도양을 내해로 하는 프톨레마이오스 지리학의 패러다임에 정정을 요구했다. 또한 이 지도는 스칸디나비아를 반도로 표현하여, 북유럽에 대한 지식이 빈약했던 프톨레마이오스식의 세계 이해는 수정되어야 했다. 1492년에서 1493년까지 동판으로 인쇄된 이 지도는 많은 관심을 끌었던 것 같다.[9]

현존하는 가장 오래된 지구의는 뉘른베르크의 상인 마르틴 베하임이 같은 시에 살았던 동판화가 게오르크 글로켄돈의 도움을 받아 제작되었다. 제작된 해는 1492년으로, 콜럼버스가 제1회 항해를 떠난 시기였기 때문에 콜럼버스의 항해 정보는 반영되지 않았다. 아마도 1482년 울름판 프톨레마이오스 『지리학』을 바탕으로 하여 제작되었을 텐데, 새로운 정보도 추가되어 마르텔루스의 지도와 마찬가지로 대서양과 인도양이 아프리카 남단에서 만나는 것으로 표현되었다. 그러나 유럽 서쪽과 아시아 동쪽 사이의 바다는 현실보다 훨씬 작게 표현되었고, 상상의 섬이 몇 개 그려졌을 뿐이었으며, 태평양과 대서양을 나누는 대륙은 없었다. 콜럼버스가 이 지도를 봤다는 증거는 없다. 그보다는 당시 이 방면에 관심을 가졌던 이들 사이에 이러한 인식이 널리 퍼져 있었다고 봐야 할 것이다.

베하임은 뉘른베르크의 유서 깊은 상인 가문에서 태어나 청년 시절에 플랑드르에서 직물 장사를 시작했다. 대학에서 교육을 받지는 않았던 것 같다. 그는 프랑크푸르트와 안트베르펜 등지에서 장사를 하다가 1480년대 후반 리스본에 정착했으며, 레기오몬타누스의 제자라고 알려졌던 것 덕분에 포르투갈의 국가사업이었던 아프리카 서해안 탐험의 전문가위원회에 들어갔다. 1485년부터 그 이듬해에 걸쳐 아프리카 서해안의 탐험 항해에 참가했다고도 알려져 있으며, 주앙 2세의 자문에 응하여 궁정의사 메스트레 로드리고, 유대인 조제 비지뉴 등과 함께 태양의 고도 측정을 통해 항해하는 등위도항법을 고안해 당시 항해자들 사이에서 사용된 것과 같은 태양의 적위표赤緯表를 작성했다고도 전한다. 그러나 이들 사실의 진위는 모두 불분명하다.[10] 앞서 언급한 지구의는 1490년대 초 뉘른베르크로 귀향하여 지낼 때 뉘른베르크 상인의 의뢰로 만들어진 것이다.

뉘른베르크의 의사이자 지도학자인 히에로니무스 뮌처(라틴어명 히에로니무스 모네타리우스)는 1437년 오스트리아의 펠트키르히에서 태어나, 라이프치히와 파비아에서 교육받았으며, 1480년에 뉘른베르크 시민권을 취득했다. 그는 콜럼버스의 항해에 대해서는 모르는 채로 1493년 7월 주앙 2세에게, 대서양을 서쪽 방향으로 항해하여 아시아에 도착할 수 있다는 이야기와 함께 이를 수행할 적임자로 베하임을 추천하는 편지를 썼다. 이 편지에는, 사람이 사는 동쪽의 끝에서 서쪽의 끝 사이에 있는 바다의 거리는 매우 짧으며, 이를 뒷받침하는 증거도 여럿 있기 때문에 "결론적으로 이 항해를 통해 며칠 안에 동쪽의 카타이[중국]까지 도착할 수 있을 것으로 생각합니다"라고 쓰여 있다.[11] 베하임은 이 편지를 가지고 다시 한 번 포르투갈을 방문할 생각이었다. 그러나 그때는 벌써 콜럼버스가 제1회 항해에서 귀환한 뒤였기 때문에 편지가 실질적인 의미를 지니지는 못했다. 아무튼 한발 늦었다고는 하지만, 뉘른베르크의 한 의사가 콜럼버스와 별개로 같은 생각을 했다는 사실은 매우 흥미롭다.

같은 해인 1493년에 뉘른베르크의 의사이자 애서가, 그리고 인문주의자였던 하르트만 셰델Hartmann Schedel이 편찬한 『뉘른베르크 연대기(크로니클)』가 제작되어, 라틴어판과 독일어판이 동시에 발행되었다. 라틴어판은 약 1,500부, 독일어판은 약 1,000

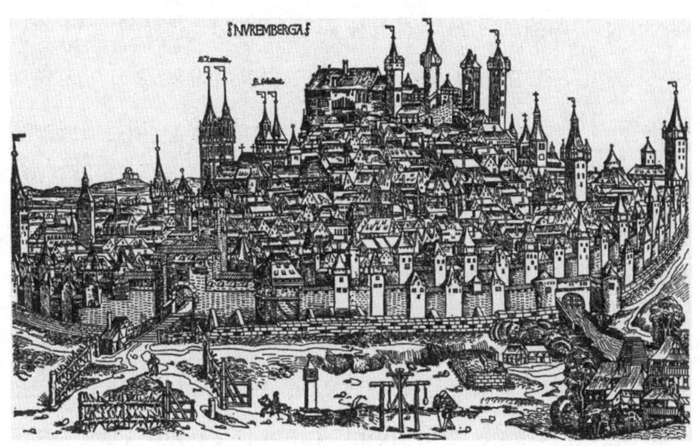

그림4.2 15세기 뉘른베르크의 전경. 하르트만 셰델『뉘른베르크 연대기』(1493)에서 발췌.

부가 제작되었을 것으로 추정된다. 이 서적은 한 페이지에 글과 동판으로 제작한 큰 도판이 동시에 포함되어 있는 큰 책으로, 분량도 287장에 달한다. 그야말로 15세기의 도서 제작 기술이 집약된 걸작 중 하나인 것이다.

그 수많은 도판은 알브레히트 뒤러가 도제 시절 섬겼던 미하엘 볼게무트의 공방에서 만들어져, 당시 유럽 최대 규모였던 안톤 코베르거의 인쇄소에서 인쇄되었다. 특히 이 책을 유명하게 만든 것은 유럽 각 도시의 묘사이다. 도시를 그린 84장의 작은 그림 안에는 공상적인 요소도 있으나, 좌우 양 페이지에 걸쳐 표현된 32장의 큰 그림은 상당히 사실적이라고 평가된다(그림2.1, 4.2). 책 말미에 두 페이지에 걸쳐 중앙유럽의 지도가 게재되어 있는

데, 이것은 히에로니무스 뮌처가 그린 것이다. 출판에 쓰인 경비는 성 세발두스 교회의 주임인 제발트 슐라이어를 중심으로 하여 부유한 시민 여러 명이 출자했다. "이 『연대기』는 [뉘른베르크의] 학자, 예술가, 인쇄업자, 상인이 힘을 합쳐 달성한 행운의 성과"였다.[12]

요하네스 베르너는 1468년에 뉘른베르크에서 태어나 1522년 뉘른베르크에서 사망한 순수 뉘른베르크인이었다. 1484년에 잉골슈타트대학에 학생으로 등록했으며, 졸업 후 1490년에 헤르초게나우라흐의 사제로 임명되었다. 1493년부터 1497년까지 로마에서 유학했으며, 이후 1508년부터 생을 마칠 때까지 뉘른베르크의 성 요아힘 교회에서 근무했다. 그러나 어렸을 때부터 수학에 흥미를 느꼈던 베르너는 교회 일을 하면서 동시에 수학, 천문학, 지리학의 학습과 연구에 몰두했다. 손다이크Thorndike의 책에 따르면, 베르너는 레기오몬타누스와 직접 만난 적이 없으며 레기오몬타누스 저서의 편집자나 계승자는 아니지만 스스로 "레기오몬타누스의 정신적인 상속인"이라 여겼다고 한다.[13]

베르너가 한 중요한 일로는 1514년 프톨레마오스의 『지리학』 제1권, 즉 수학에 초점이 맞춰진 부분의 새롭고 정확한 라틴어 번역본을 출판한 것을 들 수 있다. 이때 레기오몬타누스의 지리학에 관한 몇 가지 논고와 함께 메테오로스코프의 구조와 사용법에 관해 쓴 레기오몬타누스의 편지를 첨부했다. 적어도 레기오몬타누스가 남긴 지적 유산의 첫 수혜자이기는 했던 것이다.[14]

특히 주목할 부분은 이 『지리학』 제4장의 주에 천체관측을 통해 경도를 결정하는 방법에 대해 쓴 내용이다. 경도(정확하게는 기준점과의 경도차)의 정확한 결정은 당시 점성술, 항해술, 지도 제작에서 모두 요구되었으나 아직 결정적인 수단이 없었다. 그가 제창한 방법은 월식의 관측을 이용한 것과 황도상의 특정한 별과 달이 이루는 각도(월거月距)의 측정을 통하는 것이었다. 전자는 프톨레마이오스가 이미 언급했던 방법으로 콜럼버스도 사용했다. 베르너는 이에 대해 주2에서 일반적인 논의를 진행한 다음 이렇게 기록했다.

> 나는 로마에서 1497년 1월 18일 저녁 무렵 월식을 관측했다. 로마에서 이 월식의 최초 접촉을 본 시각은 오후 5시 24분이었다. 그러나 요하네스 레기오몬타누스의 『에페메리데스』를 통해 같은 월식에 대해 계산한 뉘른베르크에서의 최초 접촉은 거의 4시 52분이다. … 따라서 뉘른베르크와 로마의 경도차는 [시간으로] 거의 32분 내지 [각도로] 8도임을 알 수 있다.[15]

실제 경도차는 1도 30분으로, 시간 차로는 6분에 해당한다. 유럽 안에서 측정한 값조차 이처럼 정밀도가 떨어졌다. 원거리에서 더 정밀도가 떨어졌음은 이미 콜럼버스의 예를 통해 살펴보았다 [Ch.3.8]. 게다가 월식은 빈번히 일어나지 않아서 실용적인 측면에서도 좋지 않은 방법이다.

월거법이라 불리는 후자의 방법은 주8에서 확인할 수 있다.

달은 지구에서 볼 때 약 27일 주기로 항성천을 일주하므로, 항성천에 대해 1시간에 약 360°÷(27×24)≒0.5°만큼 위치가 바뀐다. 따라서 특정한 시각에 황도 근처에 있는 특정한 항성과 달이 이루는 각도(월거)를 측정하여, 예를 들어 뉘른베르크를 기준 경도의 위치로 하여 달이 그 각도가 되는 시각을 계산할 수 있는 표가 있다면, 그것과의 시간 차로부터 기준점과의 경도차를 산출할 수 있다.[16] *5 단, 베르너는 달의 시차, 즉 지구상의 서로 다른 위치에서 달이 조금 다른 방향으로 보인다는 점을 고려하지 않았다. 시차와 대기차를 고려한다면 이 방법은 이론적으로는 이치에 맞는다. 그러나 이 방법을 사용하기 위해 현실적으로 요구되는 항성의 정확한 위치 정보, 달 위치의 정확한 예측, 충분한 정밀도의 관측은 당시에는 기대할 수 없었으며, 이 방법이 실용화된 것은 훨씬 나중의 일이다.

결국 경도의 결정은 부정확하며 실용성도 떨어지는 식[食]의 측정에 의지할 수밖에 없었던 것 같다. 17세기 초 영국의 시인 존 던은 이렇게 노래했다.

> 위도를 정할 생각이라면, 해든 달이든,
> 가장 눈부시게 빛날 때 관측하면 된다.

---

*5 보통 이 방법은 베르너가 창안한 것으로 알려져 있다. 그 한 예로 Hewson(1983), p.260f. 참조. 그러나 중세에 쓰인 『행성의 이론』에는 "달이 하늘의 중앙[자오선상]에 있을 때, 그것을 어떤 [다른] 지역에서의 표와 비교한다면, 월식이 아니라도 달의 위치 차이를 통해 두 지역의 경도차를 구할 수 있다"라고 되어 있다. 이는 '월거법'과 동일한 방법이다. *SMBS*, p.463, Randles(1995), p.403 참조.

그러나 경도를 정할 생각이라면, 다른 무슨 방법이 있을까.
언제, 그리고 어디서 캄캄한 식이 시작되는지 확인할 수밖에.[17]

영국에서 1675년에 그리니치천문대가 창건된 직접적인 목적 중 하나는 항성의 성도星圖와 달의 운행 예측을 정확히 하여, 베르너의 경도결정법을 실제로 구현하기 위함이었다. 18세기 중기 괴팅겐의 토비아스 마이어의 작업 이전까지, 달 운행표는 경도를 결정하기에 충분할 정도로 정밀하지 못했다.

베르너는 수학 분야에서 1510년 『구면삼각법』, 1522년 『원추곡선론』을 저술했다. 전자의 책에서는 삼각함수의 곱을 합으로 변환하는 공식이 서유럽에서 처음으로 기술되었는데, 이는 나중에 대수학의 발전을 촉진했다. 후자는 수학사에서 "16세기에 나타난 원추곡선에 관해 독창적으로 설명한 최초의 저작"으로 평가받았다.[18] 천문학 분야에서는 『메테오로스코프에 관하여』를 남겼으며, 16세기 후반 베르너는 코페르니쿠스에 비견하는 이론가로 평가받았다. 포이어바흐의 『신이론』 1556년판에 에라스무스 오즈발트 슈레켄푹스가 단 주석에는 천문학의 발전을 기술한 후에 "마지막으로 자연의 기적으로서 코페르니쿠스, 요하네스 베르너가 등장한다. 여기에서 이 두 천문학자 중 누가 더 중요한지는 이야기하지 않겠다. … 그러나 이 둘 중 어느 하나를 모델로 하든, 우리는 의심의 여지 없이 빠르게 전진할 수 있을 것이다"라고 되어 있다.[19] 1588년 티코 브라헤가 쓴 편지에도 "레기오몬타누스, 코페르니쿠스, 베르너, 그 외의 권위…"라는 표현이 보인다. 당시

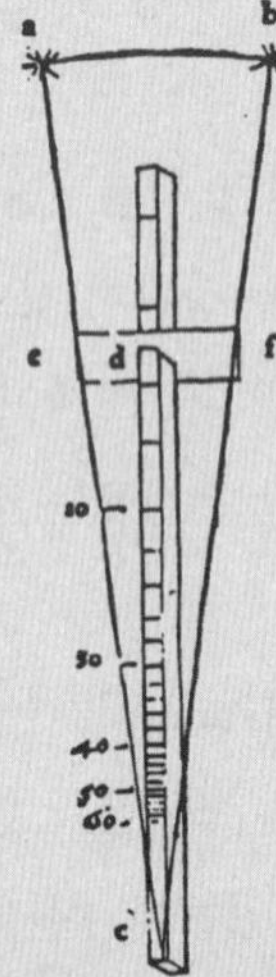

Annotatio sexta. Duarum stellarũ intercapedinẽ officio præ-
missi radii visorii deprehendere. Sint igitur propositæ stellæ duæ a b.
quarũ interstitiũ velut segmentũ a b. maximi circuli per easdem stel
las descripti: intẽtio sit perspicuũ facere: Igitur radius obseruatori⁹
c d. habens pinacidiũ versatile e f. cũ termino eius c. oculo applicet:
deinde volubile pinacidiũ e f. paulatim admoueat oculo donec per
extremitates e f. eiusdem pinacidii mobilis duæ datæ stellæ a b. exa-
mussim cõspiciant: ergo longitudo c d. inter oculũ & pinacidiũ e f.
in spacio ad idem pinacidiũ ptinente: docebit quot gra. & m̃. sit a b.
segmentũ: qd oportuit efficere. Annotatio septima.

Duorũ locorũ/ quos ex lõginquo geographus prospicit/ angu-
lum quem apud locũ geographi considerantis efficiunt obseruare.
Sint igitur tria loca a b c. & angulũ a c b. quem duo loca a b. ad c. lo-
cum cõstituunt/ intẽtio nostra sit obseruare. igitur geographus ra-
dium visoriũ hunc cum vna eius extremitate c. oculo applicet/ volu
bile deinde pinacidium e f. oculo suo admoueat: vt p terminos e f.
eiusdem pinacidii intueatur duo loca a b. rursus ergo c d. longitudo
inter pinacidiũ e f. & c. oculũ cõsiderãtis existens in spacio radii/ qđ
eidem inseruit pinacidio/ angulũ a c b. in gradibus & minutis pate-
facit. quod oportuit efficere. Annotatio octaua.

Duorum locorũ qui abinnicem plurimũ distant. Longitudinũ
differentiã per motum verum lunæ/ atq per aliquam stellam fixam
quæ vltra quinq gradus latitudinẽ ab æcliptica non habẽat inueni-
re. In hoc problemate supponendũ est/ tabulas medii & veri mo-
tus lunæ/ ad alterũ ppositorũ locorũ examussim esse cõpositas/ atq
iustissime verificatas: præterea/ siderum fixorum quæ huius adhi-
bentur problematis vtilitati/ motus tam in longitudine q̃ in latitudi
ne veraciter innotescant. His itaq subiectis. Sint duo loca quæ plu-
rimũ elongent abinuicem/ & intentio sit eorũ differentiã longitudi-
nũ inuenire: igitur geographus accedat ad vnum datorũ locorum/
& in eo per radiũ hunc obseruatoriũ/ cõsideret ad aliqđ momentũ
cognitũ/ distantiã lunæ vniusq dictorũ fixorum siderum/ quæ pa-
rum aut nihil ab ecliptica recedant/ quã quidem distantiã si diuiseri-
mus per verum lunæ motum in vna hora/ exibit tempus/ quo luna cum eodem sidere fixo cõiũge
tur/ si talis eorum coniunctio adhuc existit futura/ aut tempus pa
sideris cõiunctio præteriuerat. Deinde p meridiano loci alter
sideris cõiunctionẽ ex tabulis medii veriq motus lunæ p eodem
phus computet. deniq hæc duo tempora p meridianis eorundẽ
lunæ superius traditũ fuit comparando: inueniet eorundẽ duorũ
quam oportuit reperire/ neq lunæ diuersitas aspectus in longitu
phum perturbet. Et si scrupuli huius dubio angat. ergo quintũ li
dii Pto. cõsulat. statimq reperiet ex visa illa lunæ eiusdẽq fixi side

Argumentum. cap. v.

Postq̃ Ptole. præcedenti capite admonuit/ quibus cautelis geo
scriptione particularia loca: iuxta eorum distantiarũ symmetriã
telluris habeant superficie collocare possit. ex comitante docet/
scretionem attinet: quomõ geographus existat cautus & prouid
rum & satrapiarũ seu puinciarũ/ & locis aliis collocandis intend
pcione/ recentiorũ auctorum adhæreat monumentis: velut eã
modernis & fermæ ætate nostra traditis non congruunt. Ita quo
tiones & scripta/ de regnorũ & satrapiarũ seu puinciarum finib
nibus nostro æuo/ a veritate plurimũ dissentiũt. Nam multæ
Ptolemæi tempora ob nimiam eorum longinquitatẽ cognitæ
particulas: quæ a fabulosis quibusdam auctoribus describunt: q

Præterea & si quædã regna ac territoria se sicut olim habuer

그림4.3 요하네스 베르너(1468~1522)와 크로스스태프의 새로운 눈금.

베르너가 존경받는 천문학자였음을 알 수 있는 대목이다.[20] *6

그러나 베르너도 단순한 이론가는 아니었으며, 관측 장치의 설계·제작·개량에 관심을 둔 기능자이기도 했다. 헤르초게나우라흐교구 교회의 시계와 로스탈의 두 해시계도 그가 만든 것으로 알려져 있다.[21] 그가 번역한 프톨레마이오스 『지리학』 제1권 제4장의 주6과 7에는 크로스스태프의 사용과 개량에 관한 논의가 포함되어 있다. 그는 균등 분할 눈금으로 스태프의 길이를 읽은 후 표를 사용하여 그 결과를 각도로 환산하는 이전까지의 방식 대신, 각도를 직접 읽을 수 있는 눈금을 고안했다[22](그림4.3).

참고로 베르너가 초기에 남긴 저술 중에는 점성술에 관련된 서적이 많다. 그는 태양과 달뿐 아니라 행성까지 포함한 천체가 지상의 기상에 영향을 끼친다고 믿었다. 관측 장치의 개량에 관한 제안 또한 그쪽 방향에 대한 관심에서 시작된 것으로 사료된다. 그가 기술한 기상관측 기록 및 기상예보에 관한 원고는 1546년 요하네스 쇠너가 인쇄했다.[23]

---

*6 베르너가 쓴 『구면삼각법』과 『메테오로스코프에 관하여』는 그가 살아 있을 때 공표되지 못했다. 수학과 천문학을 다룬 그의 저작물들은 그가 죽은 직후 출판되었다. 한편 그의 『구면삼각법』 원고는 게오르크 하르트만이 입수하여 요아힘 레티쿠스에게 전달했고, 레티쿠스는 1559년 출판을 계획했으나 이루지는 못했다. 20세기가 되어서야 이 원고는 출판될 수 있었다.
이런 사정으로 "베르너의 천문학서와 수학서는 그 가치에 걸맞지 않게 역사가들에게 무시당해왔다"(North(1966/67), p.61).

3. 뒤러와 그 주변인들

앞 절에서 다뤘듯이 이 시대에, 대학 교육을 받지 않은 직인들 중 때마침 등장한 인쇄기술을 바탕으로 해서 길드 내에서 전승된 기술 지식을 공개하는 이들이 나오기 시작했다. 16세기 문화혁명의 전선前線이다. 15세기 말에는 레겐스부르크의 석공 마테스 로리체르와 뉘른베르크의 금세공사 한스 슈테르마이어가 각각 석공과 직인을 위한 응용기하학 서적을 출판했다.[24] 히르쉬포겔은 화가이자 도예가이자 석공이었으며, 1543년 『기하학의 실제적·기본적 입문서』를 저술했다. 히르쉬포겔은 1539년 이후 지도 제작에도 손을 댄 것으로 알려져 있으며 수학서의 저술은 그 연장선상에 있다.[25] 1547년에는 뉘른베르크의 병기 제조 장인 카스파 브루너가 대포와 포술에 관한 저서를 남겼다.[26] 이 서적들은 모두 속어(독일어)로 쓰였다.

누구보다도 중요한 인물은 금세공 교육을 받은 뉘른베르크의 화가 알브레히트 뒤러였다. 레기오몬타누스가 뉘른베르크에 거주했던 1471년 그곳에서 태어난 뒤러는 르네상스기 독일 최고의 화가로서 유명했으며, 수많은 훌륭한 초상화와 종교화를 남겼다. 이와 동시에 특기할 만한 사항은 그가 그래픽 예술의 창시자이자 목판화의 개척자 그리고 동판화의 명장으로서 이탈리아 르네상스 화가를 능가했다는 점이다. 1525년 화가와 직인을 위한 응용기하학 서적인 『자와 컴퍼스를 이용한 측정술 교본』(이하 『측정술 교본』)을 독일어로 집필한 것에서부터도 알 수 있듯이 뒤러도 향학심에 불타는 의욕적인 인물이었다.[27] 그는 또한 레기오몬타누스의 제자 발터와도 친밀하게 지냈으며, 발터가 천체관측을 수행하던 집을 발터의 사후 구입한 것으로도 알려져 있다.

이 뒤러는 1515년 막시밀리안 1세의 궁정수학관 요하네스 스타비우스의 의뢰로 콘라트 하인포겔을 도와 과학적으로 엄밀한 성도를 제작했다(그림4.4). 이 성도는 목판화로는 처음으로 인쇄된 천구도이며, 이전 것들보다 훨씬 정확했다. 당시까지 축적된 천체관측 결과를 바탕으로 해서 프톨레마이오스의 성표에 세차운동이 감안된 값인 19도 40분이 보정되어 있을 뿐만 아니라, 경도와 위도 좌표에 별이 표시되었다. 이 천구도는 그 이후 천구도의 기본형이 되었으며, 특히 페트루스 아피아누스에게 큰 영향을 끼쳤다.[28]

뒤러는 역시 스타비우스의 의뢰로 하인포겔과 협력하여 경선과 위선이 그려진 구형의 세계지도를 남겼다. 이것은 지도라기보다는 지구 밖에서 본 3차원 입체인 지구를 원근법으로 나타낸 첫 그림이다. 지구를 객관적으로 보는 관점이 드러난 것이라고도 할 수 있다.[29] 당시 최고의 동판 기술과 최신 과학 지식의 결합이 만들어낸 이 작품은, 천문학과 지리학 그리고 자연과학 일반의 연구에 종사하는 이들에게 강렬한 인상을 남겼을 것으로 생각된다. 실제로 1540년대 독일과 스위스에서 차례로 출판된 훌륭한 목판과 동판 삽화가 포함된 식물학·해부학·지도학 서적, 혹은 광산업·야금학 서적에서는 그 영향이 직접적으로 보인다.

뉘른베르크의 인문주의자 집단에 속했던 하인포겔은 1476년

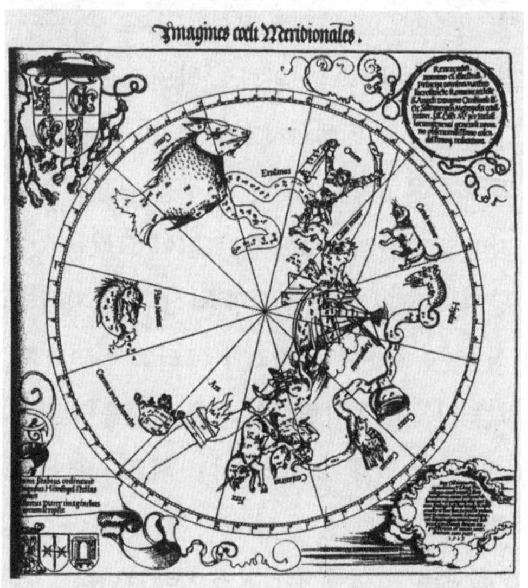

그림4.4 알브레히트 뒤러(1471~1528)의 천구도(위가 북반구, 아래가 남반구).

부터 1477년에 걸쳐 베르나르도 발터가 수행한 천체관측을 도왔으며, 발터를 "나의 가장 훌륭한 스승"이라고 표현한 천문학자였다. 이러한 의미에서 레기오몬타누스의 간접적인 제자이기도 했다. 그는 또한 1515년 점성술 캘린더를 만들어 다음 해 사크로보스코의 『천체론』을 독일어로 번역한 인물로도 알려져 있다. 라틴어를 읽을 수 없는 계층의 사람들에게도 천문학 지식이 요구되었던 것 같다. 실제로 독일어판 『천체론』은 1519년, 1533년, 1539년에 재판되었다.[30]

요하네스 스타비우스는 원래 잉골슈타트대학에서 수학·천문학·점성술을 가르치고 있었다. 1502년 뉘른베르크에 소재한 성 로렌츠 교회의 대해시계를 설계했다고도 알려져 있다[31](그림4.5). 그는 먼저 빈대학으로 옮긴 콘라드 셀티스의 영향을 받아, 1502년 막시밀리안 1세의 명으로 빈대학의 천문학 교수와 수학 교수로 임명되었으며, 이듬해인 1503년 궁정의 수사관修史官으로 고용되었다. 수사관Historiograph의 주요 임무는 빈의 합스부르크 가문이 고대 로마 출신이기 때문에 고대 로마제국의 정통 계승자라는 허구를 뒷받침하기 위한 가계도를 날조하는 것이었다. 그는 또한 1503년 뉘른베르크에서 점성술적인 예언『요하네스 스타비우스의 예언』을 출판했다. 이것은 1503년부터 1504년까지 토성·목성·화성의 합이 참사의 징조이며, 그것이 오스만튀르크의 위협을 지칭하고, 그에 맞서 싸우는 것이 로마제국의 정통 계승자 막시밀리안 1세라는 줄거리로, 황제의 어용학자다운 활약이었다.[32] 스타비우스는 1512년부터 1518년까지 뉘른베르크에 살

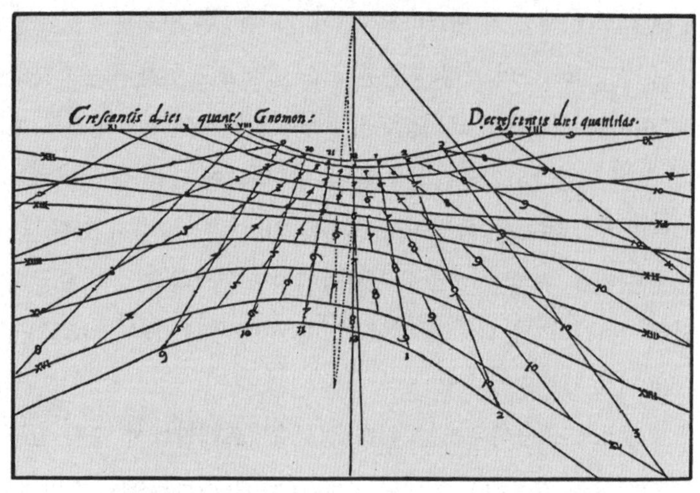

그림4.5 요하네스 스타비우스가 1502년에 만든 대해시계.

며 뒤러, 하인포겔과 함께 일했다. 천체관측상의 문제로 베르너와 교류가 있었던 사실도 알려져 있다.[33]

뉘른베르크 인문주의 운동의 지도자였던 도시 귀족 빌리발트 피르크하이머는 한 살 연하인 뒤러의 친구이자 후원자였다. 그는 청년 시절 1490년대 이탈리아에서 7년간 머무르며 당시 인문주의의 영향을 받아 고전·고대의 학습과 연구에 몰두한 그리스어 전문가로, 그리스·라틴 고전의 편찬자로도 알려져 있다. 넓은 범위에 걸쳐 그리스어 서적 40점을 라틴어로 번역했다. 그런 까닭에 플라톤에서부터 시작하는 고대인의 철학과 역사를 다룬 작품에 익숙했는데, 그와 동시에 지리학·천문학·자연학에도 깊은 관심을 보였다.[34]

레기오몬타누스의 사후 그의 유고와 장서는 발터가 관리했는데, 피르크하이머는 발터의 사후 그 목록을 작성했다. 또한 그는 레기오몬타누스와 발터의 장서 중 야코부스 앙겔로스가 번역한 프톨레마이오스 『지리학』에 대한 레기오몬타누스의 주석과 『테온의 옹호』 수고手稿를 구입했다. 그는 베르너와도 친교가 있어, 베르너가 지니고 있던 레기오몬타누스의 유고 『삼각형총설』도 베르너의 사후 손에 넣었다.[35] 후에 『삼각형총설』을 출판한 뉘른베르크의 요하네스 쇠너는 서문에 다음과 같이 썼다.

> 그[피르크하이머]가 일찍이 말했듯이, 그는 그것[『삼각형총설』 원고]을 비싼 가격에 구입했으나, 이는 자신이 아닌 학식 있는 수학자들을 위함이었다. 이 책은 신께서 기뻐하시도록 그 유명한 빌리발트 피르크하이머가 양지로 이끌어낸 것이다.[36]

그리고 피르크하이머는 1525년 프톨레마이오스 『지리학』의 새 라틴어 번역을 27장의 지도와 23장의 새 그림과 함께 야코부스 앙겔루스 번역본에 대한 레기오몬타누스의 주석을 추가하여 슈트라스부르크에서 출판했다. 그는 이 번역본에 중앙유럽과 동유럽 지명의 신구대조표, 그리고 두 점 간의 거리를 구하는 데 필요한 좌표계의 사용법과 구면삼각법 계산표를 첨부했다. 이것은 인문주의적이면서 동시에 수학적인 레기오몬타누스의 작업을 빠짐없이 이어받은 것이었다.[37] 이리하여 레기오몬타누스가 의도한, 야코부스 앙겔루스 번역본을 대신하는 새로운 라틴어 번역본

『지리학』의 출판 계획은 뉘른베르크의 간접적인 후계자들에 의해서 어떻게든 완결되었다.

레기오몬타누스가 남긴 작업의 일부는 인문주의자 요아힘 카메라리우스가 완수했다. 그는 1526년 스물여섯이라는 젊은 나이에 뉘른베르크에 신설된 김나지움의 초대 교장으로 취임하여, 1535년부터 튀빙겐대학의 교수가 된 그리스어 학자이다. 1541년부터 사망한 1574년까지는 라이프치히에서 강의했다. 레기오몬타누스가 출판계획서에 남긴 『테온의 옹호』와 프톨레마이오스의 『테트라비블로스』를 레기오몬타누스의 유고를 사용해 출판한 것으로도 알려진 인물이다. 이 『테트라비블로스』는 카메라리우스 자신이 그리스어 판본을 직접 번역하여 주를 단 것이며, 그리스어 원문과 함께 1535년 뉘른베르크의 인쇄업자 페트레이우스가 출판했다. 카메라리우스는 또한 시몬 그리나에우스와 협력하여 레기오몬타누스가 필사한 텍스트를 바탕으로 하여 그리스어 『알마게스트』를 편집하고, 1538년에 바젤에서 출판했다.[38] 크레모나의 게라르도가 『알마게스트』의 라틴어판을 1515년 베네치아에서 출판한 것과 함께, 프톨레마이오스의 천문학과 점성술은 그의 지리학과 거의 동시에 서유럽에서 부활했던 것이다.

참고로 독일어로 쓰인 뒤러의 『측정술 교본』을 라틴어로 번역한 것도 카메라리우스였다. 대학 교육을 받지 않고 자란 화가가 속어(독일어)로 쓴 서적을 아카데미즘 학자가 학술어인 라틴어로 번역했다는 사실은 주목할 만하다. 당시 화가는 예술가라기보다는 직인으로 여겨졌지만, 그 직인의 세계와 학자의 세계, 기술의 세계와 학문의 세계가 대학이 없는 도시 뉘른베르크에서 융합하기 시작했던 것이다.

4. 휴대용 해시계의 제작을 둘러싸고

그리고 이와 같은 학자와 직인의 협력 관계가 확대되면서 정밀한 관측을 바탕으로 한 수학적 자연과학을 위한 물질적 기반이 형성되었다. 그 협력 관계는 16세기 뉘른베르크가 만들어낸 당시의 최첨단 기술인 '휴대용 해시계'에서 뚜렷하게 확인할 수 있다.

'해시계Sonnenuhr'라는 독일어는 레기오몬타누스가 만든 조어로 알려져 있다.[39] 16세기 초에는 해시계에 대한 관심도가 높았다. 도시가 발전하고 사회생활이 복잡해지면서 시간관념도 정밀화되었을 것으로 생각된다. 그리고 인간의 행동 범위가 확대되어감에 따라 휴대용 해시계의 수요도 함께 늘었으며, 1515년에는 지구의地球儀 제작으로 유명하며 후에 뉘른베르크 김나지움의 수학 교사가 되는 요하네스 쇠너가 휴대용 해시계에 대한 소책자를 출판했다. 뒤러의 『측정술 교본』에도 도판을 여러 장 사용하여 해시계를 제작하는 방법을 설명하는 데 여러 페이지가 할애되었다. 잉골슈타트대학의 천문학자 페트루스 아피아누스는 1525년 『교묘한 장치 내지 해시계』를 저술했으며, 1533년 『도구의 서』에서도 해시계를 논했다. 둘 모두 독일어로 쓰인 책이다. 뉘른베르크의 게오르크 하르트만도 1527년에는 『해시계의 구조』를 집필했다. 이 책은 출판되지는 않았지만 제바스티안 뮌스터의 책 『해시계 제작법』에 영향을 주었다고 전해진다. 뮌스터의 이 책은 라틴어판(1531)과 독일어판(1537)으로 출판되었다(그림4.6). 그에 대해서는 뒤에서 다시 다루겠지만, 당시 제1급의 히브리어 학자이자 지도 제작에 열심이었던 인물이다.

특히 자침과 조합한 휴대용 해시계는 1480년대에는 뉘른베르크에서 '컴퍼스'로 알려졌는데, 당시 이 컴퍼스 제조 직인은 Zirkermacher라는 이름으로 불렸다. 이미 1468년의 도시 기록에 이 길드가 언급되어 있다.[40] [*7]

지너Zinner의 책에는 "1463년부터 만들어진 휴대용 해시계는 레기오몬타누스의 영향을 받았다"라고 기술되어 있다.[41] 실제로 1474년에 인쇄된 레기오몬타누스의 『캘린더』에는 해시계의 초기 형태인 여행용 해시계Reisesonnenuhr의 구조가 기록되어 있다. 지너는 또한 "레기오몬타누스의 해시계에는 고리형뿐만 아니라 접어서 휴대가 가능한 것도 포함된다. … [그의] 이런 제작 활동이 뉘른베르크에서 이후 일군의 해시계 제작자들의 활약을 가져왔다"라고 서술했다. 이 '접이식 해시계Klappsonnenuhr'는 얼마 안 있어 상아나 회양목으로 만들어진 고급 휴대용 해시계로서 뉘른베르크에서 고도로 발달하게 된다. 그림4.6 왼쪽 페이지에 그려

---

*7 자침이 정확하게 북을 가리키지 않고 자오선과 다른 방향을 향하는 현상은 '편각'으로 알려져 있으며, 남독일에서 고안된 이 컴퍼스의 제조 직인이 경험적으로 도출했을 것으로 여겨진다. 졸저 『과학의 탄생』 제11장 참조.

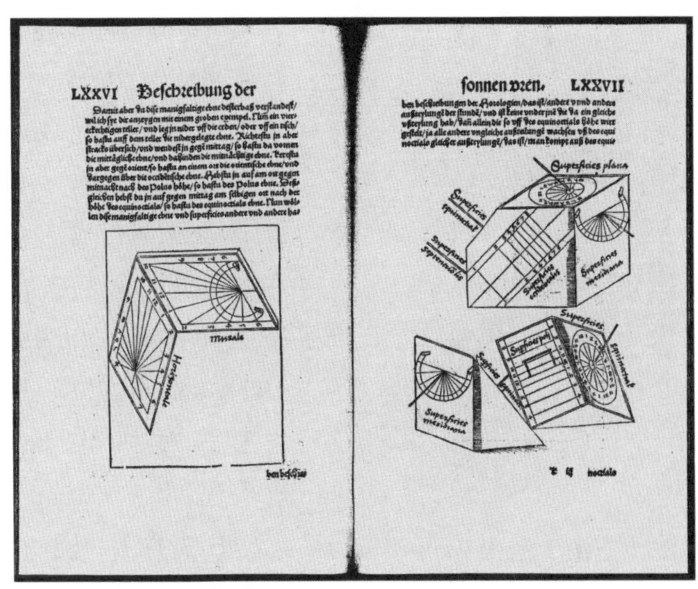

그림4.6 제바스티안 뮌스터 『해시계 제작법』(1537).

져 있는 것이 그 대략적인 형태인데, 이후 더 발달하여 16세기 중기에는 그림4.7과 같은 형태가 되었다. "이 작은 [접이식] 해시계는 가장 단순한 것도 매우 아름답고 매력적이었으며, 많은 경우 상감象嵌 기법으로 장식되었"을 뿐만 아니라 "매우 정확했"다고 알려져 있다.[42]

보통 고정식 해시계는 '그노몬'이라고 불리는 봉을 세워서 그 그림자의 방향과 길이로 시각을 확인하는 방식이었다. 이에 비해 이 접이식 해시계는 많은 경우 두 장의 직사각형(때로는 원형) 평판이 경첩으로 이어져 있어, 한 평판을 직각으로 세웠을 때 두 평

그림4.7 접이식 해시계.

판 사이를 잇는 끈이 팽팽하게 펼쳐져 그노몬의 역할을 대신하게 되어 있다(끈형). 평판에 직교하도록 그노몬으로 핀을 세운 형태(핀형)도 있다. 이들 모두 끈이나 핀의 그림자로 시각을 읽을 수 있도록, 두 평판 중 하나에 시간선이 그려져 있다.

끈형 해시계는 사용 시 아래쪽 평판을 수평으로 놓고 위쪽 평판을 연직 방향이 되도록 놓는다. 그리고 끈을 자오면 내에서 아래쪽의 평판에 대해 그 지점의 위도와 같은 각만큼 기울인다(이때 끈은 적도면에 대해 수직하게 된다). 그러나 이를 위해서는 남북의 방향을 알아야만 하므로, 수평 방향으로 놓인 아래쪽 평판에는 자기 컴퍼스가 장착되어 있다. 이때 보통은 자침의 편각을 고려하여, 그만큼 남북선을 자침의 방향에서 기울여서 기록했다. 위도는 표준값으로서 뉘른베르크 위도 49도로 초기 설정했으나, 여행용으로 다른 지점(다른 위도, 보통 42도부터 54도 사이)에서도 사용 가능하도록 위쪽 평판의 끈을 여러 개 뚫고 그에 맞게 복수의 시간선 조합을 그렸다. 그와 함께 몇 가지 주요 도시 경도표가 기록된 경우도 많다. 핀 그노몬이 장착된 해시계의 경우, 계절마다 길이를 나타내는 곡선(춘분·추분에서 직선, 그 이외의 경우 쌍곡선)군도 기재되었다. 그 외에 나침반으로서 사용 가능하게끔 방위를 나타내는 '바람의 장미'라는 액세서리가 붙어 있는 것, 더 나아가 야간에도 사용 가능하도록 고안된 것도 있었다.

즉, '이 접이식 해시계'는 천문학·지리학·측지학의 수학적 이론, 그리고 자기 편각의 지식을 필요로 하는 당시 최고 수준의 하이테크 제품이었다. 따라서 이를 설계하고 제작하는 기술자에게는 상당한 전문 지식이 요구되었으며, 교육을 받은 수리기능자의 도움을 받을 수밖에 없었다. 이 같은 수리기능자로서는 특히 에르하르트 에츨라우프와 게오르크 하르트만이 잘 알려져 있다.

지도학의 역사에서 에츨라우프는 "근대 지도학의 시초에서 가장 중요한 지도 제작자 중 한 명"으로 인정받는다.[43] 실제로도 그가 1511년에 그린 유럽 지도는 메르카토르보다 거의 반세기 앞서, 유명한 메르카토르 도법을 어떤 면에서는 앞지른 것이었다는 사실이 알려져 있다.[44] 또한 그가 1500년 성년聖年의 순례를 위해 제작한 목판화 도로지도 『로마로 향하는 길』(그림4.8)은 뉘른베르크를 중심으로 하여 남쪽은 나폴리부터 북쪽은 윌란반도까지, 동쪽은 크라쿠프부터 서쪽은 나르본에 이르는 중앙유럽 전역을 커버했으며, 800개 이상의 도시명이 기록되어 있다. 그리고 양편에는 북위 41도부터 58도에 걸쳐 위도가 기록되어 주요 도로는 1도이츠마일(7.4킬로미터)마다 찍힌 점으로 나타났으며, 아래 난欄의 자침 그림에 실제 자침을 맞춤으로써 올바른 방향을 알 수

그림4.8 에츨라우프의 중앙유럽 지도 『로마로 향하는 길』(위가 남쪽, 아래가 북쪽). 최상단의 독일어: "이것은 독일 국내를 거쳐 하나의 도시에서 다른 도시로 나아가는 길을 도이츠마일 단위의 점으로 나타낸, 로마로 향하는 길이다."

있도록 만들어졌다. 글로켄돈이 이 제작에 협력했다. 이 지도 또한 지도 제작에 새로운 기법을 가져온 것으로 주목받는데, 지도의 정확성 때문에 중세 말기 커뮤니케이션과 경제생활의 역사 자료로서도 사용되고 있다. 뒤에서도 언급하겠지만 그의 지도는 16세기 발트제뮐러와 뮌스터에게 영향을 끼쳤다. 그러나 그가 지리학·지도학의 역사에서 특히 주목받게 된 것은 20세기가 되어서였다.

에츨라우프에 관해서는 뉘른베르크에 재주한 연구자 프리츠 슈넬보글Fritz Schnelbögl의 논문이 자세히 다루고 있으므로, 여기에서는 그에 의거하여 살펴보도록 하자. 에르푸르트에서 태어난 에츨라우프가 뉘른베르크의 시민권을 얻은 것은 1484년의 일이었다. 에츨라우프는 1532년에 사망했다고 추정되는데, 그의 사후 50년 뒤 뉘른베르크의 한 수학 교사는 이렇게 썼다.

> 나의 의도는 현명하며 능변한 인물과 의학에 정통한 인물을 쓰지 않고, 단지 수작업에 뛰어난mit ihrer Handarbeit künstlich 인물을 쓰는 것이다. 이러한 인물로서 에츨라우프는 많은 종류의 컴퍼스 제작Compastenmachen에 매우 뛰어난 솜씨를 지녔으며 열정을 드러냈다. 그는 또한 경험을 쌓은 천체관측자Astronomus였으며, 게오르크 글로켄돈이 인쇄한 뉘른베르크 주변의 지도도 제작했다. … 그는 내게 최초의 '코스' 기술[대수학]을 가르쳐준 인물이었으며, 후에는 의사로서 일하며 사람들로부터 존경과 사랑을 받았다.[45]

이처럼 에츨라우프는 당시의 최첨단 수학(대수학)에 통달했을 뿐만 아니라 1517년 이후 한때 의료에도 몸담았다. 뉘른베르크의 제발트 슐라이어는 1500년에 에츨라우프의 『로마로 향하는 길』을 콘라드 셀티스에게 보내며, 이에 첨부한 편지에서 그 제작자인 에츨라우프에 대해 "이 인물은 그 어떤 자유학예를 전문으로 하지는 않았지만 무학이라고는 할 수 없으며, 그와 별도 방면의 능력을 지니고 있습니다"라고 기록했다.[46] 뉘른베르크의 제조업 전통 내에서 에츨라우프는 대학에서 가르치는 학예에도 충분히 통달했으나 "그와 별도 방면", 즉 수작업을 본업으로 하여 그쪽 방면에 뛰어났으며, 그야말로 16세기 문화혁명을 지식인 측에서 보완하는 인물이었다.

그의 주요한 생업은 컴퍼스의 설계·제작이었다. 그가 만든 접이식 휴대용 해시계는 1511년과 1513년에 제작된 두 개가 지금까지 남아 있다.[47] 동시대의 뉘른베르크 인문주의자 요하네스 코흘레우스가 쓴 인물평을 보자.

> 로마에서도 구하는 해시계horologium를 만든 유명한 에르하르트 에츨라우프를 칭찬하지 않는 자가 대체 있을 것인가. 도시 사이의 거리와 하천의 흐름을 프톨레마이오스 이상으로 정확하게 읽을 수 있는 극히 아름다운 독일의 지도를 독일어로 제작한 뛰어난 제작자artifex industrius는, 지리학과 천문학의 원리에도 놀라울 정도로 정통했던 것이다.[48] *8

동시대의 요하네스 쇠너 또한 에츨라우프를 “다양한 천문학 기기를 만드는 유능한 제작자opifex일 뿐만 아니라 매우 뛰어난 천체관측자astronomus”라고 기록했다. 그리고 요하네스 베르너는 이 ‘해시계 제작자horologium opifex’ 에츨라우프가 1511년에 도시 귀족 빌리발트 피르크하이머, 의학박사 요하네스 로히나, 뉘른베르크의 대상인 가문에서 태어난 법학박사 로렌츠 베하임, 잉골슈타트의 수학 교사이자 점성술사 요하네스 오스터마이어 등과 회식했던 것을 기록했다.[49] artifex와 opifex를 ‘직인’이라고 번역해도 좋을지 잘 몰랐기 때문에 무난하게 ‘제작자’라는 말을 붙였으나, 어찌 되었든 이와 같은 멤버의 회식은 상류계급의 인간은 물론 많은 지식인이 수작업을 경멸했던 시대로서는 매우 드문 일이었다. 다나 듀랜드Dana Durand가 말한 것처럼 “뉘른베르크는 1500년이 되어서도 1430년과 마찬가지로 직인과 진취적인 기상이 넘치는 상인의 도시였으며, 베하임이나 피르크하이머와 같은 [뉘른베르크의] 상류 가문은 교양 있는 후원자의 역할을 다할 수 있었다. 그러나 그 자신이 작업대 출신임을 지우는 일은 결코 없었던 것”이다.[50]

게오르크 하르트만은 1489년에 태어나 쾰른에서 수학과 신학

---

*8 라틴어 ‘horologium’은 ‘시계clock’와 ‘해시계sundial’ 모두를 지칭한다(J. Bennett(2006), p.681). 요하네스 코흘레우스(1479~1552)는 뉘른베르크 근교의 마을에서 태어나 쾰른의 대학에서 공부했으며, 뉘른베르크의 문법학교에서 강의했다. 문법, 음악, 기하학, 지리학의 교과서를 쓴 것으로도 알려져 있다. 종교개혁에서는 루터의 논적이었다(Strauss(1996), p.235; Elton(1963), p.132).

을 공부했다(그림4.9). 이후 이탈리아로 유학을 떠났는데, 그곳에서 니콜라우스 코페르니쿠스의 형인 안드레아스와 알고 지냈다고 한다.[51] 귀국 후 1518년에 그는 뉘른베르크에 터를 잡고 성 제발두스 교회의 교구목사, 1527년 이후에는 성 모리츠 교회의 목사로서 교회 일에 종사하는 한편 공방을 설치했다. 그 후 40년에 걸쳐 해시계, 아스트롤라베, 지구의, 사분의, 천구의 그리고 기타 당시의 첨단 정밀 기기 설계와 제작에 종사했다. 그는 레기오몬타누스의 모델을 따라 수백 개의 아스트롤라베를 제작했다. 그의 서명이 들어간 아스트롤라베가 30개 가까이 지금까지 남아 있다고 알려져 있다.[52]

그림4.9 게오르크 하르트만(1489~1564).

하르트만은 이탈리아에서 해시계 설계를 시작했으며, 자침의 편각을 도출하여 로마에서의 편각 크기인 6도를 얻었다. 이것은 알려진 한에서 지상에서 이루어진 첫 편각 측정 사례이다. 1544년 프러시아의 알브레히트 공에게 보낸 편지에서는 이에 더하여 뉘른베르크에서의 편각이 10도, 복각이 9도라고 기록되어 있다. 자침의 복각은 자침이 수평면과 이루는 각도이다. 이 편지는 쾨니히스베르크의 기록 보관소에서 잠자고 있다가 19세기가 될 때까지 알려지지 않았으나, 복각의 발견 그리고 편각과 복각의 측정을 최초로 기록한 것이다. 지금까지 알려지지 않았던 자연현상을 기술적인 관심으로부터 이끌어내어 그것을 정량적으로 측정한 극히 초기의 사례이며, 여기에서 새로운 자연과학, 즉 측정에 기초한 수학적 자연과학으로 향하는 싹이 생겨났던 것이다. 이 발견과 16세기 후반의 영국 직인 로버트 노먼이 새롭게 복각을 발견하고 측정한 것이, 결국 지구가 거대한 하나의 자석이라는 윌리엄 길버트의 발견으로 이어진다. 이 발견을 현대적인 용어로 표현하자면 '지구물리학'상의 대발견이다.[53]

하르트만은 또한 1542년에는 레기오몬타누스의 장서에 포함되어 있던 중세의 광학서, 13세기 존 페캄의 『광학통론』을 출판했다.[54] 그 또한 레기오몬타누스의 뉘른베르크 후계자 중 한 사람이라고 할 수 있다.

그리하여 하르트만은 접이식 해시계와 기둥형 해시계를 포함한 여러 가지 정밀 측정 장치의 도판과 해시계, 아스트롤라베의 제작 방법에 관해 상세히 해설한 수고手稿를 남겼다. 특히 그가 판화가의 도움을 받아 만든 접이식 해시계의 설계도(평판의 도판)는 전문 직인이 제작 시 실제로 사용했다. "게오르크 하르트만은 뉘른베르크의 상아제 접이식 해시계의 기술적 설계에 가장 노력을 쏟은 인물이었다".[55]

이후에 코페르니쿠스의 생애 유일한 제자가 되어 코페르니쿠스가 『회전론』의 출판을 결심하게 만든 것은 비텐베르크대학의 젊은 수학자 요아힘 레티쿠스였다. 이 레티쿠스는 폴란드로 코페르니쿠스를 방문하기에 앞서 뉘른베르크에 가서 하르트만과 친교를 맺었으며, 후에 코페르니쿠스의 『회전론』에서 삼각법 부분을 비텐베르크에서 독립적으로 출판할 때 그 헌사에 "그 인품과 학식이 탁월한 독일의 수학자 게오르크 하르트만"이라고 적었다.[56] 그런 까닭에 천문학사 연구자 데니스 대니얼슨Dennis Danielson의 레티쿠스 전기에는 하르트만이 "이 시대 과학에서 가장 중요한 인물 중 한 명"으로 기술되었다.[57]

에츨라우프도 하르트만도 대학에 적을 두지는 않았으며, 수학과 천문학 지식을 체득했지만 그것을 기술적으로 응용하는 것이 주요한 관심이었던 수리기능자였다.

5. 요하네스 쇠너

발터의 사후 레기오몬타누스의 유고는 산발적으로 출판되었는데, 이 작업을 거의 완성시킨 것이 요하네스 쇠너였다(그림4.10). 쇠너는 1477년에 뷔르츠부르크 근교의 마을에서 태어나, 1494년에 에르푸르트대학에 학생으로 등록하여 신학을 배웠으나 학위는 취득하지 않았다. 한때 로마 가톨릭의 사제로 임명되어 뉘른베르크에서 북쪽으로 약 60킬로미터 떨어진 밤베르크에서 성직자로 일했다. 이후 스스로 인쇄공방을 열어 인쇄업과 도구 제조업에 종사했다. 1526년에 루터파로 전향하여 아내를 두었으며, 신설된 뉘른베르크 김나지움의 수학 교사로 취임하여 이후

그림4.10 요하네스 쇠너(1477~1547).

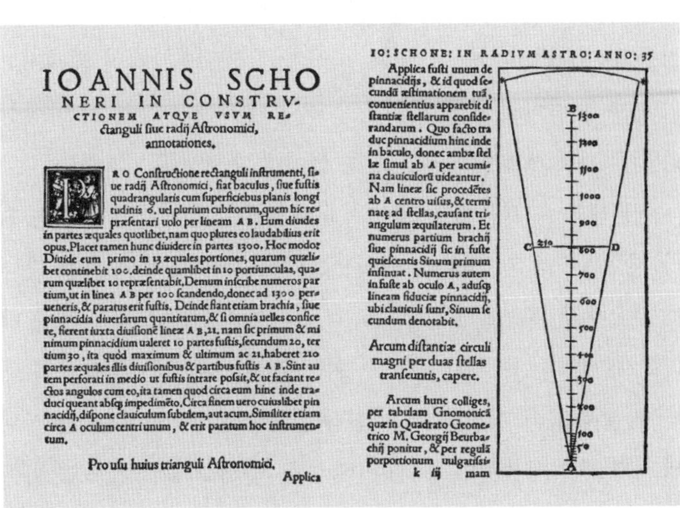

IOANNIS SCHONERI IN CONSTRVCTIONEM ATQVE VSVM REctanguli ſiue radij Aſtronomici, annotationes.

PRO Conſtructione rectanguli inſtrumenti, ſiue radij Aſtronomici, fiat baculus, ſiue fuſtis quadrangularis cum ſuperficiebus planis longitudinis 6. uel plurium cubitorum, quem hic repræſentari uolo per lineam A B. Eum diuides in partes æquales quotlibet, nam quo plures eo laudabilius erit opus. Placet tamen hunc diuidere in partes 1300. Hoc modo: Diuide eum primo in 13 æquales portiones, quarum quælibet continebit 100. deinde quamlibet in 10 portiunculas, quarum quælibet 10 repræſentabit. Demum inſcribe numeros partium, ut in linea A B per 100 ſcandendo, donec ad 1300 perueneris, & paratus erit fuſtis. Deinde fiant etiam brachia, ſiue pinnacidia diuerſarum quantitatum, & ſi omnia uelles conficere, fierent iuxta diuiſionē lineæ A B, 21. nam ſic primum & minimum pinnacidium ualeret 10 partes fuſtis, ſecundum 20, tertium 30, ita quod maximum & ultimum ac 21. haberet 210 partes æquales illis diuiſionibus & partibus fuſtis A B. Sint autem perforati in medio ut fuſtis intrare poſsit, & ut faciant rectos angulos cum eo, ita tamen quod circa eum hinc inde traduci queant abſq; impedimēto. Circa finem uero cuiuslibet pinnacidij, diſpone clauiculum ſubtilem, aut acum. Similiter etiam circa A oculum centri unum, & erit paratum hoc inſtrumentum.

Pro uſu huius trianguli Aſtronomici.

Applica

IO: SCHONE: IN RADIVM ASTRO: ANNO: 35

Applica fuſti unum de pinnacidijs, & id quod ſecundū æſtimationem tuā, conuenientius apparebit diſtantiæ ſtellarum conſiderandarum. Quo facto traduc pinnacidium hinc inde in baculo, donec ambæ ſtellæ ſimul ab A per acumina clauiculorū uideantur. Nam lineæ ſic procedētes ab A centro uiſus, & terminatę ad ſtellas, cauſant triangulum æquilaterum. Et numerus partium brachij ſiue pinnacidij ſic in fuſte quieſcentis Sinum primum inſinuat. Numerus autem in fuſte ab oculo A, aduſq; lineam fiduciæ pinnacidij, ubi clauiculi ſunt, Sinum ſecundum denotabit.

Arcum diſtantiæ circuli magni per duas ſtellas tranſeuntis, capere.

Arcum hunc colliges, per tabulam Gnomonicā quæ in Quadrato Geometrico M. Georgij Beurbachij ponitur, & per regulā porportionum uulgatiſsimam

k iij

그림4.11 레기오몬타누스가 작성한 크로스스태프(십자간十字桿)의 제작법과 사용법에서. 요하네스 쇠너가 출판한 것.

20년 동안 교단에 섰다. 뉘른베르크에서는 뒤러, 피르크하이머, 하르트만과도 친하게 지냈다. 그에게 천문학에 대한 관심을 불러 일으킨 것은 발터라고 한다.[58]

쇠너는 이 시대의 "뛰어난 수학자이자 천문학자이며, 독일에서 가장 저명한 지리학자 중 한 명"[59]이라고 불린다. 그는 지구의와 천구의를 조합한 형태로 만든 최초의 인물이었다. 1515년에는 최초의 지구의를, 1517년에는 최초의 천구의를 만들었으며, 그 이후에도 지구의와 천구의의 조합을 여러 개 제작했다. 그리고 당시 "글러브[지구의와 천구의]의 제작자로서 그의 명성은 유럽 전역에 퍼져 있었다".[60] 이는 쇠너를 비롯한 독일 사람들이 천문학과 지리학을 떼려야 뗄 수 없는 관계로 이해했음을 시사한다. 1515년에 만들어진 것은 신세계를 최초로 "아메리카"라 기록한 지구의로 알려져 있는데, 발트제뮐러가 1507년 제작한 세계지도의 영향을 받아서 만들어졌다. 그러나 마젤란의 항해 이전 상상의 남극 대륙과 남아메리카 대륙 사이에 태평양을 통과하는 수로(마젤란해협)를 처음으로 그렸다는 사실이 특별히 더 주목받는다. 이 정보원情報源은, 수로를 찾아냈으나 강풍 때문에 통과를 단념한 포르투갈 원정대의 보고였다고 한다.[61] 1523년에는 마젤란 함대의 세계일주 뉴스를 접하고 "최근에 새로이 발견된 도서와 토지"를 포함하여 갱신한 것을 만들었다.[62] 대항해와 관련된 정보에는 주의를 기울였다. 1515년에 그는 앞서 기술한 것처럼 뉘른베르크에서 해시계에 대한 소책자를 출판했다.

쇠너에 관하여 세 가지 중요한 점을 특기할 수 있다. 첫째, 그는 동시대를 살았던 많은 이들과 마찬가지로 점성술을 굳게 믿고 있었다. 1535년에 『일반 홀로스코프』, 1539년에는 『점성술의 소작품』, 1545년에는 『출생의 징표에 관하여』를 출판했다. 1538년에는 점성술 예언집 『프톨레마이오스 이론으로부터 도출되는 그리스도 기원 1538년의 프라크티카』를 독일어로 발행했다.[63] *9 둘째, 비텐베르크대학의 수학 교수 레티쿠스에게 천문학을 가르쳤으며, 간접적이기는 하지만 코페르니쿠스의 『회전론』 출판을 도왔다. 그 경위에 대해서는 나중[Ch.6]에 다시 다룰 텐데, 일단 여기에서는 레티쿠스가 1540년 코페르니쿠스의 설에 대한 첫 해설서인 『제1해설서』에서 "이름 높은 요하네스 쇠너"라고 이야기했다는 사실만 언급해둔다.[64] 셋째, 남아 있는 레기오몬타누스의 유고 중 많은 것을 인쇄·출판했다. 쇠너는 "소멸될 위기에 처한 레기오몬타누스의 저작을 수집하고 편집"했던 것이다.[65]

세 번째에 관해서 말하자면, 1526년에 하르트만으로부터 레기오몬타누스의 유고를 출판해줄 것을 요청받은 것이 시작이라고 생각된다. 1530년에는 피르크하이머가 사망할 즈음에 그가 소유했던 레기오몬타누스의 유고와 장서 일부를 구입했다.[66] 다음 해인 1531년에는 레기오몬타누스의 혜성에 관한 논고를 뉘른베르크에서 출판했다[Ch.9.5]. 그리고 1533년에는 레기오몬타누스의

---

*9 『프라크티카Praktika』(라틴어판은 『주디시아Judicia』)에 대해서, Beckmann 『서양사물기원西洋事物起原』에는 "15세기·16세기에는 아직 여러 곳에서 점성술이 매우 융성하여 점성술사들은 프라크티카라고 불리는 예언을 여러 해 분량 묶어서 출판했는데, 곧 매년 출판하게 되었다"(1, p.53)라고 쓰여 있다. 제8장 각주5 참조.

『삼각형총설』을 니콜라우스 쿠자누스의 원적문제의 해에 대한 레기오몬타누스의 비판을 붙여, 뉘른베르크의 인쇄업자 페트레이우스 아래에서 출판했다.[67] 이 책의 서두에서 쇠너는 자신의 '헌사'에 다음과 같이 언명했다.

> 그[레기오몬타누스]의 저작은 초라하고 불완전하게 보이거나 폐기된 원고 같더라도 최대한으로 평가해야 한다. … 따라서 그의 저작이나 그 외의 남겨진 것은 보존되어야만 한다.[68]

실제로 그 이후에 쇠너는 1537년 레기오몬타누스가 1464년 파도바에서 행한 강의의 모두 강연을 인쇄했다. 1541년에는 레기오몬타누스가 1468년에 작성한 분량이 많은 정현표에 그것의 작성을 위한 노트『정현표의 구성』을 첨부한 것과, 포이어바흐의『정현과 현에 대한 프톨레마이오스 명제에 관한 논고』를 인쇄했다. 1544년에는 앞서 언급한 레기오몬타누스와 발터의 관측 기록과 레기오몬타누스의 토르퀘툼, 크로스스태프, 기하학적 사분의 등 천문관측 기기에 관한 원고를 인쇄·출판했다(그림4.11). 보관하고 있던 원고가 자신의 사후에 소실될 것을 막기 위함이었다.[69]

쇠너의 이러한 의도는 제자들에게도 계승되었다. 그의 제자였던 뉘른베르크 태생의 베나토리우스, 즉 토머스 게샤우프는 수학과 그리스어에 통달한 설교자였으며, 이전에 피르크하이머가 소유하고 있던 레기오몬타누스의 유품 중 하나였던, 레기오몬타누스의 출판 목록에 기재되어 있던 아르키메데스의 책을 1544년

바젤에서 출판했다.[70]

쇠너는 1536년에 자신이 만든 『천문표』를 출판했다. 그 서문을 쓴 비텐베르크대학의 필립 멜란히톤은 천문학 교육과 학습에서 이 책이 지니는 실제적 유용성을 열렬히 칭찬했다.[71] 같은 대학의 수학 교수 에라스무스 라인홀트도 1549년에는 쇠너를 "가장 존경할 만한 인물", "가장 학식 있는 인물"이라 말했다.[72] 만년의 쇠너는 천문학에 관한 학식이 높은 것으로 세상에 잘 알려졌던 것이다.

1547년 쇠너가 사망한 후, 그의 장서는 아들 안드레아스 쇠너가 물려받았다. 안드레아스는 『천문표』를 비롯한 아버지 요하네스의 저작집을 1551년에 출판했다. 관측 장치인 천구의 그리고 지구의의 제작에 관한 그의 저작집은 자세한 주해와 함께 1556년에 재판되었다. 또한 안드레아스는 탄슈테터가 편집한 레기오몬타누스의 『제1동자第一動者의 표』를 1557년에 출판했다.*10

1569년에는 대학 교육의 개혁자인 페트루스 라무스가, 뉘른베르크는 레기오몬타누스의 유산을 길러내는 데 큰 역할을 했다고 역설했다.[73] 이처럼 레기오몬타누스가 선구했던 정확한 천체관측과 학술서 인쇄·출판에 의한 천문학 개혁의 이상은 뉘른베르크를 중심으로 해서 출판된 그의 저작, 그리고 뉘른베르크에서 자란

---

*10 안드레아스 쇠너는 헤센 방백方伯 빌헬름 4세가 천체관측을 개시할 즈음에 관측 기기 제작에 협력했다는 사실이 알려져 있다. 이 점에 대해서는 후술할 것이다 [Ch.10.2].

인맥을 통해 독일 전역에 계승되기 시작했다. 뒤에서 자세히 보겠지만, 천문학의 역사를 바꾸게 된 코페르니쿠스의 대저 『회전론』의 출판 그 자체에도 뉘른베르크는 깊이 관여하고 있다. 그 출판을 직접 맡은 뉘른베르크의 인쇄업자 요하네스 페트레이우스는 1540년에 쓴 편지에서 이렇게 이야기했다.

> 우리 시市는 수학적 과학에 헌신한 사람들을 끊임없이 배출했습니다. 우리 시가 세상에 알려지게 된 것은 부나 건축물, 혹은 기타 다른 분야에서 우월했기 때문이 아니라, 이들 학예를 장려하고 레기오몬타누스와 베르너 등 매우 걸출한 인물을 품고 있었기 때문입니다.[74]

6. 천지학과 발트제뮐러

이처럼 16세기 전반기의 뉘른베르크에서는 천문학과 함께 지리학·지도학에 대한 관심이 고조되었다. 그러나 이러한 경향은 뉘른베르크만큼 현저하지는 않더라도 독일 전역에서 확인할 수 있었다. 패트릭 달치Patrick Dalché가 말한 것처럼 "[프톨레마이오스의] 『지리학』을 갱신하고 그 주석을 만드는 시도를 함에 있어 독일어권과 중앙유럽의 각국에 견줄 만한 움직임이 있었던 곳은 없"[75]던 것이다. 뉘른베르크는 레기오몬타누스가 남긴 작업, 즉 프톨레마이오스 『지리학』을 정확하게 복원하는 작업을 완수했지만, 프톨레마이오스 『지리학』의 역사적 대상화와 극복은 로렌의 발트제뮐러와 바젤의 뮌스터에 의해 달성되었다.

이 시대의 지리학은 프톨레마이오스의 수리지리학을 중시함과 동시에 천문학과 갖는 밀접한 관계를 강조하는 특징이 있었다. 그 첫 번째 근거로는 점성술의 영향을 들 수 있다. 또 하나는 수학적으로 세련된 프톨레마이오스 천문학과 지리학이 유럽에 소개된 이후, 16세기가 되어 유럽인이 신세계와 동아시아로 활발히 진출함으로써 지리학의 지식이 급속히 확장되고 갱신되면서 축적되었던 것이다. 물론 기술적으로는 원양항해의 확대를 통해 새롭게 발견된 토지의 위치(경도와 위도)를 결정하기 위해 더 정확한 천체관측이 필요하게 된 배경도 있다.

이러한 결과로, 천문학과 지리학을 하나로서 논하는 '코스모그라피아'를 다룬 책이 이 시대에 여러 권 출판되었다.

콜럼버스가 신대륙으로 처음 건너간 1492년에 스페인에서 태어난 인문주의자 후안 루비스 비베스는 1531년의 교육론에 관한 책에서 다음과 같이 썼다.

> 천문학은 천체와 성좌의, 그 단독 혹은 조합의 모든 측면의 수, 크기, 운동에 관련된다. … 천문학은 시간과 계절을 결정하고 기술하는 데 사용되어야만 한다. 그렇지 않으면 모두의 생활의 바탕이 되는 농촌의 작업이 밀리게 된다. 또한 위도와 경도를 나타냄으로써 토지의 위치를 결정하고 거리를 정하는 문제에 사용해야 한다. 이들 모두는 코스모그라피아에 유용하며 항해의 일반

이론에 절대적으로 필요하다. 그 지식이 없으면 선원들은 최대로 심각한 위기 속에서 불확실하게 헤매게 된다.[76]

여기서 말하는 "코스모그라피아cosmographia"는 무엇을 지칭하는 것일까. 이 시대에 실제로 사용된 용례를 몇 가지 살펴보자.

당시 유럽에서 가장 선진적인 해양 국가는 황금시대를 맞이한 스페인이었다. 스페인에서 '코스모그라파'라고 불린 페드로 데 메디나가 1538년에 스페인어로 수고手稿 『코스모그라피아의 서』를 저술했다. 여기에는 "코스모그라피아란 세계의 기술discripcion de mundo이다. 즉, 그리스어로 코스모스는 세계를, 그라포는 기술을 뜻한다. … 세계mundo란 천공과 대지와 해양과 그 외의 다른 요소로 이루어진 인간의 우주universo이다"라고 되어 있다.[77] 같은 해인 1538년에 독일에서는 의사 파라켈수스가 "의사는 먼저 천문학자astronomus여야만 한다. … 이는 또한 그가 코스모그라푸스cosmographus임을 요구한다"라고 이야기했다.[78] 영국에서는 케임브리지와 하이델베르크에서 수학하고 점성술에 통달했던 의사 윌리엄 커닝엄이 1559년에 『코스모그라피칼 글라스』를 출판하고 "나는 이 거울, 코스모그라피칼 글라스를 고안했다. 이 안에서 한두 명의 사람을 보는 것이 아니라 행성과 항성으로 이루어진 하늘, 그 아름다운 지방과 함께한 대지, 그리고 놀라울 정도로 광대한 바다를 본다"라고 기술했다.[79] 1570년에 존 디가 유클리드 『원론』의 첫 영역본에 첨부한 '수학적 서문'에는 "코스모그라피란 세계의 하늘 부분과 [달 아래] 원소의 부분에 대한 전체적이면서 완전한 기술이다"라고 명확히 정의되어 있다.[80] 16세기 말 특히 1588년에 영국 함대가 스페인의 무적함대를 격파한 이후에는 스페인 대신 영국이 항해의 패권을 쥐게 되었다. 노퍽의 토머스 브랜드빌이 1594년에 출판한 책에도 마찬가지로 "코스모그라피는 세계 전체, 즉 하늘과 땅 그리고 그 안에 포함되는 모든 것에 대한 기술이다"라고 쓰여 있다.[81]

그런데 일본어로 쓰인 많은 서적에서 라틴어 cosmographia (영어의 cosmography)는 '우주지宇宙誌' 혹은 '세계형상지世界形状誌'로 옮겨졌다.[82] 참고로 겐큐샤研究社에서 나온 『라화사전羅和辞典』에서는 cosmographia의 번역어가 '세계지, 우주학'으로 되어 있다. 한편 영어 사전에서 cosmography를 찾으면 겐큐샤의 『신영화대사전新英和大辞典』에는 '우주지리학'이라고 되어 있어 의미가 불명하다. 쇼가쿠칸小学館의 『랜덤하우스 대영화사전大英和辞典』에는 "1 천지학/천지의 구조를 기재하고 도면으로 만드는 과학/천문학·지리학·지학을 포함한다. 2 우주구조론, 우주현상지/우주의 현재 구조를 기재하는 천문학의 한 분야/우주론의 일부"라고 명료하게 표현되어 있다. 실제로도 이 말은 꽤 넓은 의미로 사용되었다. 그러나 앞의 몇 가지 인용에 따르면, 비베스, 파라켈수스, 페드로 데 메디나, 커닝엄, 디, 브랜드빌이 말한 '코스모그라피아'를 더 잘 표현하는 일본어는 '천지학天地学'일 것이다. 이 시대의 스페인과 포르투갈 연구자인 고다 마사후미合田昌史가 말한 것처럼, "천지학(코스모그라피아)은 대항해시대에 유행한 학문적으로 복합적인 영역이다".[83]

이러한 의미에서 '코스모그라피아'를 앞으로 '천지학' 혹은 '코

스모그라피아(천지학)'라고 기술할 것이다.[84]

이와 같은 의미에서 '천지학'의 책을 최초로 인쇄·출판한 인물은 마르틴 발트제뮐러였다. 발트제뮐러는 당시 합스부르크령이었던 프라이부르크 내지 그 근교에서 1470년경에 태어나, 1490년에 프라이부르크대학에 학생으로 등록하여 신학을 배웠다. 발트제뮐러는 당시 프라이부르크대학에서 가르치던 그레고르 라이쉬로부터 천문학과 지리학을 배웠을 것으로 생각된다.*11 후에 보주산맥 로렌고원의 작은 마을 생디에의 성당참사회 회원이 된 한편, 저술 및 지도 제작을 수행했다. 프랑스의 로렌 공작 르네 2세가 이 마을에 김나지움을 열어 일군의 학자들을 모았는데 발트제뮐러도 그 일원이었다.

여기에서 그가 동료인 마티아스 링만과 공동으로 수행한 최초의 작업이 1507년 만들어진 『천지학서설』*12의 집필이었다[85](그림4.12). 현재 우리가 관심을 두고 있는 맥락에서는 '천지학'으로

---

*11 그레고르 라이쉬(1471~1528)는 1487년부터 프라이부르크에서 배우고 가르쳤으며, 1494년에 잉골슈타트에 부임했고, 1500년경에 프라이부르크의 카르투지오 수도회의 성직자가 되었다. 1508년의 저서 『철학의 진주』가 잘 알려져 있다. 1510년에는 막시밀리안 1세의 상담역으로 임명되었다.

*12 『천지학서설』(*Cosmographiae introductio*)의 완전한 타이틀은 『기하학과 천문학의 원리를 수반한 천지학서설—아메리고 베스푸치의 네 번의 항해 기록을 첨부한다』이다. 그것은 동시에 제작된 지구의 및 대판大版 세계지도와 세트를 이룬 것이라기보다 오히려 세계지도의 서문으로서 쓰인 것 같다. 지도와 합쳐 막시밀리안 1세에게 헌정되었다. 1966년에 앤아버Ann Arbor에서 출판된 것에는 포토 카피와 그 영역이 수록되어 있지만 원저 부분에는 페이지가 표시되어 있지 않다. 이하 인용 부분은 영역 페이지로 기록한다.

COSMOGRAPHIAE INTRODV-
CTIO / CVM QVIBVS
DAM GEOME
TRIAE
AC
ASTRONO
MIAE PRINCIPIIS AD
EAM REM NECESSARIIS.

Inſuper quatuor Americi Ve-
ſpucij nauigationes.

Vniuerſalis Coſmographię deſcriptio
tam in ſolido q̄ plano / eis etiam
inſertis quę Ptholomęo
ignota a nuperis
reperta ſunt.

DISTICHON.

Cum deus aſtra regat / & terræ climata Cæſar
Nec tellus nec eis ſydera maius habent.

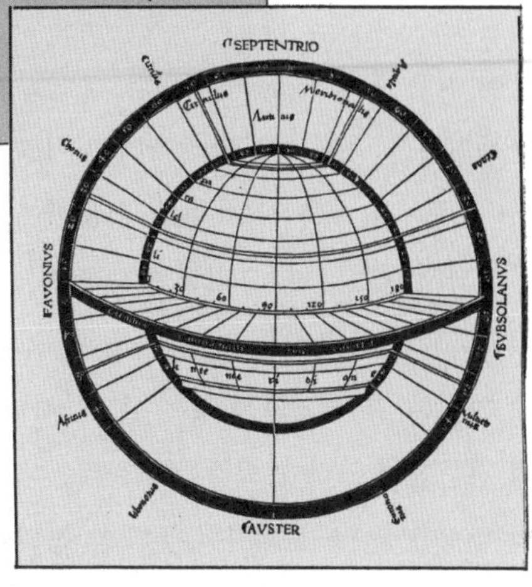

그림4.12 발트제뮐러 『천지학서설』의 속표지와 삽화.

서의 '코스모그라피아'의 원형을 만들었다는 점에서 주목할 만하다. 이 『천지학서설』은 다음 9장으로 구성되어 있다.

1. 천구를 이해하기 위한 기하학의 원리
2. 정확히 정의된 구면, 축, 극 등
3. 천상의 원들에 관하여
4. 도의 체계에 준한 천구 이론에 관하여
5. 천상의 다섯 영역과 그 도를 지구에 적용하는 것에 관하여
6. 평행권[위도]에 관하여
7. 기후대(클리마타)에 관하여
8. 바람[방위]에 관하여
9. 천지학의 진정한 기본에 관하여

이 책은 지구 표면의 위도와 경도로 좌표를 표시하고, 적도와 남북회기선 등을 천문학과 관련지어 논하는 수리지리학 입문서였다. 주목할 부분은, 서두에 "천문학에 대한 일정 수준의 이해가 선행되지 않았다면, 그리고 천문학 자체에 대한 기하학의 원리를 이해하지 못하고 있다면, 그 누구도 천지학(코스모그라피아)에 대해 완전한 지식을 얻는 것은 불가능하다"라고 쓰여 있듯이, 수학적 천문학에 관한 논의가 선행한다는 점이다.[86] 즉, 처음 4장까지의 내용은 하늘의 기하학에 대한 논의이다. 예를 들어 2장에서 "카르디네스 혹은 베르티케스라고 불리는 극은, 축의 끝단인 천상의 점puncta coeli"이라고 쓰여 있는 것처럼, '북극'과 '남극' 또한

일차적으로는 천구의 극인 것이다. 마찬가지로 3장의 '천상의 원들circuli coeli'은 자오선, 적도, 황도, 분지경선, 남북회귀선, 남북의 극권을 지칭하는데, 이들도 모두 천구상의 원이다.

그리고 5장의 서두에는 "여기까지 우리는 기하학의 몇 가지 원리, 구, 극, 다섯 영역, 세계의 원들 그리고 이 사항들에 관련된 확실한 이론을 이야기했다. 내가 틀리지 않았다면, 순서상 여기에서 이들 원과 도를 지상에 적용하는 고찰이 오게 된다"라고 쓰여 있다.[87] 즉, 천구의 극과 원을 지상에 투영함으로써 지구상에 북극과 남극, 적도와 남북회귀선 그리고 극권이 그려지며, 두 곳의 한대, 두 곳의 온대 그리고 열대로 지상의 기후대(클리마타)가 형성된다. 원래 천동설의 입장에서는 지구가 정지해 있기 때문에 지구 회전의 극이라는 개념 자체가 존재하지 않으며, 지구의 극은 천구 회전의 극을 지상에 투영할 때 비로소 생겨난다. 천구의 영역이 선행하고 그에 대응하여 지구상의 기후대가 정해진다는 것은 사크로보스코의 『천구론』에도 있는 논의이지만, 지구에 대해 기술한 부분에서 사크로보스코의 책보다 그 내용이 훨씬 수학적이며 천문학과 갖는 관계가 더 강조되었다. 즉, 지구를 수리지리학적으로 이해하는 데에는 천문학 지식이 필수 불가결하다는 입장에서 쓰인 것이다. 여기에서 프톨레마이오스 『지리학』 제1권의 영향을 강하게 받았음을 알 수 있다. 프톨레마이오스 『지리학』의 부활이 16세기 지리학에 미친 큰 영향이었다.

7. 프톨레마이오스 『지리학』의 대상화

링만과 발트제뮐러가 쓴 『천지학서설』과 함께 작성된 지구의와 대판大版 세계지도는 헨릭스 마르텔루스의 영향을 받았다. 기본적으로는 마르텔루스 지도의 아프리카 서쪽에 남아메리카와 쿠바를 추가하여 그린 것으로, 북아메리카는 빈약했다. 그러나 중요한 것은 남아메리카가 처음으로 대륙으로 그려짐으로써 프톨레마이오스 『지리학』을 역사적으로 대상화하는 계기가 되었다는 점이다. 휫필드Whitfield의 책에는 신세계의 일부를 기록한 당시 지도 중에서는 "뛰어나고 급진적"이며 그 "진기함은 숨 막히는 것이었다"라고 한다. 난외에는 왼쪽에 사분의를 손에 든 프톨레마이오스, 오른쪽에 컴퍼스를 손에 든 아메리고 베스푸치가 그려져 있어서, 프톨레마이오스의 『지리학』이 새로운 발견에 따라 보완되어 있음이 상징적으로 표현되어 있다.[88]

그것은 또한 처음으로 '아메리카'라는 지명이 기록된 지도였다. 『천지학서설』에는 남미 땅을 밟은 아메리고 베스푸치의 이탈리아어 서간이라 불리는 것(『네 번의 항해』)의 라틴어역이 달려 있고 또한 본문에 기록되어 있다.

> [유럽, 아프리카, 아시아에 이어] 세계의 제4의 부분은 아메리쿠스 비스푸치우스[아메리고 베스푸치]에 의해 발견되었다. 그 발견자인 극히 유능한 인사 아메리쿠스에서 따서, 또 유럽도 아시아도 여성명사가 부여되었음을 감안하여 이 부분에 아메리게 내

지 아메리고의 땅, 즉 아메리카라 명명해도 이론은 나오지 않을 것이다.[89]

1505년 혹은 1506년에 피렌체에서 소책자로 출판된 이탈리아어 아메리고 서간이 전 유럽에서 널리 읽힌 것은 이 잉그만과 발트제뮐러의 『천지학서설』에 라틴어역이 덧붙여져 인쇄되었기 때문이었다. 또한 『천지학서설』에 첨부된 세계지도는 처음으로 목각판으로 인쇄된 신세계를 포함한 세계지도로, 이것 역시 대서양의 저편에서 발견된 토지를 '아메리카'라 명명했다고 한다. 『천지학서설』은 1507년에만 4쇄를 거듭하여 지도와 함께 큰 영향을 주어, 신대륙에 대한 '아메리카'라는 호칭은 (아메리고가 신세계의 '발견자'라는 오해에 기초하긴 하지만) 이리하여 정착되었다.[90] 1543년 코페르니쿠스의 『회전론』에는 신세계에 관해 "발견자인 함대 지휘관의 이름에서 따서 명명된 아메리카"라 기록되어 있다.[91]

그러나 결정적으로 중요한 것은 이 책이 그 땅을 '신대륙'이라고 인정한 것이다. 고대 그리스에서 아리스토텔레스부터 프톨레마이오스에 이르기까지 전승되고 거의 이 시대까지 유럽에서 널리 믿어졌던 세계상에서는 인간이 사는 세계는 유럽과 아시아와 아프리카 세 곳으로 한정되고 열대는 작열하는 땅으로 사람은 살 수 없으며 열대를 넘어 사람은 남반구로 건너갈 수 없다는 것이었다. 그러나 아메리고는 이미 1503년의 서간에서 대서양 저편의 적도를 넘어 도달한 땅을 '신세계'라 명명하며 단언했다.

> 우리 조상들 대부분은 적도 저편의 남쪽에는 대륙은 존재하지 않고 그저 이른바 대서양이라는 대해가 존재할 뿐이라고 말씀하셨습니다. 설령 저편에 대륙이 존재한다는 것을 인정하는 것이 있어도, 그것이 인간이 거주할 수 있는 땅이라는 것은 수많은 논증으로 부정하고 있습니다. 그렇지만 그러한 주장이 오류이고 완전히 사실에 반하고 있음을 나는 지난번의 항해로 증명했습니다. 즉, 우리가 사는 유럽, 혹은 아시아·아프리카보다도 다수의 인간과 동물이 서식하고, 게다가 대기조차 기지의 대륙들보다도 온화쾌적한 신대륙을, … 나는 아득한 저편의 남쪽 지방에서 발견한 것입니다.[92]

또한 『네 번의 항해』에서도 다시 한 번 "내가 발견한 새로운 육지"를 "대륙의 일부"로 인정했을 뿐만 아니라, 이 땅에 대해 "옛 문필가들은 어떠한 기술도 하지 않았습니다. 왜냐하면 아마도 그들은 그것에 대해 아무런 지식도 없었기 때문입니다"라고 단정했다.[93] 이는 유럽에서 고대숭배·문서신앙이 동요되기 시작한 사례 중 하나로, 프톨레마이오스가 절대적인 권위를 잃고 그의 책 또한 역사적인 문서로서 극복되어야 할 대상으로 인식하게 된 중요한 계기를 제공했다.

앞서 기술했듯이 프톨레마이오스 지리학의 복원 작업은 16세기 들어서 급속히 진전되었다. 그러나 그동안 유럽인들은 아메리고와 마젤란의 항해로 대표되는 해외 진출로 신대륙과 태평양을 발견함으로써 내용적으로는 프톨레마이오스 지리학을 이미 넘어

섰다.

발트제뮐러는 『천지학서설』을 발표한 1507년에 프톨레마이오스 『지리학』의 정확한 번역과 복원을 계획했다. 이는 아메리고의 서신과 프톨레마이오스 『지리학』의 내용을 비교·검토하면서 시작되었다고 한다.[94] 그는 같은 해 4월 5일에 바젤의 인쇄업자 요한 아메르바흐에게 "당신이 사는 곳의 도미니코회 수도원 도서실에는 프톨레마이오스의 [『지리학』] 수고手稿가 있는데, 나는 그것이 원본과 마찬가지로 정확하다고 생각하고 있습니다. 가능한 방법이 있다면 당신이나 나의 이름으로 그것을 입수할 수 있겠습니까"라고 써서 보냈다.[95] 그리고 1513년 그는 슈트라스부르크에서 목판화 지도, 그리스어와 라틴어 표기를 포함한 프톨레마이오스의 지명좌표 일람, 약 7,000개에 달하는 알파벳 순서의 지명색인, 그리고 야코부스 앙겔루스의 라틴어 번역을 포함해 프톨레마이오스의 『지리학』을 출판했다. 이 출판물은 프톨레마이오스의 지도 27장과 함께 세계지도 1장, 유럽지도 10장, 지방지도(스위스, 로렌, 라인란트, 크레타) 4장, 아시아와 아프리카 지도 5장으로 이루어진 총 20장의 새롭게 그린 체계적인 세트를 포함했다. 지도는 대개 1482년의 울름판을 답습한 것이었다.

주목할 점은 새 지도의 서문에 "우리는 프톨레마이오스의 『지리학』을 그 오래됨이 손상되거나 변형되어 남지 않도록 이 책의 첫 부분에 한정했다"라고 되어 있고, 다른 한편 새 지도를 "새로운 시대의 보충Supplementum modernior"으로서 원래의 프톨레마이오스 지도와 완전히 분리했다는 것이다.[96] 즉, 프톨레마이오스의 지도를 고대인이 도달한 세계 인식을 드러내는 역사적 자료로서 파악하고, 근대 세계 인식의 도구로서 새 지도는 프톨레마이오스의 것과 구별되어야 한다는 입장을 관철한 것이다. 이리하여 프톨레마이오스의 『지리학』은 복원되고 학습되어야 할 학문적 권위에서 벗어나, 한편으로는 손상 없이 보존되어야 할 역사적 유산으로, 또 다른 한편으로는 수학적 방법을 바탕으로 한 새로운 발견을 통해 고쳐진 "최초의 근대적 아틀라스"라는 두 가지 형태로 확정되었다.[97]

대서양의 서쪽에서 새로 발견된 땅이 그때까지 알려지지 않았던 신대륙이라는 인식은, 더 이상 프톨레마이오스 지리학의 내용을 부분적으로 정정하거나 도서島嶼를 몇 개 추가한다고 해서 조정 가능한 것이 아니라, 프톨레마이오스 지리학과 근본적으로 상충하는 것이었다. 이러한 의미에서 슈트라스부르크판의 『지리학』은 "르네상스 지리학의 전환점"이었다.[98]

또한 프톨레마이오스 『지리학』의 이러한 역사적 대상화 과정은 지상에서 측량하는 방법과 측량 기기 혁신의 시작이기도 했다. 실제로 발트제뮐러는 1507년의 『천지학서설』부터 1513년 프톨레마이오스의 『지리학』을 복간한 기간 사이에 지도 제작에 힘썼다. 1508년에 인쇄된 그레고르 라이쉬의 백과사전 『철학의 진주(마르가리타)』에는 발트제뮐러가 쓴 27쪽으로 된 책자 『건축과 투시도법』이 포함되어 있다. 이 책자의 내용은 오히려 측량과 투시도법에 대한 기술 매뉴얼이며, 자신이 설계한 사분의의 설명과 측량 시의 사용법이 기술되어 있다. 라이쉬의 책에는 발트제뮐러가 고안한 측량 장치 '폴리메트룸polimetrum' 그림도 함께 게재되어 있다(그림4.13). 폴리메트룸은 아스트롤라베와 사분의와 자기 컴퍼스를 통합하여 같은 설정으로 수평과 수직 각도 모두를 측정할 수 있는 일종의 경위의이다. 직역하면 '다목적 측량기'라고 할 수 있을 것이다.

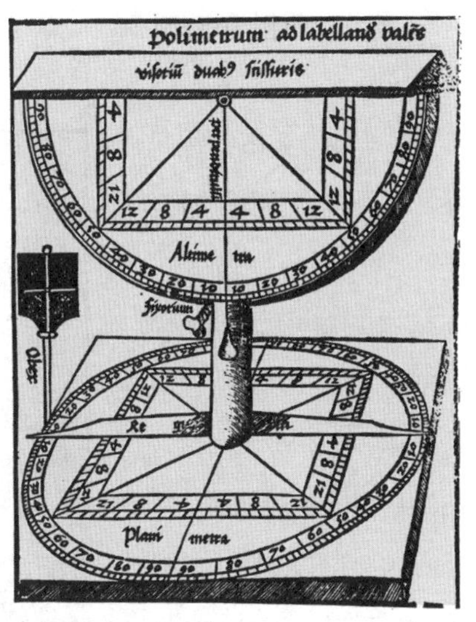

그림4.13 발트제뮐러의 폴리메트룸.

발트제뮐러는 1511년 에클라우프의 영향을 받아 도로지도인 『유럽여행지도』를 제작했는데, 이 과정에서 라인 지방과 로렌 지방의 지도를 만들 때 실제로 이러한 도구들을 사용했을 것으로 생각된다. 이러한 의미에서 그는 지도학의 역사에서 "지상의 측량에 기반을 둔 지도 제작의 선구자 중 한 사람"으로 인정받는다.[99]

발트제뮐러는 서재에 틀어박힌 학자가 아니라 자신의 손으로 측정기기를 제작·개량하고 직접 현장으로 나가 측량을 수행했던 활동적이고 실질적인 수리기능자 중 한 명이었다.

8. 제바스티안 뮌스터

그림4.14 제바스티안 뮌스터(1488~1552).

프톨레마이오스 『지리학』 부활의 마지막 장을 담당했던 것은 제바스티안 뮌스터였다(그림4.14). 1488년경에 마인츠 근교의 작은 마을에서 태어나 1505년에 하이델베르크의 프란시스코회 수도원에 들어갔다 1507년에 뢰번으로 옮겨 그곳에서 수학, 천문학, 지리학을 배웠다. 얼마 후에는 프라이부르크로 옮겨 생활하면서 그레고르 라이쉬의 영향을 받았다. 이후 1509년부터는 보주산맥 기슭에 있는 카타리나 수도원에서 콘라트 펠리칸의 제자가 되어 히브리어와 그리스어를 배웠다. 특히 히브리어는 장족의 발전을 보여 상당히 이른 시기에 히브리어 문법서를 썼고, 5,000개의 단어로 된 히브리어—라틴어 사전을 편찬했다. 이후에도 신학과 히브리어 관련 서적을 여러 권 집필하거나 번역했다. 그중에는 히브리어 성서의 라틴어 번역과 신약성서(마태복음)의 히브리어 번역 등이 있다. 히브리어뿐만 아니라 아라비아어, 아람어, 콥트어에도 정통하여 당시 셈계 언어의 제1급 학자였다.[100]

뮌스터는 1514년 말부터 1515년 초까지는 튀빙겐으로 이주하여 그곳에서 프란치스코회 수도원의 교관이 되었으며, 동시에 저명한 수학자이자 천문학자인 요한 슈테플러의 강의를 청강했다. 그리고 슈테플러의 지도 아래 그는 천문학, 지리학, 지도학에 대한 관심을 키워갔다. 1518년에는 바젤로 가서 종교개혁의 지도자들과 만났다. 그중에는 일찍이 자신의 스승이었으며 1519년에 루터의 저작을 편집한 펠리칸도 포함되어 있었다. 이즈음 뮌스터는 루터파에 많이 경도되어 있었다고 생각된다.

1525년에는 하이델베르크대학의 히브리어 교수로 취임하여, 히브리어 강의뿐만 아니라 수학과 천문학도 가르쳤다. 같은 해에 출판한 히브리어 문법서는 히브리어 학습자들에게 널리 사용되었다.*13 뮌스터는 1529년에 바젤대학의 히브리어 교수로 임명되어 프란치스코회를 이탈해 루터파 프로테스탄트로서 공공연하게 행동하게 된다. 말할 필요도 없이 구약성서의 원전은 히브리어이며 히브리어 연구는 성서의 원전과 유대 문서의 연구로 연결되므로, 로이힐린 사건에서 명백해진 것처럼 가톨릭교회로부터 의심의 눈초리를 받게 되었다. 당시 바젤은 스위스 종교개혁의 중심이면서 동시에 학술 출판과 목판 인쇄가 왕성했던 도시였으며, 아메르바흐, 프로벤, 아담 페트리 같은 업계의 거물이 인쇄공

---

*13 이 시대에 스위스와 독일을 방랑하면서 공부했던 토머스 플라터의 수기를 보면 두 군데에서 "뮌스테르 박사의 문법서"를 언급하고 있다(Platter 『수기』 pp.65, 72).

방을 운영하고 있었다. 한때 페트리 아래에서 교정 일을 했던 뮌스터는 페트리의 사후 그의 미망인과 결혼했다. 또한 바젤에서는 1533년에 인문주의자 에라스무스가 프톨레마이오스 『지리학』의 완전한 그리스어판을 출판했다.

1538년에 뮌스터는 고대의 지리학 지식이 새로운 지리학의 도입에 유용하다고 생각하여 1세기의 폼포니우스 멜라와 3세기의 솔리누스가 쓴 저서를 편찬했다.

고전어에 능숙했을 뿐만 아니라 고대지리학, 수학·천문학 그리고 지도 제작의 모든 것에 정통한 뮌스터는 만반의 준비를 하여 프톨레마이오스 『지리학』의 라틴어 번역본 출판에 착수했다. 그는 당시까지의 번역자에 대해 평했는데, 야코부스 앙겔루스는 그리스어가 다소 부족하며 피르크하이머는 그리스어와 수학 모두 비슷한 정도로 공부했음에도 그가 그리스어를 번역한 내용에는 오류가 있다고 판단했다. 따라서 뮌스터는 1535년 리옹에서 출판된 피르크하이머 번역의 세르베투스 정정본을 참고했으며, 더 나아가 그리스어 텍스트 및 울름판과 교합했다.*14

이리하여 뮌스터가 편찬한 프톨레마이오스 『지리학』은 1540년에 바젤에서 출판되었다. 인쇄는 아담 페트리의 아들 하인리히 페트리가 맡았다. 제1권의 수학의 장에 나오는 내용 중 특히 지

*14 세르베투스는, 과학사에서는 훗날 혈액의 폐순환을 발견한 것으로, 다른 한편으로 종교개혁의 역사에서는 이단으로서 카르반에게 쥬네브에서 화형에 처해진 것으로 알려져 있는, 라틴명 미카엘 세르베투스인 스페인인 미겔 세르베트(1511~1553)이다.

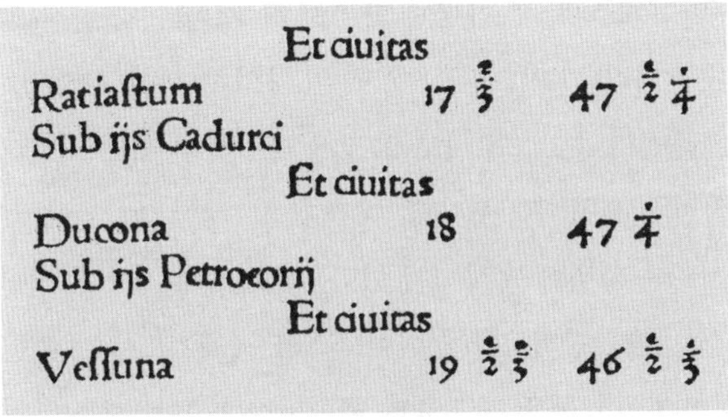

Et ciuitas
Ratiaſtum 17 $\frac{2}{3}$ 47 $\frac{1}{2}$ $\frac{1}{4}$
Sub ijs Cadurci
Et ciuitas
Ducona 18 47 $\frac{1}{4}$
Sub ijs Petrocorij
Et ciuitas
Veſſuna 19 $\frac{1}{2}$ $\frac{1}{3}$ 46 $\frac{1}{2}$ $\frac{1}{3}$

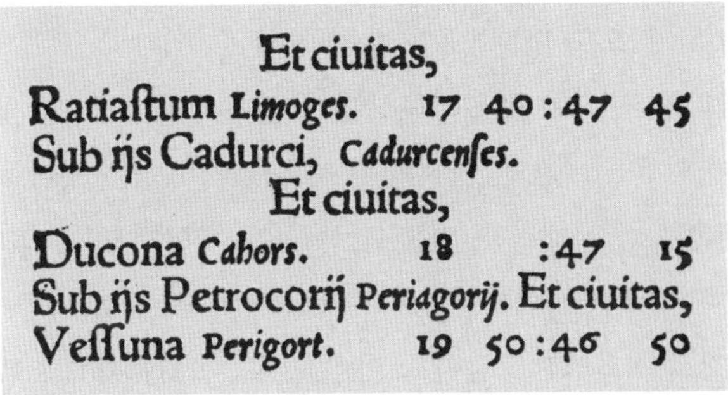

Et ciuitas,
Ratiaſtum *Limoges.* 17 40:47 45
Sub ijs Cadurci, *Cadurcenſes.*
Et ciuitas,
Ducona *Cahors.* 18 :47 15
Sub ijs Petrocorij *Periagorij.* Et ciuitas,
Veſſuna *Perigort.* 19 50:46 50

그림4.15 프톨레마이오스『지리학』의 일부.
위: 피르크하이머편. 1525년 슈트라스부르크판. 단위소수와 $\frac{2}{3}$만으로 도 이하의 각도를 표현했다.
아래: 뮌스터편. 1540년 바젤판. 도 이하의 각도가 $60 \times (\frac{1}{2} + \frac{1}{4}) = 45$, $60 \times (\frac{1}{2} + \frac{2}{3}) = 50$과 같이 60진 소수로 표현되었으며, 리모주[Limoges]와 카오르[Cahors]처럼 새로운 지명이 들어가 있다.

도 투영법에 관한 주석에서 뮌스터는 베르너의 주석으로부터 많은 것을 배웠다. 그 외의 부분에서는, 위치를 나타내는 좌표의 기술에서 그때까지 사용되던 도와 그 분수를 표시하는 방법 대신에 도분초를 사용하는 표시(60진 소수)를 사용했다.『지리학』의 숫자를 『알마게스트』에 가깝게 맞추려 한 것이다. 또한 새로운 지명이 포함되어 있고(그림4.15), 많은 주석이 붙어 있으며, 더 나아가 프톨레마이오스의 지도 27장을 보완하기 위해 뮌스터 자신이 제작한 지도를 추가했다.

이 지도는 권말에 수록되어 있다. 첫째 장의 새롭게 갱신된 세계지도와 둘째 장의 프톨레마이오스의 세계지도를 대조한 것이 인상적이다. 이 둘을 비교하면 콜럼버스 이후로 유럽인의 세계 인식이 극적으로 변화했음을 한눈에 알 수 있다.[101] 프톨레마이오스의 세계지도는 아프리카 남단과 동아시아 남쪽으로 돌출한 부분이 함께 남극권의 "미지의 땅"과 이어지며, 인도양이 내해로 되어 있다. 물론 태평양, 일본, 남북의 아메리카 대륙은 없다. 이에 비해 아메리카 대륙이 그려진 뮌스터의 새 지도는 북아메리카가 작고 찌그러진 모양이고, 아이슬란드가 유럽 대륙으로 이어진 거대한 반도이며, 일본이 북아메리카에 가까운 위치에 있는 것을 제외하면 꽤 정확하다.

지도는 아름다운 목판으로 되어 있으며, 장식 도판의 많은 부분은 화가인 한스 홀바인이 그린 것으로 보인다. 역시 바젤에서 거의 동시대에 출판된 레온하르트 푹스의 『식물지』(1542년), 베살리우스의 해부학 책 『인체의 구조에 관하여』(1543년)와 함께, 이 책은 목판화로 그려진 삽화가 포함된 학술서의 걸작이다. 이 삽화들은 모두 본문을 보완한다기보다 오히려 본문과 대등하거나 그 이상의 정보를 전달한다. 다시 말해 시각 정보가 더 중요한 역할을 하는 새로운 학술서의 모델이었다.[102] 거의 같은 시기(1543년)

에 출판된 코페르니쿠스의 『회전론』에는 지구의 운동에 대해 “[말로] 설명하는 것보다 눈으로 보는 편이 나은 종류의 것”[103]이라는 표현이 있는데, 식물학·해부학·지리학적인 사실이 바로 이에 해당했다. 16세기의 이들 학문의 비약적인 발달은 목판 혹은 동판 삽화가 첨부된 인쇄서적의 존재에 힘입은 바가 크다.

이리하여 15세기 초 삽화가 첨부된 프톨레마이오스 『지리학』의 부활은 거의 한 세기 반에 달하는 시간 동안 번역과 편찬과 주석의 축적을 거쳐, 때마침 나타난 인쇄서적의 등장과 기술적 발전을 배경으로 하여 1540년에 뮌스터가 편찬한 바젤판의 출판으로 그 정점을 맞이했다.

그러나 이는 또한 프톨레마이오스 지리학을 최종적으로 역사적 유산으로 확정한 것이기도 했다. 1966년에 암스테르담에서 이 바젤판 『지리학』의 복각판이 나왔는데, 여기에 포함된 스켈턴Skelton의 ‘서지학 노트’에는 “그[뮌스터]의 프톨레마이오스는 (어떤 의미에서) 시대의 종언을 고했다. 그 다음 알프스의 북쪽에서 인쇄된 『지리학』은 메르카토르가 제작한 것(1578년)이었으나, 메르카토르는 새 지도를 싣지 않고 프톨레마이오스의 아틀라스만을 복제해 프톨레마이오스에 대해 남은 관심이 이제는 역사적인 것일 뿐임을 보여주었다. 또한 그 세기의 남은 시기 동안 중앙유럽과 북유럽의 그 어떤 편집자도 프톨레마이오스의 [『지리학』의] 판에 새 지도를 첨부하지 않았다”라고 기술되어 있다.[104] 프톨레마이오스가 기록한 고대의 지명에 뮌스터가 새로운 지명을 병기한 것을 보아도 프톨레마이오스의 책이 지니는 역사성이 강조된다.

이리하여 "16세기가 되어 프톨레마이오스가 내팽개쳐지는 때가 와버렸"으며 "지구에 관한 지식의 기초를 고대인의 저작이 아니라 직접적인 정보와 과학적인 조사에 두려 하는 노력이 특징인 시대"가 시작된 것이다.[105] 이 과정은 유럽인이 새로운 세계를 이끌어내고 새로운 지구상을 확립해나간 과정이기도 했다. 세계의 양상이 변함과 함께 그것을 보는 방식 자체 또한 크게 변화했던 것이다.

9. 필드 작업과 협동 연구

지리학·지도학은 내용적으로 프톨레마이오스로부터 벗어나기 시작함에 따라, 그 방법도 고대 문헌에 의거하는 서재의 학문에서, 직접 발로 답파하고 계측기를 이용하여 측량하는 필드의 학문으로 변모했다. 언어학자인 뮌스터도 지리학자로서는 발트제뮐러와 마찬가지로 프톨레마이오스 『지리학』의 복원에 몰두하는 한편, 동시에 필드에서 측량을 수행하는 수리기능자였다.

뮌스터에게 수학과 천문학 그리고 지리학과 지도학을 가르친 천문학자 요한 슈테플러는 1452년에 태어나 강의를 위해 빈으로부터 많은 교사가 모였던 잉골슈타트대학에서 공부했다. 그는 대학을 마친 후 고향 유스팅겐에서 교구목사로 일하는 동시에 천문학·점성술·지리학을 배우며 연구를 계속했는데, 특히 야코브 플라움과 함께 1499년부터 1531년까지의 『얼머낵』을 울름에서 발행한 것으로 알려져 있다. 나중에 다루겠지만 이 『얼머낵』은 1525년의 대홍수를 예언해 유명해졌고[Ch.7.5], 이 때문에 그는 큰 영향력을 지닌 점성술사로 전해져 왔다. 그러나 실제로 이것은 레기오몬타누스의 『에페메리데스』를 개정한 것으로, 1506년까지의 데이터는 레기오몬타누스의 자료를 계승한 것이다. 즉, 슈테플러는 에페메리데스 제작에 있어 "레기오몬타누스의 후계자였으며, 이 시대의 가장 성공한 에페메리데스 제작자"였던 것이다.[106]

슈테플러는 1510년 전후 튀빙겐대학의 수학 교수로 취임했고, 1513년에는 『아스트롤라베 제작법과 사용법의 해설』 및 『계측기하학에 관하여』를 출판했다. 전자는 수많은 아름다운 도판이 첨부된 책으로, 판을 거듭하여 서유럽에 큰 영향을 끼쳐 아스트롤라베를 대중화했다. 하르트만도 해시계에 관한 논고에서 "아스트롤라베의 제작법에 관한 모든 것은 요한 슈테플러가 충분히 기술했다"라고 썼다. 후자는 유클리드 『원론』의 극히 일부를 다룰 뿐이지만 측량, 건축, 기술에 유용한 실제적인 예를 다수 포함한 실용기하학서였다. 접근할 수 없는 토지를 삼각형의 비례관계를 써서 측량하는 방법과 크로스스태프의 사용법도 기술되었다. 측량에 대한 기하학의 응용은 여기서부터 시작되었다고 한다.[107]

뮌스터는 튀빙겐대학에서 슈테플러로부터 실용기하학과 측량술을 배웠다. 점성술을 신뢰하는 태도도 스승에게서 물려받은 것으로 생각된다. 그리고 1525년 최초의 지도를 출판했다. 이것은

'태양의 도구'라고 불린, 한 장으로 인쇄된 벽걸이용 목판화의 중앙에 인쇄된 것으로, 에츨라우프의 것에 의거한 독일 지도이다. 주변에는 캘린더, 점성술에 사용하는 역, 별의 위치로부터 야간의 시각을 알기 위한 성도 등이 인쇄되어 있다. 그리고 독일어로 된 설명서가 별책 부록으로 실렸다.

이 설명서의 1528년판에는 독일 전역의 학자에게 협동하여 독일 지리학과 지지학을 만들어내자는 뮌스터의 호소가 들어가 있었다. "우리들의 선조가 주거지로 삼기 위해 이 대지를 미개척의 황무지인 채로 방치하지 않고 인간의 행복을 위해 필요한 모든 것을 찾아낼 수 있는 낙원으로 만들기 위해 어떠한 방식으로 정복했는가를 볼 수 있을 것입니다"라는 말과 "독일 국가의 정확하고 공정한 기술을 위해zu warer vnnd rechter beschreibung Teutscher Nation" 라는 호소에는,[108] 독일의 영광을 되찾자는 애국적인 감정이 행간에서 흘러나온다. 이 배경에는 앞에서도 다루었듯이 고대의 문헌에서 '야만족의 땅'이라고 무성의하게 기술된 것과 같은, 독일에 대한 편견을 불식시키고 정확한 모습을 확정하고 싶다는 독일 인문주의자의 강렬한 바람이 있었다. 1495년에 태어난 고대 독일사 연구자 프란츠 이레니쿠스가 1518년에 표명한 내용에 이러한 감정이 잘 나타나 있다.

> 프톨레마이오스는 세계 전체를 조명했다고 주장했지만, 그의 [『지리학』에 나온 독일의] 설명, 아니 [독일에 대한] 무시는 독일에 대한 관심을 놓치게 만들었다. 실제로 그는 일탈하거나 억지 주장으

로 (자연의 은총으로 독일이 향수해온) 진정한 빛을 흐리고 독일을 어두운 곳으로 떨어뜨렸다.[109]

그러나 그 이상으로 흥미로운 점은 이 프로젝트 연구 방법 자체의 참신함이다. 1544년에 출판된 이탈리아인 마테오리의 본초서 『디오스코리데스 주해』는 판을 거듭할 때마다 지방의 독자가 보내온 서신에 의거해 내용을 늘렸다. 또한 벨기에의 아브라함 오르텔리우스는 독자에게 적극적인 비판과 조언을 청하는 방식의, 소위 독자와의 공동 작업을 통해 1570년 발행한 지도책 『세계의 무대』 개정판을 펴냈다. 이에 비해 뮌스터가 어필한 점은, 독일 각지를 지리학적으로 상세히 기술하려 했으나 미완으로 끝난 셀티스의 『게르마니아 안내』를 계승하여 제작하려고 시도한 것이었으며,[110] 당초부터 의도적으로 공동 연구라는 방식을 채용한 것으로서 셀티스의 시도와 함께 주목할 만한 가치가 있다. 독일에서 전개된 인문주의 운동의 민족적인 성격이 이 멤버들 사이의 협력을 촉진했다고 말할 수 있다.

뮌스터는 하이델베르크 근교의 지도를 샘플로 제작했다. 이때의 측량은 하이델베르크로부터 각 지점까지의 거리와 방향을 측정한 것으로, 엄밀한 의미에서는 오늘날의 삼각측량은 아니지만 그 원초적 형태였다. 뮌스터는 이 방법을 슈테플러의 『계측기하학에 관하여』에서 배웠다고 한다. 뮌스터는 "모든 측량은 삼각형을 통해 가능하다"라고 말했다.[111]

뮌스터는 1530년에는 독일 전역의 지도를 제작했다. 그리고

1531년에 해시계에 관한 포괄적인 논고인 『해시계 제작법』을 집필했으며, 이미 언급했듯이 이 책의 독일어판(그림4.6)이 6년 후 출판되어 널리 읽혔다. 1536년까지는 천체관측용 기기의 사용 매뉴얼과 같은 것을 몇 점 남겼다. 그리고 1536년에는 독일 전역에서 유럽 전역으로 시야를 넓혀 『유럽지도』를 제작했다.

그는 또한 1536년에서 1537년에 걸쳐 당시 밝혀지지 않았던 도나우강과 라인강의 원류를 조사하기 위해 바젤에서 슈바르츠발트까지 답파했다.[112] 그리고 1540년대 처음으로 남독일과 스위스까지 조사했다. 유럽을 방랑한 의사 파라켈수스가 "난로 곁에 앉아 있으면서 어떻게 좋은 천지학자(코스모그라프스)나 지리학자(게오그라프스)가 될 수 있단 말인가"라고 비꼬았던 것이 1538년의 일이다.[113] 필드 작업이라는 연구 형태가 독일에 조금씩 침투되기 시작했던 것이다.

뮌스터는 생전에 히브리어 학자로서 일류라는 평가를 받았다. 그런 의미에서 지리학과 지도학 연구는 그에게 여기餘技였다. 그러나 오늘날에는 오히려 그 여기 때문에 이름이 알려져 있다. 또한 이 점에서 그는 서재에 박혀 있는 사람이 아니라, 장치를 제작하거나 필드 작업에 종사하며 각지의 동학들과 연락하면서 연구를 수행하는 새로운 유형의 연구자였다.

또한 뮌스터가 독일 전역에 도움을 요청하여 제작한 지리학서는 1544년에 『코스모그라피아』라는 책으로 완성되었으며, 이후에도 판을 거듭할 때마다 내용이 추가되어 매우 두툼한 서적이 되었다. 그러나 전체 여섯 권 중 '천지학'에 관한 내용은 제1권에만 기술되었다. 이 제1권에는 프톨레마이오스 『지리학』 제1권의 순원추도법과 의원추도법이라는 두 가지 방식의 투영법도 재수록되었다. 그러나 소위 '천지학'에 관한 부분은 전체의 극히 일부로, 나머지 내용은 '지방지地方誌'의 경향이 강하며 내용적으로는 스트라본이 쓴 『지리학』과 플리니우스가 쓴 『박물지』의 근대판이다. 유럽 이외의 내용은 의심스러운 전승에 기반을 둔 것도 많다. 이로부터 약 반세기 후인 1596년에 케플러는 『우주의 신비』를 저술하고 1621년에 2판을 냈는데, 그 서두에 "뮌스터와 기타 인물들이 저술한 독일어 『코스모그라피아』가 존재한다. 여기에서는 실제로는 시작은 세계 전체와 천상의 영역에 관한 것이지만 몇 쪽 만에 끝나버리며, 같은 책의 주요한 부분에서는 지역과 도시에 대한 기술이 줄곧 이어진다. 이처럼 코스모그라피아라는 말은 일반적으로는 게오그라피아의 의미로 쓰이고 있다. 졸저의 제목 Mysterium cosmographicum은 우주에서 끌어온 것이지만, 서점이나 카탈로그 제작자는 나의 책을 지리학에 포함시켜버렸다"라고 남겼다.[114] 17세기에는 '코스모그라피아'에서 천지학이라는 의미가 사라진 것처럼 보인다.

10. 페트루스 아피아누스

발트제뮐러 다음에 '천지학'으로서 '코스모그라피아'를 저술한 것은 페터 비에네비츠, 즉 페트루스 아피아누스였다(그림4.16).

라틴명 아피아누스는 독일어 bien(꿀벌)에 대응하는 라틴어 apis에서 따왔다. 태어난 곳은 라이프치히와 드레스덴 중간에 있는 작센의 소도시 라이즈니히, 태어난 해는 1495년이라는 설도 있지만, 젊어서 죽은 동명의 형과 혼동했다는 이유로 1501년이라 주장하는 논자도 있다.[115]

아피아누스는 1516년부터 라이프치히대학에서 천문학과 수학을 배웠고 그 뒤 빈대학으로 옮겨 1520년부터 1523년까지 수학, 천문학, 점성술, 지리학, 지도학 분야에서 이름이 알려져 있던 탄슈테터에게 배웠다. 그 탄슈테터는 1492년 이래 셀티스의 노력으로 인문주의 개혁이 진행 중이던 잉골슈타트대학에서 수학했다. 한때 헝가리 왕에게 빈이 점거된 뒤, 그 재흥을 도모해 막시밀리안 1세가 셀티스를 소집한 빈대학에 그 셀티스를 좇아 봉직했다. 빈대학에 시인과 수학자를 위한 칼리지를 창설한 셀티스의 교육이념은 수학이나 천문학을 중시하는 인문주의였다. 그뿐만 아니라 뉘른베르크를 각별히 사랑하여, 피르크하이머나 그 외 뉘른베르크의 인문주의자와 친했던 셀티스는 레기오몬타누스의 숭배자이기도 했으며, 이 죽은 천문학자의 묘비명을 남겼다. 이런 사정으로, 막시밀리안 1세가 부흥시킨 빈대학은 그문덴과 포이어바흐 시대의 빈 및 레기오몬타누스 이래의 뉘른베르크 전통을 다시금 계승하려 했다고 말할 수 있다.[116]

탄슈테터는 또한 포이어바흐의 『신이론』이나 『식의 표』 및 레기오몬타누스의 『제1동자의 표』를 편집하고 빈에서 출판한 것으로 알려졌다. 그리고 그의 강의는 포이어바흐의 『신이론』을 교과서로 사용하여 자주 『신이론』을 언급했다.[117] 그런 의미에서는 탄슈테터의 강연에 참석했던 아피아누스도 포이어바흐와 레기오몬타누스의 전통과 이어져 있다고 말할 수 있을 것이다.

그림4.16 페트루스 아피아누스(1495~1552).

아피아누스는 1520년에는 최초의 작품으로서 남아메리카가 그려져 있는 작은 세계지도를 빈에서 출판했다. 그러나 그것은 "끊겨 있지는 않지만 발트제뮐러 지도의 확실한 복사본"이라 여겨지고 있다.[118] 나중에 그는 자신의 인쇄공방을 개설하고 몇몇 지도를 인쇄·출판했지만 "그가 스스로 인쇄한 그의 [지도에 관한] 작업은 독창적인 것이라고는 도저히 말할 수 없다. 그가 자신의 이름을 새겨 출판한 거의 대부분의 지도는 다른 사람의 작업이다"라고 혹평을 받았다.[119] 지도학에 대한 아피아누스 자신의 기여는 적다.

다른 한편, 아피아누스는 1524년에 『천지학의 서』를 출판했다. 이 책은 기초적인 천문학과 지리학을 논한 것으로 나중에 [Ch.6.5] 보겠지만, 1529년에 겜마 프리시우스의 검증을 거쳐

1609년에 이르기까지 네덜란드어·스페인어·프랑스어 번역을 포함해 무려 29쇄를 중쇄해 거대한 영향을 주었다. 아피아누스나 겜마의 정의로는 '코스모그라피아'는 하늘과 갖는 관계로서 지구를 보는 것, 즉 문자 그대로 '천지학'이었다. 다시 말해, 아피아누스의 이해로는 '천지학(코스모그라피아)'은 항성천을 지표에 투영한 것으로서 지구(표면)를 하늘의 좌표에 의거하여 그려낸 것, '지리학(게오그라피아)'은 산악·해양·하천과 같은 큰 특징에 따라 지구를 그린 것, 그리고 '지지학(콜로그라피아)'은 개개의 토지를 도시나 마을, 항만 등에 기반을 두고 국소적으로 기술하는 것으로 분류된다.[120]

실제로 이 『천지학의 서』는 천문학, 지리학, 이론지리학에 걸친 서적이다. 발트제뮐러의 책과 마찬가지로 지구 기후역(클리마타)으로 분할하는 것 외에, 태양고도의 측정 및 그 외의 요소에 의한 다양한 위도 결정법, 월거를 사용하는 것을 포함하는 여러 종류의 경도 결정법, 거리 결정할 때의 삼각법의 사용법, 여러 종류의 지도투영법, 그 외의 여러 가지를 논했다. 16세기 천지학(코스모그라피아)의 집대성이지만 그 기조는 수학적인 천문학과 지리학을 오히려 수학에 밝지 않은 독자에게 해설하는 것을 주요한 목적으로 한다. 그 계몽적·교육적 자세가 바로 아피아누스의 특징으로, 그것은 그의 다른 저술에서도 일관되어 있다. 『과학전기사전』에서 아피아누스가 천문학과 지리학에서 "16세기에 가장 성공한 계몽가"라 불리는 이유이다.[121]

그것은 1527년에 잉골슈타트대학의 수학 교수로 취임한 아피아누스가 같은 해 『상업계산 전반의 새로운 확실한 기초에 기반을 두는 교칙』을 출판한 것에서도 확인할 수 있다. 독일어로 쓰였다는 것에서도 알 수 있듯이 그것은 "도시나 군주에게 봉사하는 행정관이나 수학의 기본적 지식이 불가결하지만 대학 교육을 받지 않은 상인이나 수공업자"를 위해 쓰인 것이었다.[122] 이 책은 그 뒤 1532년, 1537년에 쇄를 거듭했다. 1533년 한스 호르바인의 회화 〈대사들〉에는 지구의나 천구의, 토르퀘툼이나 해시계와 함께 이 아피아누스의 상업수학책이 그려져 있어, 이 책이 실용수학책으로서 널리 읽혔음을 보여준다.[123] 그것은 물론 막시밀리안 1세가 1493년부터 1519년까지 신성로마제국 황제로서 군림하던 시대에 훗거 재벌이 그 최전성기를 맞았고, 남독일과 오스트리아에서는 이탈리아 상업과 금융 수법을 습득하여 경제가 근대화하고 발전한 것과 무관계하지 않다.

그렇지만 대학 교수이면서 그때까지 대학에서는 거들떠보지도 않던 상업수학책을 썼다는 것, 그것도 학술서로는 사용되지 않았던 속어(독일어)로 썼다는 것은 그 자체가 획기적인 것이었다. 이탈리아의 인문주의자 비코 데라 밀란드라가 플라톤을 따라 "신적인 산술"을 우월한 것이라고 칭송하고, 그것을 "최근에는 특히 상인들이 정통한 술"로서의 "상인의 산술"과 혼동하지 말아야 한다고 말한 것이 1486년이었는데, 그것은 그 당시까지의 일반적 견해였다.[124] 그러나 중부 유럽에서는 수학에 대한 견해가 반세기 사이에 크게 변화했다. "중세 이후에 등장한 새로운 대학에서는 커리큘럼에 따라 유연성이 있고, 오래된 대학에 비해 응용수학에 대한, 증대하는 수요에 따라 적극적으로 반응하는 경향이 있었다"라고 했다. 확실히 이 경향은, 나중에 보겠지만, 특히 신생 독일의 많은 프로테스탄트계 대학에서 명백하게 확인할 수 있다[125][Ch.8.4].

또한 아피아누스는 천체관측이나 측량을 위한 장치의 설계·제작에 대해서도 깊은 관심을 갖고 있었다. 1524년에는 독일어 서적 『교묘한 장치 내지 해시계』를 출판했다. 그는 그 뒤에도 같은 종류의 서적을 몇 차례나 출판했고, 현대의 시각으로 보자면 이 방면에서의 그의 공적은 크다. 실제로 1532년에는 사분의의 천체관측과 측량 사용에 관한 라틴어 모노그라프 『아피아누스의 천체관측 사분의』를 저술했고, 요하네스 베르너의 저작집 부록으로서 토르퀘툼에 관한 기술을 남겼다. 다음 해인 1533년에는 천체관측 기계 설계와 사용법에 관한 뛰어난 목판화 삽화를 다수 포함하는 『도구의 서』를 출판했다.[126] 이것은 전년도에 출판했던 『천체관측 사분의』를 독일어로 고치고 해시계의 장을 가필한 것이다. 속표지 그림(그림4.17)에 있듯이, 손가락이나 크로스스태프나 사분의나 녹터널(야간 시계)의 구조와 사용법(특히 지상에서 사용할 때)이 다수의 아름다운 목판화로 알기 쉽게 설명되어 있다. 사용되는 수학도 초등적이었는데, 이전의 저작 『상업계산』과 마찬가지로 실제로 천체관측이나 측량에 종사하는 실무가를 위한 책이었다. 예컨대 사분의 대신 손을 사용한 관측(그림4.18)이 상세하게 기술되어 있어 이 점에서 역시 직인을 위한 책임을 짐작하게 한다. 그리고 그것은 복각판 '후기'에 쓰여 있듯이 이

Instrument Buch-durch Petrum Apianum erst von new beschuben.

Zum Ersten ist darinne begriffen ein newer Quadrant/dardurch Tag vnd Nacht/bey der Sonnen/Mon/vnnd andern Planeten/auch durch etliche Gestirn/die Stunden/vnd ander nutzung/gefunden werden.

Zum Andern/wie man die höch der Thürn/vnd anderer gebew/des gleichen die weyt/brayt/vnd tieffe/durch die Spigel vnd Instrument/messen soll.

Zum Dritten/wie man das wasser absehen oder abwegen soll/ob man das in ein Schloß oder Statt füeren möge/vnd wie man die Brünne suchen soll.

Zum Vierden/sindt drey Instrument/die mögen in der gantzen welt bey Tag vnd bey Nacht gebraucht werden: vnnd haben gar vil vnd manicherlay breüche/vnd alle geschlecht der Stunden/behalten alle zu gleich jre Lateinische nämen.

Zum Fünfften/wie man künstlich durch die Finger der Hände die Stund in der Nacht/on alle Instrument erkhennen soll.

Zum Letzten/ist darin ein newer Meßstab/des gleichen man nendt den Jacobs stab/dar durch auch die höch/brayt/weyt/vnd tieffe/auff newe art/gefunden wirt.

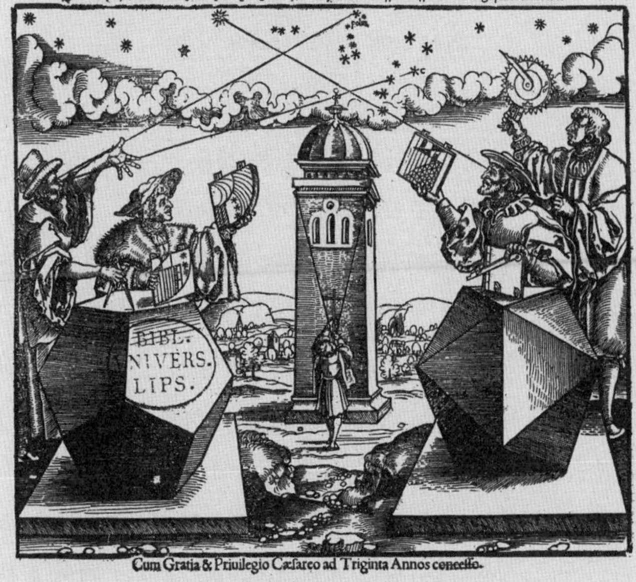

그림4.17 페트루스 아피아누스 『도구의 서』(1533)의 속표지. 이 페이지에 쓰여 있는 전문은 Karrow Jr.(1993) p.58에 읽기 쉬운 이탤릭체로 재현되어 있다. 가장 오른쪽 인물이 손에 들고 있는 것이 녹터널이다.

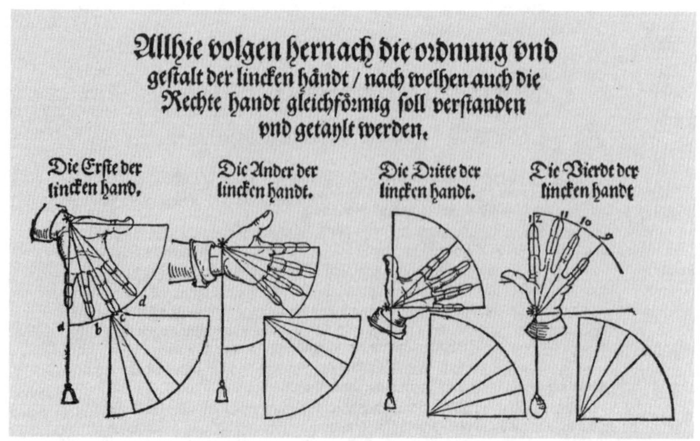

그림4.18 아피아누스 『도구의 서』에서.

책이 “강한 점성술적 동기를 갖”는다는 것을 시사한다.[127]

페트루스 아피아누스의 아들 필립 아피아누스는 아버지의 뒤를 이어 잉골슈타트대학의 수학 교수가 되었지만 숙련된 지도 제작자이기도 했다. 그는 1568년에 튀빙겐대학으로 옮겼고, 거기서 유클리드의 『원론』, 포이어바흐의 『신이론』, 아버지의 『천지학의 서』, 나아가서는 측량을 위한 실용기하학이나 측량 기기의 사용법을 교수했다고 알려져 있다. 나중에 요하네스 케플러의 스승이 되는 미하엘 메스트린은 튀빙겐에서 이 아들 아피아누스에게서 수학을 배웠다. 측량 장치의 사용이나 설계나 개량에 관한 몇몇 서적이나 실용수학 교과서를 독일어로 집필하여 실용수학을 대학 교육에 도입하고 지도 제작에도 손댄 아피아누스 부자도 역시, 직인기술자 측에서 일으킨 16세기 문화혁명을 지식인 측에서 보완하는 수리기능자였다고 말해야 할 것이다.

11. 『황제의 천문학』

페트루스 아피아누스는 1526년까지 독일 남부인 뉘른베르크와 아우구스부르크의 거의 중간에 위치하는 잉골슈타트로 옮겨 인쇄공방을 열었다. 이 인쇄공방은 이후 20년 가까이 가동했고 지도나 지리학, 천문학 관련 서적을 출판했다. 첫 작업은 1526년의 사크로보스코의 『천구론』, 이어서 1528년에는 포이어바흐의 『신이론』에 자신의 서문을 더해 출판했다. 1533년에는 프톨레마이오스 『지리학』의 베르너 번역에 서문과 관측 장치에 관한 부록을 덧붙여 지도 없이 출판했다.

특히 1531년의 혜성 관측 이후 아피아누스는 천체관측에 몰두했고, 천문학자이면서도 점성술사로서의 명성도 높았다. 1536년에는 『천공의 성도』를 출판했다. 1515년의 뒤러 등의 천구도를 바탕으로 한 것이다. 1990년에 출판된 『도구의 서』 복각판 '후기'에는 "1520년부터 1544년까지 거의 매년 예외 없이 유럽 시장에는 아피아누스 서적이 적어도 한 권은 나와 있었다"라고 한다.[128] 자연과학서 출판에 의욕적으로 착수했던 점에서 미루어봐도 그는 레기오몬타누스의 후계자였다.

그 연장선상에서 유명한 『황제의 천문학』이 출판되었다. 1540년이었다. 그 서문에는 집필의도가 명료하게 기록되어 있다.

수학이 그 표면상의 어려움 때문에 사람들이 얼마나 싫어하는지 우리들은 알고 있다. 나는 그것을 간단하게 하려고 노력했고 산술에 당혹감을 느끼는 사람들을 도울 수 있는 새로운 방법을 만들려고 시도했다. … 만약 천계의 일반적인 이론이 수나 계산을 사용하지 않는 장치로 귀착된다면 오래 학습해온 사람에게 있어서는 큰 도움이 될 것이다.[129]

즉, 많은 사람들이 천문학 학습을 포기한 것은 귀찮고 난해한 계산과 추론이 필요하다는 인식 때문으로, 그 책임은 서툰 산술 교육 방식에 있다. 이렇게 판단한 아피아누스는 행성 운동이나 식 등을 구하기 위한 그때까지의 수표數表와 산술에 이르는 방식에 관련된 기하학적, 도식적 방법을 고안하고 그것을 이 『황제의 천문학』에서 밝혔다. 태양이나 달이나 각자의 행성마다 때로는 다섯 개 내지 여섯 개의 회전원판volvelles을 겹쳐 붙여서 그 회전으로 행성이나 달의 프톨레마이오스 주전원 이론에 준한 위치를 도 단위까지 예측할 수 있는, 교묘하게 만들어진 아날로그 계산기(계산판)를 고안한 것이다(그림4.19). 그것은 13세기 노바라의 캄파누스의 아크아트리움이나 14세기 월링포드의 리처드가 만든 알비온의 연장선상에 위치한다. 천문학을 누구나 접근하기 쉽게, 알게 쉽게 만든다는 아피아누스의 이 자세는 보다 빈곤한 지식만 갖고 있고 라틴어를 읽을 수 없는 독자를 위한 독일어로 쓰인, 보다 평이하고 간략화한 입문편으로서 『황제의 천문학의 기본 개요』를 동시에 출판한 것에서도 드러난다.

이『황제의 천문학』은 큰 판(32×45센티미터)의 수채색 초호화본이며, 아피아누스의 인쇄소에서 만들어져 칼 5세에게 바쳐졌다.*15 천문학과 점성술에 남보다 갑절로 관심이 높았던 칼 5세는 크게 기뻐하여 아피아누스에게 3,000개의 금화를 보내고 관중백Pflazgrave의 칭호를 부여하여 세습 귀족으로 끌어올렸다. 원래 복잡하고 난해한 수학을 이용하지 않고 태양이나 달이나 행성

그림4.19 달의 경도를 구하는 회전원판.

*15 『황제의 천문학』은 1967년에 에디션 라이프치히Edition Leipzig와 맥그로힐McGraw-Hill이 원저대로 복각판을 한정 750부 제작했다. 디트리히 바텐베르크Dietrich Wattenberg의 독일어와 영어로 된 해설을 수반한 독일어판『황제의 천문학의 기본 개요』의 본문 부분도 더불어 복각되어 있다. 국회도서관에는 이 복각판이 일부 소장되어 있고 그것을 살펴보면 잘도 이런 화려한 책을 만들었구나 하고 감탄하게 된다. 깅거리치Gingerich의 책에 따르면 16세기에 티코 브라헤는 이것을 20플로린으로 구입했는데 그것은 현재 가격으로 거의 4,000달러에 해당한다고 한다. 게다가 이 책에 따르면 코페르니쿠스『회전론』의 가격은 1545년에 1플로린이었다(Gingerich (2004), pp.139, 173).

의 운동을 추정할 수 있게 하는 것은 무엇보다도 점성술 측에서 강하게 요구되었던 것이다. 그리고 『황제의 천문학』은 그 요구에 적극적으로 응하려고 한 것이다.

『황제의 천문학』 제1부 전 40장 중 처음의 다섯 장은 프톨레마이오스의 일반적인 천구 이론, 그리고 제6장에서 제18장까지가 다섯 행성과 달과 태양의 운동에 관하여, 제22장부터 제31장까지가 월식과 일식, 제36장부터 제39장이 역에 관련된 황금수나 주일 문자 등을 설명하는 데 할당되고, 그 이외의 장은 모두 점성술에 직접 관련된다. 즉, 제19~21장이 성상 이론, 제32장이 외행성의 대합, 제33~35장이 홀로스코프에 관련된 논의이고, 제40장에서는 의료 점성술을 논하고 있다. 아니, 개개의 행성 이론이라고 해도 기본적으로는 점성술을 위한 것이고 그런 의미에서는 바텐베르크Wattenberg가 말하듯이 "도식적 표현을 동반한 이상의 40장[전체]은 주로 점성술의 목적에 도움이 되는 것이라 생각된다".[130] 아피아누스가 이렇게 기술한 배경에 있는 사상은 "우리들은 이 세계의 모든 것이 동등하게 별의 배열에 영향을 받고 있음을 본다"라는 제40장에 나오는 표명이다.[131]

또한 『황제의 천문학』 제2부에는 1531년부터 수년간 행한 혜성 관측 결과가 기록되어 있는데, 천문학 역사에서 보면 그쪽이 중요하지만 그 점에 관해서는 나중에[Ch.9.6-7] 살펴보자.

어쨌든 프톨레마이오스 이론에 대응하는, 이 여러 장 겹쳐진 회전판으로 구현된 행성 운동의 복잡한 모형을 보면 지동설이냐 천동설이냐 하는 것 이전에, 너무나도 기계적이고 인위적이라는 인상을 피할 수 없다. 그것은 원래는 "현상을 구제하기" 위해 도입된 수학적 가설로서의 이심원, 주전원을 그대로 판지에 물리적으로 실체화함으로써 역으로 그 인위적 성격, 나아가서는 허구적이라는 인상을 받기 때문은 아닐까? 아피아누스 회전원반의 메커니즘은 고대 프톨레마이오스 수학적 천문학의 어떤 종류의 '완성'이었다. 그런 의미에서는 그것을 "공허한 기예"라 부른 1609년 요하네스 케플러의 다음 술회가 그 본질을 잘 포착하고 있다.

> 나는 아피아누스의 애처로운 작업을 깊이 슬퍼한다. 『황제의 천문학』에서 그는 프톨레마이오스를 충실하게 따라, 현권선弦卷線이나 원환이나 나선이나 소용돌이나 더할 나위 없이 복잡한 곡선으로 이루어진 미로 같은 것으로써, 사물의 자연본성이라고는 무릇 인정하기 힘든 인위적 구성물figmenta hominum, quae natura rerum pro suis plane non agonoscit을 표현하려고 많은 귀중한 시간을 낭비하고 유능한 두뇌를 무의미한 고찰에 빠지게 했다.[132]

복각판의 편자 바텐베르크의 평을 인용해둔다.

> 이 모든 저작을 통해 이 위대한 학자[아피아누스]는 수학과 지리학과 측지학과 천문학의 거장임을 보여주고 있다. 그의 손으로 토르퀘툼과 사분의를 사용한 관측 기술은 티코 이전 시대에 극히 높은 수준에 도달했다. 현재 한 위대하고 숭고한 성과는 과학적 연구 성과를 시각적으로 완전하게 표현하기 위한 그의 정력적인

> 노력의 결과이다. 이렇게 아피아누스는 관측 정밀도가 여전히 한정되어 있는 시대에 천문학 지식의 모든 분야를 도식화하는 데 만전의 힘을 갖추고 있었다. … 그는 새로운 아이디어를 발전시킬 수단과 능력을 갖고 있었다. 그러나 그렇게 하지 않고 천문 현상을 그 기계적 수단으로 표현하는 데 만족함으로써 행성 운동을 도구 제작자의 기술 문제로 귀착시킨 것이다.[133]

결국 아피아누스는 이론가라기보다는 오히려 계몽가이자 기술자였다.

코페르니쿠스를 종용하여『회전론』을 출판하도록 결의케 한 비텐베르크대학의 레티쿠스가 폴란드를 방문하기 앞서 뉘른베르크로 쉐너를 방문했다는 것은 이미 기술했다. 쉐너에게 작별을 고한 레티쿠스가 잉골슈타트에서 아피아누스를 방문한 것은 1538년 말이었다. 그 뒤 레티쿠스는 튀빙겐에서 요아힘 카메라리우스를 방문하고, 다시 남쪽으로 여행한 뒤 일단 비텐베르크로 돌아가 1539년 5월에 다시 코페르니쿠스가 사는 북방 프론보르크로 향한다. 그리고 레티쿠스가 코페르니쿠스에게 직접 그 이론을 배워서 코페르니쿠스 이론의 첫 해설서『제1해설』을 출판한 것은 전면적으로 프톨레마이오스 이론에 의거한 아피아누스의『황제의 천문학』출판과 같은 해인 1540년이었다.

『황제의 천문학』복각판의 해설에 있듯이 "천문학과 수학과 장치 제작 분야에서 이룩한 경탄할 만한 성과를 통해 아피아누스는 우주에 관한 구래의 관념이 종언을 맞이하고, 과학의 새로운 시대가 막을 열려고 하는 바로 그 시점에 고대 천문학의 관념을 찬미했다".[134] 아피아누스는 사반세기에 걸쳐 잉골슈타트에서 교단에 섰고 1552년에 그 생애를 끝냈다. 코페르니쿠스 이론에 관해서는 아무것도 말하지 않았다.

***

아피아누스의 『황제의 천문학』과 레티쿠스의 『제1해설』은 뮌스터가 프톨레마이오스 『지리학』을 출판한 해에 출판되었는데, 이 시점에서는 프톨레마이오스의 지리학에 관해서는 유럽에서 꽤 잘 알려지게 되었다. 그와 함께 그 오류나 불완전한 점도 밝혀졌다. 대항해의 경험은, 고대인이 지구에 관해 남긴 기록의 대부분이 억측이나 소문에 기반을 둔 것으로, 많은 오류를 포함함을 밝혔다.

실제로는 프톨레마이오스에 한한다면 그의 지리학이 갖는 오류, 혹은 그의 지식이 극히 한정되었었다는 것은 이미 콜롬버스나 바스쿠 다가마의 항해보다 반세기 가까이 전에는 (그 방면에 관심을 기울인 사람들 사이에서는) 조금씩 밝혀지고 있었다. 니콜라우스 게르마누스는 1427년 클라우디우스 클라비스의 지도에 기초하여 북유럽에 스칸디나비아반도와 오늘날 그린란드로 알려진 섬을 반도로서 묘사했다. 프톨레마이오스 『지리학』에는 기록되지 않은 정보로, 1482년 울름판 프톨레마이오스 『지리학』의 세계지도는 그 점이 수정되어 있다.[135] 역사가 플라비오 비온도의 15세기 중기의 저서 『로마의 쇠퇴에서부터 수십 년의 역사』에는 "프톨레마이오스는 북방에 관해서는 많은 사항에 무지했다"라고 기록되어 있다.[136] 1494년에 출판된 브란트의 『바보배』에는 프톨레마이오스가 몰랐던 토지로서 아이슬란드와 라플란드를 들고 있다.[137] 프톨레마이오스의 세계지도에는 아프리카 남단은 "미지의 대지"로 아시아의 동단과 연결되었고, 그 때문에 인도양이 내해가 되었지만 베네치아의 수도사 프라 마우로가 포르투갈 국왕의 의뢰로 1459년에 제작한 세계지도에는 대서양과 인도양이 올바르게 연결되어 그려져 있다.[138]

그리고 15세기 말에 시작한 대항해의 경험은 라스 카사스가 말하는 "세계가 그 깊숙이 숨기고 있던 또 하나의 세계"를 서구 사람들에게 드러냈다.[139] 특히 인상적이었던 것은 열대는 작열하는 땅이라 사람은 거기에 살 수 없고 그곳을 넘는 것도 불가능하다는, 아리스토텔레스도 공언했던 고대 이래의 지리학적 통념이 타파된 것이다.

1503년에 콘라드 셀티스는 안트베르펜의 지인에게서 포르투갈 선원들의 놀라운 모험 이야기를 듣고 고대 저술가들에 대한 신뢰를 잃어버렸다. 빈에서 교육을 받은 스위스 인문주의자이자 복음파였던 요하네스 바디아누스는 스페인이나 포르투갈의 항해 발견을 자신의 지리학서에 넣은 최초의 사람들 중 한 명으로, 세계로 눈을 돌리지 않고 고대 저술가의 권위에 고집하고 있는 연구자를 조소했다. 1522년에 그는 프리니우스에 관해, 아직도 좋아하는 저자이긴 하나 "그러나 그는 인간이며 그 때문에 사소한 실수를 하는 경우도 있고 오류에 빠지는 일도 있다"라고 했다. 1527년에 네덜란드에서 만들어진 지구의 설명서에 사용된 프란키스쿠스 모나쿠스의 서간에는 프톨레마이오스나 그 이전의 다른 지리학자들의 "바보 같은 이야기hullucinatio"가 논구論究된 데다가 [그 지구의에는] 근년 발견된 토지나 해양이나 도서에 관한 훌륭하고 계발적인 정보가 포함되어 있다고 기록되어 있다. 1534년에 튀빙겐에서 출판된 세바스티앙 프랑크의 독일어 『세계의 서』는 코르테스나 콜롬버스나 베스푸치의 보고에 기초하여 신세계를 상세하게 기술한 것인데, 그 서문에는 고대의 권위와 동시대의 직접적인 경험이 어긋날 때는 후자를 우선한다는 취지가 기술되어 있다.[140]

지리학만은 아니다. 의학계에서는 1538년에 파라켈수스가 말하고 있다.

> 그대들, 의사들이여. 의술이 무엇을 다루는지 곰곰이 생각해보았으면 한다. 나에게 그것을 가르쳐준 것은 갈레노스였다고 하거나, 나는 그것을 아비센나에게서 읽었다고 말해서는 안 된다. 그것이 어떤 것이어야 하는지 스스로 말해보라. 그들의 시대에는 그걸로 충분했었을 것이다. 바야흐로 시대는 바뀌었다. … 그들의 뒤를 좇아서는 안 된다. 그들이 그대들에게 보여준 것보다 더 멋진 것을 배웠으면 한다.[141]

독일에서는 고대 저술가에 대한 비판적인 눈을 키웠고 게르마니아를 '야만'이라고 멸시했던 고대 저술가에 대한 반감도 이유 중 하나였지만, 고대인의 오류에 대한 인식 자체는 유럽 전역에 퍼져 있었다. 1538년경에 프랑스에서 쓰인 『파뉘르주 항해기』에는 "수많은 역사가나 지지학자가 여러 서적 속에 세계의 터무니없이 멋진 불가사의를 이것저것 기술하고 있지만 많은 사람들의 의견에 따르면 거기에는 거짓이 없다고 할 정도의 문제가 아니다"라고 하고, 프리니우스나 소리누스나 스트라본이나 루키아노스나 만드빌 등의 엉터리 소리를 공격 대상으로 삼았다.[142] [*16]

그것은 뒤집으면 고대인에게는 알려져 있지 않았던, 그 때문에 금후 새롭게 발견될 미지의 사실, 미답의 세계가 얼마든지 존재할 수 있다는 것을 의미했다. 16세기 초의 아메리고 베스푸치의 서간에 "천지개벽 이래 지상의 거대함과 지상에 존재하는 것은 아직 다 발견되지 않았습니다"라고 기술되어 있는 대로이다.[143] 1531년에는 스페인의 인문주의자 비베스가 "많은 진리는 지금부터 발견해가야 하도록 미래 세대에게 남겨져 있다"라고 명언했다.[144] 그것은 당연한 것으로서, 지적 호기심을 불러일으키는 것이었다.

무릇 지성이 신앙에 종속되었던 전기 중세 그리스도교 사회에서는 성서 해석이라는 종교적 목적을 벗어난 순수한 지적 욕구,

---

*16 스페인 관사로서 신세계에 오래 체재한 오비에드, 그리고 프랑스 항해인 자크 카르티에나 앙드레 테비도 마찬가지로 발언하고 있는데, 이에 관해서는 졸저 『16세기 문화혁명』에서 기술했다.

즉 학문을 위한 학문은 “뱀의 유혹”이었고, 아우구스티누스 이래 “안목의 정욕”으로서 육체적 욕구와 마찬가지로 극기해야 할 욕망이라 간주되었고 억제되어왔다. 실제로 아우구스티누스는 그것을 자서전 『고백록』에 기재했을 뿐만 아니라 427년의 서간에서는 현세의 죄로서 “육신의 정욕, 안목의 정욕, 이생의 자랑”을 드는 요한의 편지를 인용하고 있다.[145] 이리하여 “초기 그리스도교도들은 타고난 호기심을 계속 부정했다”.[146]

지적 호기심을 이렇게 억제하는 것은 중세 후기에도 계속되었다. 1360년대에 영국인 랑글란드가 저술한 『농부 피어즈의 환상』에는 아우구스티누스의 말로서 “필요 이상으로 알려고 하지 말라”라고 기술되어 있다.[147] 1371년 페트라르카의 『무지에 관하여』에는 아리스토텔레스주의자에 대해 “자연의 비밀, 그것보다도 깊은 신의 비밀, 이것들을 우리들은 겸허한 신앙을 갖고 받아들이지만, 그들[아리스토텔레스주의자들]은 오만하게도 파악하려고 애씁니다”라고 비판하고 있다.[148] 그리고 정통파 신학의 거점인 파리대학의 학장이었던 신학자 장 제르송은 1402년에 ‘학자의 호기심을 경계한다’라는 글에서 단적으로 “호기심은 악이다”, “호기심이 고대 철학자들을 어지럽혔다”라고 잘라 말하고 있다.[149] 15세기가 되어서도 그리스도교 이데올로그 사이에서는 호기심을 방자하게 추구하는 것은 꺼려야 한다고 간주되었다.

그러나 장 제르송의 시대로부터 약 200년 뒤, 페루 재주 스페인인 성직자인 호세 데 아코스타는 1590년에 『신대륙 자연문화사』에서 말하고 있다.

모든 박물지는 그 자체가 재미있으나 더 깊이 생각하는 자에게는 온갖 자연의 창조자를 상찬하기 위해 유익하기도 하다. … 이렇게나 풍요롭고 다양한, 이 자연의 사실에 관한 진미를 이해하는 것에 기쁨을 느끼는 자는, … 그에 몰입하면 할수록 그 사실들이 인간의 산물이 아니라 창조자의 소산임을 깨달을 것이다.[150]

자연에 관한 호기심은 그 자체가 시인되고 있을 뿐만 아니라 신의 인식에 이르는 유효한 길로서 찬양되고 있다. 2세기 사이에 형세는 크게 변화했던 것이다.

최초의 전환은 11세기 르네상스라 불리는 고대 그리스 학예의 재발견, 특히 페트라르카가 지적하듯이 아리스토텔레스와의 만남이었다. 이때 서유럽은 아리스토텔레스의 『형이상학』 서두의 "모든 인간은 선천적으로 알기를 원한다"라는 문장을 발견했다.[151] 이리하여 소수의 선진적 지식인은 앞다퉈 고대 문헌의 번역에 돌입해, 아리스토텔레스의 방대한 철학 체계를 비롯한 고대 그리스 학예의 음미와 흡수에 매달렸다. 이 시대 서구에서 대학이 탄생한 것도 이 학문들을 전승하기 위한 시스템으로서였다. 그리고 13세기 후반에 토마스 아퀴나스가 아리스토텔레스 철학을 그리스도교 신학 속에 도입함으로써 스콜라학이 형성된 것도 잘 알려져 있다. 그러나 그것은 기본적으로 1,500년 이상 옛날에 쓰인 문서에 관한 학문으로, 결국은 현실과 갖는 관련을 잃고 형해화·경직화되어가지 않을 수 없었다.

상기한 아코스타가 "[신세계의] 자연에 관한 것은 고대에 승인

되고 설파된 철학과 합치하지 않는다"라고 지적하고 있듯이,[152] 지리학상의 발견은 스콜라학의 함정도, 고대인이 가졌던 지식의 오류나 한계도 좋든 싫든 세상에 밝혀냈고 재차 다른 차원의, 보다 현실에 밀착한 지적 호기심을 불러일으켰다. 스페인 관사로서 신세계에 건너가 과거에 보고 들은 적 없는 자연을 본 오비에드는 1535년에 "사람은 누구든 지식욕을 갖고 있다"라고 말했다.[153]

아니, 지도학이나 지리학에서는 프톨레마이오스나 프리니우스를 능가하는 것을 유럽은 이미 만들어내었다. 유럽인은 고대인의 예지라는 환상이나 이슬람 사회의 높은 문화에 대한 콤플렉스에서 해방되고 있었다. 1515년에 요하네스 쉐너가 제작한 지구의의 타이틀에는 "우리 유럽의 새로운, 더 정확한 형상"이라 기술되어 있다.[154] "새로운" 것이 "더 정확"한 것이라 판단되고 있는 것이다. 이전 유럽에서는 볼 수 없었던 생각이다.

코페르니쿠스의 유일한 제자가 된 레티쿠스는 1541년 9월 이전에 썼다고 추정되는『최초의 코페르니쿠스 체계 옹호론』에서 "프톨레마이오스는, 포르투갈인들이 그 원양항해에서 대단히 비범한 육지가 존재함을 발견한 곳에는 물이 있다고 믿었다"라고 그 오류를 지적했다. 16세기 이래 잃어버렸던 이『최초의 옹호』를 1973년에 발견한 네덜란드인 과학사가 호이카스Hooykaas는 주석에서 "지리학에서 프톨레마이오스의 오류 가능성"은 "천문학에서 프톨레마이오스의 불가류성에 대한 신뢰를 무너뜨리는 효과를 갖고 있었다"라고 지적했다.[155] 프톨레마이오스에게는 지리학과 천문학이 밀접하게 관련되어 있는 이상, 그리고 그것을 천지학으로서 연구하게 된 시대에는, 그 지리학에 대한 불신이 몇 가지 시차를 동반한다 해도 그 천문학에 대한 불신으로 연결되는 것은 피할 수 없었다. 그리고 레티쿠스는 1540년 『제1해설』에서 "아리스토텔레스가 지적했듯이 사람은 본성적으로 알기를 원한다homines natura sua scire appetant"라고 복창한다.[156]

코페르니쿠스 『회전론』의 등장은 목전에 다가와 있었다.

부록 A

프톨레마이오스 천문학에 관한 보충 설명

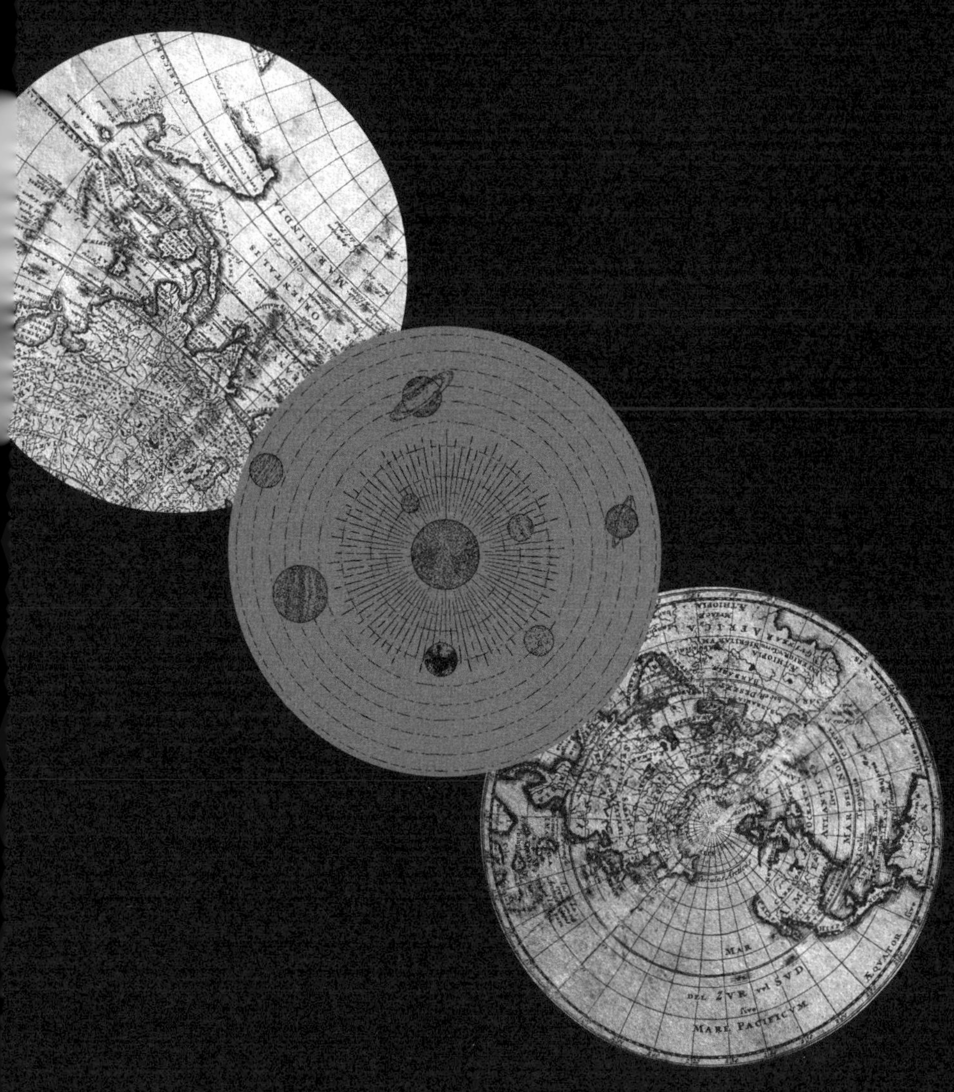

A-1. 태양 궤도의 결정

그림A.1에서 T는 지구, O는 태양 궤도의 중심, 태양 S는 O를 중심으로 한 내측 원주상을 등속으로 회전한다. 이 궤도원의 TO를 포함하는 직경(장축선)의 양단 F와 G가 근지점과 원지점, ABCD는 순서대로 춘분·하지·추분·동지에서의 태양의 위치, abcd는 궤도원을 4등분하는 점. 관측에서는 1태양년(태양이 춘분점을 통과하고 나서 다음으로 춘분점에 도달하기까지의 시간)이 365일과 1/4일, 춘분 A에서 하지 B까지가 94일과 1/2일, 하지 B에서 추분 C까지가 92일과 1/2일.

이하의 논의는 기본적으로는 히파르코스의 것.

태양운동을 등속이라 가정했으므로 그림에서 a→b, b→c, c→d, d→a는 각자 1년의 1/4, 따라서 구간의 소요시간을 (A→a)=(c→C)=Δt_1, (b→B)=(D→d)=Δt_2라 하고,

$\Delta t_1 + \Delta t_2 = \{(94+1/2)-(365+1/4)\div 4\}$일,

$\Delta t_1 - \Delta t_2 = \{(92+1/2)-(365+1/4)\div 4\}$일.

이에 따라 Δt_1=(2+3/16)일, Δt_2=1일, 따라서

추분→동지: 1년÷4−($\Delta t_1 + \Delta t_2$)=88일과 1/8일,

동지→춘분: 1년÷4−($\Delta t_1 - \Delta t_2$)=90일과 1/8일.

태양의 O 주변의 회전각 속도 Ω=360°/1년을 이용하여 소요시간 Δt_1과 Δt_2을 각도 $\xi = \Omega \Delta t_1$와 $\eta = \Omega \Delta t_2$으로 바꾸면

$\xi = \Omega \Delta t_1$

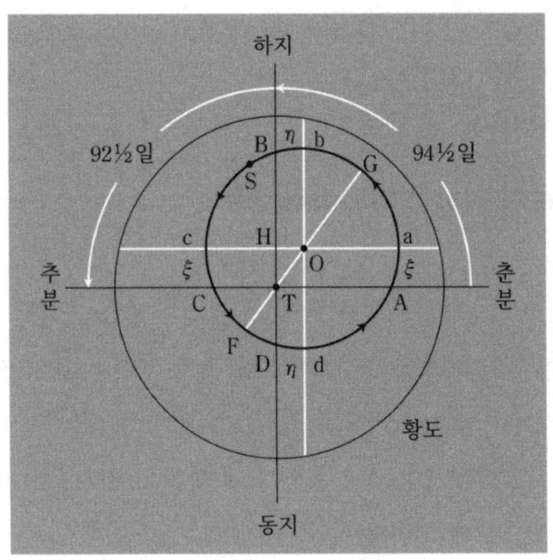

그림A.1 태양 궤도(이심원 모델).

$$=\frac{2+3/16}{365+1/4}\times 360^{\circ}$$

$$=2.16^{\circ}=0.0376,$$

$$\eta=\Omega\triangle t_2$$

$$=\frac{1}{365+1/4}\times 360^{\circ}$$

$$=0.99^{\circ}=0.0172.$$

따라서 TO 간의 거리(이심 거리)와 궤도 반경($\overline{FO}=a$)의 비, 즉 이심율이

$$e_{\odot}=\frac{\overline{TO}}{\overline{FO}}=\sqrt{\xi^2+\eta^2}=0.0413, \qquad (A.\ 1)$$

그리고 TG와 TA의 각도, 즉 원지점의 경도(황경)는

$$\lambda_{\odot} = \angle GTA = \tan^{-1}(\xi/\eta) = 65°25'. \qquad (A.2)$$

A-2. 금성 궤도 파라미터의 결정

프톨레마이오스는『알마게스트』제10권에서 금성이 태양에서 가장 멀어진 위치에 왔을 때의 여덟 개 데이터로 금성 궤도를 결정했다. 사용한 데이터는 표A.1. 단, 이 데이터들은『알마게스트』에서는 제10권의 1, 2, 3장 본문 속에 분산되어 기술되어 있을 뿐으로 이러한 표에 기반을 두고 있는 것은 아니며 이 순서대로 쓰여 있는 것도 아니다.

표에서 D_1과 D_3의 쌍, 그리고 D_2와 D_4의 쌍에는 평균태양에서부터의 거리 δ의 절대치가 각자 동등하게 부호가 반대이기 때문에 이 각 쌍의 짝들은 그림A.2(a)와 같이 장축선 AB에 관해 대칭인 위치라 생각할 수 있다. 평균태양은 장축선상의 점을 중심으로 회전한다고 생각할 수 있으므로 장축선의 경도(황경)는

$$\frac{1}{2}(\theta_1 + \theta_3) = (234 + 29/30)°, \quad \frac{1}{2}(\theta_2 + \theta_4) = 235°.$$

이 두 값은 사실상 일치한다고 봐도 좋으므로 이 각도가 장축선 경도의 올바른 값이라고 생각할 수 있다. 게다가 여기서 θ_1과 θ_3 쌍 쪽이 θ_2와 θ_4 쌍보다 이각의 절대치가 조금 크므로 근지점에 가깝다고 생각할 수 있기 때문에 $235° = \lambda_b$는 근지점의 황경, 따라서 원지점의 경도는

표A.1 금성이 평균 위치(태양 방향)에서 가장 멀리 떨어졌을 때의 관측치 λ는 금성 황경의 관측치, θ는 평균태양의 황경의 계산치, δ는 평균 위치로부터의 이각으로 금성이 태양의 동쪽에 있을 때 $\delta > 0$, 태양의 서쪽에 있을 때 $\delta < 0$.

데이터 번호	연-월-일	λ(degree)	θ(degree)	δ
D_1	127-10-12	150+1/3	197+13/15	-47-8/15
D_2	132-03-08	31+1/2	344+1/4	+47+1/4
D_3	136-12-25	319+3/5	272+1/15	+47+8/15
D_4	140-07-30	78+1/2	125+3/4	-47-1/4
D_5	129-05-20	10+3/5	55+2/5	-44-4/5
D_6	136-11-18	282+5/6	235+1/2	+47+1/3
D_7	134-02-18	281+11/12	325+1/2	-43-7/12
D_8	140-02-18	13+5/6	325+1/2	+48+1/3

$$\lambda_a=(235-180)°=55°. \qquad \text{(A. 3)}$$

즉, 장축선은 춘분점 방향에 대해 55° 기울어 있다.

이 결과로부터 표의 D_5와 D_6는 그 θ의 값보다 각자 원지점과 근지점의 데이터라 판단된다. 그림A.2(b)에서 Q_5=A는 원지점, Q_6=B는 근지점, P_5, P_6는 그때의 금성의 위치, AB는 장축선, 그 중점 C는 유도원의 중심이고 T는 지구. 이 경우는 지구 T로부터 평균태양을 보는 선 TQ는 이 장축선에 일치. 지구에서 주전원으로 그은 접선 TP와 TQ가 이루는 각도는 $\delta=\lambda-\theta$로 주어진다. 유도원의 반경 $\overline{CA}=\overline{CB}$를 a라 한다. $\overline{TC}=ea$는 이심 거리, 주전원의 반경 $c=\overline{Q_5P_5}=\overline{Q_6P_6}$은

$$c=\overline{TA}\,sin|\delta_5|=(1+e)a\,\sin|\delta_5|$$

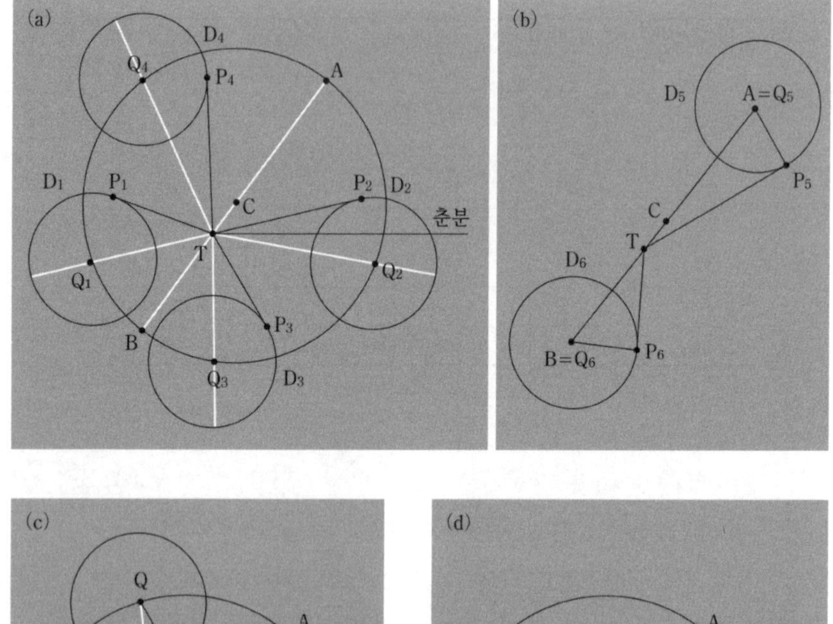

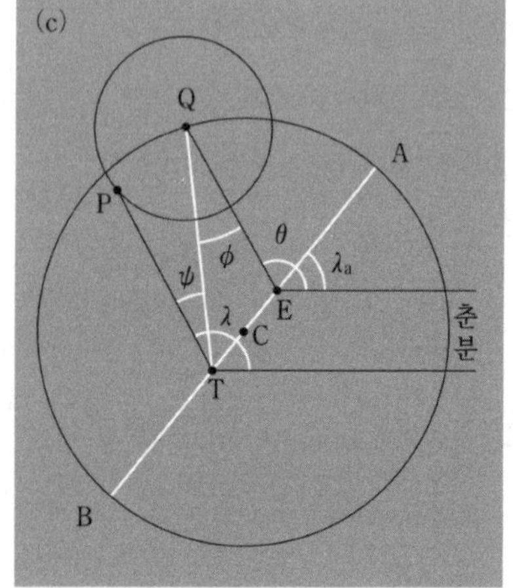

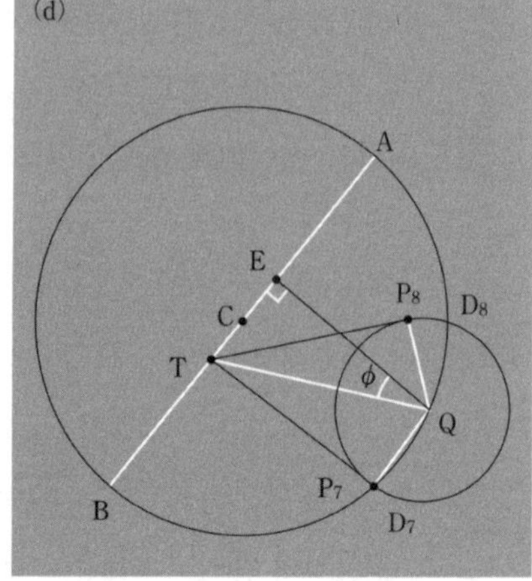

그림A.2 금성 궤도의 결정.

$= \overline{\mathrm{TB}}\, sin\delta_6 = (1-\mathrm{e}) a \sin\delta_6.$

이에 의해 이심율 (e) 및 주전원의 반경 (c)는

$$e = \frac{\sin\delta_6 - \sin|\delta_5|}{\sin\delta_6 + \sin|\delta_5|} = 0.0213, \tag{A. 4}$$

$$c = (1+e) a \sin|\delta_5| = 0.720a. \tag{A. 5}$$

그리고 이 주전원의 운동으로 금성운동의 제2의 부등성을 설명할 수 있다. 구해진 금성의 주전원과 유도원의 반경비 $c/a = 0.72$는 행성에서 최대이고 이 값은 또 금성의 최대 이격의 변동 범위

$$\sin^{-1}\frac{c}{a(1-e)} = 47.4° \sim \sin^{-1}\frac{c}{a(1+e)} = 44.8°$$

를 설명한다(D_8의 δ의 값은 다소 부정확하다고 생각된다).

다른 한편, 제1의 부등성은 지구 T에서 봐서 주전원 중심의 운동이 일정하지 않다는 것에서 기인한다. 프톨레마이오스는 그것을 주전원의 중심이 장축선상의 다른 어떤 점 주변을 등각 속도로 회전하고 있는 결과로서 설명한다. 따라서 문제는 그 점, 즉 등화점 E를 발견하는 데 있지만 그것은 다음과 같이 행한다.

평균태양은 일정한 각속도로 회전하므로 그것은 이 점 E에서 본 회전을 나타내고 따라서 각도 θ는 춘분점 방향과 EQ 방향이 이루는 각이며 $\angle\mathrm{QEA} = \theta - \lambda_a$. 여기서 그림A.2(c)와 같이 임의 시각의 행성 위치를 P, 주전원의 중심을 Q라 하고 $\angle\mathrm{EQT} = \phi$, $\angle\mathrm{QTP} = \psi$로 하면 그림에 따라 행성 P의 황경은 $\lambda = \theta - \phi + \psi$.

이리하여 여기서 특히 표의 D_7과 D_8의 경우를 생각한다(그림

A.2(d)). 이 둘은 θ가 같으므로 Q는 동일 지점이고 그 때문에 ϕ의 값도 같아서 결국

$\theta - \lambda_a = (270+1/2)^\circ \fallingdotseq$ 3직각

이기 때문에 직선 EQ는 장축선 AB에 직교한다. 게다가 D_7은 서쪽 방향으로, D_8은 동쪽 방향으로 평균 위치에서 가장 떨어진 경우이므로(야부노우치藪内 역 『알마게스트アルマゲスト』 p.432에 D_8에 관해 '서방최대이각'이라 된 것은 '동방최대이각'의 오역), 대칭성에 의해 $\psi_7 = -\psi_8$. 따라서

$$\angle TQE = -\phi = \frac{1}{2}(\lambda_8 - \theta_8 + \lambda_7 - \theta_7) = (2+3/8)^\circ.$$

또한

$$\angle P_8TQ = (\angle P_8TP_7) \div 2$$
$$= \frac{1}{2}\{(\lambda_8 - \theta_8) - (\lambda_7 - \theta_7)\} = (45+23/24)^\circ.$$

그러나 $\overline{TQ}\sin(\angle P_8TQ) = \overline{QP_8} = c$이기 때문에

$$\overline{TE} = \overline{TQ}\sin|\phi| = \frac{c\sin(2+9/24)^\circ}{\sin(45+23/24)^\circ} = 0.0415a = 2ea \tag{A. 6}$$

여기에 (A. 4) (A. 5)의 e와 c의 값을 사용했다.

이 결과에 의해 $\overline{ET} = 2\overline{CT}$, 즉 장축선상에서 지구 T가 위치하는 이심점 F와 등화점 E의 중심점에 유도원의 중심 C가 있다(이심 거리의 이등분).

그렇다 해도 프톨레마이오스가 행한 궤도 파라미터의 이 결정

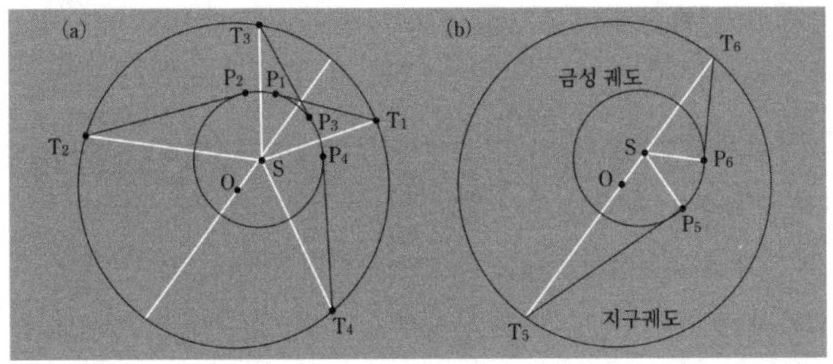

그림A.3 코페르니쿠스의 금성 궤도 결정.

은 교묘하다. 알렉상드르 쿠아레Alexandre Koyré는 "수학적 관점에서는 프톨레마이오스의 체계는 인간 정신의 가장 정교하고 가장 걸출한 작품 중 하나"라고 말하고 있는데*1, 실제로 이 정도로 복잡한 추론과 치밀한 계산이 지금으로부터 2,000년이나 옛날에 행해졌다는 것에는 감탄밖에 나오지 않는다.

더욱이 코페르니쿠스 『회전론』의 행성궤도 결정도 태양(정확하게는 평균태양)을 중심에 두고 등화점 모델을 소주전원으로 치환한 것(Ch.5 참조)을 제외하고 프톨레마이오스의 것과 기본적으로 동일하다. 그 점은 그림A.3(a)(b)를 그림A.2(a)(b)와 비교하면 이해할 수 있다.

---

*1 Koyré(1961), p.23.

A-3. 프톨레마이오스 모델과 케플러 운동의 비교

프톨레마이오스의 주전원은 태양중심계에서 본 경우의 관측자(지구)의 운동에 의한 착시를 모델화한 것이므로 프톨레마이오스의 등화점을 동반하는 이심유도원·주전원 모델(그림1.11)은 태양중심계에서는 그림1.6, 1.7, 1.8에서 지구 T의 정지하고 있던 이심점 F에 태양 S, 그리고 유도원상의 점 Q의 위치에 행성 P가 올 것, 즉 그림1.12(a)의 태양을 이심점에 갖는 이심원·등화점 모델이 된다. 그림에서 이심점 F에 위치하는 태양 S에서 행성 P까지의 거리를 $\overline{\mathrm{FP}} = r_{\mathrm{P}}$, 중심 C에서 본 행성 P와 원일점 A의 각도, 즉 반경 CP와 반경 CA가 이루는 각도를 $\angle \mathrm{PCA} = \beta$로 하고

$$\overline{\mathrm{FP}} = r_{\mathrm{P}} = \sqrt{a^2 + (ea)^2 + 2ea^2 \cos\beta}\ ,$$

여기서 이심율 e가 충분히 작으므로 멱전개하여 그 2차까지 취하면

$$\overline{\mathrm{FP}} = r_{\mathrm{P}} = a(1 + ecos\beta + \frac{e^2}{2} sin^2\beta). \qquad \text{(A. 7)}$$

완전히 마찬가지로

$$\overline{\mathrm{EP}} = r'_{\mathrm{P}} = a(1 - ecos\beta + \frac{e^2}{2} sin^2\beta). \qquad \text{(A. 8)}$$

이리하여 태양의 위치 F에서 행성 P와 원지점 A를 보는 각도를 $\angle \mathrm{PFA} = \alpha_{\mathrm{P}}$, 등화점 E에서 행성 P와 원지점 A를 보는 각도를 $\angle \mathrm{PEA} = \gamma_{\mathrm{P}}$라 하면 그림에 따라

$$r_{\mathrm{P}} \sin\alpha_{\mathrm{P}} = r'_{\mathrm{P}} \sin\gamma_{\mathrm{P}} = a \sin\beta.$$

이 식의 r_P, r'_P에 (A. 7) (A. 8)을 대입하여 e의 2차까지 취하면,

$$\alpha_P = \beta - e\sin\beta + \frac{e^2}{2}\sin 2\beta, \tag{A. 9}$$

$$\gamma_P = \beta + e\sin\beta + \frac{e^2}{2}\sin 2\beta. \tag{A. 10}$$

프톨레마이오스 이론에서는 점 Q는 등화점 E의 주변을 등속회전 한다. 이것을 태양중심계로 다시 쓰면 점 P(행성)가 E의 주변을 등속회전 하는 것이 되고 그 일정 각속도를 ω, 원일점 통과 시각을 $t=0$으로 하면

$$\angle \mathrm{PEA} = \gamma_P = \omega t. \tag{A. 11}$$

따라서 e의 2차까지의 근사로, (A. 10) (A. 11)에 의해 $\beta = \omega t - e\sin\omega t$가 되고, (A. 9)는

$$\alpha_P = \omega t - 2e\sin\omega t + e^2\sin 2\omega t. \tag{A. 12}$$

이 (A. 7) (A. 11) (A. 12)이 e의 2차까지의 근사로, 태양중심계에서 본 프톨레마이오스의 이심원·등화점 모델에서 행성궤도와 운동을 나타내는 방정식이다. 지구중심계로 옮기면 지구에서 본 태양운동을 빼두면 될 뿐으로, 수학적으로는 본질적인 차이는 없다. α_P를 진원점이각true anomaly, β를 이심원점이각eccentric anomaly, $\gamma_P = \omega t$를 평균원점이각mean anomaly이라 한다(첨자 P는 프톨레마이오스 이론이라는 의미로, 뒤에 비교할 케플러 이론과 구별하기 위해서이다).*2

---

*2 또한 『알마게스트』에서 'anomaly'라는 단어는 여러 가지 의미로 사용되고 있음에 주의할 필요가 있다.

그런데 태양 질량이 충분히 크고 그 운동 및 행성끼리의 상호 작용을 무시할 수 있는 한에서 행성의 올바른 운동은 케플러의 제1·2법칙으로 표현된다. 제1법칙에 의하면 태양정지계에서 본 행성궤도가 그림1.12(b)의 타원(장반경 a, 단반경 b)으로 표현되고 C가 타원 중심, 태양 S가 한쪽의 초점 F의 위치로 온다(이 경우는 그림1.12(a)의 이심점 F와 등화점 E가 타원의 두 초점이 된다). 타원의 이심율을 e로 하면 $\overline{\mathrm{FC}} = ea$로, 단반경은 $b = a\sqrt{1-e^2}$. 실제로는 e의 값이 충분히 작으므로 e의 2차를 무시할 수 있고 $b = a$로 할 수 있어서 그때 궤도는 C를 중심으로 하는 반경 a의 원(이심원)으로 근사할 수 있다.*3

그림1.12(b)와 같이 타원상의 행성을 P, P를 통과해 장축 AB에 직교하는 직선이 이심원과 교차하는 점을 K, 장축과 교차하는 점을 L이라 한다. 타원의 성질에 따라 항상 $\overline{\mathrm{PL}}/\overline{\mathrm{KL}} = b/a = \sqrt{1-e^2}$. 여기서 태양에서 행성까지의 거리를 $\overline{\mathrm{FP}} = r_{\mathrm{K}}$, 진원점이각을 α_{K}, 이심원점이각을 $\angle\mathrm{KCA} = \beta$로 해서($\beta = \angle\mathrm{PCA}$가 아니라는 것에 주의할 것),

$$r_{\mathrm{K}}\cos\alpha_{\mathrm{K}} = \overline{\mathrm{FL}} = \overline{\mathrm{FC}} + \overline{\mathrm{CL}} = ea + a\cos\beta\ ,$$

---

*3 궤도 타원의 이심율 e와 원에서 근사했을 때의 상대오차 $(a-b) \div a = e^2/2$.

행성명	수성	금성	지구	화성	목성	금성
이심율	0.2056	0.0068	0.0167	0.0933	0.0484	0.0558
오차(%)	2	0.002	0.01	0.4	0.1	0.15

$$r_K \sin\alpha_K = \overline{PL} = \frac{\overline{PL}}{\overline{KL}} a \sin\beta = \sqrt{1-e^2}\, a \sin\beta$$

따라서 궤도의 방정식은

$$r_K = \overline{FP} = \sqrt{\overline{FL}^2 + \overline{PL}^2} = a(1 + e\cos\beta). \qquad (A.\ 13)$$

마찬가지로 해서 $\overline{EP} = r'_K = a(1 - e\cos\beta)$. 이에 따라 $\overline{FP} + \overline{EP} = r_K + r'_K = 2a$. 행성 P가 타원 위이므로 당연하다. 또한 진원점이각 $\angle PFA = \alpha_K$와 평균원점이각 $\angle PEA == \gamma_K$는 그림 1.12(b)에서 얻은 관계

$$\sin\alpha_K \frac{\sqrt{1-e^2}\sin\beta}{1+e\cos\beta},\ \sin\gamma_{K=} \frac{\sqrt{1-e^2}\sin\beta}{1-e\cos\beta} \qquad (A.\ 14)$$

이에 따라 e의 2차까지 취하는 근사로

$$\alpha_K = \beta - e\sin\beta + \frac{e^2}{4}\sin 2\beta,\ \gamma_K = \beta + e\sin\beta + \frac{e^2}{4}\sin 2\beta. \qquad (A.\ 15)$$

다른 한편, 케플러의 제2법칙은 동경 FP가 그리는 부채꼴 PFA의 면적

$$\text{부채꼴 PFA} = \text{부채꼴 KFA} \times \frac{\overline{PL}}{\overline{KL}} = (\text{부채꼴 KCA} + \triangle \text{KFC}) \times \frac{b}{a}$$

$$= (\frac{1}{2}\alpha^2\beta + \frac{1}{2}ea^2\sin\beta) \times \frac{b}{a} = \frac{1}{2}ab(\beta + e\sin\beta)$$

가 시간에 비례한다는 것을 나타낸다. 즉, 비례정수를 C로 해서

$$\frac{1}{2}ab(\beta + e\sin\beta) = Ct.$$

1주기 T에서 $\beta=2\pi$, 면적은 πab이므로, $CT=\pi ab$. 그러므로 평균각속도를 $\omega=2\pi/T$로 해서,

$$\omega t=\beta+e\sin\beta. \tag{A. 16}$$

이에 따라 e의 2차까지 취하는 근사로 $\beta=\omega t-e\sin\omega t+\frac{e^2}{2}\sin 2\omega t$. (A. 15)에 대입해서

$$\gamma_{\mathrm{K}}=\omega t+\frac{e^2}{4}\sin 2\omega t, \tag{A. 17}$$

$$\alpha_{\mathrm{K}}=\omega t-2e\sin\omega t+\frac{5}{4}e^2\sin 2\omega t. \tag{A. 18}$$

이상의 결과 (A. 7) (A. 11) (A. 12)를 (A. 13) (A. 17) (A. 18)과 비교하면 이심율 e의 2차 이상을 무시할 수 있는 범위에서 $r_{\mathrm{P}}=r_{\mathrm{K}}$, $\alpha_{\mathrm{P}}=\alpha_{\mathrm{K}}$, $\gamma_{\mathrm{P}}=\gamma_{\mathrm{K}}$, 즉 프톨레마이오스의 이심점과 등화점을 케플러 운동에서의 타원의 두 초점이라고 생각하면 태양중심계에서 프톨레마이오스의 이심원·등화점 모델은 케플러의 제1·2법칙을 만족하고, 진원점이각과 평균원점이각도 두 이론에서 마찬가지가 되며, 프톨레마이오스 이론과 케플러 이론은 일치한다.

프톨레마이오스 이론이 오랜 세월에 걸쳐 그 나름으로 기능하고 있던 것은, 이론적으로는 이렇게 원에서 크게 벗어나지 않는 (이심율이 작은) 범위에서 올바른 케플러 운동에 잘 일치했기 때문임이 주된 이유이다. 실제로 프톨레마이오스 이론과 올바른 케플러 운동의 차는, 각도로는

$$|\delta\alpha| = |\alpha_P - \alpha_K| = \frac{e^2}{4}|\sin 2\beta|, \tag{A. 19}$$

로(e^2이 걸려 있는 항에서는 ωt를 β로 치환할 수 있다), 이것은 8분점(원일점에서 ±45°, ±135° 방향)에서 최대이지만 외행성에서 이심율이 가장 큰 화성(e=0.093)의 경우에도 근소하게

$$|\delta\alpha_{max}| = \frac{e^2}{4} = 0.0021_6 = 7.4'. \tag{A. 20}$$

즉, 그 차를 검출할 수 있기 위해서는 각도로 분의 단위(1도의 60분의 1)의 정밀도로 관측할 필요가 있다. 그러나 프톨레마이오스의 시대부터 16세기 중기까지 관측 정밀도는 각도로 10분이었고 그런 한에서 프톨레마이오스 이론은 유효했다.

A-4. 고대에 추정한 달과 태양까지의 거리

지구에서 달까지의 거리 r와 태양까지의 거리 R의 비를 최초로 구한 사모스의 아리스타르코스가 사용한 방법은 달 M이 태양 S를 보는 방향과 지구 T를 보는 방향이 직각이 되는 구矩(현월弦月) 상태로, 지구에서 태양을 보는 방향과 달을 보는 방향의 각도를 측정하여 삼각비의 값을 참고해 지구에서 달까지의 거리 r와 태양까지의 거리 R의 비를 구하는 것이다(그림A.4). 아리스타르코스의 측정에서는 ∠STM=87°로 이에 따라,

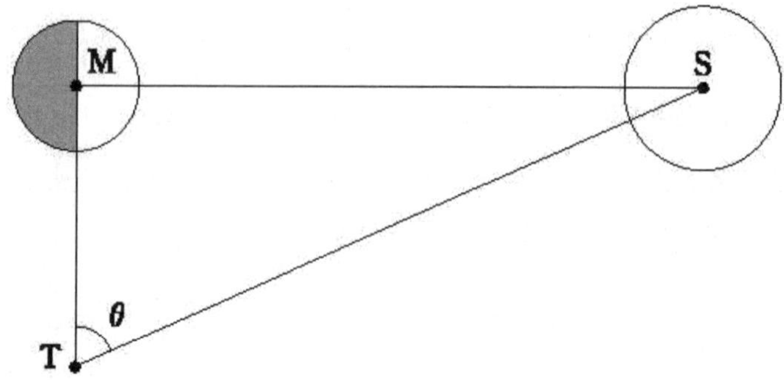

그림A.4 아리스타르코스가 행한 태양까지의 거리 지정. T는 지구, M은 달, S는 태양.

$$18 < \frac{R}{r} = \frac{1}{\cos 87^\circ} < 20 \qquad \therefore R = 19r. \tag{A. 21}$$

부등식이 된 것은 당시 삼각비의 값을 끼워 넣기로 구했기 때문이라고 생각된다. 실제로는 달이 정확하게 현월이 되는 순간을 결정하기는 어려운 데다 $\cos\theta$의 값은 $\theta=90°$에 가까워 거의 0이기 때문에 $\angle STM=\theta$의 측정치의 미약한 변동으로 R/r의 비가 크게 변화하고, 이 결과는 수치로서는 전혀 신용할 수 없다. 실제로 올바른 값은 이 값의 약 20배가 된다.*4

히파르코스는 월식의 관측에서,

i) 달 궤도는 지구를 중심으로 하는 반경 r의 원궤도이다,

*4 올바르게는 $\angle STM=89°50'$으로, 각도로는 근소한 차이지만 $\cos 87°=0.0523$, $\cos 89°50'=0.0029$이기 때문에, R의 값으로 해서 $0.0523 \div 0.0029=18$배의 차이가 난다.

ii) 달과 태양의 시직경은 동등하게 $33' = 2\pi/650$,

iii) 달 궤도상에서 일식일 때 그림자가 되는 부분(그림 M_1M_2) 은 달직경 2.5개분,

iv) 태양의 시차는 $7'$ 이하(이것은 당시 관측정밀도의 한계 이하).

라는 네 가지를 전제로 해서*5, 태양·지구·달이 일직선으로 늘어서는 삭망에서 달까지의 거리를 추정했다(그림A.5).

실제로 행한 계산은 번거롭고 복잡하지만 현대식으로 정리하면 다음과 같다. 그림 및 iii)에 의해,

$$\frac{\text{달반경} \times 2.5}{\overline{\text{OT}} - r} = \frac{\text{지구반경}}{\overline{\text{OT}}} = \frac{\text{태양반경}}{\overline{\text{OT}} + R}.$$

여기에 ii)에서 얻는

$$\text{달반경} = \frac{\pi r}{650}, \text{ 태양반경} = \frac{\pi R}{650}$$

를 대입하여 r를 구하면 지구반경$=1^{\mathrm{r}}$으로 해서

$$r = \frac{1^{\mathrm{r}}}{7\pi/1300 - 1^{\mathrm{r}}/R},$$

다른 한편, iv)에 의해

$$\frac{1^{\mathrm{r}}}{R} \leqq \tan 7' = \frac{1}{490}.$$

따라서

*5 Van Helden(1985), p.12. 이 시차는 지구상의 다른 지점에서 보는 태양 방향의 시선이 이루는 각도.

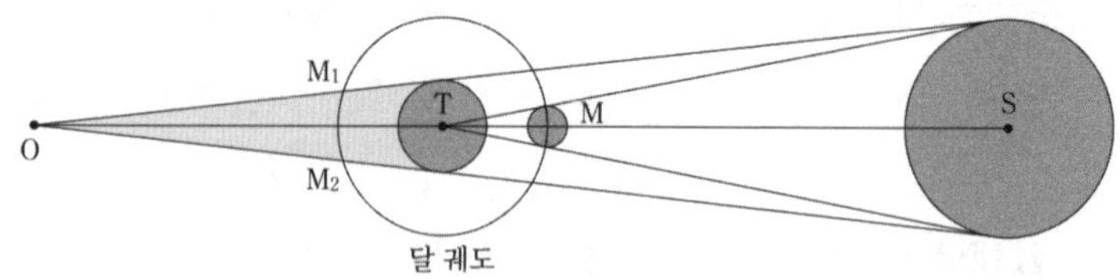

그림A.5 히파르코스가 행한 달까지의 거리 추정. T는 지구, M은 달, S는 태양.

$$59^{r} = \frac{1^{r}}{7\pi/1300} \leqq r \leqq \frac{1^{r}}{7\pi/1300 - 1/490} = 67^{r}. \qquad \text{(A. 22)}$$

달까지의 거리를 처음으로 추정한 것(천체 간의 거리를 지상의 거리와 관련짓기)일 터이다. 이 결과는 R가 지구반경에 비해 충분히 큰 경우에 한해 R의 값에 그다지 영향받지 않으므로 자릿수는 들어맞는다.

프톨레마이오스는 『알마게스트』 제5권에서 달과 태양까지 각각의 거리 추정을 행한다.

제13장에서는 시차의 측정에 기초하여 달까지의 거리를 추정한 것이 기술되어 있다.

135년 10월 1일의 관측에서는 그림1.13에서 지구(중심을 T) 상의 A점에서 보는 달 M 방향과 T에서 본(즉, 머리위로 달을 보는 사람이 B점에서 관측한) 방향이 C를 A점의 천정으로 해서 각각 $\angle CAM = 50°55'$, $\angle CTM = 49°48'$, 즉

시차$= \angle CAM - \angle CTM = 50°55' - 49°48' = 1°7'$,

이에 따라 지구반경을 $\overline{TA} = 1^{r}$으로 하고[*6], 이때의 달까지의 거리는

$$r=\overline{\mathrm{TM}}=\frac{\sin(50°55')}{\sin(1°7')}\overline{\mathrm{TA}}=39;45^{\mathrm{r}}.$$

이 값 39;45=39.75*7는 『알마게스트』에 나온 것으로 정확히 계산하면 39.83이다. 삼각함수표가 없는 시대였고, 이 값을 구하기 위해 복잡한 계산을 하여 그 과정에서 수치를 사사오입할 때 오차가 들어갔다고 생각된다. 다른 한편으로 본문 [Ch.1.4]에 기술한 달까지의 최장 거리와 최단 거리를 사용하면, 이때 계산에 따르면 $r=40;25^{\mathrm{p}}$임을 알 수 있으므로

$$r_{max}=65;15^{\mathrm{p}}=65;15^{\mathrm{p}}\times\frac{39;45^{\mathrm{r}}}{40;25^{\mathrm{p}}}=64;10^{\mathrm{r}}, \tag{A. 23}$$

$$r_{min}=34;09^{\mathrm{p}}=34;07^{\mathrm{p}}\times\frac{39;45^{\mathrm{r}}}{40;25^{\mathrm{p}}}=33;33^{\mathrm{r}}. \tag{A. 24}$$

『알마게스트』 제5권의 제14, 15장에서는 역으로 달까지의 거리 r를 이미 안다고 하고 월식을 관측함으로써 태양까지의 거리 R를 추정하고 있다.

사용하는 관측 데이터는 기원전 620년과 522년에 바빌로니아에서 관측된, 달이 지구에서 가장 멀어진 위치 부근에서 생긴 월식이다. 이때 지구에서 달과 태양을 보는 시직경은 동등하게 $2\alpha=31'20''$, 지구의 그림자가 되는 달 궤도 부분은 $2\beta=2.6\times2\alpha$.

---

*6 지구반경을 1^{r}으로 쓰는 표기법은 야부노우치藪内 번역에 따랐다. 『알마게스트』의 투머Toomer나 탈리아페로Taliaferro의 영역에는 이것도 임의의 단위와 마찬가지로 1^{p}으로 표기되어 있으므로 아주 읽기 어렵다.

*7 39;45는 60진 소수로, 39+45/60=39.75를 나타낸다.

물론 프톨레마이오스 자신의 계산은 더 번거롭지만 여기서도 정리하면 히파르코스의 경우와 마찬가지로 이때의 달까지의 거리 r_{max}를 사용하여

$$\frac{r_{max}\beta}{\overline{\mathrm{OT}}-r_{max}}=\frac{\text{지구반경}}{\overline{\mathrm{OT}}}=\frac{R\alpha}{\overline{\mathrm{OT}}+R},$$

이에 따라

$$R=\frac{r_{max}}{r_{max}(\alpha+\beta)-1^{\mathrm{r}}}\times 1^{\mathrm{r}}. \tag{A. 25}$$

여기서 앞에서 구한 r_{max} 값 (A. 23)을 대입함으로써 지구에서 태양까지의 거리

$$R=19.0\,r_{max}=1210^{\mathrm{r}} \tag{A. 26}$$

을 얻는다. 실제로는 (A. 25)의 분모가 매우 작고 결과가 β와 α의 비나 r_{max}의 근소한 변동에 크게 좌우되므로 이 값의 신뢰성은 매우 작다.

주

상세한 참고문헌은 제3권의 「참고문헌」 목록을 확인하기 바란다. 복수의 인용 페이지를 나타내는 경우는 본문에서 인용한 순서대로 페이지를 배열했다.

잡지명, 전집명, 사전명, 저서명의 약칭

AHES = *Archive for History of Exact Sciences*
AIHS = *Archives Internationales d'Histoire des Sciences*
BJHS = *The British Journal for the History of Science*
DMA = *Dictionary of the Middle Ages*
DSB = *Dictionary of Scientific Biography*
GBWW = *Great Books of the Western World*
HMES = *History of Magic and Experimental Science* by Thorndike
JHA = *Journal for the History of Astronomy*
JHI = *Journal of the History of Ideas*
JKGW = *Johannes Kepler Gesammelte Werke*
JROC = *Johannis Regiomontani Opera Collectanea*
NC = *Nicolaus Coppernicus* by Prowe
SMBS = *A Source Book in Medieval Science*
SHPS = *Studies in History and Philosophy of Science*
TBOO = *Tycho Brahe Opera Omnia*
TCT = *Three Copernican Treatise* ed. by Rosen
TPW = *Theophrastus Paracelsus Werke*

들어가며

1 Stevin, *The Principle Works of Simon Stevin*, Vol. 3, p.618f.
2 Panofsky(1953), p.96.
3 高橋(다카하시)(2008), p.123.

4 伊東(이토)(1975), pp.65, 68f.

5 Pedersen & Pihl(1974), p.293.

6 Descartes『デカルト著作集1(데카르트 저작집 1)』, p.114.

7 Strauss(1959), p.3.

8 Campanella『太陽の都(태양의 도시)』, 坂本(사카모토) 역 p.72.

9 Febvre(1925), p.112.

10 Kepler, *JKGW*, Bd. 1, pp.329-332, Rosen(1967), pp.141-143. 문장에서 '스페인인'이라는 것은 '포르투갈인'도 포함한다.

11 Swerdlow(1993), p.137f.

12 Dear(2001), p.8, 일역(日譯) p.16f.

13 Haskins(1957), p.71.

14 Garin(1957), p.59.

15 Grant(1996), p.151, 일역 p.238f.

16 『彗星(혜성)』 *TBOO*, Tom. 4, p. 387, Christianson(1979), p.135.

17 Hanson(1961), pp.169, 172, 173f.

18 Donne『ジョン・ダン全詩集(존 던 전시집)』 pp.334, 389.

19 『新天文学(신천문학)』 *JKGW*, Bd. 3, p.61. 영역 p.115. 강조 야마모토(山本).

20 *JKGW*, Bd, 10, p.43, 영역(英譯) p.370.

21 *Feynman Lectures*, Vol. 1, §52-9.

22 Kepler to Fabricius, 11 Oct. 1605, *JKGW*, Bd. 15, p.249.

23 Fabricius to Kepler, 20 Jan. 1607, *JKGW*, Bd. 15, p.377, Voelkel(1994), p.307f.

24 Kepler to Fabricius, 1 Aug. 1607, *JKGW*, Bd, 16, p.14f., Voelkel(1994), p.314.

25 Cassirer(1922), p.308f.

제1장 고대의 세계상이 도달한 지평 — 아리스토텔레스와 프톨레마이오스

1 Galileo『天文対話(下)(천문대화 (하))』 p.5.

2 Kuhn(1957). p.278, 일역 p.291.

3 Colingwood(1945), p.125.

4 이하 아리스토텔레스에 대한 인용은 모두 岩波書店『アリストテレス全集(아

리스토텔레스 전집)』에서. 인용 부분은 Bekker판 페이지와 행으로 지시. 『天体論(천체론)』 Bk. 2, Ch. 14, 296b21; 『形而上学(형이상학)』 Bk. 11, Ch. 6, 1063a12.

5 『形而上学(형이상학)』 Bk. 11, Ch, 6, 1063a15; 『天体論(천체론)』 Bk. 1, Ch, 3, 270a15.

6 Nouhuys(1998), p.46.

7 Manilius 『占星術または天の聖なる学(점성술 또는 하늘의 성스러운 학)』 pp.44, 46.

8 Augustinus 『告白(下)(고백록 (하))』 p.173f.

9 『ヘルメス文書(헤르메스 문서)』 CH XI-4, p.264f.

10 Hugo de Sanct Victore 『中世思想原典集成 9 (중세사상원전집성 9)』 p.44.

11 『形而上学(형이상학)』 Bk. 12, Ch, 8, 1073b18-1074a12.

12 『天体論(천체론)』 Bk, 2, Ch, 8, 290a29, 289b32.

13 에우독소스, 칼립포스, 아리스토텔레스 동심구 시론의 알기 쉬운 설명은 高橋(다카하시)(1993) 「III 解説(III 해설)」 2.1을 참조하라.

14 『天体論(천체론)』 Bk, 2, Ch, 12, 294a7; Pannekoek(1951), p.115; Dreyer (1906), p.112; Wightman(1962), I, p.105; Grant(1987), p.154; Lindberg(2007), pp.98-100 참조.

15 Cohen & Drabkin ed., *SBGS*, p.103f.; Rosen(1984c). p.139.

16 Cohen & Drabkin ed., *SBGS*, pp.103ff; Aiton(1981), p.81.

17 『形而上学(형이상학)』 Bk. 6, Ch. 1, 1025b1; 『自然学(자연학)』 Bk. 2, Ch. 2, 193b25, 『分析論後書(분석론 후서)』 BK. 1, ch. 2, 72a25.

18 『形而上学(형이상학)』 Bk. 2, Ch. 3, 995a17, Bk. 12, Ch. 8, 1073b7, Bk. 11, Ch. 3, 1061a31.

19 『自然学(자연학)』 Bk. 2, Ch. 2, 194a8; 『形而上学(형이상학)』 Bk. 12. Ch. 8, 1073b5.

20 이하 플라톤의 인용은 岩波害店 『フラトン全集(플라톤 전집)』에서. 인용 부분은 Stephanus판의 페이지와 단락으로 표시. 『ピレボス(필레보스)』 §37, 61E.

21 『国家(국가)』 Bk. 6, § 20, 510D, Bk. 7, §10-11, 529B—530B; 『ゴルギアス(고르기아스)』 6, 451C.

22 『法律(법률)』 Bk. 7, § 22, 821C, 822A.

23 Neugebauer(1957), p.152, 일역 p.140.

24 Cohen & Drabkin ed., *SBGS*, p.118; Goldstein(1997a), p.7f.

25 『ティマイオス(티마이오스)』 §4, 27A; §11, 38C.

26 『形而上学(형이상학)』 Bk. 12, Ch. 6, 107lb11; 『天体論(천체론)』 Bk. 2, Ch. 3, 286a10. 『生成消滅論(생성소멸론)』 Bk. 2, Ch. 10, 337a1; 『自然学(자연학)』 Bk. 8, Ch 8도 참조하라.

27 Duhem(1908), p.5; Goldstein(1997a), p.8에서. Cohen & Prabkin ed., *SBGS*, p.97도 참조하라.

28 Aiton(1981), p.78f.

29 Neugebauer(1957), p.145, 일역 p.133.

30 『数学集成(알마게스트)』 Bk. 1, Ch. 7, 영역 p.43 [10], 일역 Ch. 6, p. 12, Bk. 1, Ch. 3, 영역 p.40 [8], 일역 Ch. 2, p.8. 영역 페이지는 Toomer 역[*GBWW*의 Taliaferro 역]과 같이 기술한다.

31 일역에서는 제1권의 '서문', 영역에서는 Chapter 1. 이 때문에 제1권의 차례는 일역과 영역에서 하나씩 어긋나게 되었다.

32 『数学集成(알마게스트)』 Bk. 1, 영역 Ch. 1, p.36 [5f.], 일역(서문) p.3.

33 『形而上学(형이상학)』 Bk. 11, Ch. 7, 1064b2. Bk. 6, Ch. 1, 1026a19도 참조하라.

34 Cohen & Drabkin ed., *SBGS*, p. 90f.; Heath(1932), pp.123-125. 이 둘은 같은 것이다. Duhem(1908), p.l0f.에도 영역 인용이 있다. 두 영역은 약간 다르지만 여기서는 Duhem의 인용을 참조하면서, 기본적으로는 Heath의 영역에서 옮겼다. 졸저 『磁力と重力の発見 3(과학의 탄생)』, p.686 참조.

35 『数学集成(알마게스트)』 Bk.9, Ch. 2, 영역 p.420 [270], 일역 p.379.

36 『数学集成(알마게스트)』 Bk. 3, Ch. 3, 영역 p.141 [86f.], 일역 p.123.

37 『数学集成(알마게스트)』 Bk. 13, Ch. 2, 영역 p.600 [429], 일역 p.544.

38 Cohen & Drabkin ed., *SBGS*, p. 91; Heath(1931), p.124f. '폰토스의 헤라클리데스'는 '사모스의 아리스타르코스'의 오식.

39 Sarton(1959), p.286.

40 Britton & Walker(1996), p.60.

41 Maor(1998), p.24.

42 Tester(1987), p.16.

43 Byrne(2007), p.50.

44 『数学集成(알마게스트)』 영역 p.647[465], 일역 p.580.

45 Plutarchos 『フルターク央雄伝 4(플루타크 영웅전 4)』 p.159.

46 『数学集成(알마게스트)』 Bk. 9, Ch. 6, 영역 p.443 [292], 일역 p.403. 행성의 위도변화는 Bk. 13에서 다루었다. 또한 '경도', '위도'는 물론 '황경', '황위'를 가리킨다.

47 『数学集成(알마게스트)』 Bk. 9, Ch. 3, 영역 p.424 [274], 일역 p.383.

48 Hartner(1964), pp.266-268; idem(1977), p.4.

49 『数学集成(알마게스트)』 Bk. 9, Ch. 3, 영역 p.424[273], 일역 p.383.

50 『数学集成(알마게스트)』 Bk. 10, Ch. 6, 영역 p.480[322], 일역 p.438.

51 『数学集成(알마게스트)』 Bk. 12, Ch. 1, 영역 p.555[391], 일역 p.504.

52 『数学集成(알마게스트)』 Bk. 12, Ch. 6, 영역 p.581[413], 일역 p.524.

53 Kuhn(1970), p.68, 일역 p.76.

54 『数学集成(알마게스트)』 Bk. 10, Ch. 6, 영역 p.483[323], 일역 p.440.

55 『数学集成(알마게스트)』 영역 p.555[391], 일역 p.504.

56 Swerdlow & Neugebauer(1984), pp.38, 292.

57 Kepler 『新天文学(신천문학)』 *JKGW*, Bd. 3, p.177, 영역 p.286; Neugebauer (1968), p.90.

58 Koyré(1961), p.24. Price(1955), p.113; idem(1959a), p.205도 보라.

59 Cohen & Drabkin ed., *SBGS*, pp.109-113에 원문의 영역이 있다. Van Helden(1985), p.6도 참조하라.

60 Hartner(1977), pp.2,4; idem(1980), p.24f.

61 R. Newton(1973), p.388; idem(1976), Ch. V. l.

62 『数学集成(알마게스트)』 Bk. 5, Ch. 15, 영역 p.257[175], 일역 p.237.

63 『回転論(회전론)』 IV. 19, 영역 p.207[712]. 이하 코페르니쿠스 『회전론』의 영역 인용은 Rosen 역의 페이지[*GBWW*의 Wallis 역의 페이지]로 지정한다.

64 Van Helden(1985), p.30. 파르가니는 지구반경=3,250마일이라 하여 마일로 표시했다.

65 Sabra, *DSB*, IV, 'Farghani' 항목; Lattice(1994), p.78.

66 R. Bacon, *Opus majus*, 영역 p.249.

67 Campanus, *Theorica planetarum*, pp.144f., 327-342. Grant(1978a), p.292; idem(1994), p.436 table 1도 보라. 캄파누스는 행성궤도 반경에 파르가니의 값을 사용했지만 지구반경을 3,245마일로 하였다.

68 『彗星(혜성)』 *TBOO*, Tom. 4, p.388, Christianson(1967), p.136.

69 Lattice(1994), p.78.

70 Wallace(1977), p.76.

71 『数学集成(알마게스트)』 Bk. 9, Ch. 2. 영역 p.422f.[272], 일역 p.381.

72 Morrow, *DSB*, XI 'ProcluS' 항목, p.161; Duhem(1908), pp.19-21; G. E. R. Lloyd(1978), pp.204-211; Alton(1981), p.85; Rosen(1984c), pp.38-42; Jones (1996), p.107.

73 Van Helden(1985), p.27.

74 Hugo de Sancto Victore 『中世思想原典集成 9(중세사상원전집성 9)』 pp.53, 64, 60, 66.

75 Johannes Saresberiensis 『中世思想原典集成 8(중세사상원전집성 8)』 p.723.

76 Dear(2001), pp.18, 21, 일역 pp.32, 37.

77 Grant(1996), p.68, 일역 p.109; Duhem(1908), p.31. Rosen(1984c), p.43f도 참조하라.

78 Carmody(1952), 라틴어로 pp.567, 574, 영문 pp.568, 575; Rosen(1984c), p.44f. Duhem(1908), p.30; Aiton(1981), p.87; McMenomy(1984), pp.259, 261, 295.

79 Rosen(1984c), p.43.

80 Maimonides, *The Guide for the Perplexed*, p.196. Grant ed., *SBMS*, p.518.

81 Shank(1998), p.157; (2002), p.186.

82 Wrightsman(1970), p.258d에서. Duhem(1908), p.31; Aiton(1981), p.87; Crombie(1994), I, p.530.

83 Rosen(1984c), p.45; McMenomy(1984), p.262.

84 Avi-Yonah(1985), p.130. Crombie(1971), p.97f.; McEvoy(1982), pp.166, 172.

85 Byrne(2007), p.72; Duhem(1908), p.39f.; AVi-Yonah(1985), p.135.

86 Bernard Berdan, Grant ed., *SBMS*, pp.520-524. 인용은 p.522.

87 비트루지의 책은 Goldstein 편역 Al-Bitrūjī: *On the Principles of Astronomy*, 2 Vols.(Vol. 1은 라틴어와 아라비아어 텍스트, Vol. 2는 영역)으로 출판되었다. 그것이 천체의 복잡한 운동을 설명하는 데에 불충분했음은 Vol. 2의 Introduction 참조. Dreyer(1906), p.265f.; Pedersen & Pihl(1974), p.266f; Aiton(1981), p.87f.; King(1996), p.197.

88 Maimonides, *The Guide for the Perplexed*, Pt. II, 24, p.198; Kellner(1981), p.458.

89 Oresme, *Le Livre du Ciel et du Monde*, p.284f. 또한 ibid., p.80f도 보라.

90 Richard of Wallingford, *Tractatus Albionis*, Vol. 1, p.278.

91 Grant ed., *SBMS*, pp.524-529.

92 Johannes Saresberiensis 『中世思想原典集成 8(중세사상원전집성 8)』 pp.656, 767.

93 Grant(1994), p.37.

94 Duhem(1908), p.48f.; N. Jardine(1979), p.145; idem(1984), p.232; Crombie (1994), I, p, 530f.

95 Rosen(1961b), p.153.

96 Duhem(1908), p.49f.에서. Thorndike, *HMES*, V, p.489f도 참조하라.

97 1536년 아미코의 이론에 관해서는 Swerdlow(1972) 참조. Boas(1962), p.75f.; Dreyer(1906), p.30of.; Gingerich(1978), p.410; Lattice(1994), p.90; Westman (2011), pp.214-216.

98 Lindberg(2007), pp.281, 289; Westman(1971), p.92.

99 Plinius 『博物誌(박물지)』 Bk. 25-4, 일역II, p.1055. 졸저 『一六世紀文化革命 1(16세기 문화혁명)』 p.205 참조.

100 『数学集成(알마게스트)』 Bk. 2, Ch. 13, 영역 p.122f.[76], 일역 Ch. 12, p.106.

101 F. Bacon 『ノヴム・オルガヌム(노붐 오르가눔)』 pp.208, 256, 214; 『学問の進歩(학문의 진보)』 p.75.

제2장 지리학, 천문학, 점성술 — 포이어바흐를 둘러싸고

1 Sacrobosco 『天球論(천구론)』 1531년판에 대한 서문 Melanchthon, *Orations*, p.107. 이 부분의 라틴어 원문은 Kusukawa(1995), p.129, n. 37에 있다. "독일에서(in Germania)"라는 표현은 영역에는 없다.

2 Moxon, *A Tutor to Astronomy and Geography*, p.265.

3 Gascoigne(1990), p.229. Kuhn(1957), p.123, 일역 p.176도 참조하라.

4 그 경위에 관해서는 이 시대의 서적상 베스파시아노 다 비스티치의 회상 『르네상스를 장식한 사람들』의 「팔라 스트로치」 항에 상세하다 : Vespasiano, p.295. 여기에서 『우주론』이라 번역되어 있는 것은 이 『지리학』을 말한다. 또한 비잔틴 사회에서 프톨레마이오스 『지리학』의 수고가 발견된 것은 13세기에서 14세기로 옮겨 갈 무렵, 막시무스 플라누데스에 의해서였다. 단, 지도는 첨부되어 있지 않았다 : Baldasso(2007). p.170, n. 11.

5 Tester(1987). p.163. 清水(시미즈)(1994), p.191f도 보라.

6 인용은 Nauert(1979), p.75에서. Thorndike, *HMES*, IV, pp.601-603; Boas

(1962), p.53; Debus(1978). 일역 p.61.

7 Filarete, *Treatise on Architecture*, p.102.

8 Biond『イタリア案内(抄)(이탈리아 안내(초록))』p.275.

9 Nauert(1979), p.75: Dalché (2007), pp.295f., 359.

10 Whitfield(1994), p.38, 일역 p.30. 인용은 원전에서.

11 Rose(1976), pp.27, 95. 이 역의 몇 군데 오류에 관해서는, 1470년에 레기오몬타누스가 지적했다 : *JROC*, p.514. Pedersen(1978b), p.179f.

12 Garin(1967), p.113.

13 Brann(1988). p.130; Overifield(1984), pp.X, 60, 329.

14 Verger(1973), pp.45, 158: Rashdall(1936), 中, p.201.

15 Shank(1988). p.4.

16 Verger(1973), pp.158, 156. Nutton(1998), p.85f.; Kintzinger(2003), p.184도 보라. 단, 쾰른과 에르푸르트는 市参事会の創設(시참사회의 창설) : Overfield (1984), p.9f. 참조.

17 Verger(1998), p.85: idem(1973), p.161f. idem(1998), p.81도 보라.

18 Brant『阿呆船 (下)(바보배 (하))』p.142f.

19 Rashdall(1936), 中, p.203.

20 Shank(1988). pp.11, 22; idem(1997), p.250: Kintzinger(2003), pp.184-187; Byrne(2007), p.219.

21 Overfield(1984), pp.3-12, 327f.

22 Dunne(1974), pp.126f., 190-192: Hayton(2004), p.92f.; Rashdall(1936), 中, p.228.

23 Grossmann(1975), p.42.

24 Grossmann(1975), p.74; Kish ed., *Source Book in Geography*, p.348f.

25 Kremer(2004), p.77; Grossmann(1975), p.71.

26 Störig(1954), p.230; Burdach(1926), p.170; Brann(1988), p.124; Dunne(1974), pp.5, 89.

27 Overfield(1984), p.209f.: Rose(1976), p.108: Dunne(1974). pp.150, 175f.

28 Celtis, *Selections*, pp.28-33. Hayton(2004), p.93f도 보라.

29 Pomponius Mela『世界地理(지지)』p.550f.

30 Tacitus『ゲルマーニア(게르마니아)』pp.30, 77, 105f.

31 Petrarca『イタリア誹謗者論駁(이탈리아 비방자 논박)』pp.41f., 43. Burdach (1926), p.127도 보라.

32 Copenhaver & Schmit(1992), p.170. Krebs(2011), pp.82f., 89도 보라.

33 福原(후쿠하라)(1982), p.182.

34 Rosenfeld & Rosenfeld(1978), p.154. Dunne(1974), p.71도 보라.

35 江村(에무라)(1990), p.48f. idem(1987), pp.72f., 119도 보라.

36 Wandruszka(1968), p.117; P. H. Wilson(1999), pp.28, 126f.; 江村(에무라)(1987), pp.198, 203f.; Meurer(2007), p.1174.

37 Celtis, *Selections*, p.42f. Strauss(1959), p.20; idem(1957), p.53도 보라.

38 Bagrow(1985), p.150; Strauss(1957), Ch. 1; 福原(후쿠하라)(1984), pp.9-14.

39 P. H. Wilson(1999), p.3; Meurer(2007), p.1174. 이 명칭은 1486년에 처음으로 제국법 내에서 사용되어 1512년에 정식으로 채용되었다.

40 Wandruszka(1968), p.118.

41 Dunne(1974), p.169f: 福原(후쿠하라)(1984), p.10; Grossmann(1975), p.l0lf.

42 Overfield(1984), pp.98, 162; JROC, p.48.

43 *JROC*, pp.514, 515, Pedersen(1978b), pp.177, 181.

44 Strauss(1959), p.11. Strauss(1957), p.26; Dunne(1974), p.165f; Brann(1988), pp.136-138; 服部(핫토리)(2007), p.159f도 참조하라.

45 Durand(1933), p.491ff. Durand(1952), Ch. X도 보라.

46 Dalché(2007), p.309. ibid., p.337도 보라.

47 Lindgren(2007), p.477.

48 Strauss(1959), p.47; idem(1957), p.129. Dalché(2007), p.309도 보라.

49 Heinrich von Langenstein. 영어문헌에서는 보통 Henry of LangenStein 내지 Henry of Hesse라 쓰여 있다.

50 Rahsdall(1936), 中, p.226. Pedersen(1978b), p.158도 보라.

51 Dunne(1974), p.37f.

52 Kurt Vogel, *DSB*, VII, 'John of Gmunden' 항목, p.119.

53 Pruckner(1933), p.151; Rosen(1984c), p.56.

54 Steneck(1976), p.72; McMenomy(1984), pp.76, 81; Byrne(2007), p.97; Pedersen & Pihl(1974), p.267; idem(1978a), p.321; *DMA*, I, 'Astoronomy' 항목.

55 Kren(1968), p.271. 또한 idem(1969), p.379도 보라.

56 Kren(1968), p.273f; Byrne(2007), p.97f 참조.

57 Kren(1983). 또한 Byrne(2007), p.8, n. 12; McMenomy(1984), p.90f.

58 Durand(1952), p.54. 또한 Pedersen(1978b), p.160도 보라.

59 Benjamin Jr. & Toomer(1971), p.37 n. 33에는 그문덴에 관하여 He was

perhaps a pupil of Henry of Hesse or Langenstein이라고 되어 있으나 의문스럽다.

60 Kurt Vogel, *DSB*, VII, 'John of Gmunden' 항목, p.118.

61 Pedersen(1978b), p.160; Benjamin Jr. & Toomer(1971), p.37f.; Byrne(2007), p.91 참조.

62 Chabás(2002), p.169; Byrne(2007), p.45.

63 Dunne(1974), p.59, n. 45.

64 McMenomy(1984), p.87.

65 Hayton(2004), p.218.

66 Scherer(1883), p.127; Dunne(1974), p.87f.

67 *JROC*, p.515, Pedersen(1978b), p.182.

68 Grant(1996), p.45, 일역 p.71; Donnahue(2006), p.565; Byrne(2007), p.23; Pedersen(1996), p.207; *DMA*, 1, 'Astronomy' 항목 등 참조.

69 Pedersen & Pihl(1974), p.252.

70 Byrne(2007), p.154f.

71 Hellman & Gingerich, *DSB*, XV, 'Peurbach' 항목 p.474; Thoren(1956), p.2, n. 6.

72 Zinner(1968), p.22. 또한 Pedersen(1978b), p.163.

73 Pedersen(1985), p.184.

74 Vives, 영역 *On Education*, p.168f.

75 Johnson(1937), p.212.

76 Drake(1978), p.219, 일역 2, p.278.

77 *JROC*, pp.753-795. Alton 역의 초고는 1485년에 라트도르트가 인쇄한 것.

78 Sacrobosco 『天球論(천구론)』, Thorndike ed. p.114f., 영역 p.141, 横山(요코야마) 역 p.93, p.104 n. 6. 또한 Pedersen(1985), p.211도 참조하라.

79 Grant ed. *SBMS*, p.461.

80 Peurbach 『新理論(신이론)』 *JROC*, p.757f., 영역 p.11f.

81 Grant ed., *SBMS*, p.452 및 Fig. 1. 또한 Pedersen(1978b), p.166; Byrne(2007), pp.118ff., 170도 참고하라.

82 Byrne(2007), p.211.

83 Arber(1938), p.149.

84 Zinner(1968), p.22; Aiton(1987), p.6; Crombie(1959), Vol. 2, p.113f.; Pedersen(1978b), p.158; Klebs(1938), p.246; Hall(1983), p.57; Dear(2001), 일역 p.38.

85 Byrne(2007), p.248f.

86 『新理論(신이론)』 *JROC*, p.755f., Aiton(1987), p.9f.

87 『新理論(신이론)』 *JROC*, p.765, Aiton(1987), p.17.

88 Dreyer(1906), p.259; Pedersen & Pihl(1974), p.182; Aiton(1981), pp.85f., 91; Avi-Yonah(1985), p.135; Grant(1994), pp.279-283; idem(1978a), p.281f.; idem(1996), pp.105-107, 일역 pp.166-169; Byrne(2007), pp.66-88, 101-109.

89 『新理論(신이론)』 *JROC*, p.755, Aiton 영역 p.10; Pedersen(1978b), p.165. 또한 Aiton(1981), p.94도 보라.

90 *JROC*, p.518f.

91 Byrne(2007), p.82.

92 Kepler 『新天文学(신천문학)』 Ch. 2, *JKGW*, Bd. 3, p.67, 영역 p.124.

93 Dear(2001), p.22, 일역 p.39.

94 N. Jardine(1982), p.170.

95 Lattis(1994), p.66-70.

96 『新理論(신이론)』 *JROC*, p.767, 영역 p.19.

97 『新理論(신이론)』 *JROC*, p.772, 영역 p.23. 행성이 '여섯 개'라는 것은 달을 포함해서일까.

98 『新理論(신이론)』 *JROC*, p.775f., 영역 p.26.

99 Van der Krogt(1993), p.21.

100 Zinner(1968), p.25f. 또한 Hellmann(1897), p.113도 보라.

101 Eagleton(2006), p.64에서.

102 Flamsteed, *Gresham Lectures*, p.217. 또한 Regiomontanus, 'Briefwechsel,' p.264; Zinner(1968), p.25: Hellman & Swerdlow, *DSB*, XV, 'Peurbach' 항목 p.474; Thorndike, *HMES*, V, p.172.

103 *JROC*, pp.645f., 648; Byrne(2007), p.214f.

104 Zinner(1968), p.27; Hellman & Swerdlow, *DSB*, XV, 'Peurbach' 항목 p.476.

105 Zinner(1968), pp.26, 29.

106 Crombie(1959), Vol. 2, p.37, 일역 하(下), p.22.

107 Grant(1996), pp.159. 151, 일역 pp.249, 238. 또한 Murdoch & Sylla(1978), p.247; Verger(1998), p.35; Lindberg(2007), pp.326f., 334f.

108 Haskins(1957), p.68.

109 졸저 『一六世紀文化革命 1(16세기 문화혁명)』 Ch. 2 참조.

110 Pedersen & Pihl(1974), p.227.

111 F. Bacon『学問の進歩(학문의 진보)』p.68f.

112 Kremer(1981). p.124.

113 G. E. R. Lloyd(1973), p.259. 또한 Pannekoek(1956), p.148: Jones(1996), p.107.

114 Crombie(1959), Vol. 1, p.104, 일역 상(上), p.82; Pedersen & Pihl(1974), pp.248-251; Lindberg(1978), p.61; Pedersen(1978a), p.312; idem(1996), p.205; *DMA* 'Astoronomy' 항목, p.611; Thorndike, *HMES*, II, p.21.

115 Pedersen(1985), pp.185, 198.

116 Grant(1996), p.45, 일역 p.71; Thorndike, *HMES*, II, p.437, footnote; Pedersen& Pihl(1974), p.254; Pedersen(1978a), p.315: *DMA*, 'Astronomy' 항목 p.613; Crombie(1959), Vol. 1, p.108, 일역 상(上), p.86.

117 Avi-Yonah(1985), p.134에서.

118 R. Bacon, *Opus majus*, 영역 p.128f., 高僑(다카하시) 역(朝日出版社) p.102f.; Avi-Yonah(1985), p.135.

119 Chabás & Goldstein, *The Alfonsine Tables*, p.136f의 영역에서. 카스테리아어 원문은 p.19f.

120 Thorndike, *HMES*, II, p.920, III, p.295; idem(1945b), p.6f.; idem(1945a), pp.3-6. 또한『科学大博物館(과학대박물관)』'토르퀘툼' 항목; Jervis(1978), p.37; J. A. Bennett(1987), p.17.

121 Bernal(1954), 일역 Vol. 1, p.192.

122 G. E. R. Llyod(1973), p.259.

123 McCluskey(1990).

124 Tester(1987), p.16.

125 Gurevich(1984), p.153; Lindberg(2007), p.167; Pedersen(1996), p.203f.; P. Wolff(1968), p.106.

126 Pedersen(1985), pp.182-185, 199-201, 206-214.

127 R. Bacon, *Opus majus*, 영역 p.290f.

128 역법 개혁의 역사에 관해서는 North(1983); Duncan(1998) 등 참조.

129 Pedersen(1978a), p.321f.; Byrne(2007), pp.18, 42.

130 Zinner(1968), pp.72, 34.

131 Neugebauer(1957), p.100. 일역 p.92.

132『動物発生論(동물발생론)』Bk. 4, Ch. 4, 770b11.

133 Neugebauer(1957), p.171, 일역 p.158. 또한 White Jr.(1978), p.299.

134 Manilius『占星術または天の聖なる学(점성술 또는 하늘의 성스러운 학)』 pp.41, 210.

135 라틴어로『콰드리파르티툼(Quadripartitum: 네 권의 책)』이라고도 한다. 이하『四巻之書(네 권의 책)』로 주기하고 희영대역의 영문 페이지로 페이지 지정.

136 Thorndike, *HMES*, I, p.110.

137 Sarton(1954), p.80.

138 Hayton(2004), p.336f.

139『四巻之書(네 권의 책)』I-1, p.3.

140『四巻之害(네 권의 책)』III-1. p.221.

141『四巻之書(네 권의 책)』II-2, pp.117-119.

142 Manilius『占星術または天の聖なる学(점성술 또는 하늘의 성스러운 학)』 p.38.

143『気象論(기상론)』Bk. 1, Ch. 2, 339a23.

144 Grant(1996), p.67, 일역 p.107. 또한 Grant(1994), p.571f.; North(1986), p.45f.; Tester(1987), p.153; Smoller(1991), p.40; idem(1994), p.22; Pedersen(1996), p.210f.; Lindberg(2007), p.292.

145『四巻之書(네 권의 책)』I-2, pp.5-7.

146 Sarton(1954), p.92; Tester(1987), p.189, n.74; G. E. R. Lloyd(1973), p.258; Rutkin(2002), p.114 n. 44.

147 Augustinus『告白 (上)(고백록 (상))』Vol. 7, Ch. 6, pp.211, 215, Vol. 4, Ch. 3, p.95.

148 Augustinus『神の国 (一)(신국론 (1))』Bk. 5, Ch. 1, p.350f.

149 Origenis『諸原理について(제 원리에 관하여)』p.203.

150 Augustinus『自由意志(자유의지론)』p.71f.

151 Hrabanus Maurus『中世思想原典集成 6(중세사상원전집성 6)』p.271.

152『カトリック教会文書資料集(가톨릭교회 문서자료집)』p.45(205페이지), p.107 (460페이지).

153 Augustinus『告白 (下)(고백록 (하))』Vol. 10, Ch. 35, p.72; idem『キリスト教の教え(크리스트교의 가르침)』Bk. 2, Ch. 29, p.126.

154 Boethius『哲学の慰め(철학의 위안)』第2巻6-七 p.375; Cassiodorus『中世思想原典集成 5(중세사상원전집성 5)』p.398f.

155 清水(시미즈)(1994), p.129.

156 White Jr.(1978), p.298. 또한 Tester(1987), p.210.

157 Volfram von Eschenbach『パルチヴァール(파르치팔)』pp.260f., 407. 볼프람 폰 에센바흐가 고등교육을 받지 않았다는 것에 관해서는 Rosenfeld(1978), p.178 참조.

158 Tester(1987), p.243. 또한 Thorndike, *HMES*, II, pp.583-592도 보라.

159 Albertus Magnus, *Speculum astronomiae*, pp.208f., 218f., 232f., 226f.

160 인용은 Grant(1996), p.31, 일역 p.51. 또한 North(1980), p.185; Rabin(1987), p.24; Tester(1987), pp.213-216; Lindberg(2007), p.295f.; Campion(2009), p.91. 아바 마셜에 관해서는 North(1980); idem(1986) 참조.

161 Hugo de Sancto Victore『中世思想原典集成 9(중세사상원전집성 9)』p.44.

162 R. Bacon, *Opus majus*, 영역, p.307. 또한 ibid., pp.129, 394.

163 Thorndike, *HMES*, II, p.528.

164 Albertus Magnus『鉱物論(광물론)』p.76f.

165 Zambelli(1992), p.220f.

166 Oresme, *Livre de divinacions*에서 영역, Grant ed., *SBMA*, p.490.

167 Hugo de Sancto Victore『中世思想原典集成 9(중세사상원전집성 9)』p.60f.

168 Isidorus, *Etymologies*, pp.143, 163.

169 Thorndike, *HMES*, II, p.5f.; Tester(1987), p.196; Campion(2009), p.75f.

170 Tester(1987), p.241; Thorndike, *HMES*, II, p.445f.; McEvoy(1982), pp.165f., 181f. 특히 점성술로 기상 예측을 함에 대한 그로스테스트의 견해에 관해서는 Jenks(1983), p.190f. 참조.

171 Maimonides, *The Guide for the Perplexed*, Pt. II, 20, p.190.

172 Haskins(1957), p.193.

173 Tempier『中世思想原典集成 13(중세사상원전집성 13)』pp.647, 663, 669. 일역의 항목 번호는 102, 156.

174 Thomas Aquinas『中世思想原典集成 14(중세사상원전집성 14)』p.438.

175 Thomas『神学大全(신학대전)』Pt. 2-2, Qu, 94, Art 5.

176 Albertus Magnus『鉱物論(광물론)』p.76. 인용은 Zambelli(1992), p.69의 영역에서. "의지는 자연의 영향에 사로잡혀 있다" 부분. 일역에서는 "의지는 자유에 끌려져"이지만 이 '자유'는 그 의미를 생각해봐도, Zambelli의 영역 "bound to be influenced by nature"에서 미루어봐도 '자연'의 오식일 것이다. Thorndike, *HMES*, II, p.584 참조.

177 Zambelli(1992), p.67에서.

178 Thomas『神学大全(신학대전)』Pt. 1, Qu. 115, Art. 4. 또한 Thorndike, *HMES*,

II, p.609f.; Tester(1987), p.243f.; Smoller(1991), p.65f.; idem(1994), p.31; Byrne(2007), D. 54f.

179 Pedersen & Pihl(1974), p.244. 또한 Tester(1987), p.249.

180 Smoller(1991), p.145; Lemay(1982), pp.200-202.

181 McMenomy(1984), p.108.

182 Rutkin(2002), p.1.

183 Chaucer『カンタベリー物語(캔터베리 이야기)』「粉屋の話(방앗간 주인의 이야기)」; Jenks(1983), p.186.

184 Rutkin(2002), p.122f.

185 Smoller(1991), Ch. 5.

186 Warburg(1920), 富松(도마쓰) 역 p.10f.

187 Burckhardt(1860)『イタリア・ルネサンスの文化 (下)(이탈리아 르네상스의 문화 (하))』p.241.

188 N. Jardine(1984), p.265에서. 스타티우스에 관해서는 Thorndike, *HMES*, V, p.303, Lammens(2002), I, p.51 참조.

189 Warburg(1920), 富松(도마쓰) 역 p.108에서.

190 Kurze(1986), p.181.

191 Rutkin(2002), p.413f. 또한 Blum(2001), p.22.

192 Lindgren(2007), p.477.

193 R. Bacon, *Opus majus,* 영역 Vol. 1, pp.203, 208.

194 R. Bacon, *Opus majus*, 영역 Vol. 1, pp.308, 320.

195 Dalché(2007), pp.301, 334f.

196 Dalché(2007), p.309.

197 Rheticus「天文学と地理学について(천문학과 지리학에 관하여)」. 이 강연은 Melanchthon, Orations on Philosophy and Education. ed. by S. Kusukawa, pp.113-119에 영역이 전문 수록되어 있다(해당 부분은 p.117). 주석이 없으므로 Melanchthon의 강연인 듯하지만 이것이 실은 Rheticus의 것임에 관해서는 Danielson(2006), Ch. 7, n. 5 참조. 인용 부분의 라틴어 원문은 Moran(1973), p.20, n. 39.

198 Manilius『占星術または天の聖なる学(점성술 또는 하늘의 성스러운 학)』pp.201f., 204.

199『四巻之書(네 권의 책)』II-3, pp.129f., 133f.

200 Gower『恋する男の告解(사랑하는 남자의 고해)』p.714.

201 Hayton(2004), pp.271f., 355f.

202 *Livre de divinacions*, 영역 전문은 Grant ed., *SBMA*, pp.488-494에 있다.

203 Grant ed., *SBMS*, p.488f. 또한 Thorndike, *HMES*, III, p.401f.; Tester(1987), p.266f.; Rabin(1987), pp.32-34도 보라.

204 Steneck(1976), p.18. 또한 North(1986), pp.93-96도 보라.

205 Shank(1997), p.252; Tester(1987), p.246; Smoller(1991), p.76f.; idem(1994), p.35.

206 Shank(1997), p.268. 랑겐슈타인의 『彗星について(혜성에 관하여)』와 『反占星術論考(반점성술논고)』는 Pruckner(1933)에 전문 수록되어 있다. 그의 점성술에 관해 상세한 바는 Thorndike, *HMES*, III, Ch. 28; North(1986), pp.93-97 참조.

207 Shank(1997), p.256; Zinner(1968), p.14f.

208 Byrne(2007), p.43.

209 Byrne(2007), p.44f.; Kurt Vogel, *DSB*, VII, 'Gumunden' 항목 p.118.

210 Tester(1987), p.265.

211 Shank(1997), pp.252, 263; Hayton(2004), p.32; Byrne(2007), p.7; 江村(에무라)(1987), pp.13, 20, 134.

212 Shank(1997), p.268.

213 Pedersen(1996), p.212.

214 Shank(1997), p.246; Byrne(2007), p.58.

215 Barker & Goldstein(1988), p.319.

216 Zinner(1968), p.33.

217 Byrne(2007), p.63.

제3장 수학적 과학과 관측천문학의 부흥 —레기오몬타누스와 발터

1 Wussing(1968), p.308.

2 Byrne(2006), p.42; Dunne(1974), p.89. 또한 Overfield(1984), p.23도 보라.

3 Zinner(1968), p.36.

4 Haskins(1924), pp.104f., 157-159, 161; Sarton 『科学文化史 II(과학문화사 II)』 p.38; Crombie(1959), Vol. 1, p.63, 일역 상(上) p.39; Wightman(1962), Vol. 1, pp.10, 104; Lindberg(1978), p.72; Thorndike, *HMES*, I, p.109.

5 전체 제목은 『알렉산드리아의 클라우디우스 프톨레마이오스의 천문학 원리, 즉 게오르크 포이어바흐와 그 제자 요한 데 레기오몬테에 의한 적요 내지 위대한 편찬』. 인쇄는 레기오몬타누스의 사후인 1496년, 베네치아의 인쇄업자 요한 한만이 하였다. 이것은 *JROC*로 reprint되어 있다.

6 *JROC*, p.60, Wightman(1962), II, p.212; Rosen(19840), p.171.

7 Rosen(1984c), p.101; idem, *DSB*, XI, 'Regiomontanus' 항목, p.349.

8 Skinner(1978), p.211; Febvre(1925), p.80; Garin(1967), p.57.

9 인쇄된 것은 1537년으로, *JROC*로 reprint되었다. 인용 부분은 *JROC*, p.51. Swerdlow(1993), p.131; Byrne(2006), p.59; idem(2007), p.226.

10 Haskins(1957), p.68. 또한 Dear(2001), p.30, 일역 p.54.

11 Cajori(1917), p.191.

12 McMenomy(1984), p.88.

13 Overfield(1984), p.42f.; McMenomy(1984), pp.88, 90.

14 *JROC*, p.513, Pedersen(1978b), p.173.

15 Garin(1973), p.36. 또한 Westman(1986), p.95; Lindberg(2007), p.237.

16 Ben-David(1971), p.67f.; McMenomy(1984), p.101.

17 Biagioli(1989), p.53.

18 Lammens(2002), I, pp.18, 33f.

19 Overfield(1984), p.313; Wattenberg(1967), p.45; Westman(1980), pp.119, 141, n. 69. 또한 Moran(1981), p.268도 보라.

20 *TBOO*, Tom. 1, p.146, Westman(1980), p.123.

21 Vives, 영역 *On Education*, Bk. IV, ch. 5.

22 *JROC*, p.50f., Swerdlow(1993), pp.151, 165, 150; Rose(1975), pp.95-98; Rutkin(2002), p.109; Byrne(2006), p.57f.

23 *JROC*, p.513, Pedersen(1978b), p.175. 이 Pedersen의 논문에는 『惑星の理論論駁(행성의 이론 논박)』의 「서문」(*JROC*, pp.513-515) 대부분이 라영(羅英) 대역으로 수록되어 있다.

24 D. E. Smith(1925), Vol. 2, p.630; Zinner(1968), p.57.

25 D. E. Smith(1925), Vol. 2, p.610; Kaunzner(1968a), pp.289, 294 n. 1.

26 Regiomontanus, *On Triangles*, p.27. 본서는 라영 대역으로 페이지는 홀수인 영역 페이지로 표기한다.

27 Gingerich(1978), p.409.

28 Swerdlow & Neugebauer(1984), p.103; 『回転論(회전론)』, 영역, 주, p.367, n.

p.48: 44.

29 Regiomontanus, *On Triangles*, pp.31, 59.

30 Zinner(1968), p.74f.

31 『回転論(회전론)』, 영역 p.31 [538].

32 Lammens(2002), II, p.47.

33 Zeller(1946), p.66f.

34 『機械(기계)』 *TBOO*, Tom. 5, p.53, 영역 p.53, Tom. 1, p.23.

35 Flamsteed, *Gresham Lectures*, 라틴어 p.461, 영역 p.464f.

36 Maor(1998), p.40.

37 덧붙여서 『알마게스트』의 도판은 Toomer의 영역에서 세면 197개.

38 Wallace, *Galileo's Early Notebooks*에 영역이 있다.

39 Regiomontanus, 'Briefwechsel,' p.256f, Zinner(1968), pp.66, 83.

40 비안키니(1469년 사망)와 그 저작에 관해서는 Thorndike(1950); idem(1953) 참조.

41 Regiomontanus, 'Briefwechsel,' p.263; Swerdlow(1990). p.170f.; Zinner (1968), p.67 참조.

42 *JROC*, p.513, Pedersen(1978b), p.175 참조.

43 *JROC*, p.513, Pedersen(1978b), p.176 참조.

44 Pedersen(1978b), p.157.

45 Campanus, *Theorica planetarum*, p.134f.

46 Donahue(2006), p.566.

47 Hellman & SwerdloW, *DSB*, XV, 'Peurbach' 항목, p.477.

48 *JROC*, pp.243, 245, Swerdlow(1973), pp.472f., 474 참조.

49 Swerdlow(1973), p.471f. 또한 ibid., p.425; Swerdlow & Neugebauer(1984), pp.56-60; Byrne(2007), pp.160-164.

50 Regiomontanus, 'Briefwechsel,' p.264, Swerdlow(1990), pp.170f., 175f; Zinner(1968), p.67f; Gerl(1968), p.333f: Byrne(2007), pp.223, 238 참조.

51 *JROC*, p.651, Swerdlow(1990), p.183f.; Zinner(1968), p.85 참조.

52 『数学集成(알마게스트)』 Bk. 10, Ch. 9, Toomer 역 p.503f., Bk. 11, Ch. 10, Toomer 역 p.546.

53 Regiomontanus, 'Briefwechsel,' p.265, Swerdlow(1990), pp.173, 185; Gerl (1968), p.334 참조.

54 Regiomontanus, 'Briefwechsel,' p.265, Swerdlow(1990), p.187; Byrne(2007);

p.200f.

55 Regiomontanus, 'Briefwechsel,' p.265f., Swerdlow(1990), p.173f. 참조.

56 西村(니시무라)(1990), p.220.

57 Koyré(1961), p.40; Swerdlow(1990), p.190.

58 *JROC*, p.145, Rosen(1984c), p.173; Swerdlow(1973), p.462; Byrne(2007), p.166f. 참조. 레티쿠스의 『제1해설』 Rosen의 영역 *TCT*, p.133f.에도 인용이 있다.

59 『小論考(소논문)』 Prowe, *NC*, II, p.193f., Rosen 역 *TCT*, p.72, 高橋(다카하시) 역 p.89, II부 주 (72), 『回転論(회전론)』 Rosen 역 *TCT*, p.176. 또한 Swerdlow(1973), p.462도 보라.

60 Shank(1998), pp.163, 165, n. 28; idem(2002), p.190.

61 트레비존드의 게오르게(라틴명 게오르기우스 트라페존티우스, 1396~1484)에 관해서는 Copenhaver & Schmit(1992), pp.83-93에 상세하다. 『알마게스트』에 대한 그의 번역과 주석을 둘러싼 경위에 관해서는 L. Jardine(1996), pp.249-251 참조, 베사리온과 게오르게의 관계에 관해서는 Melanchthon, *Orations*, p.201, n. 11 참조.

62 Shank(1998), pp.158, 164, n. 4; Swerdlow(1999), p.6f.

63 상세한 바는 Swerdlow(1999) 참조. 이 논문에는 레기오몬타누스 서간의 태양과 달에 관한 부분이 라영 대역으로 달려 있다.

64 Regiomontanus, 'Briefwechsel,' p.218. 또한 Zinner(1968), p.64; Shank(1998), p.159; Gerl(1968), p.335f. 문장 안의 "이 표"는 자신이 제작한 『제1동자의 표』를 가리킨다. 구면천문학을 위한 삼각법 계산을 간단히 하기 위한 것이다.

65 Gerl(1968), p.338; Shank(1982), p.897; idem(1998), p.158; idem(2002), p.191; Byrne(2007), p.99.

66 Shank(2002), p.192.

67 Shank(2002), p.196f.; Byrne(2007), p.202.

68 『回転論(회전론)』 Bk. 1, Ch. 10; Carmody(1952), p.566; Shank(1992), p.17; Byrne(2007), p.165.

69 *JROC*, p.192, Byrne(2007), p.165f.

70 Shank(2002), p.200; Byrne(2007), pp.107, 203.

71 Shank(1998), p.163, p.166, n. 29.

72 Shank(2002), p.193f.

73 Regiomontanus, 'Breifwechsel,' p.263.

74 Grant(1996), p.151, 일역 p.238f. 또한 Murdoch & Sylla(1978), p.247; Crosby (1997), p.94.

75 Lindberg(2007), p.327.

76 졸저『一六世紀文化革命 1(16세기 문화혁명)』Ch. 4 및『同 2(같은 책)』Ch. 6, 1절 참조.

77 Verger(1998), p.35.

78 Regiomontanus, 'Briefwechsel,' pp.265, 266, Byrne(2007), p.200; Swerdlow (1990), p.173f. 참조.

79 Zilsel(1945), p.330, 일역 p.93f.

80 Grant(1996), p.159, 일역 p.251.

81 Schipperges(1985), p.204; Verger(1973), p.59f.; Crosby(1997), p.85; Garin (1957), pp.55-63 참조.

82 Gurevich(1984), pp.10f., 179.

83 Johannes Saresberiensis『中世思想原典集成 8(중세사상원전집성 8)』p.763.

84 R. Bacon, *Opus Majus*, 영역 Vol. 1, pp.129, 52. 후반은 高橋(다카하시) 역『中世思想原典集成 12(중세사상원전집성 12)』p.729.

85 Hooykaas(1984), 일역 p.209.

86 Bruno, *Opere*, I, p.458f., 영역 p.65.

87 Galileo『天文対話 (下)(천문대화 (하))』p.5.

88 Swerdlow(1990), p.166.

89 Zinner(1968), p.90.

90 Regiomontanus, 'Briefwechsel,' p.327. 또한 Rosen(1984c), p.171; *DSB*, XI, 'Regiomontanus' 항목 p.351; Byrne(2007), p.236도 보라.

91 Price(1957), p.527f.

92 Rörig(1964), pp.107, 94. 또한 Strauss(1966), pp.135-137; J. C. Smith(1983), p.3; 佐久間(사쿠마)(2007); p.28도 보라.

93 Rörig(1964), pp.90, 135; Strauss(1966), p.132f; 佐久間(사쿠마)(1999), pp.39-42.

94 Strauss(1966), p.139f.; Cipolla(1967), p.51f.

95 Strauss(1966), pp.135f., 140.

96 Lindgren(2007), p.479.

97 Strauss(1966), p.234; Kintzinger(2003), p.149.

98 이 점에 관하여 상세한 바는 졸저『一六世紀文化革命(16세기 문화혁명)』을

참조해주었으면 한다.

99 Regiomontanus, 'Briefwechsel,' pp.325, 328, Byrne(2007), pp.242, 244.

100 Palmer, *The General History of Printing*(1732), p.21.

101 Moran(1973), p.6; idem(1978), p.240; Gingerich(1978), p.410; Huntley(1962), p.132; Beckmann『西洋事物起原 III(서양사물기원 III)』p.859; Scherer(1883), p.127. Zinner(1968), p.135; Willkins, *The Mathematical and Philosophical Works*, Vol. I, p.128, Vol. II, pp.194f., 210.

102 Price(1959b); Rose(1976), p.99; *Nature* 무서명 기사(1959), p.508f.

103 Hartmann, *Practika*, p.245; Zinner(1968), p.140.

104 천구의(Armilla Ptolemaei)에 관해서는 *JROC*, pp.614-618, 프톨레마이오스의 측정자(Regulae Ptolemaei)에 관해서는 ibid., pp.619-626, 크로스스태프(천문학자의 자막대; Radius Astronomici)에 관해서는 ibid., pp.642-644. Zinner (1968), pp.98f., 137 참조.

105 Zinner(1968), pp.86, 88.

106 *JROC*, p.745f., Jervis(1978), p.177f.; Roche(1981), pp.8, 11f.; Zinner(1968), p.137.

107 Zinner(1968), p.141에서. 이 중 몇 개는 *JROC*, pp.627, 650-660에 있다.

108 Palmer(1732), p.22.

109 Strauss(1966), pp.243f, 260.

110 Forbes(1956), p.538; 永田(나가타)(2004), p.34.

111 *JROC*, p.514, Pedersen(1978b), p.177; Swerdlow(1993), p.157.

112 이 출판계획 목록의 전단지는 *JROC*, p.533에 수록되어 있다. 포토 카피는 Sarton(1938), p.163; Eisenstein(1983), p.227; Gouk(1988), p.84; L. Jardine (1996), p.348에 있다. 목록 말미 부근에 있는 *Breviarium Almagesti*가『적요』를 가리킨다.

113 Kremer(2004), p.78f.

114 L. Jardine(1996), p.200.

115 Dear(2001), p.33, 일역 p.58.

116 Biagioli(1989), p.65. 졸저『一六世紀文化革命 2(16세기 문화혁명)』Ch. 6, 3절 참조.

117 川喜多(가와키타)(1977), 上, p.224.

118 Swerdlow(1993), p.145.

119 Sarton(1938), p.115.

120 Eisenstein(1979). Vol. 2, p.587; Landau & Parshall(1994), p.180.

121 Sarton(1949), p.240.

122 Sarton(1938), p.102; Gingerich(1975b). p.203; Kusukawa(2000), p.133; Thorndike, *HMES*, I, p.649, V, pp.342f., 346; Sarton(1938), pp.105, 107, 116. 라트도르트 출판목록의 포토 카피는 Sarton, ibid., p.168에 있다.

123 Hind(1935), Vo1. 2, p.462; Burnham(2005), p.13; McKitterick(2003), pp.76-79.

124 Carter & Muir ed.(1983), p.14. 일역은 1977년 초판이지만 인용은 revised edition에서. 또한 Eisenstein(1979), Vol. 2. p.588.

125 Baldasso(2007), pp.94f., 225, footnote.

126 L. Jardine(1996), p.130; Eisenstein(1979), Vo1. 2, p.588. 라트도르트의 인쇄서에 관해 상세한 바는 Baldasso(2007), pp.93-98, 146-149, 224-259 참조.

127 Eisenstein(1983), p.125. 또는 Eisenstein(1979), Vol. 2, p.586f.도 보라.

128 Strauss(1966), p.250.

129 Gingerich(1975b), p.202; Zinner(1968), pp.112, 118, 124; Jarrell(1972), p.64.

130 Melanchthon, *Orations*, p.243. 게다가 레기오몬타누스가 헝가리 왕으로부터 제공받은 연봉은 헝가리 금화 200개였다. (ibid., p.242).

131 Dreyer(1906); p.289, Mason(1953), 上, p.135; Meurer(2007), p.1178.

132 Morison(1942), p.194; Penrose(1952), p.326f.; Zinner(1968), p.120; Freiseleben(1978), pp.141ff.

133 篠原(시노하라)(2012), pp.200, 232.

134 Penrose(1952), p.326; Randles(1995), p.402; Freiseleben(1978), p.141.

135 Taylor(1950), p.280. 추측항법의 'dead reckoning'은 'deduced reckoning'이 잘못 전해진 것.

136 Morison(1942), p.194f.; Taylor(1950), pp.280ff.: Sarton(1957), p.91; Wightman (1972), p.69f.; Ash(2007), p.510.

137 Morison(1942), p.194.

138 青木(아오키) 편『コロンブス航海誌(콜럼버스 항해지)』p.239; Las Casas『インディアス史 (一)(인디아스사 (1))』p.606.

139 Taylor(1950), p.280f.

140 Azurara『ギネー発見征服誌(기네 발견정복지)』p.159f.

141 Dalché(2007), p.338f.; Zinner(1968), p.117; Hartner(1977), p.1; Thorndike, *HMES*, V, p.348: Klebs(1938). p.279f.

142 이 독일어판은 *JROC*에는 수록되지 않았지만 1937년에 Zinner가 복각판을 출간했다.

143 Hartmann, *Practika*, p.84.

144 土屋(쓰치야)(1987), pp.110-118; Neugebauer(1957), Ch. 1. 6: Byrne(2007), p.21 등 참조.

145 Reich(1990), p.353에서. 율리우스력의 문제점에 관해서는 본서 Ch. 2., 각주 18 참조.

146 예컨대 Koestler(1959), 일역(ちくま文庫版) p.129; Sarton(1957), p.64 등.

147 Swerdlow & Neugebauer(1984), p.53.

148 Beaver(1970), p.39.

149 Gaulke(2009), p.97.

150 Zinner(1951), p.200f.; Zinner(1968), p.145; Kremer(1980), pp.176, 180; Pannekoek(1951), p.182f. Newton(1982)에 따르면 발터의 태양고도 관측은 1496년 9월 15일까지는 프톨레마이오스의 측정자, 같은 달 17일까지는 새로운 프톨레마이오스의 측정자, 그리고 1503년부터는 사분의로 행했다.

151 Kremer(1983), p.45: Thorndike, *HMES*, V, p.366.

152 *JROC*, p.678. 또한 Dreyer(1890), p.336; Beaver(1970), p.41도 보라.

153 *JROC*, p.673f., Beaver(1970), p.41. 또한 Landes(1983), p.373; Zinner(1951), p.29; Zinner(1968), pp.138, 144도 보라.

154 *JROC*로 복각되어 있다.

155 Kremer(1981), p.128f.: Zinner(1968), p.146.

156 Tycho Brahe, *TBOO*, Tom. 7, p.373, Blair(1990), p.373.

157 Beaver(1970), p.42.

158 Flamsteed, *Gresham Lectures*, p.223.

159 Halley, *Correspondence and Papers*, p.210.

160 Forbes(1975), Vol. 1, p.110f.

161 Zinner(1968), p.144.

162 Beaver(1970), p.40; Kremer(1980), p.175.

163 『光学(광학)』 *JKGW*, Bd. 2, p.346, 영역 p.412; 『ルドルフ表(루돌프표)』 *JKGW*, Bd. 10, p.39, 영역 p.365.

164 Crosby(1997), p.254.

165 Rem「日記(일기)」, 山本健(야마모토 겐)(2003), pp.140, 161.

166 Forbes & Dijksterhuis(1963), p.140.

167 Price(1959b), p.26.

168 Thorndike, *HMES*, V, p.332; idem(1963), Ch. VIII. 또한 Wightman(1962), I, p.103도 보라.

169 Swerdlow & Neugebauer(1984), p.51.

170 Byrne(2007), p.156.

171 Shank(1998), p.157; Swerdlow(1999), p.5.

172 Cassirer(1922), p.308.

173 Kepler『擁護(옹호)』in N. Jardine(1984), 라틴어 p.92f., 영역 p.144.

제4장 프톨레마이오스 지리학의 갱신 —천지학과 수리기능자들

1 Dalché(2007), p.292. 또한 Milanesi(1994). p.443도 보라.

2 『プトレマイオス地理学(프톨레마이오스 지리학)』, 일역 pp.1, 3.

3 Zinner(1968), pp.48, 59f.; Rose(1976), p.94f.; Swerdlow(1993), p.158.

4 Dobrzycki & Kremer(1996), 라틴어 p.220, 영역 p.224.

5 라틴어 원문은 Pedersen(1978b), p.170. 영역은 Zinner(1968), p.60; Swerdlow (1993), p.157.

6 North(1966/67), p.61.

7 Zilsel(1942), 일역「科学の社会学的基礎(과학의 사회학적 기초)」,『科学と社会(과학과 사회)』참조.

8 Schnelbögl(1966), p.11; Bagrow(1985), p.125.

9 Shirley(1984), plate 4, p.XXIIf.; H. Wolff ed.(1992), p.13f., fig. 5; Whitfield (1994), p.42f.; L. Jardine(1996), p.301, fig. 7; Meurer(2007), p.1183.

10 Penrose(1952), pp.55f., 297; 合田(고다)(2006), pp.36, 140f.; 海津(가이즈) (2006), p.139f.

11 青木(아오키) 편(1993), p.488. 또한 Morison(1942). p.77; 海津(가이즈)(2006). p.140.

12 Strauss(1966), pp.255, 246,; J. C. Smith(1983), pp.40, 94f.; Meurer(2007), p.1193f. 독일어판은 1979년에 복각판이 나왔다. 그림2.1의 빈은 99매, 그림 4.2의 뉘른베르크는 100매.

13 Thorndike, *HMES*, V, p.350.

14 Zinner(1968), p.86; Thorndike, *HMES*, V, p.352; J. A. Bennett(1987), p.20.

15 Andrews ed.(1996), Appendix C, p.383. 또한 Zinner(1968), p.119.

16 상세한 바는 Howse(1980), 권말「補遣(보충)」pp.261-265; idem(1996), p.150f. 참조.

17 Donne「別れ(本によせて)(고별사(책에 부쳐))」『ジョン・ダン全詩集(존 던 전시집)』p.50.

18 D. E. Smith(1923), I, p.331; Thorndike, *HMES*, V, p.353.

19 Wrightsman(1970), p.358; Duhem(1908), p.79.

20 Tycho Brahe to Brucaeus, 4 Nov. 1588, *TBOO*, Tom. 7, p.152, Blair(1990), p.371; Duhem(1908), pp.79, 81 참조.

21 Zinner(1956), p.584.

22 Roche(1981), p.12f.; Andrews ed.(1996), Appendix C, p.384.

23 Thorndike, *HMES*, V, pp.350, 368.

24 졸저『一六世紀文化革命 1(16세기 문화혁명)』p.85f. 참조.

25 Lindgren(2007), p.503; Karrow Jr.(1999), p.294f.; J. C. Smith(1983), pp.53, 303f. 힐슈포겔의 지도 제작에 관해서는 Bagrow(1985), p.157; Karrow Jr.(1993), pp.294-301 참조. 1538년과 1540년에 그려진 파라켈수스의 유명한 두 초상은 그의 작품이라 생각되고 있다: Pagel(1958), p.28f.; 大橋(오하시)(1976), p.99 참조.

26 Zilsel(1945), 일역 p.102.

27 졸저『一六世紀文化革命 1(16세기 문화혁명)』Ch. 1 참조.

28 Warner(1979), pp.71-75; J. C. Smith(1983), p.114; Whitfield(1995), pp.71, 75f.; Burnham(2005), p.13f.; 海津(가이즈)(2006), pp.148-152; Herlihy(2007), p.111. 아피아누스에게 미친 영향에 관해서는 Kunitzsch(1987), p.117 참조.

29 그림은 졸저『一六世紀文化革命 2(16세기 문화혁명)』p.471에 있다.

30 Kremer(1983), p.37.

31 Zinner(1951), pp.70, 538.

32 Hayton(2004), pp.30ff., 72ff., 372ff.

33 Throndike, *HMES*, V, p.347f.

34 J. C. Smith(1983), p.41f.; Overfiels(1984), pp.151-158; Strauss(1966), p.247f.

35 Zinner(1968), p.160; Kremer(2004), p.83.

36 Regiomontanus(1533), p.23.

37 Dalché(2007), p.356.

38 Thorndike, *HMES*, V, p.364; Kusukawa(2000), p.133; Kremer(2004), p.81.

39 Zinner(1968), p.126.

40 Byrne(2007), p.237.

41 Zinner(1968), pp.136, 139. 또한 Hellmann(1897), p.113f.도 보라.

42 Mayall(1964), p.9. 뉘른베르크에서 만들어진 접이식 해시계에 관해서 상세한 바는 Gouk(1988) 참조.

43 Schnelbögl(1966), p.11. 또한 Durand(1952), pp.266-270.

44 졸저『一六世紀文化革命 2(16세기 문화혁명)』Ch. 7; Bagrow(1985), pp.148-150 참조.

45 독문과 영역 Schnelbögl(1966), p.18, 영역 J. C. Smith(1983), p.90에서.

46 Schnelbögl(1966), p.12.

47 Gouk(1988), p.65.

48 라틴어 문장과 영역은 Schnelbögl(1966), p.13.

49 Schnelbögl(1966), p.13.

50 Durand(1952), p.90.

51 Prowe, *NC*, I-i, p.89 footnote; Koestler(1959), p.133, 有賀(아리가) 역 p.42.

52 『科学大博物館(과학대박물관)』,「アストロラーブ(아스트롤라베)」항목. 지구의에 사용하기 위해 하르트만이 배 형태로 그렸다고 생각되는 세계지도는 Tooley & Bricker(1976), p.61에 있다.

53 이상의 사항에 관해서는 졸저『磁力と重力の発見 2(과학의 탄생)』Ch. 11, 12를 참조해주었으면 한다.

54 Thorndike, *HMES*, V, p.364f.; Zinner(1968), p.243 n. 165; Kremer(2004), p.81.

55 Gouk(1988), p.91. 하르트만이 제작한 해시계의 도판은 같은 책에 여러 개 게재되어 있다.

56 Zeller(1946), p.55.

57 Danielson(2006), pp.36f., 95, 일역 pp.49, 122.

58 Wrightsman(1970), p.120.

59 Strauss(1966), p.237.

60 Van der Krogt(1993), pp.30, 40. 또한 L. Jardine(1996), p.306f.도 보라.

61 Van Duzer(2010), pp.v, 15, 108f., fig. 6; Bagrow(1985), p.127.

62 Van der Krogt(1993), p.32; Bagrow(1985), p.129.

63 Thorndike, *HMES*, V, p.361.

64 Rheticus『第一解說(제1해설)』Rosen 역 *TCT*, p.109. Danielson의 책에는 코

페르니쿠스와 만나기를 레티쿠스에게 권한 것은 뉘른베르크의 쉐너와 하르트만 두 사람이다. : Danielson(2006), p.95, 일역 p.122.

65 Thorndike, *HMES*, V. p.368; L. Jardine(1996), p.349.

66 Zinner(1968), p.170; Kremer(2004), p.81.

67 *JROC*로 reprint되어 있다. The University 0f Wisconsin Press의 영역에는 쿠자누스의 논고와 그에 대한 레기오몬타누스의 비판은 포함되어 있지 않다.

68 Schöner(1533), in Regiomontanus(1533), 영역 *On Triangles*, p.23.

69 상세한 바는 Hughes, Regiomontanus(1533)의 영역에 대한 Introduction, p.17f. 참조.

70 Zinner(1968), p.216f. n. 55; Thorndike, *HMES*, V, p.369. 토머스 게샤우프에 관해서는 Strauss(1966), pp.164, 253 참조.

71 Moran(1973), p.6; idem(1978), p.240; Gingerich(1978), p.410.

72 Melanchthon, *Orations*, pp.244, 246.

73 D. E. Smith(1923), Vol. 1, p.260, n. 1; Danielson(2006), p.179f., 일역 p.230.

74 Swerdlow(1992), p.274에서.

75 DalChé(2007), p.342.

76 Vives, *On Education*, p.205.

77 이 수고는 포토 카피와 영역이 *A Navigator's Universe*라는 표제로 출판되었다. 인용은 원문 p.45f., 영역 p.165.

78 Paracelsus(1938a), *TPW*, Bd. 2, p.515, 영역 p.26f.

79 Cuningham, *The Cosmographical Glass*, Aii.

80 Dee, *Mathematicall Praeface*, p.biiir.

81 Blundevil, *A plaine Treatise of the first Principles of Cosmographie*, folio 134.

82 나 자신도 이전에 '우주형상지'라는 역어를 적용했다. 졸저『一六世紀文化革命 2(16세기 문화혁명)』p.548.

83 合田(고다)(2006), p.10.

84 하지만 예를 들어, 12세기 베르나르두스 실베스트리스의『코스모그라피아(Cosmographia)』는 대우주로서의 우주와 그 중심에 있는 지구, 그리고 소우주로서의 인간, 즉 천지인 전부를 논한다. 그런 의미에서는 가장 광의의 천지학이라 말할 수 있다. 다른 한편, 1596년 케플러『우주의 신비』의 원제는 Mysterium cosmographicum으로 본문에는 "코페르니쿠스의 의도는 코스모그라피아가 아니라 아스트로노미아와 관련이 있다(Copernici intentum non in

Cosmographia versari, sed in Astronomia)라 한다(*JKGW*. Bd. 1, Ch. 15, p.50, 일역 p.198). 여기서 'Astronomia'와 비교되는 이 'Cosmographia'는 좁게는 '우주론' 내지 '우주지(宇宙誌)'라 옮겨야 할 것이다.

85 1966년에 Ann Arbor에서 출판된 것에는 1507년 원저의 포토 카피와 영역이 수록되어 있지만 원저 부분에는 페이지가 달려 있지 않다. 이하, 인용 부분은 영역 페이지로 기록한다.

86 Waldseemüller(1507), p.35.

87 Waldseemüller(1507). p.52.

88 잃어버렸던 이 지도를 Joseph Fischer와 Franz van Wieser가 재발견한 것이 1901년이었다. 이 지도, 그리고 그 역사적 의의와 발견의 경위 등에 관해서는 Fischer & Wieser ed.(1903), pp.7-18; Shirley(1984), p.28f., plate 31, p.31 및 H. Wolff(1992), pp.12f., 111-119; Whitfield(1994), p.48f. 참조.

89 Waldseemüller(1507), p.70. 또한 ibid., p.63도 보라.

90 篠原(시노하라)(2012). p.184f.

91 『回転論(회전론)』 1-3, folio 2r, 영역 p.10[513], p.346f., 高橋(다카하시) 역 p.20.

92 Amerigo Vespucci 『新世界(신세계)』 p.321.

93 Amerigo Vespucci 『四回の航海(네 번의 항해)』 pp.261, 289, 265.

94 Dalché(2007), p.349.

95 Skelton(1966a), p.VII; Karrow Jr.(1993), p.575f.: idem(1999), p.184.

96 Karrow Jr.(1993), p.579; idem(1999), p.185; Crane(2002), p.56.

97 Kish, *DSB*, XIV, 'Waldseemüller' 항목, p.127.

98 Skelton(1966a), p.V.

99 Karrow Jr.(1993), pp.573f., 583. 또한 Taylor(1930), p.142도 보라.

100 이상 Karrow Jr.(1993), p.410을 근거로 한다.

101 그 2장의 지도는 졸저 『一六世紀文化革命 2(16세기 문화혁명)』 p.643에 있다.

102 졸저 『一六世紀文化革命 2(16세기 문화혁명)』 Ch. 7 참조.

103 『回転論(회전론)』 I-11, folio 10V, 영역 p.23[530], 高橋(다카하시) 역 p.41.

104 Skelton(1966b), p.XX.

105 Penrose(1952), p.321.

106 Gingerich(1975a), p.88; Thorndike, *HMES*, V, p.348; Zinner(1968), pp.124f., 143; Lammens(2002), 1, p.192.

107 Hartmann, *Practika*, p.243; Lindgren(2007), p.478.

108 Strauss(1959), p.26f.; Karrow Jr.(1993), p.413f.

109 Strauss(1959), p.30.

110 Dalché(2007), p.350; Bagrow(1985), p.150.

111 Lindgren(2007). pp.482, 478.

112 이때 만든 지도는 생전에는 인쇄되지 않았고 1950년대가 되어 『Hegöws의 그림, 쉬바르츠발트와 도나우의 근원(beschreibung des Hegöws: des schwartz walds und ursprungss der Donaw)』으로 공표되었다. Karrow Jr.(1993), p.418.

113 Paracelsus(1538a), *TPW*, Bd. 2, p.514, 영역 p.25.

114 『神秘(신비)』 제2판, *JKGW*, Bd. 8, p.15, 영역 p.51. 이 부분은 일역에는 없다.

115 Wattenberg(1967), p.40.

116 Dunne(1974), p.165; Rose(1976), p.108. 셀티스의 뉘른베르크에 대한 호의는 Forster(1948), p.9; Strauss(1966), pp.12-14 참조. 빈은 1484~1490년 사이 마차시 코르빈의 군대에게 점령당해 대학도 쇠퇴했다.

117 Wattenberg(1967), p.41; Hayton(2004), pp.123f., 131-137.

118 Karrow Jr.(1993), p.572.

119 Bagrow(1985), p.130.

120 Strauss(1959), p.56f.; Klaus Vogel(2007), p.470. 오늘날의 분류로는 순서대로 수리지리학, 자연지리학, 인문지리학에 대략 대응한다.

121 Kish, *DSB*, I, 'Apian, Peter' 항목.

122 Hamel(1990), p.IV. 또한 D. E. Smith(1908), pp.155-157도 보라.

123 L. Jardine(1996), pp.426-429; 海津(가이즈)(2006), p.165f. 참조.

124 Pico della Mirandola(1496), p.59. 졸저 『一六世紀文化革命 1(16세기 문화혁명)』 Ch. 5, 1절 참조.

125 Gascoigne(1990), p.224.

126 이 경우 '도구(Instrument)'는 '측량기기'를 가리킨다.

127 Hamel(1990), p.VII.

128 Hamel(1990), p.III.

129 Apianus(1540), folio 3r. Ionides(1936), p.359; North(1966/67), p.61 n. 14.

130 Wattenberg(1967), 독문 p.26. 영문 p.60.

131 Apianus(1540), folio 46v, Ionidis(1936), p.376.

132 『新天文学(신천문학)』 *JKGW*, Bd. 3, Ch. 14, p.142, 영역 p.234.

133 Wattenberg(1967), 독문 p.43, 영문 p.67.

134 Wattenberg(1967), 독문 p.1, 영문 p.39. 마지막 부분, 영역에서는 "프톨레마이오스의 체계를 완성시켜 그것을 영광스럽게 했다"라고 되어 있다.

135 Tooley & Bricker(1976), pp.46, 55; Shirley(1984), plate 20; Bagrow(1985), p.27f.; Karrow Jr.(1999), p.178f.; Meurer(2007), p.1181.

136 Dalché(2007), p.310.

137 Brant 『阿呆船 (下)(바보배 (하))』 p.34.

138 Tooley & Bricker(1976), p.52f.; Whitfield(1994), p.32f.; Klaus Vogel(2007), p.473.

139 Las Casas 『インディアス史 (一)(인디아스사 (1))』 p.294.

140 Strauss(1959), p.5; Nutton(1998), p.98f.; Strauss(1922), pp.5, 32f.; Van der Krogt(1993), p.42f.

141 Paracelsus(1938b), *TPW*, Bd. 2, p.492, 일역 p.171. "의술은 무엇을 다루는가", "그것은 무엇이여야 하는가"의 원문은 "Womit ihr umgeht," "was ihr sein wolt"인데, ihr는 그 앞의 여성명사 Arznei를 가리킨다고 생각되므로 번역문을 수정했다.

142 작자불명 『パニュルジュ航海記(파뉘르주 항해기)』 p.190.

143 Amerigo Vespucci 『新世界(신세계)』 p.338.

144 Vives, 영역 *On Education*, p.9.

145 Augustinus 『告白 (下)(고백록 (하))』 Vol. 10, Ch. 35, p.70; idem 『著作集 別巻 II(저작집 별권 II)』 p.354. 졸저 『一六世紀文化革命 2(16세기 문화혁명)』 p.622f. 참조.

146 Crombie(1959), Vol. 1, p.34, 일역 上 p.14.

147 Langland 『農夫ピアズの幻想(농부 피어스의 환상)』 p.115.

148 Petrarca 『無知について(무지에 관하여)』 p.66.

149 Gerson(1402), pp.93, 94.

150 Acosta 『新大陸自然文化史 (上)(신대륙 자연문화사 (상))』 p.213.

151 『形而上学(형이상학)』 980a1.

152 Acosta 『新大陸自然文化史 (上)(신대륙 자연문화사 (상))』 p.65.

153 Oviedo 『カリブ植民者の眼差し(카리브 식민지 개척자의 시선)』 p.5.

154 Van der Krogt(1993), p.31에서.

155 Hooykaas(1984), pp.105, 177.

156 『第一解説(제1해설)』 *JKGW*, Bd. 1, p.116, 영역 *TCT*, p.167.

과학혁명과 세계관의 전환 I

초판 1쇄 찍은날 2019년 12월 19일
초판 1쇄 펴낸날 2019년 12월 27일
지은이 야마모토 요시타카
옮긴이 김찬현 · 박철은
펴낸이 한성봉
편집 안상준 · 하명성 · 이동현 · 조유나 · 최창문 · 김학제
디자인 전혜진 · 김현중
마케팅 박신용 · 오주형 · 강은혜 · 박민지
경영지원 국지연 · 지성실
펴낸곳 도서출판 동아시아
등록 1998년 3월 5일 제1998-000243호
주소 서울시 중구 소파로 131 [남산동 3가 34-5]
페이스북 www.facebook.com/dongasiabooks
전자우편 dongasiabook@naver.com
블로그 blog.naver.com/dongasiabook
인스타그램 www.instargram.com/dongasiabook
전화 02) 757-9724, 5
팩스 02) 757-9726
ISBN 978-89-6262-317-8 93400

이 도서의 국립중앙도서관 출판예정도서목록(CIP)은
서지정보유통지원시스템 홈페이지(http://seoji.nl.go.kr)와
국가자료종합목록 구축시스템(http://kolis-net.nl.go.kr)에서
이용하실 수 있습니다. (CIP제어번호: CIP2019050000)

※ 잘못된 책은 구입하신 서점에서 바꿔드립니다.

만든 사람들
편집 안상준
표지 디자인 전혜진
본문 디자인 김다정